U0296448

中国中西部前陆盆地油气勘探系列丛书

前陆冲断带断盖组合评价技术与应用

鲁雪松　卓勤功　赵孟军　付晓飞　等著

石油工业出版社

内容提要

本书为国家油气重大专项前陆项目“十二五”“十三五”研究成果的核心内容之一，通过对我国中西部前陆冲断带地质特征和油气藏的解剖，抓住前陆冲断带油气成藏的两个关键要素——断层和盖层，从岩石脆塑性变形机理出发，明确断层和盖层封闭机理与评价方法，划分断—盖组合类型，总结提升出断—盖组合控藏地质理论及评价方法体系，为前陆冲断带及复杂构造区构造圈闭成藏有效性评价提供依据。对从事前陆冲断带及复杂构造区油气勘探与地质评价的研究人员具有重要的指导作用。

本书可供油气地质研究人员及相关院校师生参考阅读。

图书在版编目（CIP）数据

前陆冲断带断盖组合评价技术与应用 / 鲁雪松等著
.—北京：石油工业出版社，2021.10
（中国中西部前陆盆地油气勘探系列丛书）
ISBN 978-7-5183-4559-5

Ⅰ.①前… Ⅱ.①鲁… Ⅲ.①前陆盆地－冲断层－地球物理勘探－研究－中国 Ⅳ.①P618.130.8

中国版本图书馆 CIP 数据核字（2021）第 036451 号

审图号：GS（2022）344 号

出版发行：石油工业出版社
（北京安定门外安华里 2 区 1 号　100011）
网　址：www.petropub.com
编辑部：（010）64253017　图书营销中心：（010）64523633
经　销：全国新华书店
印　刷：北京中石油彩色印刷有限责任公司

2021 年 10 月第 1 版　2021 年 10 月第 1 次印刷
787×1092 毫米　开本：1/16　印张：14
字数：300 千字

定价：150.00 元
（如出现印装质量问题，我社图书营销中心负责调换）

《前陆冲断带断盖组合评价技术与应用》

撰写人员

鲁雪松　卓勤功　赵孟军　付晓飞　柳少波

田　华　孟令东　洪　峰　公言杰　吴　海

柳　波　于志超　桂丽黎　马行陟　范俊佳

前言 /PREFACE

我国中西部发育有 16 个前陆冲断带，勘探实践和研究表明，前陆冲断带油气资源丰富，在油气勘探发现中占有重要地位。“十二五”以来，中国石油在塔里木库车、柴西南、川西北、准噶尔西北缘、准噶尔南缘等前陆冲断带勘探区的重大突破，是我国油气突破发现、增储上产的重点领域之一。从剩余油气资源看，根据第四次资源评价结果，截至 2017 年底，前陆冲断带石油剩余资源量为 32.14×10^{8}t，天然气剩余资源量为 $5.71 \times 10^{12}m^{3}$，未来勘探潜力较大，是加快天然气增储上产的重点领域之一。

前陆冲断带构造复杂、断裂体系发育、多期构造活动、改造作用强、构造破碎、油气保存条件较差，油气沿断裂垂向运移为主，形成多层系油气聚集，断层和盖层是控制构造圈闭有效成藏和保存的关键因素。一方面断裂活动沟通油气源，成为油气运移的优势通道；另一方面，断层和盖层封闭性控制了油气聚集和保存。由于前陆冲断带地质条件和油气成藏的复杂性，对断层和盖层封闭性缺少有效的评价方法、对断层和盖层组合控藏缺少系统性的认识，在钻前很难对圈闭成藏有效性进行评价，从而导致很多勘探失利井，对有利勘探目标的优选也缺少有效依据。因此，抓住前陆冲断带油气成藏的两个关键要素——断层和盖层，从岩石脆塑性变形机理出发，明确了断层和盖层封闭机理与评价方法，划分 2 类 6 种断—盖组合类型，总结提出断—盖组合控藏地质理论及评价方法体系，详细介绍了断层封闭、盖层封闭机理及其评价方法、断—盖组合有效性评价方法和应用实例，为前陆冲断带及复杂构造区构造圈闭成藏有效性评价提供依据。

本书为国家科技重大专项前陆项目“十二五”“十三五”攻关成果的核心内容之一，包括前陆冲断带断裂系统与控藏作用、岩石变形特征与脆塑性转换规律、盖层封闭与失效机理及定量评价方法、断层变形机制与封闭机理及定量评价方法、断—盖组合类型及断—盖组合有效性评价方法、断—盖组合控藏研究实例等六个方面。

（1）前陆冲断带构造活动强烈，断裂发育，冲断带大型油气田的形成与断裂演化密切相关，主要体现在以下几个方面：① 前陆盆地具有多期活动、多种类型盆地复合、多期成藏特征，形成了多套断裂系统，不同类型和不同期次断裂系统与成藏期有效配置为油气成藏提供输导和调整运移的条件；② 油气垂向多层系富集，盖层自身封闭能力普遍较好，断层是导致油气垂向多层系富集的关键，因此，断—盖组合关系控制油气富集的层位；③ 前陆冲断带普遍发育断层型构造圈闭，断层垂向封闭性控制圈闭能否成藏，断层侧向封闭性控制着圈闭所能支撑的烃柱高度。

（2）无论哪种类型的岩石，随着埋藏深度增加，成岩程度、物性及温压环境发生改变，岩石均发生力学性质变化，岩石变形历经脆性、脆—塑性和塑性变形 3 个阶段。岩石只有在发生脆性、脆—塑性变形时，才可以形成贯通性的水力传导裂缝，造成岩石体积扩容，断裂或裂缝的渗透性较围岩明显增大，从而破坏岩石的完整性；而在发生塑性变形时，岩石破裂变形产生的是压性裂缝或压剪性变形带，断裂或裂缝的渗透性较围岩并没有明显增大，有些甚至减小，并没有破坏岩石的完整性。膏盐岩脆塑性变形的主要影响因素是围压和温度，随着温度和围压的增大，膏盐岩由脆性、脆—塑性过渡到塑性。泥岩在埋藏过程中经历由塑性—脆性—塑性的复杂转变过程，在盆地埋深范围内总体上以脆性、脆—塑性为主。层理性页岩力学性质、强度特征和破裂模式表现出明显的各向异性，当最大主应力与层理面夹角接近 30° 时抗压强度最低，即容易发生顺层的剪切滑动变形。

（3）对于横向连续性保持完整的盖层，盖层封闭与失效主要有两种机制：毛细管封闭和分子扩散。随着埋深增大，受压实和化学成岩作用的影响，盖层越来越致密，即使考虑流体性质的变化，深层盖层毛细管力封闭不成问题，天然气扩散也更加缓慢。但深层泥岩盖层由于成岩程度高、物性致密、脆性增强，通常也发育异常高压，更容易形成断层、亚地震断层和微裂缝，从而造成盖层失效。盖层从破裂失效机理上可以分为 5 种类型：① 水力破裂；② 盖层内先存断层重新活动；③ 断裂破坏作用；④ 构造裂缝连通造成的垂向泄漏；⑤ 亚地震断层和砂体连通造成的垂向泄漏。其中前两种类型与超压体系有关，即流体压力增大造成的岩石破裂；后三种类型与构造破裂作用有关，即差应力增大造成的岩石破裂。破裂失效机理不同，盖层完整性定量评价方法也有较大差异。

（4）断层在不同脆—塑性盖层中的变形机制不同，形成的断裂带内部结构也有较大差异；相应地，断裂在盖层段内的封闭能力和评价方法也不相同。对于脆性盖层，受断层的影响在盖层内断层附近产生大量脆性裂缝，随着断距的增大，裂缝逐渐连通形成渗漏通道，可采用断接厚度来评价垂向封闭性；对于脆—塑性盖层，受断层的影响，脆—塑性盖层将在断层带内形成连续的泥岩涂抹，随着断距的逐渐增大，泥岩涂抹将失去连续性，可采用泥岩涂抹因子来评价垂向封闭性；对于塑性盖层，断层在塑性盖层内消失、焊接或愈合，盖层垂向是封闭的，可以用盖层塑性因子来评价盖层的塑性程度，盖层塑性因子越大，盖层塑性越强，垂向封闭性越好。断层在不同孔隙性岩石中的变形机制及形成的断裂带内部结构相差较大。对于未固结—半固结成岩阶段的高孔隙度砂岩，断裂变形机制为颗粒流，形成解聚带；对于固结成岩阶段的高孔隙度砂岩，断裂变形机制为碎裂流，形成碎裂带和压溶胶结碎裂带。碎裂带和压溶胶结碎裂带渗透率比母岩低 1～6 个数量级，阻止油气向高孔隙度砂岩中充注，而解聚带和母岩渗透率相当，不会对油气运移产生较大影响，有时会成为油气运移的通道。对于低—非孔隙度岩石，断裂变形机制为破裂作用、碎裂作用和碎裂流作用，主要形成无内聚力的断层角砾岩和断层泥，为高渗断裂带，有利于油气运移。断层的侧向封闭能力受断裂带内部结构、盖层厚度、断层断距等因素影响，主要采用岩性对接法和断面泥岩涂抹系数法来定量评价断层侧向封闭性。

（5）前陆冲断带油气成藏最重要的地质要素应为断层和盖层，以及断层和盖层的组合关系，即断—盖组合类型。中西部前陆冲断带发育膏盐岩和泥岩两大类盖层，构造应力挤压作用下不同岩性、不同埋深的盖层具有不同的岩石力学特征，由此形成了 2 类 6 种断—盖组合。断—盖组合类型时空演化控制着中西部前陆盆地富含油气构造带大型油气田的形成，以及不同构造区带、不同构造段油气藏的分布差异。对于前陆冲断带复杂冲断构造体系，油气藏能否形成有效聚集和保存关键在于断—盖组合类型及断层和盖层的垂向封闭性，在垂向封闭的前提下，断层的侧向封闭性与圈闭溢出点决定了圈闭能封闭的烃柱高度。本书综合提出了断层—盖层垂向封闭性评价的总体思路和技术路线，为前陆冲断带及复杂构造区断层和盖层垂向封闭性评价提供了依据。

（6）本书重点以库车前陆克拉苏构造带、准南前陆霍玛吐构造带和柴西英雄岭构造带等为例，来说明三种不同类型断—盖组合的控藏作用，并以准南齐古背斜为例说明前陆冲断带山前带抬升阶段泥岩盖层破裂对天然气保存的控制作用。库车前陆冲断带为典型的断—盐组合，综合膏盐岩盖层脆—塑性演化、断裂与不同脆—塑性阶段的膏盐岩盖层的切割关系及断裂垂向封闭能力评价指标，提出了库车前陆冲断带断—盐组合控藏模式：早期穿盐盐上成藏模式（大宛齐油藏）、浅埋穿盐散失模式（克拉 1 和克拉 5 井）、较深埋叠覆型成藏模式（克拉 2 井）、较深埋叠覆型散失模式（克拉 3 井）以及深埋阶段盐下成藏模式（克深 2 和大北 3 井）。准南前陆冲断带为典型的断—泥组合，综合盖层脆—塑性、临界断接厚度、泥岩涂抹因子值，建立了准南安集海河组断—盖共控油气富集综合定量评价图版，划分出 2 类 4 个区域：Ⅰ类区为脆性域油气早期聚集晚期调整区；Ⅱ类区为脆性域油气聚集区，断接厚度高于临界值；Ⅲ类区为脆—塑性域油气聚集区，泥岩涂抹因子低于临界值；Ⅳ类区为脆—塑性域油气调整散失区。柴西前陆冲断带为典型的砂泥岩互层型断—盖组合，综合临界盖地比、盖层垂向渗漏概率和临界泥岩涂抹系数值 3 个参数，建立了断—盖共控油气富集综合定量评价图版。准南齐古背斜为典型的晚期强烈抬升区，泥岩盖层发生脆性破裂而失效，采用超固结比与应变量相结合的泥岩盖层完整性评价图版，评价认为现今埋深较浅和变形量较大的头屯河组、西山窑组泥岩盖层破裂风险大，天然气泄漏形成残余油藏，现今埋深较大且变形量较小的八道湾组、小泉沟组泥岩盖层破裂风险小，凝析气藏得以保存。

本书是集体科研智慧的体现，鲁雪松、卓勤功组织了专著的撰写，全书由赵孟军、鲁雪松、付晓飞、卓勤功统一定稿，具体分工如下：

前言：赵孟军，鲁雪松。

第一章：赵孟军，付晓飞，鲁雪松，洪峰，卓勤功。

第二章：鲁雪松，付晓飞，卓勤功，田华，马行陟。

第三章：付晓飞，卓勤功，柳少波，孟令东，鲁雪松。

第四章：鲁雪松，卓勤功，赵孟军，付晓飞，孟令东。

第五章：卓勤功，鲁雪松，付晓飞，孟令东，柳波，吴海，于志超，桂丽黎，范俊佳，公言杰。

研究成果的取得及本书稿的完成是在中国石油科技管理部、中国石油勘探开发研究院的大力支持以及塔里木油田、新疆油田和青海油田勘探开发研究院的无私帮助下完成的，在此一并表示衷心感谢！本书得到国家科技重大专项前陆项目（2011ZX05003、2016ZX05003）、中国石油天然气股份有限公司重大科技攻关项目（2016B-05、2019B-05）的资助。

由于本书著者的学识水平有限，书中不当之处敬请读者阅后批评指正。

目录 /CONTENTS

第一章　前陆冲断带地质特征与断层、盖层控藏作用

前陆冲断带（Foreland Thrust Belt）或前陆褶皱冲断带（Foreland Fold-thrust Belt）是指处于造山带和盆地之间的过渡部位，是造山带向盆地方向大规模掩冲推覆所形成的冲断系统。前陆冲断带的突出地质特点表现为断裂体系复杂、多期构造活动、构造破碎、油气保存条件较差，油气沿断裂垂向运移为主，形成多层系油气聚集，断层和盖层对油气藏形成、聚集和保存的控制作用大。

第一节　前陆冲断带基本地质特征

晚古生代以来由众多小陆块拼贴而成的统一中国大陆，在新生代受青藏高原隆升和向东、向北的推挤作用，古造山带复活并向克拉通盆地挤压冲断，使中西部地区广泛发育大小不一的中、新生代前陆冲断带（图 1-1），包括西昆仑山前的塔西南、塔东南，天山山前的喀什凹陷北缘、库车、准噶尔南缘，扎伊尔山前的准噶尔西北缘，阿尔金山前的柴西北，祁连山前的柴北缘、酒泉，博格达山南缘的吐哈、北缘的准噶尔东南，贺兰山前的鄂尔多斯西缘，龙门山前的川西，米仓山前的川东北和哀牢山前的楚雄等 15 个前陆冲断带（贾承造，2011；管树巍等，2013）。这些前陆冲断带是在不同的叠加基础上经历了多阶段构造演化而形成的。由于周缘构造沉积环境、叠加基础与形成历史等差异，它们与特提斯带西、中段（如阿尔卑斯山、比利牛斯山、喀尔巴阡山等）、北美科迪勒拉山前带、南美安第斯山前带等部位发育的前陆冲断带在地质结构类型、构造样式等方面有着明显的差异。

一、前陆冲断带构造变形特征

1. 前陆冲断带类型

Dickinson 等（1974）将前陆盆地分为两个基本类型（图 1-2），即周缘前陆盆地（Peripheral Foreland Basin）（A 型俯冲，碰撞造山带）和弧后前陆盆地（Retroarc Foreland Basin）（B 型俯冲，俯冲造山带）。卢华复等（1994）提出了再生前陆盆地（Rejuvenative Foreland Basin）概念，指中国有些地区的造山作用与同时代的俯冲作用或碰撞作用无关，沿这些造山带分布的盆地与古特提斯构造阶段造山带在新特提斯构造阶段的再活动有关，且特征与前陆盆地类似。作为前陆盆地一翼的前陆冲断带，相应地也有三种类型（贾承造，2011）。

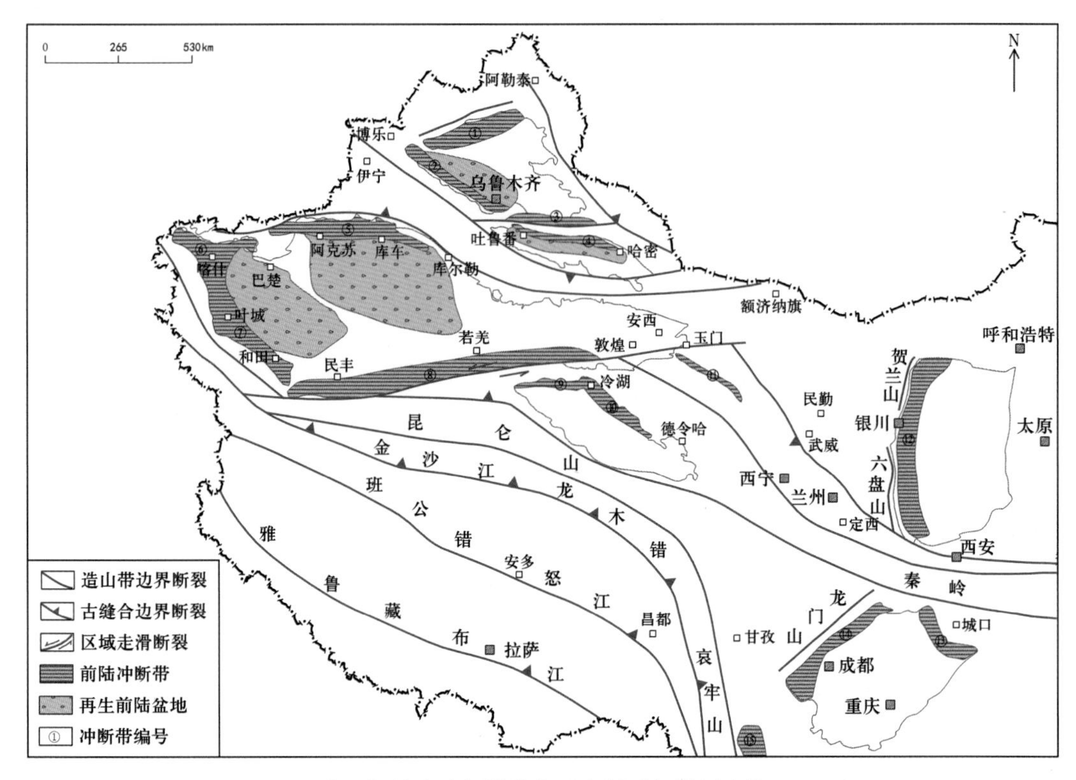

图 1–1　中西部前陆冲断带分布示意图（据管树巍等，2013）

①—准噶尔西北缘前陆冲断带；②—准噶尔南缘前陆冲断带；③—准噶尔东南缘前陆冲断带；④—吐哈前陆冲断带；⑤—库车前陆冲断带；⑥—喀什凹陷北缘前陆冲断带；⑦—塔西南前陆冲断带；⑧—塔东南前陆冲断带；⑨—柴西北前陆冲断带；⑩—柴北缘前陆冲断带；⑪—酒泉北缘前陆冲断带；⑫—鄂尔多斯西缘前陆冲断带；⑬—川东北前陆冲断带；⑭—川西前陆冲断带；⑮—楚雄前陆冲断带

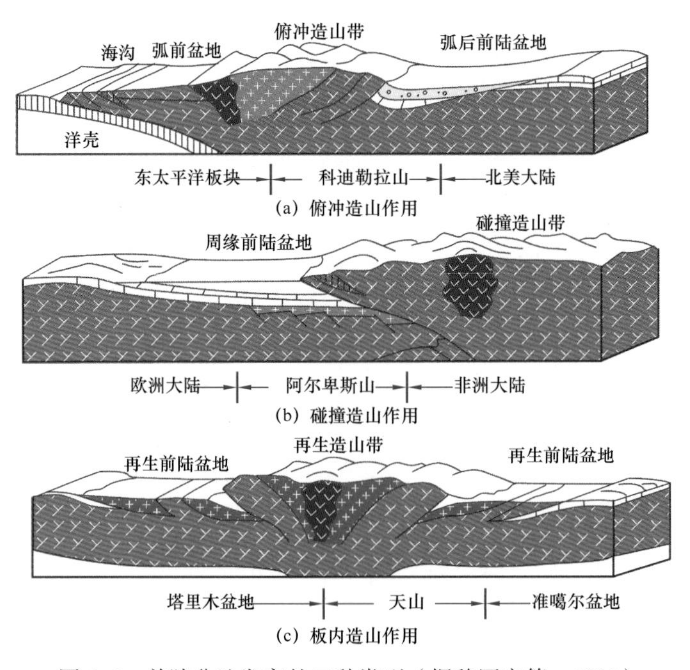

图 1–2　前陆盆地发育的三种类型（据魏国齐等，2008）

（1）弧后前陆冲断带：典型实例如北美落基山山前、南美新生代弧后和欧亚地区古特提斯带（北特提斯）。弧后前陆冲断带形成于B型俯冲带。晚二叠世—三叠纪，塔里木盆地西南缘发育弧后前陆冲断带。

（2）周缘前陆冲断带：随着洋壳的俯冲消减，两个大陆逐渐靠近并最终发生碰撞造山。在碰撞造山带前缘俯冲板块的被动大陆边缘之上叠加发育了周缘前陆盆地。毗邻这类前陆盆地的冲断带内侧常常有蛇绿岩、蛇绿混杂岩等卷入其中，从而和弧后前陆冲断带有较大差别。典型实例如扎格罗斯盆地、磨拉石盆地等。

（3）再生前陆冲断带：发育在再生前陆盆地的活动翼。再生前陆盆地在时间上与其相邻板块缝合带并不直接相关，主要受印度板块—欧亚板块碰撞产生的远距离效应控制，古老的缝合造山带复活，发生强烈的板内变形，在山前形成褶皱—冲断带与巨厚磨拉石充填；在空间上它也不与同时期的碰撞缝合带直接紧靠，而是远离碰撞缝合带。上述特点决定了我国中西部再生前陆冲断带有其特殊性：① 由于其成因源于印欧碰撞的远距离效应，应力自南向北传播，因此冲断变形南强北弱，如塔西南山前冲断带较准噶尔南缘冲断带变形要强烈得多，冲断变形时间也早一些；② 下伏基底构造的影响明显加大，例如在柴北缘、准南缘，中生代控制断陷形成的基底正断层可以在新生代发生反转；③ 由于克拉通块体小，旁侧造山带较大，因此前陆冲断带的变形极强，可能在山前三角带的前方，使前陆坳陷或前陆斜坡都卷入冲断褶皱变形，使前陆冲断带与前陆坳陷界限不分明，代之以一系列断层相关褶皱带，如库车、准南、台北缘、柴北缘等山前带，从而构成与常见前陆冲断带地质结构上的明显差异。与世界范围内的克拉通相比，中国克拉通不典型，块体破碎，抗挤压能力差，冲断带变形强，使前渊带、甚至斜坡带卷入晚期冲断褶皱变形系统，构成与典型前陆冲断带地质结构上的明显差异。

魏国齐等（2008）提出，中国中西部前陆盆地有两期三大类前陆盆地，即印支期的周缘前陆盆地和弧后前陆盆地，喜马拉雅期的再生前陆盆地。依据两期前陆盆地演化特点和组合类型划分为四种，即叠合型、改造型、早衰型和新生型（表1–1）。不同类型前陆盆地的演化特点和组合类型不同，决定了不同前陆盆地构造样式和变形特征、生储盖组合不同，油气成藏时期、成藏后的改造作用不同以及油气分布规律与勘探部位的不同（宋岩等，2008）。

2. 前陆冲断带地质结构类型与构造变形样式

在前陆冲断带，除一些盐拱或泥底辟发育区外，发生的构造变形多为脆性或半脆性变形。在造山带内部、前陆地区基底断裂的继承性活动（柴北缘）或早期控盆断裂的反转等部位常形成厚皮冲断构造（基底卷入型）；在前陆地区受控于区域滑脱面、地层厚度及组成等因素，常发生薄皮冲断构造（盖层滑脱型），这是前陆冲断带的主要构造类型，如在落基山、龙门山、天山南北缘等地区广泛发育。

前陆冲断带构造复杂多样，主要构造样式有断层相关褶皱组合、盐相关褶皱、走滑—冲断构造组合等。在川西、川北、酒泉、塔西南等前陆冲断带内，冲断带内部的膏盐岩、泥页岩等软弱层控制了沉积盖层内部构造变形特征，主要发育断层转折褶皱、断层传播

表 1-1　我国中西部典型前陆盆地构造及演化特征（据魏国齐，2008）

<table>
<tr><td colspan="2">盆地名称</td><td colspan="4">库车坳陷</td><td colspan="4">准噶尔盆地南缘</td><td colspan="3">柴达木盆地北缘</td><td colspan="3">川西</td></tr>
<tr><td rowspan="19">盆地构造及沉积演化阶段</td><td>Q</td><td colspan="2">再生前陆盆地</td><td rowspan="2">陆内前陆盆地磨拉石沉积</td><td rowspan="2">前陆层序</td><td colspan="2" rowspan="2">再生前陆盆地</td><td rowspan="2">陆内前陆盆地磨拉石沉积</td><td rowspan="2">前陆层序</td><td>再生前陆盆地</td><td rowspan="2">挤压走滑背景下磨拉石沉积</td><td rowspan="2">前陆层序</td><td rowspan="4">再生前陆盆地</td><td rowspan="4">陆内前陆盆地磨拉石沉积</td><td rowspan="4">前陆层序</td></tr>
<tr><td>N</td><td rowspan="10">陆内坳陷</td><td>坳陷型盆地（挤压）</td><td rowspan="2">坳陷型盆地</td></tr>
<tr><td>E</td><td rowspan="3">坳陷型盆地（伸展）</td><td rowspan="3">氧化宽浅湖红色碎屑岩沉积</td><td rowspan="8">非前陆层序</td><td rowspan="9">陆内坳陷</td><td rowspan="3">碟状坳陷</td><td></td><td rowspan="9">非前陆层序</td><td rowspan="4">氧化宽浅湖红色碎屑岩沉积</td><td rowspan="6">非前陆层序</td></tr>
<tr><td>K_2</td><td rowspan="3">氧化宽浅湖红色碎屑岩沉积</td><td>← 挤压</td></tr>
<tr><td>K_1</td><td rowspan="2">坳陷型盆地</td><td rowspan="4">坳陷型盆地</td><td rowspan="4">氧化宽浅湖红色碎屑岩沉积</td><td rowspan="4">非前陆层序</td></tr>
<tr><td>J_3</td><td rowspan="5">断陷型盆地</td><td rowspan="5">湖相及河湖沼泽相含煤烃源岩沉积</td><td>← 挤压</td></tr>
<tr><td>J_2</td><td rowspan="2">断陷型盆地</td><td rowspan="3">湖相及河湖沼泽相含煤烃源岩沉积</td><td rowspan="2">断陷型盆地</td><td rowspan="2">湖相及河湖沼泽相含煤烃源岩沉积</td></tr>
<tr><td>J_1</td></tr>
<tr><td>T_3</td><td rowspan="2">坳陷型盆地</td><td></td><td></td><td></td><td rowspan="2">周缘前陆盆地</td><td rowspan="2">前陆盆地磨拉石沉积</td><td rowspan="2">前陆层序</td></tr>
<tr><td>T_2</td><td rowspan="2"></td><td></td><td></td><td></td></tr>
<tr><td>T_1</td><td colspan="2" rowspan="2">周缘前陆盆地</td><td rowspan="2">前陆盆地磨拉石沉积</td><td rowspan="2">前陆层序</td><td>← 挤压</td><td></td><td></td><td></td><td rowspan="9">被动大陆边缘</td><td rowspan="9">被动大陆边缘海相沉积
克拉通边缘海相沉积</td><td rowspan="9">前前陆层序</td></tr>
<tr><td>P_2</td><td colspan="2" rowspan="3">周缘前陆盆地</td><td rowspan="3">前陆盆地磨拉石沉积</td><td rowspan="3">前陆层序</td><td></td><td></td><td></td></tr>
<tr><td>P_1</td><td colspan="2" rowspan="7">被动大陆边缘</td><td rowspan="7"></td><td rowspan="7"></td><td></td><td></td><td></td></tr>
<tr><td>C_2</td><td></td><td></td><td></td></tr>
<tr><td>C_1</td><td colspan="2"></td><td></td><td></td><td></td><td></td><td></td></tr>
<tr><td>D</td><td colspan="2"></td><td></td><td></td><td></td><td></td><td></td></tr>
<tr><td>S</td><td colspan="2"></td><td></td><td></td><td></td><td></td><td></td></tr>
<tr><td>O</td><td colspan="2"></td><td></td><td></td><td></td><td></td><td></td></tr>
<tr><td>€</td><td colspan="2"></td><td></td><td></td><td></td><td></td><td></td></tr>
<tr><td colspan="2">盆地组合类型</td><td colspan="4">叠合型</td><td colspan="4">叠合型</td><td colspan="3">新生型</td><td colspan="3">改造型</td></tr>
<tr><td colspan="2">前陆盆地</td><td colspan="4">印支期周缘前陆盆地
喜马拉雅期再生前陆盆地</td><td colspan="4">印支期周缘前陆盆地
喜马拉雅期再生前陆盆地</td><td colspan="3">喜马拉雅期再生前陆盆地</td><td colspan="3">印支期周缘前陆盆地</td></tr>
<tr><td colspan="2">后期变形</td><td colspan="4">喜马拉雅期前陆冲断带变形</td><td colspan="4">喜马拉雅期前陆冲断带变形</td><td colspan="3">喜马拉雅期前陆冲断带变形</td><td colspan="3">后期的冲断变形</td></tr>
<tr><td colspan="2">后期盆地改变情况</td><td colspan="4">两期前陆盆地保存完整，喜马拉雅期再生前陆盆地还在发育过程中</td><td colspan="4">两期前陆盆地保存完整，喜马拉雅期再生前陆盆地还在发育过程中</td><td colspan="3">喜马拉雅期再生前陆盆地还在发育过程中</td><td colspan="3">早期前陆盆地部分被破坏</td></tr>
</table>

续表

<table>
<tr><td>盆地名称</td><td colspan="3">库车坳陷</td><td colspan="3">准噶尔盆地南缘</td><td colspan="3">柴达木盆地北缘</td><td colspan="3">川西</td></tr>
<tr><td rowspan="7">断裂发育特征</td><td rowspan="7">四期四类</td><td>D之前</td><td>张性正断层</td><td rowspan="7">四期五类</td><td>C_2之前</td><td>张性正断层</td><td rowspan="7">三期三类</td><td>J_1—J_2</td><td>张性正断层</td><td rowspan="7">四期三类</td><td>O—P</td><td>张性正断层</td></tr>
<tr><td>P_2—T</td><td>逆冲断层</td><td>C_2—P</td><td>逆冲断层</td><td>K末</td><td>挤压反转</td><td>T_1—T_2</td><td>挤压反转</td></tr>
<tr><td>J—E</td><td>逆冲断层</td><td>J—K</td><td>逆冲断层</td><td>N—Q</td><td>走滑逆冲断层</td><td>T_2末—T_3</td><td>逆冲断层</td></tr>
<tr><td>N—Q</td><td>逆冲断层</td><td>N—Q</td><td>逆冲断层</td><td colspan="2" rowspan="2">基底到浅部走滑逆冲断层
（部分为正反转断层）</td><td>K_2—Q</td><td>逆冲断层</td></tr>
<tr><td colspan="2" rowspan="3">同沉积正断层
基底逆冲断层
盖层滑脱断层
第四系正反转断层</td><td colspan="2" rowspan="3">基底到浅部逆冲断层（基底卷入型）
侏罗系煤系地层内滑脱断层
侏罗系到浅部逆冲断层（侏罗系为滑脱层）
白垩系到浅部逆冲断层（白垩系为滑脱层）
古近系到浅部逆冲断层（安集海河组为滑脱层）</td><td colspan="2">基底到浅部逆冲断层
（基底顶面为滑脱面）</td></tr>
<tr><td colspan="2">基底到地表走滑逆冲断层</td><td colspan="2">上三叠统到浅部逆冲断层
（上三叠统为滑脱面）</td></tr>
<tr><td colspan="2">盖层滑脱型断层
（下干柴沟组上段和
上干柴沟组为滑脱层）</td><td colspan="2">中三叠统到浅部逆断层
（中三叠统为滑脱面）</td></tr>
<tr><td>局部构造样式</td><td colspan="3">基底卷入型构造样式
厚—薄叠加型构造样式
盖层滑脱型构造样式</td><td colspan="3">基底卷入型构造样式
厚—薄叠加型构造样式
薄—薄叠加型构造样式</td><td colspan="3">基底卷入型构造样式
厚—薄叠加型构造样式</td><td colspan="3">基底卷入型构造样式
盖层型构造样式</td></tr>
</table>

褶皱和断层滑脱褶皱及其组合而成的多种类型的断层相关褶皱（Suppe，1983；Shaw 等，1994，1999，2005；李本亮等，2010）。在膏盐岩沉积巨厚的前陆冲断带内部，软弱层又成为控制构造变形的主要因素，构造挤压使局部地方的膏盐岩发生横向塑性流动而加厚，形成与盐变形相关的构造，这种受膏盐岩或膏泥岩控制的盐相关构造在库车前陆冲断带表现非常明显（汤良杰等，2003，2004；汪新等，2010），在准南、塔西南、吐哈等地区也可能存在。以剪切走滑—冲断方式传播的构造变形主要分布在准南、塔东南、柴达木昆仑山山前等冲断带，挤压兼走滑作用控制的前陆冲断带的发育除受制于古造山带复活外，还与阿尔金、帕米尔东缘大型走滑断裂活动相关，构造亦成排成带分布，但构造带之间呈斜列展布，平面推覆构造波及的范围相对较小，纵向断裂陡直，显示有平行于造山带的走滑构造运动。

二、前陆冲断带油气成藏特征

前陆冲断带构造活动强，油气源丰富，且构造圈闭和油源断裂发育，因此，前陆冲断带油气富集，油气藏类型以背斜、断裂等构造型为主。中国中西部前陆冲断带晚期改造强烈，发生了多期次、多层次的冲断推覆，前陆基底卷入型构造和叠加构造样式较为普遍，以叠瓦冲断带和构造楔为基础，形成了多种独特的地质结构类型（王平在等，2002）。中国中西部前陆盆地为多期改造，具有多期成藏、多套烃源岩和多期演化的特征，且油气相态多样，油气藏不断调整和改造（宋岩等，2006），多期断裂活动是油气成藏的主控因素，断裂和油源在时间上和空间上的组合是造成前陆冲断带多种油气藏类型的主要原因。

中国中西部前陆冲断带具有以下相似的油气成藏地质特征（宋岩等，2006）：（1）中西部前陆盆地主要形成于中—新生代，以中—新生代沉积充填为主，发育多套烃源岩，但多数前陆冲断带的主力烃源岩为三叠—侏罗系的煤系烃源岩，这套烃源岩目前的热演化程度普遍较高，主要处于高成熟—过成熟阶段，生气强度高，因此中西部前陆冲断带主要以气聚集为主。（2）发育多套储盖组合，且为下生上储组合为主，烃源岩主要发育在前前陆期。（3）逆断层是沟通下部油气源与上部储层的通道。多套断裂系统的发育，油气排运充分，油气充注效率高。前陆冲断带部位烃源岩进入生烃高峰主要是在冲断负荷作用之后，与区域内构造强烈活动时期相匹配，从而能使大多数油气排运出来，有效地充注该区形成的圈闭。（4）多旋回构造运动使中西部前陆盆地发育多套烃源岩并经历了多期演化，因而前陆冲断带具有多期成藏、晚期成藏为主的特征。除准噶尔盆地西北缘前陆冲断带成藏期较早（T_3—J）之外，中西部前陆冲断带普遍具有晚期成藏特征，主要是新近纪以来，大型气藏的形成则主要形成于第四纪（宋岩等，2006；赵孟军等，2005）。（5）普遍发育异常超压，油气藏的分布与异常压力的分布具有密切的关系（宋岩等，2006）。由于构造挤压、晚期快速深埋和生烃，以及膏泥岩与煤系地层的封盖，前陆冲断带现今发现的油气藏都具有异常高压的特征，部分气藏压力系数达到 2.0 以上。（6）前陆冲断带油气分布具有有序性（图 1–3）。从烃源岩母质类型与热演化程度看，前陆冲断带以聚气为主，而前陆斜坡与前缘隆起部位以聚油为主，冲断带深层下组合富含天然气，中组合油气共存，上组合以油为主，地表发育大量油气苗；从构造形成期来看，“古”构造聚油，“今”构造聚气，冲断序列也决定了油气在空间上有序分布。

相对国外典型前陆冲断带而言，油源断裂和构造圈闭发育是二者的最大共性。一个前陆冲断带是否富集油气，其关键取决于：（1）是否存在丰富油气源；（2）是否发育有效的封盖层；（3）在存在多层次滑脱推覆时是否发育有穿越滑脱面沟通油气源的断层。因此，在烃源岩发育的背景下，断裂和盖层是中西部前陆冲断带油气成藏两个最重要的控藏因素。

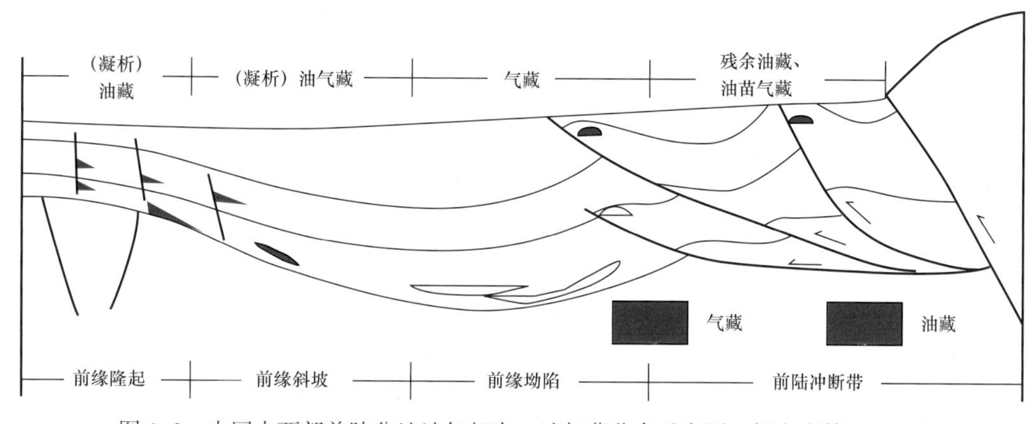

图 1-3　中国中西部前陆盆地油气相态、油气藏分布示意图（据宋岩等，2012）

第二节　前陆冲断带断裂系统与控藏作用

断裂系统是指一定时期在同一区域应力作用下形成的有成因联系的断裂及其所控制的地层、构造的组合，它们在排列展布、构造样式等方面有明显的规律性。不同类型前陆盆地冲断带其断裂活动期次及断裂系统类型存在明显差异，其控藏作用存在一定差异。断裂系统控藏作用研究主要包括以下 3 个方面：（1）基于构造层和构造活动期次研究，划分断裂系统；（2）结合油气成藏期、烃源岩分布和断裂系统划分结果，明确不同断裂系统控藏作用（油源断层、调整断层），确定油气成藏的输导条件；（3）油气并不是沿整条断层垂向运移调整聚集，存在优势运移通道，构造分段性、断裂—盖层组合控制着油气优势运移通道。

一、前陆冲断带断裂系统划分

1. 库车前陆冲断带断裂系统

库车前陆盆地构造演化总体上划分为震旦纪—古生代的被动大陆边缘、晚古生代末—早中生代周缘前陆盆地、中生代—古近纪伸展断陷—坳陷阶段及新近纪陆内前陆盆地四个阶段（图 1-4）（漆家福等，2009）。基于断裂变形期次和断裂形成演化特征，剖面上可识别出 4 套断裂系统（图 1-5），即侏罗纪时期形成的同沉积正断层、第四系时期活动的正反转断层、基底逆冲断层、盖层滑脱断层。但综合考虑断裂变形期次、变形性质，可将库车前陆划分 6 套断裂系统（图 1-6），即走滑逆冲型正反转断层、逆冲型正反转断层、

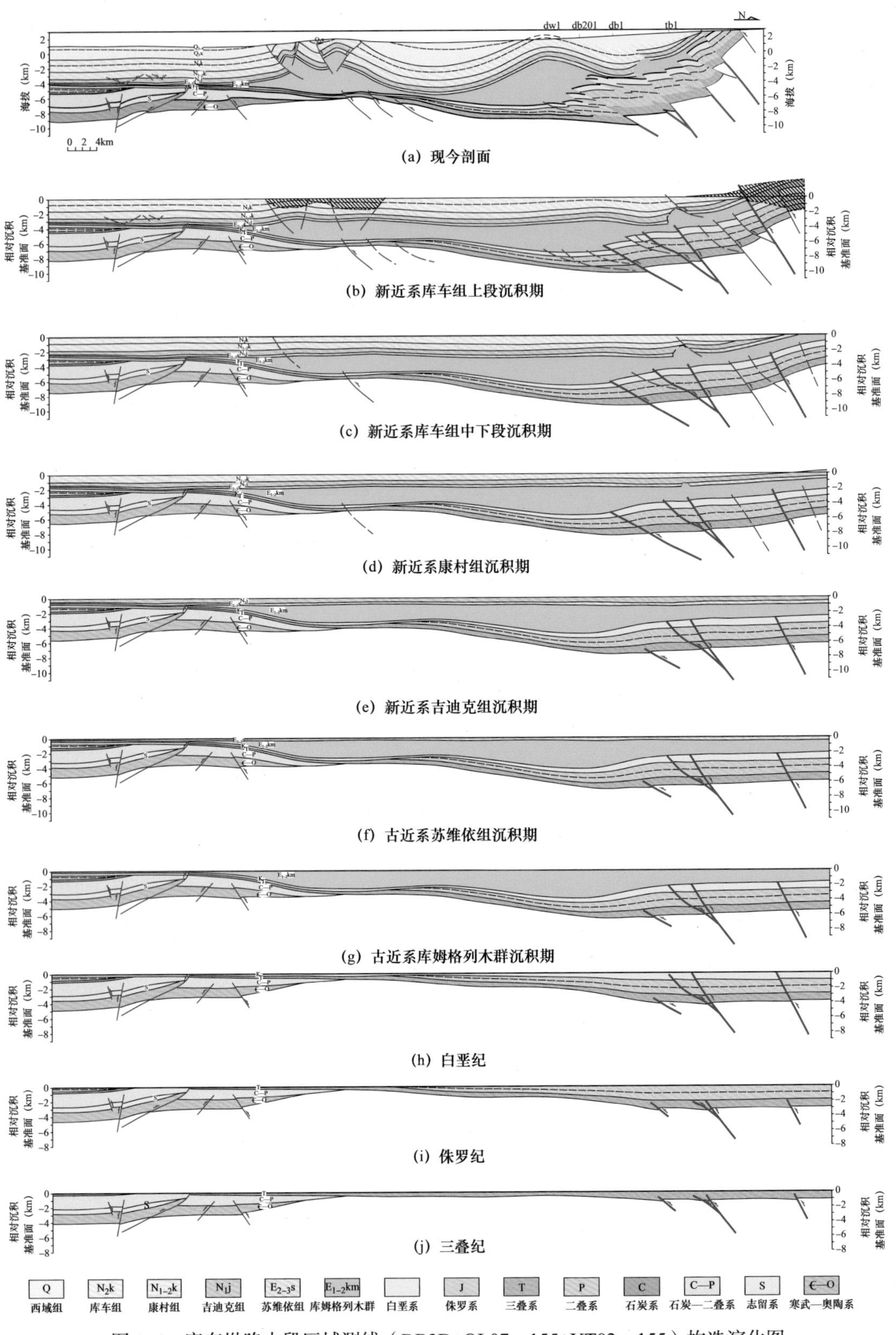

图 1-4　库车坳陷中段区域测线（DB3D+QL07—155+YT02—155）构造演化图

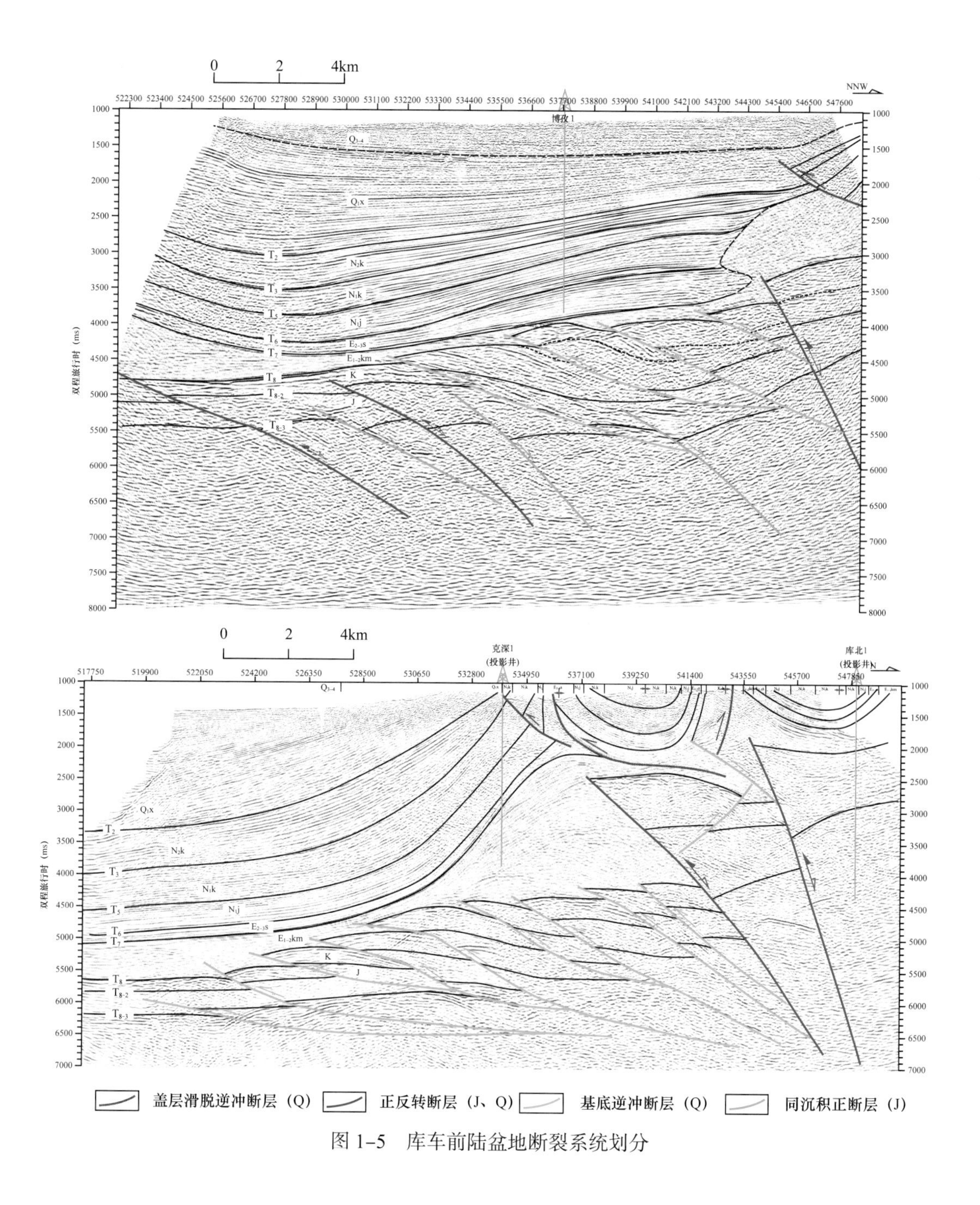

图 1–5　库车前陆盆地断裂系统划分

走滑逆冲断层、逆冲断层、正断层和盖层滑脱型逆冲断层。其中正断层主要为侏罗—白垩纪的同沉积正断层，盖层滑脱型逆冲断层主要为第四纪再生前陆盆地时期形成的盐上断裂体系，这两套断裂系统与天然气运聚成藏关系不大。其余四套断裂系统是控制天然气运聚成藏的主要断裂类型，其在晚期均发生强烈的走滑逆冲或逆冲型收缩变形，其中走滑逆冲型正反转断层和逆冲型正反转断层在侏罗—白垩纪为同沉积正断层，而在第四

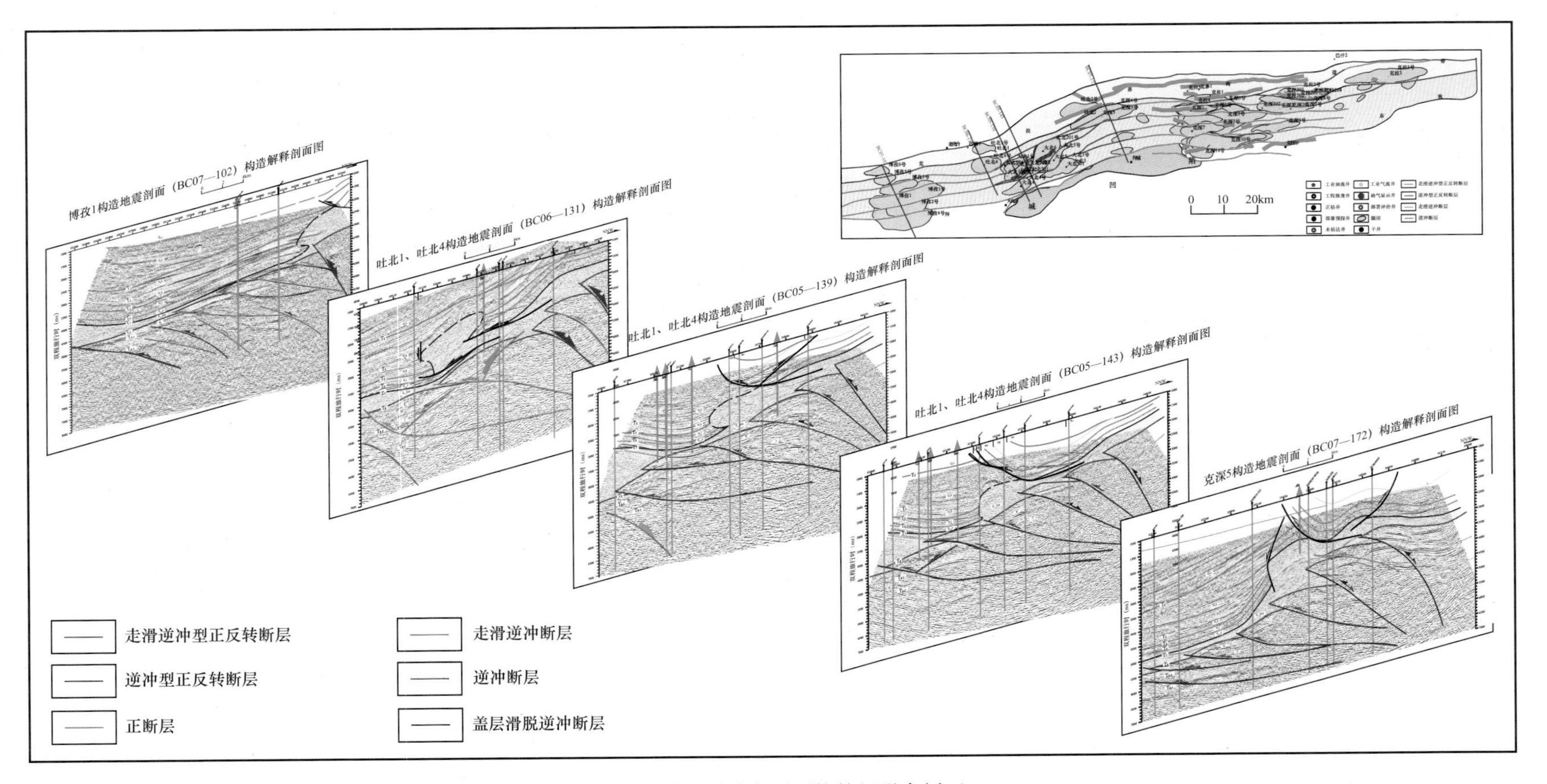

图1-6 库车坳陷断裂系统特征联合剖面

纪再活动发生正反转变形，走滑逆冲型断层和逆冲型断层均只在第四纪新发生收缩变形（图 1–7）。

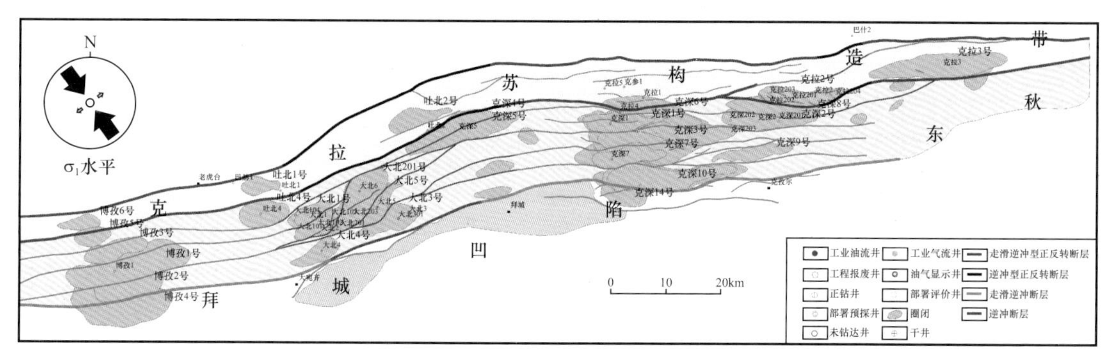

图 1–7　库车坳陷 T8 反射层断裂系统构成及分布

2. 准南前陆冲断带断裂系统

准南从晚古生代以来经历了被动大陆边缘（石炭纪）、周缘前陆盆地（晚石炭世—二叠纪）、陆内坳陷（三叠纪—古近纪）和再生前陆盆地（新近纪以来）四个发展阶段（图 1–8）（魏国齐等，2005）。准南前陆盆地剖面上可划分 4 套断裂系统（图 1–9），即石炭—二叠纪至侏罗纪持续活动的基底逆冲断裂、石炭—二叠纪至新近—第四纪持续活动的基底逆冲断裂、新近—第四纪活动的基底逆冲断裂、新近—第四纪活动的盖层滑脱型逆冲断裂。

3. 柴西南前陆冲断带断裂系统

柴西南经历了三期构造变形，即经历了早侏罗世伸展断陷、晚白垩世挤压反转和中新世（上干柴沟组沉积时期）以来再生前陆盆地三个阶段（图 1–10）。该地区断裂较为复杂，以古近系为界可以区分上下两套断裂体系。根据断裂的活动规律和变形机制，可将柴西地区断裂划分成早中期同沉积正断裂、中期同沉积走滑—逆冲断裂、晚期基底卷入型和盖层滑脱型走滑—逆冲断裂、长期活动的正反转断裂和继承性走滑—逆冲断裂共 6 套断裂系统（图 1–11、图 1–12）。

二、冲断带断裂系统对油气成藏的控制作用

前陆冲断带构造活动强烈，断裂相对发育，冲断带大型油气田的形成与断裂演化密切相关，主要体现在以下几个方面：（1）前陆盆地具有多期活动、多种类型盆地复合、多期成藏特征，形成了多套断裂系统，不同类型和不同期次断裂系统与成藏期有效配置为油气成藏提供输导和调整运移的条件；（2）油气垂向多层系富集，盖层自身封闭能力普遍较好，断层是导致油气垂向多层系富集的关键，因此，断—盖有效配置控制油气富集的层位；（3）前陆冲断带普遍发育断层型构造圈闭，断层侧向封闭性控制着构造圈闭的油气富集程度。

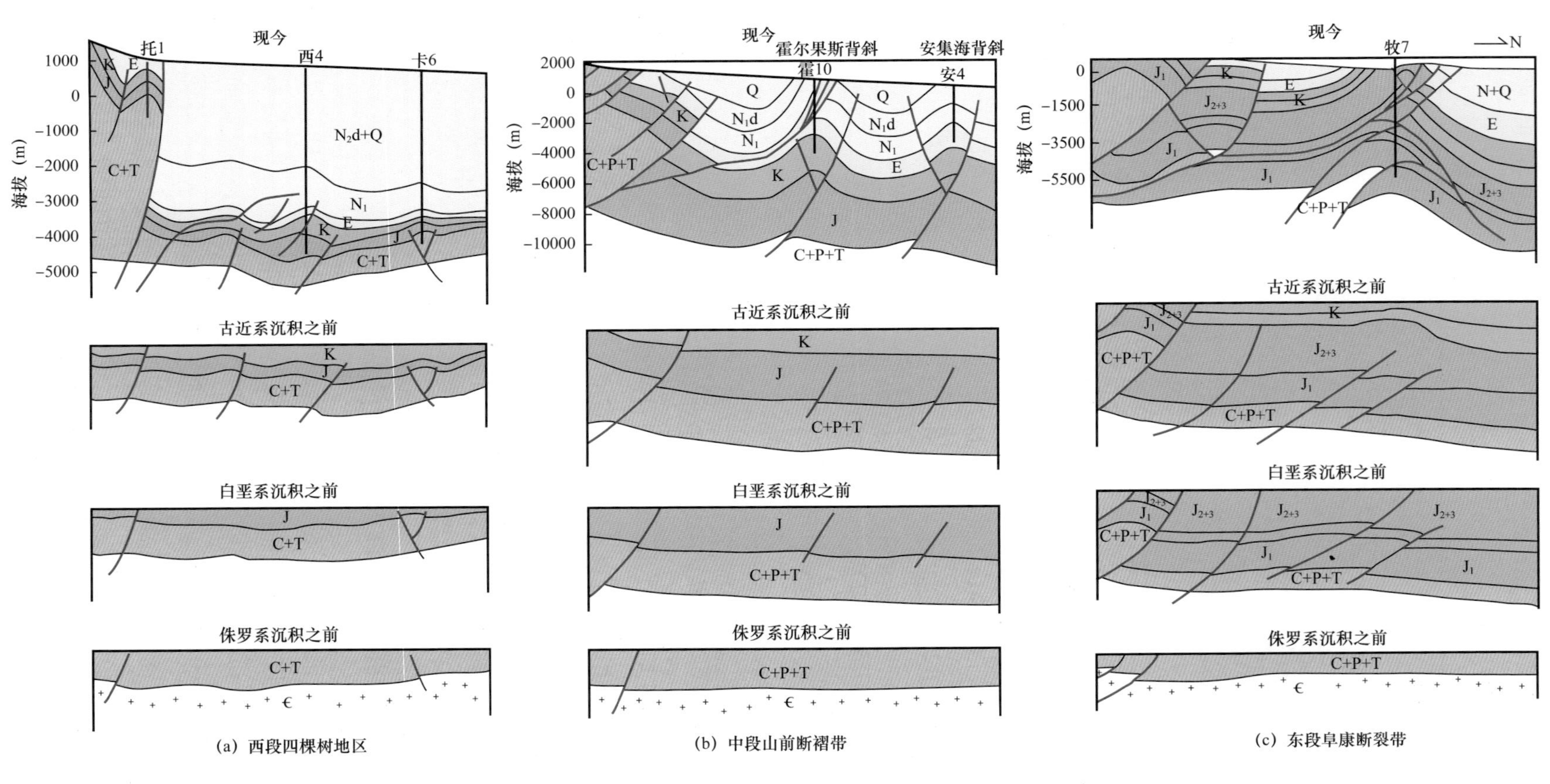

图 1-8　准南不同地区构造发育史剖面（据新疆油田公司，2005）

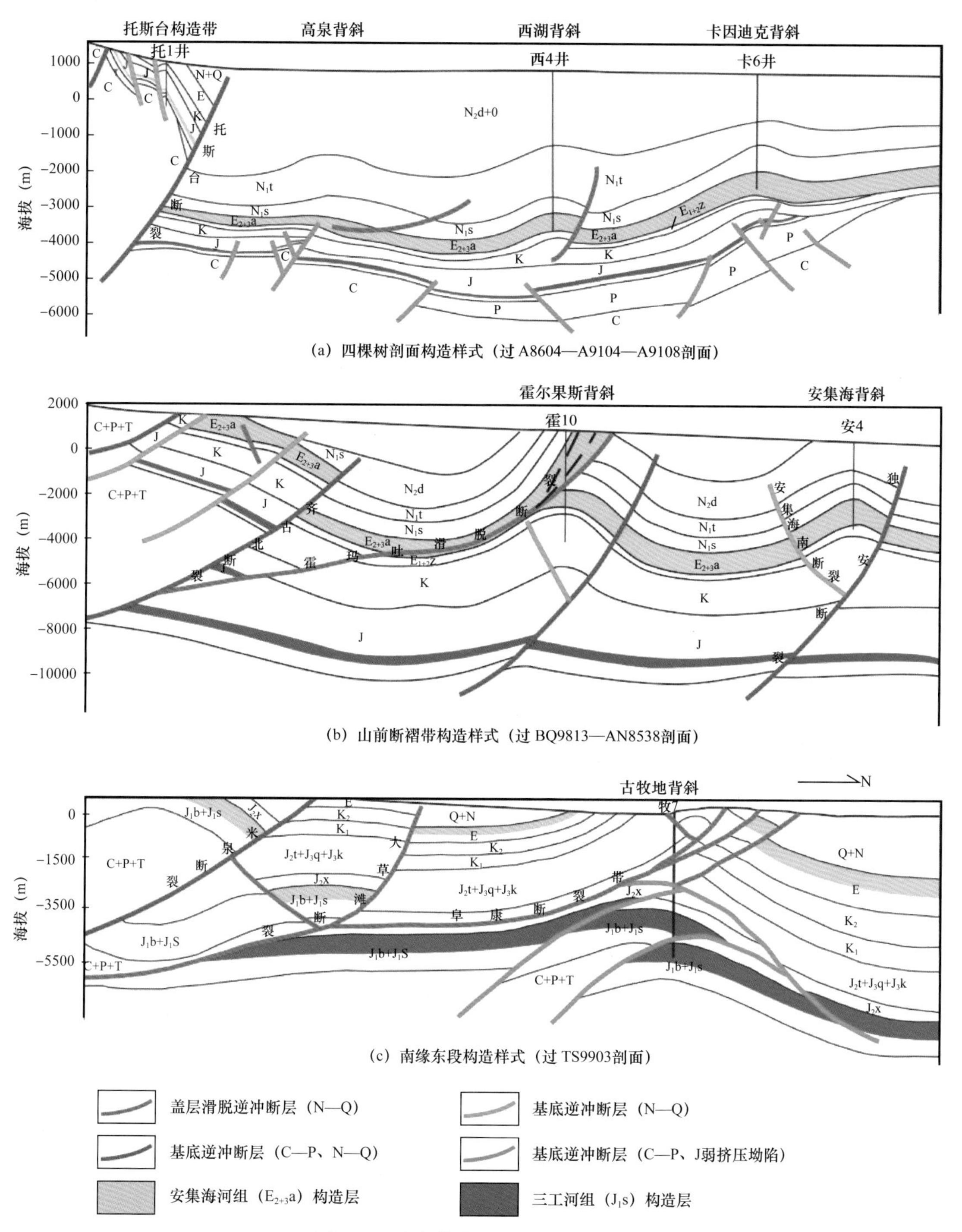

图 1–9 准南前陆盆地断裂系统划分

1. 典型冲断带断裂对油气成藏的控制作用

1）库车前陆冲断带

库车前陆冲断带从断裂系统划分与油气成藏期耦合关系看，整体表现为“早期原油充注，晚期阶段聚气”的特征。成藏早期（侏罗—古近纪）断陷盆地时期相关活动的同沉

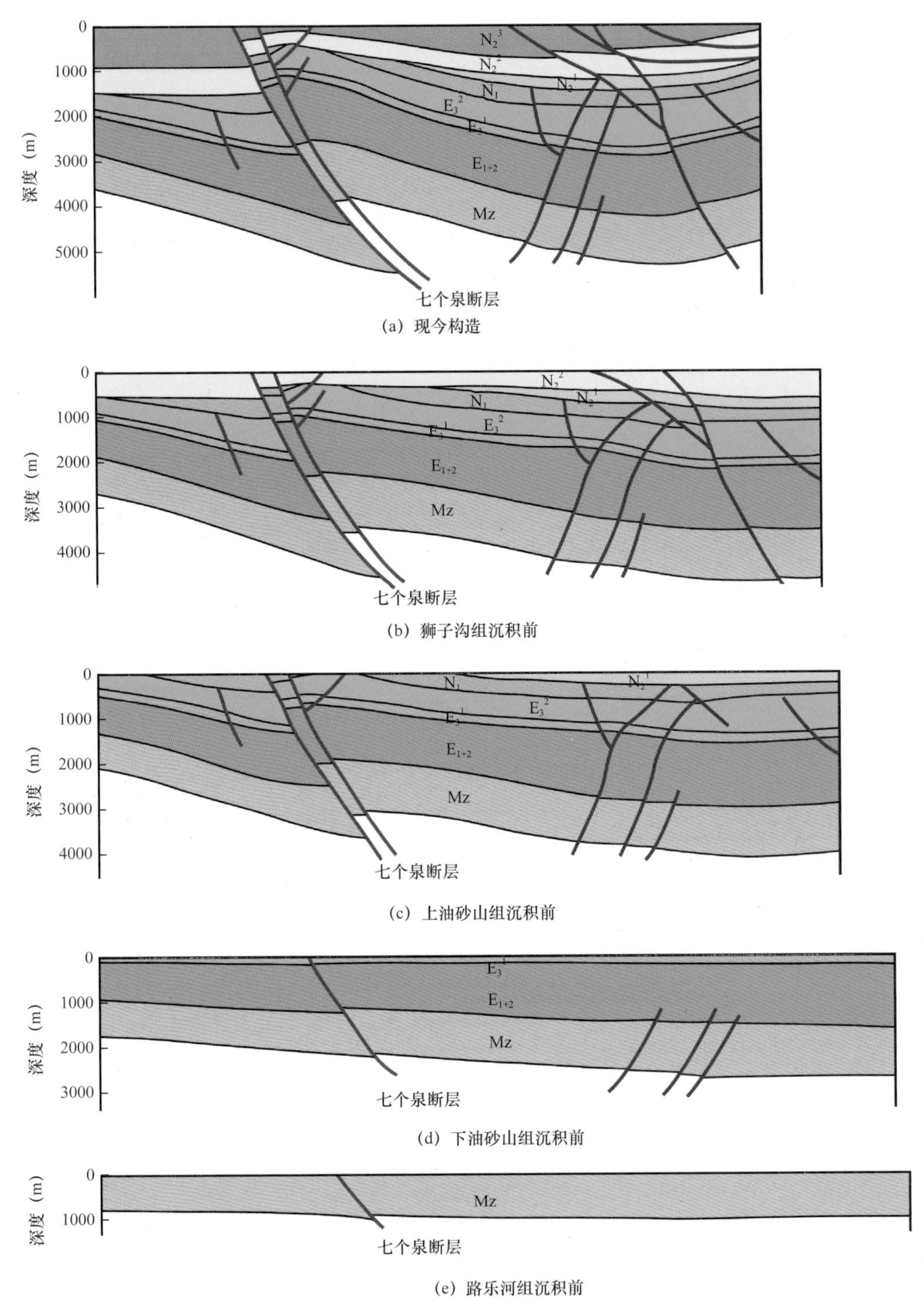

(a) 现今构造

(b) 狮子沟组沉积前

(c) 上油砂山组沉积前

(d) 下油砂山组沉积前

(e) 路乐河组沉积前

图 1–10　柴西地区典型构造发育史剖面

积正断层和正反转断层控制油气富集在巴什基奇克组，后期被调整运移至康村组形成大宛齐次生油藏（图 1–13）。成藏晚期主要在第四纪，该成藏期断裂处于再生前陆盆地演化阶段，烃源岩连续生烃，随着埋深增加，膏盐岩盖层塑性增强，断裂在盐中消失或断层焊接导致垂向封闭，因此，再生前陆盆地时期活动的正反转断层和基底逆冲断层系统控制了天然气垂向输导运移至巴什基奇克组储层富集成藏（图 1–14），这种断层对油气主要起到输导通道的作用；临近山前构造带构造抬升幅度大，形成贯通性穿盐断层，导致油气垂向调整散失，无法形成大规模油气聚集。

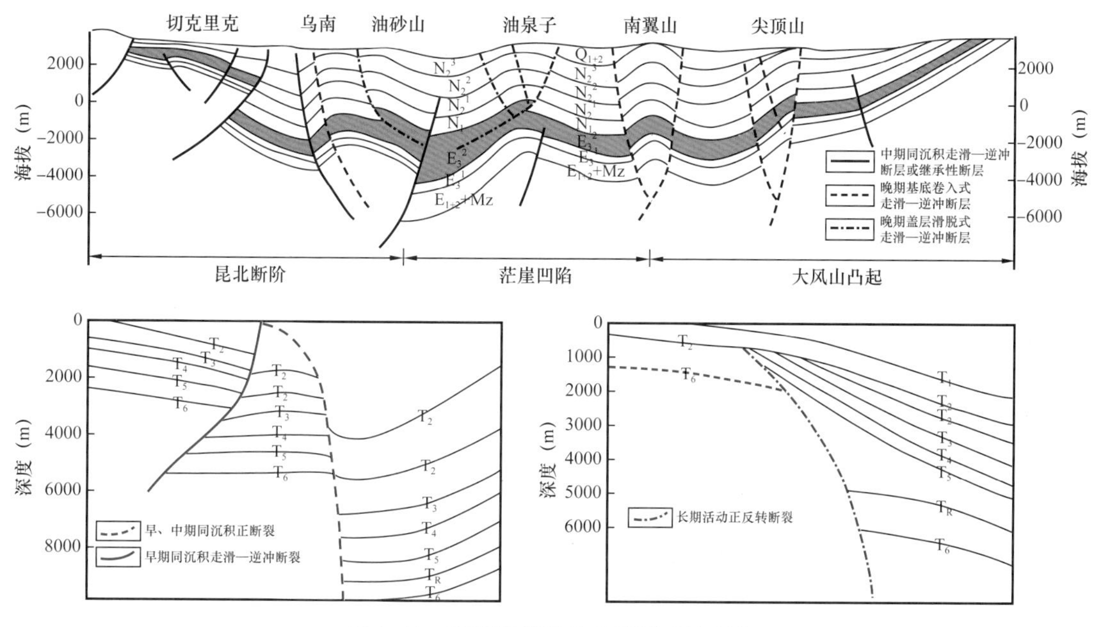

图 1–11　柴西缘前陆盆地断裂系统划分

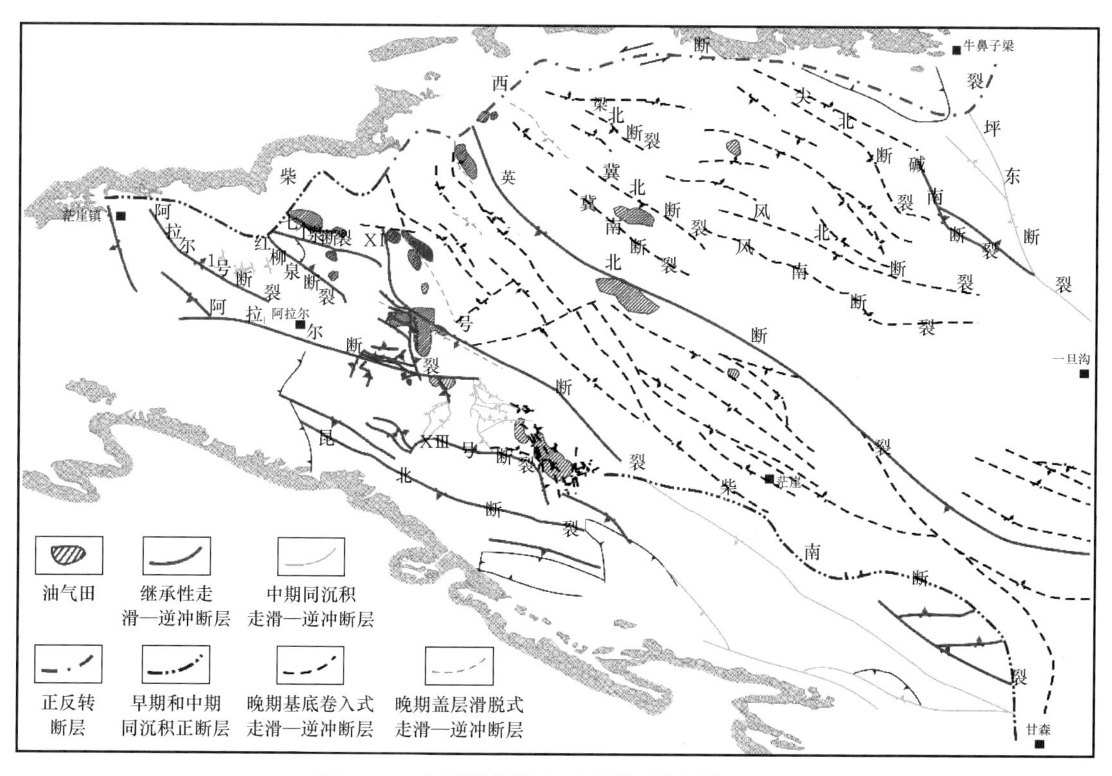

图 1–12　柴西缘前陆盆地断裂系统划分平面图

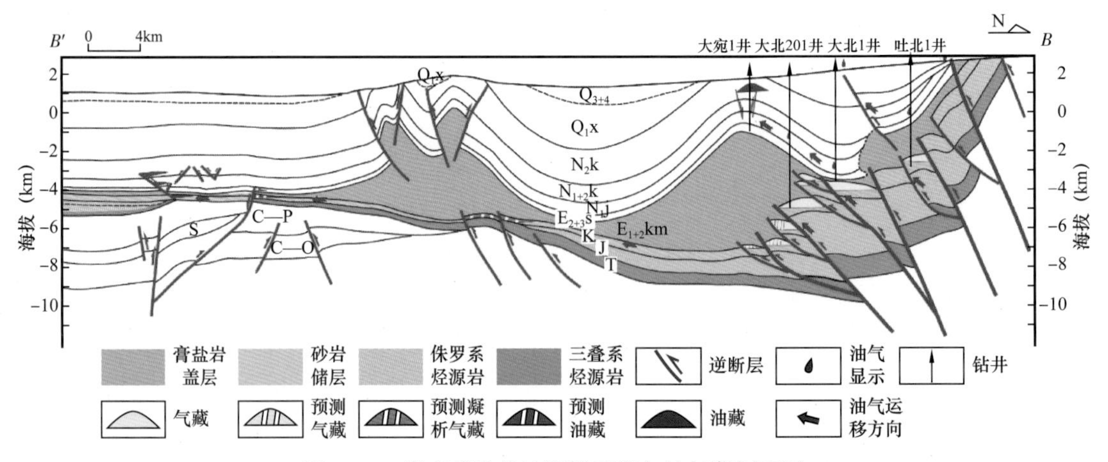

图 1-13　库车前陆盆地断裂系统与油气藏剖面图

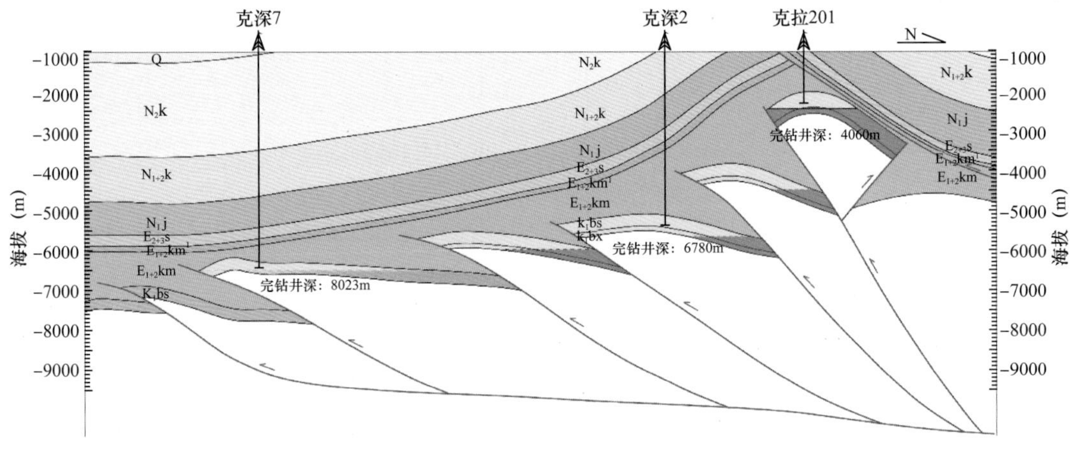

图 1-14　库车前陆盆地克深区带断裂系统与油气藏剖面图

2）准南前陆冲断带

准南前陆盆地不同类型断裂系统对油气运移和聚集的规律不同（表 1-2）。基底卷入型断裂早期活动（J—K）为下部构造层的油源断裂，晚期活动视断裂向上穿断的层位不同，对早期聚集油气的影响不同：（1）基底断至侏罗系和白垩系断裂，依然是下部构造层的油源断裂，如三台油田（图 1-15）；（2）基底断至安集海河组断裂，为下部构造层的调整断裂，成为中部构造层的油源断裂，使早期大部分聚集的油气上运到中部构造层聚集成藏，如呼图壁油气田（图 1-16）；（3）基底断至浅表的断裂为下部构造层的调整断裂，成为中部构造层和上部构造层的油源断裂，使早期大部分聚集的油气上运到中部构造层聚集成藏，少量在上部构造层中聚集成藏，如吐北断裂、玛纳斯北断裂、霍尔果斯北断裂、独安断裂、高泉断裂和高泉北断裂（图 1-17）；（4）基底断至地表的断裂，由于白垩系以上地层缺失，缺乏有效盖层的遮挡，成为散失型断裂，早期聚集的油气大部分散失到地表形成油砂露头或油气苗，只有受构造—岩性控制的油藏才能保存下来，如齐古油田（图 1-17）。因此下部构造层有利的圈闭主要有两类：一是基底断至侏罗系、白垩系断裂控制的圈闭，目前发现的代表性油气藏是甘河子油田；二是虽受基底断至安集海河组或浅表和地表的断裂控制，但油气聚集同时受岩性控制的圈闭，仍有大量油气保存下来，如卡

表 1-2　准南地区断裂特征对比表

断裂类型	延伸层位	主要活动期次	油源断层			调整断层		散失断层	破坏断层	典型断裂及油气藏
			构造层	主力烃源岩	储层	原生油气藏储层	次生油气藏储层			
基底卷入断裂	基底—J或K	C_3—P J—K	下部构造层	P_2、J_{1+2}	T和J					甘河子南断裂和甘河油田 艾卡断裂和卡因迪克油田 齐古背斜上系列断裂和齐古油田 孚远断裂和三台油田
	基底—$E_{1+2}a$	C_3—P J—K	下部构造层	P_2、J_{1+2}	T和J					甘河子北断裂和甘河油田
		N—Q	中部构造层	J_{1+2}和K	J_3、K和E					呼图壁深层断裂和呼图壁气田
	基底—浅表	C_3—P J—K	下部构造层	P_2、J_{1+2}	T和J			√		独安断裂和独山子油气田及安集海油气田 霍尔果斯北断裂与霍尔果斯油气田 吐北断裂与吐谷鲁油气田 齐古断裂与齐古油气田 古牧地北断裂与古牧地油气田
		N—Q	中部构造层	J_{1+2}和K	J_3、K和E					
			上部构造层	$E_{1+2}a$	沙湾组和塔西河组					
	基底—地表（K以下地层出露地表）	C_3—P J—K	下部构造层	P_2、J_{1+2}	T和J					山前第一排构造断裂及地表油气苗和油砂露头
		N—Q	下部构造层						√	
盖层滑脱断裂	J—$E_{1+2}a$	N—Q	中部构造层	J_{1+2}和K	J_3、K和E_{1+2}					霍尔果斯南断裂与霍尔果斯油气田 吐南1和吐南2断裂与吐谷鲁油气田
	K—$E_{1+2}a$	N—Q	中部构造层	K	K和E_{1+2}					霍3和霍4号断裂与霍尔果斯油气田 呼图壁断裂与呼图壁气田
	J（K）—地表	N—Q	中部构造层	J_{1+2}和K	K和E_{1+2}			√		没发现与此类断裂相关的油气藏
			上部构造层	$E_{1+2}a$	沙湾组和塔西河组					
	$E_{1+2}a$—地表	N—Q	上部构造层	$E_{1+2}a$	沙湾组和塔西河组			√		没发现与此类断裂相关的油气藏

图例：（灰色渐变块）代表该类断裂不具备对应的作用；（箭头）油气调整的方向

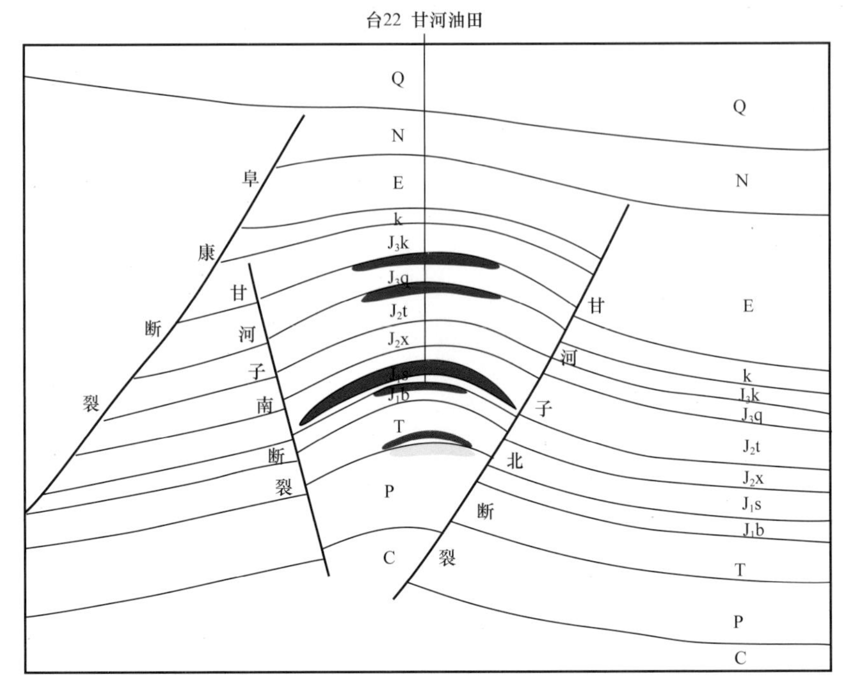

(a) 油气垂向分布规律

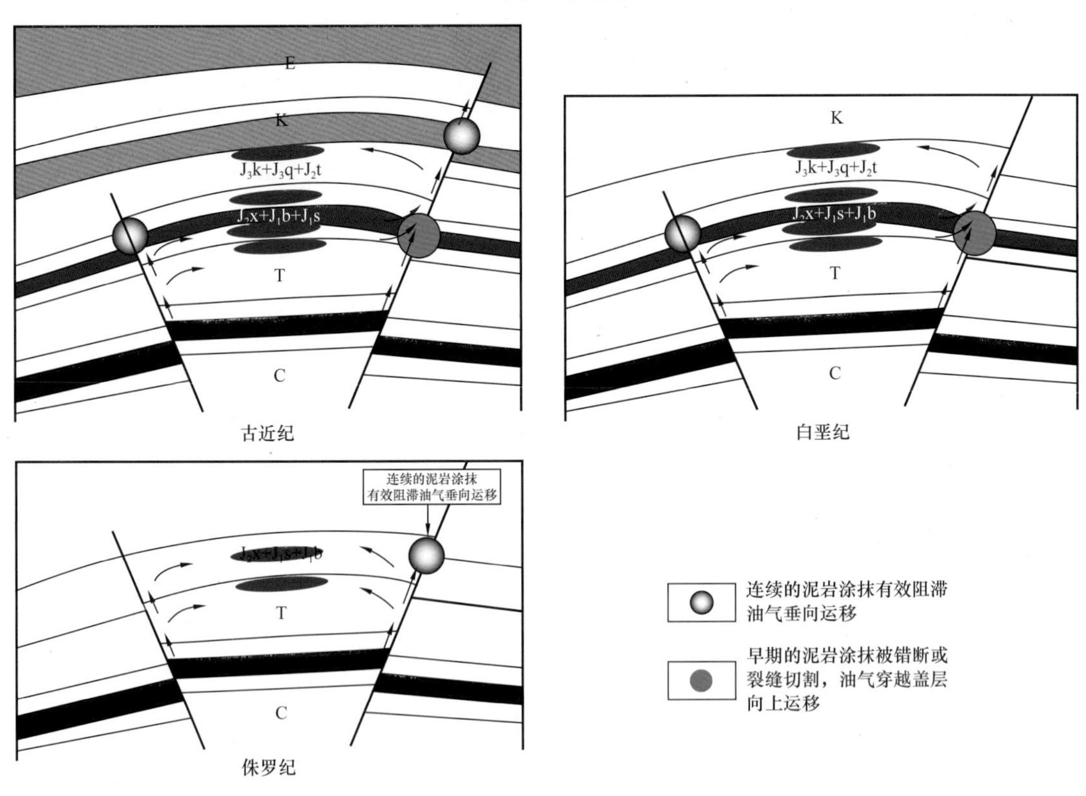

(b) 油气运聚成藏过程

图 1-15 三台油田断至侏罗系断裂与油气垂向运移的关系

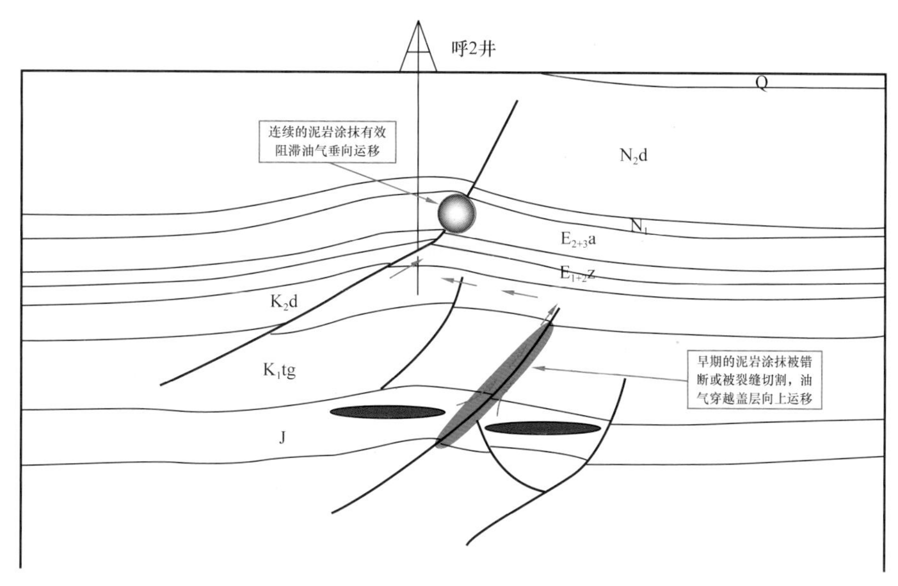

图 1–16　准南呼图壁气田断裂的阻烃能力及运聚过程

因迪克油田和齐古油田。盖层滑脱型断裂为中部构造层的主要油源断裂，但不同断裂的作用也是不同的：（1）侏罗系（白垩系）—安集海河组断裂、侏罗系（白垩系）—浅表（地表）、基底—安集海河组断裂和基底—浅表断裂为中部构造层主要的油源断裂，目前在中部发现的油气藏基本都受这些类型断裂的控制；（2）安集海河组—地表的断裂由于安集海河组烃源岩大部分地区未成熟，为无效的断裂；（3）基底—浅表、侏罗系（白垩系）—浅表（地表）的断裂为上部构造层的油源断裂（图 1–17）。

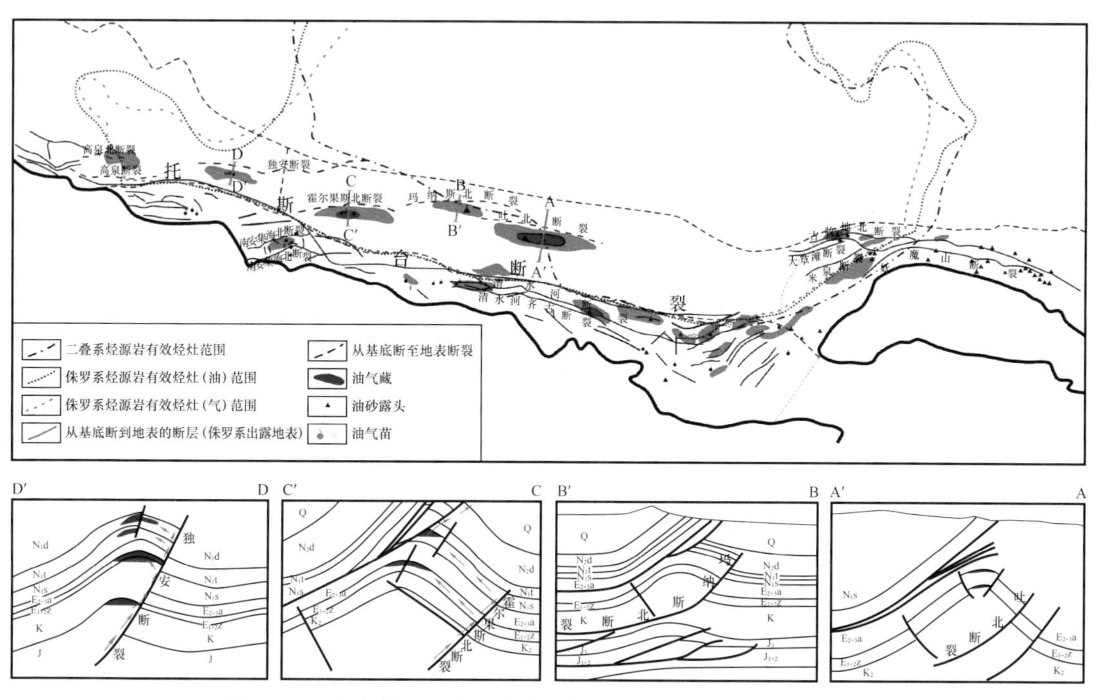

图 1–17　基底断至地表和浅表的断裂及其控制的油气分布规律

3）柴西前陆冲断带

结合柴西地区断裂系统、油气成藏期和油藏解剖研究，主体存在 3 种断裂时空演化与油气运聚成藏关系。（1）早期遮挡晚期聚集作用：早中期形成的断裂在第一成藏期（下油砂山组沉积末期）大部分停止活动，断层侧向封闭，油气侧向运移受古隆起和断层遮挡富集成藏（图 1–18），多为自生自储式油气藏，主要分布在古隆起附近，晚期断裂没有明显的活动，油气得以保存。成藏控制因素有源控、封闭断层和古隆起，如红柳泉油藏、切 6 号油藏、跃进二号油田跃西和跃东油藏。（2）早期遮挡晚期调整油气作用：控制下油砂山组沉积末期油气藏形成的断裂在狮子沟组—更新统沉积末期再次强烈活动，但并未完全断穿狮子沟组—更新统盖层，断裂活动破坏了早期封闭条件，将深层油气调整到浅层形成浅层油藏。从断裂叠加变形方式看，主要有两种模式：一种模式是早期基底卷入型断裂晚期继续活动（图 1–19），如尕斯、跃进二号东高点、七个泉油藏等；另一种模式是厚—薄叠加型模式（图 1–20），早期断裂和构造叠加晚期断裂，晚期断裂调整早期聚集的油气，典型油藏为狮子沟和砂西油藏。成藏控制因素有早期藏控和未断至地表晚期活动断层。（3）晚期断层垂向输导作用：晚期活动的断裂沟通深层和浅层两套生储盖组合，若未断至地表，成为油源断层。基底卷入型断裂沟通的油藏有乌南、南翼山、尖顶山和开特米里克油藏（图 1–21）；盖层滑脱型断裂沟通的油藏有花土沟、游园沟、油砂山、油泉子、咸水泉和红沟子油藏。

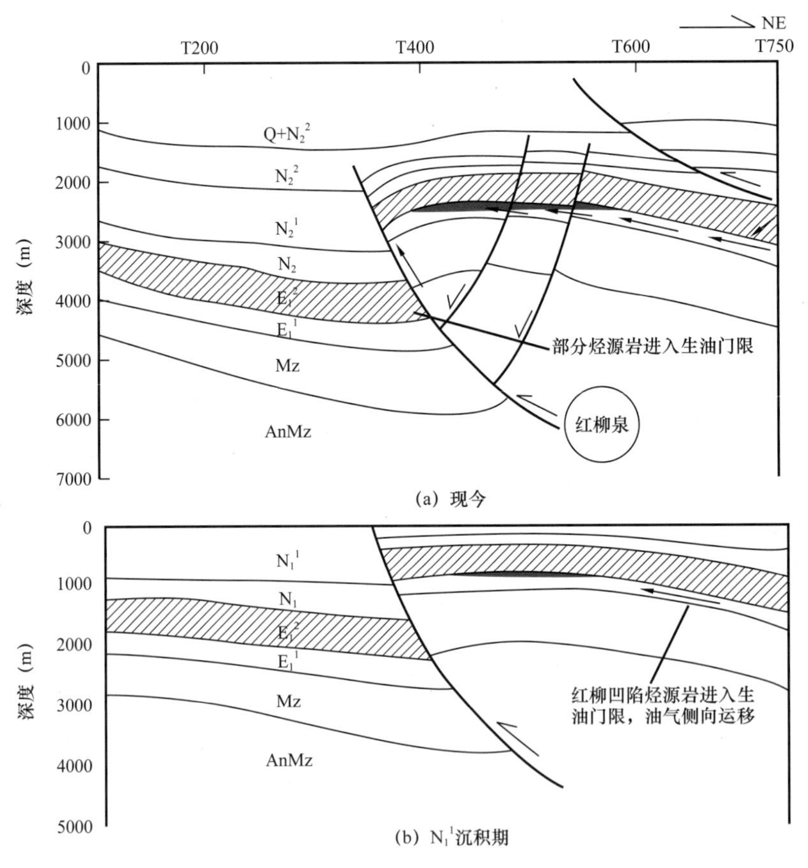

图 1–18　红柳泉地区断裂演化与油气运聚成藏的关系

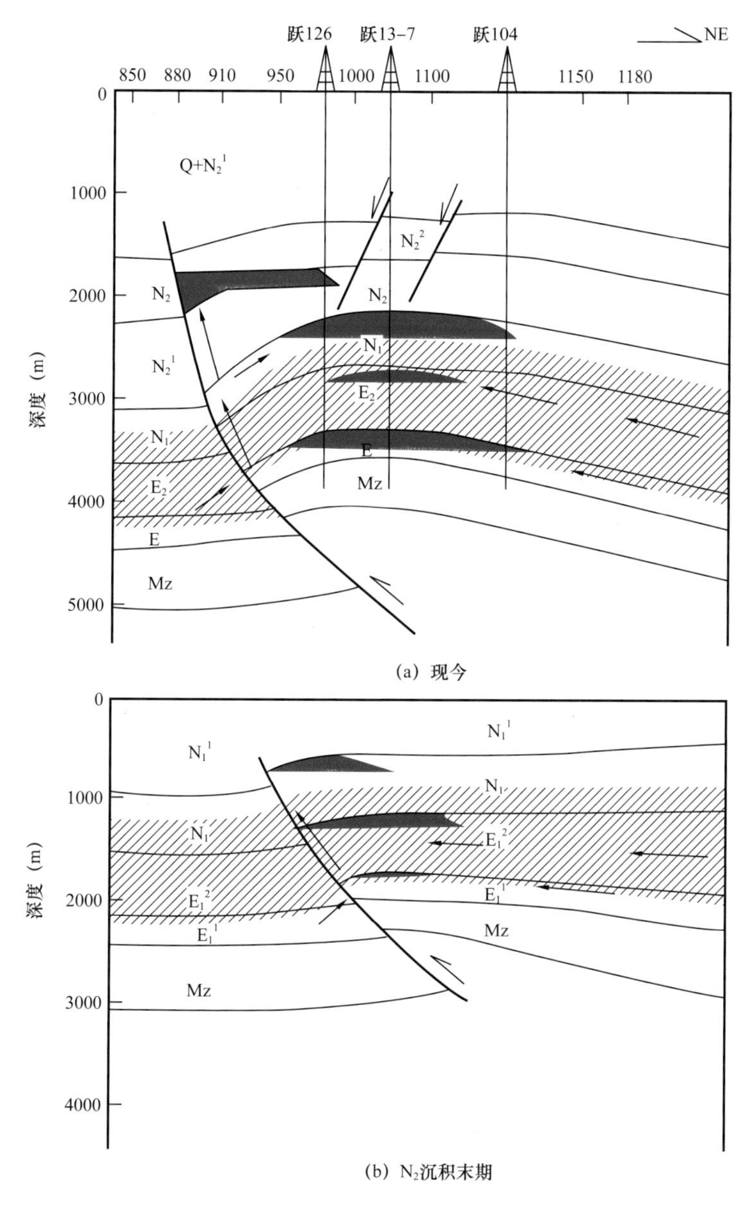

图 1-19　跃东地区断裂演化与油气成藏的关系

2. 不同构造层断裂系统的控藏作用

根据滑脱层发育特征及构造样式，可将中西部前陆盆地划分为 3 个构造层（图 1-22）：一是以煤系和砂泥岩地层为顶板的基底卷入型构造层（深部构造层），包括库车和准南叠合型前陆盆地侏罗系滑脱层之下构造层和柴西缘新生型前陆盆地干柴沟组以下构造层；二是以煤系为底板，以膏泥岩层为顶板的滑脱型构造层（中部构造层），主要发育在叠合型前陆盆地中，如库车侏罗系—古近系构造层，准南侏罗系—白垩系吐谷鲁群构造层；三是以膏（泥）岩为底板的滑脱型构造层（浅部构造层），主要发育在叠合型前陆盆地和柴达木盆地西缘新生型前陆盆地中。根据 3 套构造层和烃源岩发育层位，中西部前陆盆地整体划分为 2 套含油气系统：下部近源原生含油气系统和上部远源次生含油气系统。

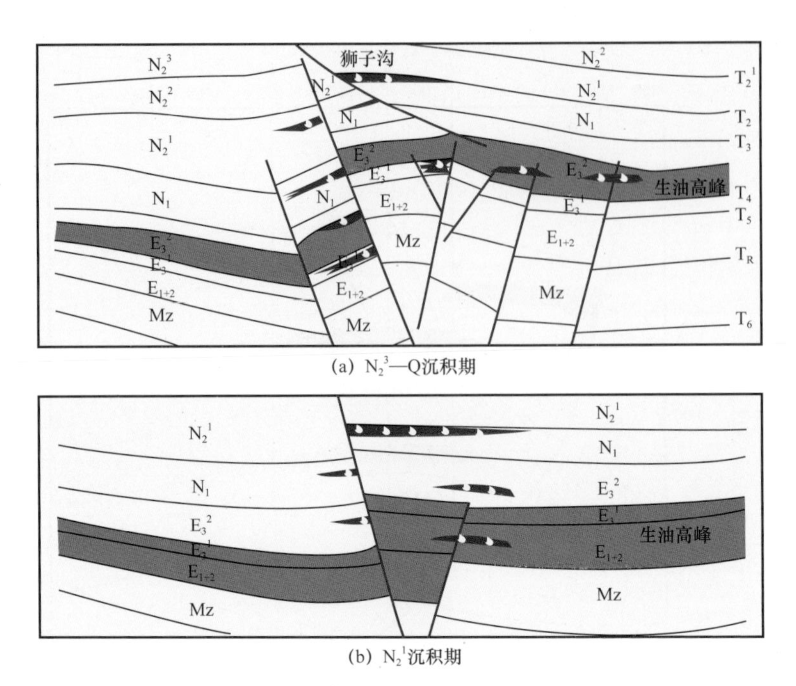

(a) N_2^3—Q沉积期

(b) N_2^1沉积期

图 1–20　狮子沟构造带断裂演化与油气成藏的关系

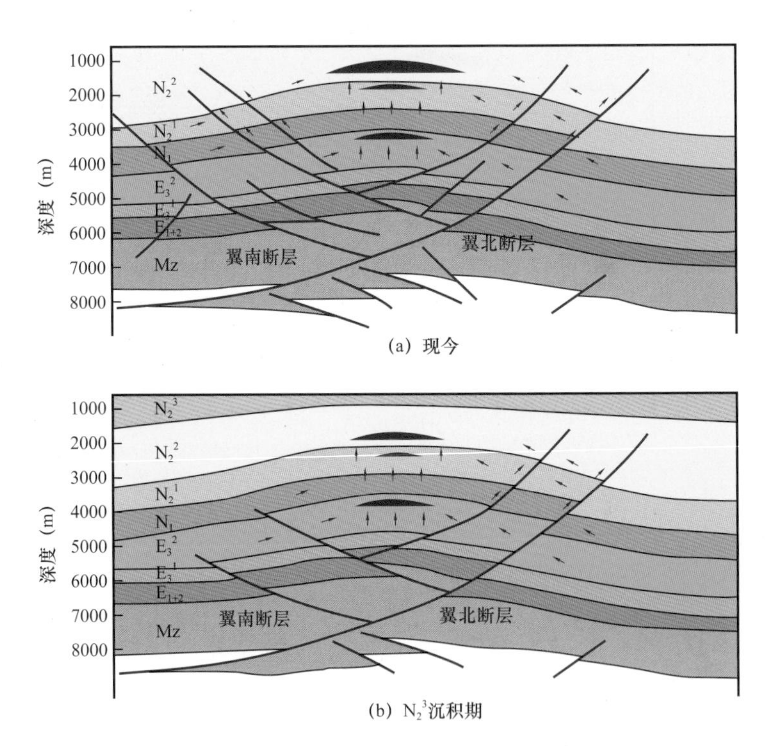

(a) 现今

(b) N_2^3沉积期

图 1–21　南翼山构造带断裂演化与油气成藏的关系

综合考虑构造层、断裂系统划分、构造活动期次和油气藏成藏期的耦合关系，明确不同构造层、不同断裂体系与含油气系统的关系。

1）基底卷入型深部构造层控制的下部原生含油气系统

油气成藏具有四个主要特征：（1）源—储同层，该构造层烃源岩为三叠—侏罗系煤系地层，盖层为顶板煤系和泥质岩层，表现为源储同层的特征；（2）成藏期早，该构造层油气成藏时期受控于烃源岩的大量生排烃时期，成藏期为白垩纪—古近纪（图 1-23）；（3）断层起遮挡作用，断裂多为基底断裂，在成藏时期不活动，主要起到侧向遮挡的作用，古隆起和古断层控制油气藏形成，形成的是断层遮挡油藏和背斜油藏（图 1-24）；（4）后期改造破坏强烈，叠合型和新生型前陆盆地由于后期冲断活动，该构造层油藏均受到不同程度的破坏和调整。

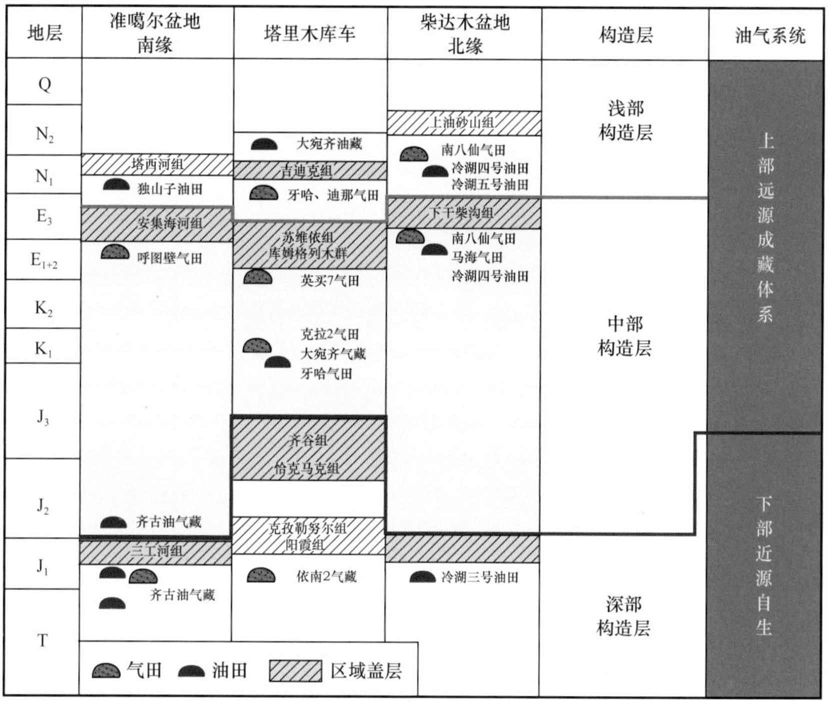

地层	准噶尔盆地南缘	塔里木库车	柴达木盆地北缘	构造层	油气系统
Q				浅部构造层	上部远源成藏体系
N_2		大宛齐油藏	上油砂山组 南八仙气田 冷湖四号油田 冷湖五号油田		
N_1	塔西河组 独山子油田	吉迪克组 牙哈、迪那气田			
E_3	安集海河组	苏维依组 库姆格列木群	下干柴沟组	中部构造层	
E_{1+2}	呼图壁气田	英买7气田	南八仙气田 马海气田 冷湖四号油田		
K_2					
K_1		克拉2气田 大宛齐气藏 牙哈气田			
J_3		齐谷组 恰克马克组			下部近源自生
J_2	齐古油气藏	克孜勒努尔组 阳霞组			
J_1	三工河组 齐古油气藏	依南2气藏	冷湖三号油田	深部构造层	
T					

气田　油田　区域盖层

图 1-22　重点前陆盆地深、中浅层构造层及与含油气系统分布

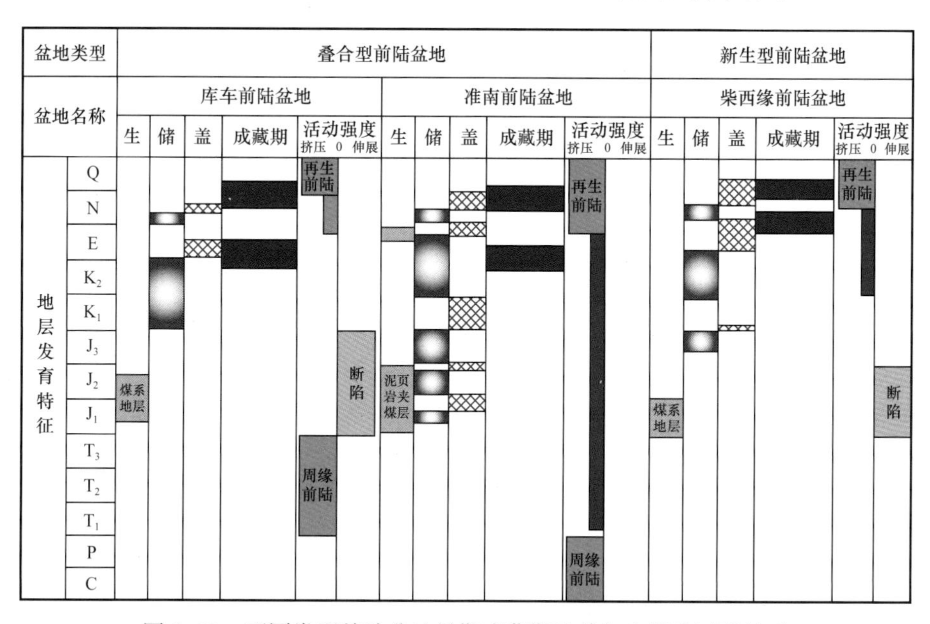

图 1-23　不同类型前陆盆地早期成藏期及其与生储盖匹配关系

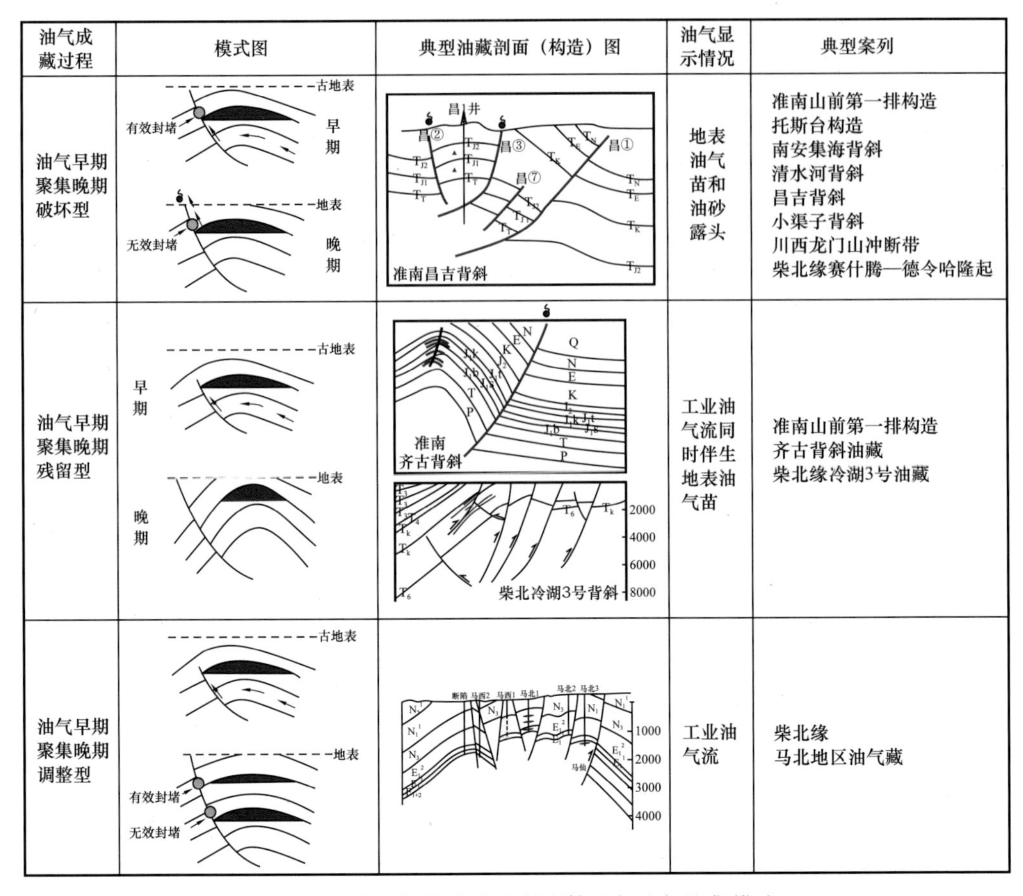

油气成藏过程	模式图	典型油藏剖面（构造）图	油气显示情况	典型案列
油气早期聚集晚期破坏型	古地表 有效封堵 早期 地表 无效封堵 晚期	昌井 昌② 昌③ 昌① 昌⑦ 准南昌吉背斜	地表油气苗和油砂露头	准南山前第一排构造 托斯台构造 南安集海背斜 清水河背斜 昌吉背斜 小渠子背斜 川西龙门山冲断带 柴北缘赛什腾—德令哈隆起
油气早期聚集晚期残留型	古地表 早期 地表 晚期	准南齐古背斜 柴北冷湖3号背斜	工业油气流同时伴生地表油气苗	准南山前第一排构造 齐古背斜油藏 柴北缘冷湖3号油藏
油气早期聚集晚期调整型	古地表 地表 有效封堵 无效封堵		工业油气流	柴北缘 马北地区油气藏

图 1-24　中西部前陆盆地断裂体系与油气聚集模式

油气成藏过程分为三种类型：一是早期聚集晚期残留型，代表性的是准南齐古油藏（图 1-24）和库车坳陷依南 2 气藏，残留因素包括背斜未破坏和岩性控制型。二是早期聚集晚期调整型，共有两种模式：（1）盖层可塑性变化导致油气调整，代表性油藏为大北 1—大宛齐油藏；（2）基底卷入型和盖层滑脱型相连接形成的厚薄叠加型调整系统，代表性的油藏为柴西缘狮子沟油藏。三是早期聚集晚期破坏型（图 1-24），准南和库车山前油气苗，均是早期聚集的油气受后期冲断改造，盖层剥蚀殆尽，形成地表油气苗和油砂。

2）中部构造层控制着上部原生和次生含油气系统

油气成藏的特征：（1）下源上储型组合，该构造层烃源岩为侏罗系煤系地层，盖层为古近系膏泥岩；（2）晚期成藏，该构造层油气成藏时期受烃源岩大量生排烃期与断裂强变形期控制，主要发生在喜马拉雅晚期；（3）断层主要起输导作用，断裂活动时期与烃源岩大量生排烃期一致，油气沿断裂垂向运移，在断层相关背斜圈闭中聚集成藏，多数形成背斜型油气藏，由于油气沿断裂垂向运移，因此油气源断层决定油气富集部位；（4）盖层品质好，油气强充注，保存条件好。

油气聚集的模式主要有四种类型：一是未断穿区域性盖层的油源断层（通常为变换构造）控制的背斜油藏，如库车克拉 2、迪那 2、迪那 1、吐孜洛克和大北 1 气藏（图 1-25）；二是交叉型断夹片控制的背斜油藏，反冲断层可能是主要的油源断层，如准南霍玛吐构造带油藏；三是张性断层输导、反冲断层遮挡油气运聚模式，代表性的是呼图壁气藏；四是花状构造控制的背斜型油藏，主走滑断层切割盖层，油气充注量少，散失量大，含油气性较差，代表性气藏为库车克拉 3 气藏。

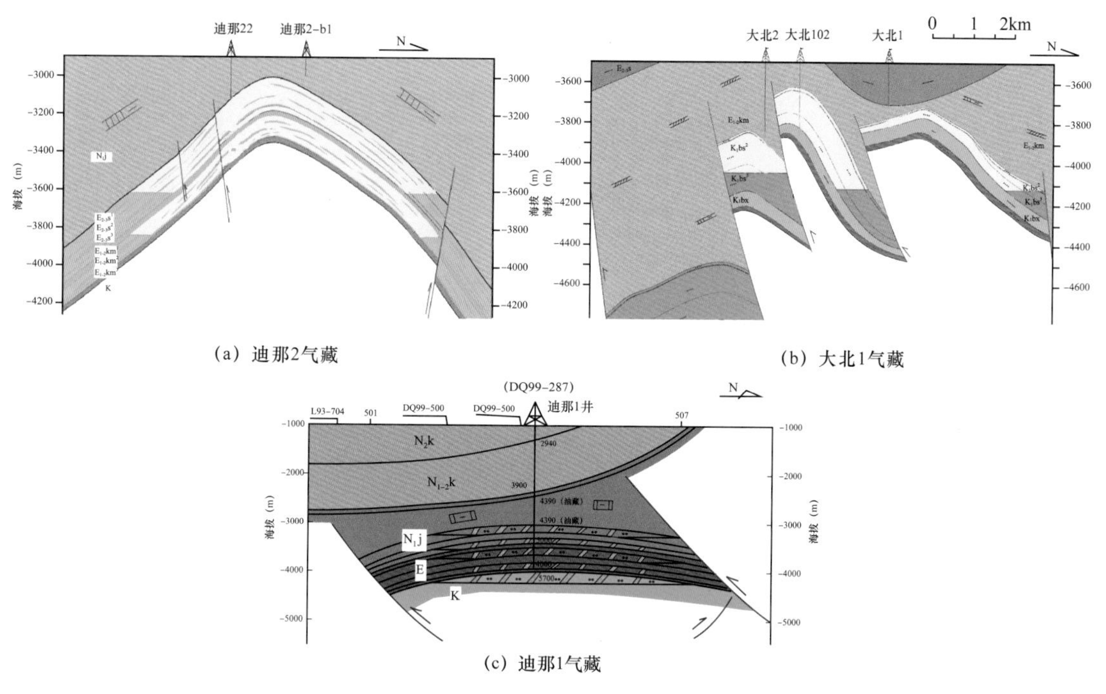

图 1-25　中部构造层起输导作用油源断层控制的背斜油藏

3）浅层构造层控制着上部次生含油气系统

油气成藏特征：（1）多为次生油气藏，少数为原生油藏；（2）晚期成藏，多数具有调整过程；（3）输导和遮挡断层共存。两种调整输导的通道：一是继承性活动的断裂，如独山子油气藏，通常形成背斜型油气藏；二是基底卷入型和盖层滑脱型断层衔接组成的调整通道（图 1-26），如呼图壁气藏，通常形成断层遮挡型油气藏。而盖层滑脱型断层通常起到遮挡作用，油气富集在下盘的圈闭中（图 1-26）。油气富集取决于盖层的品质，当有区域性盖层发育时，油气运聚成藏分为两个阶段：断层未断穿区域性盖层时，为充注的过程，一旦断穿区域性盖层，油气开始大量散失，代表性油藏为柴西南翼山油藏。

通过三个典型前陆冲断带断裂对油气运移的控制作用研究，从断裂与油源（烃源岩层和油气藏）、圈闭和盖层的关系对断裂进行分类，基本可以将中西部前陆盆地的断裂划分为 4 类：（1）沟通烃源岩、圈闭，未断开区域性盖层的断裂，为典型的油源断裂，包括准南基底断至侏罗系和白垩系断裂、侏罗系和白垩系断至安集海河组断裂，库车坳陷断至库姆格列木组断裂和柴西缘基底断至下干柴沟组断裂。（2）沟通烃源岩、圈闭，断开区域性盖层到浅层或地表的断裂，如果区域性盖层为塑性，次级断裂（裂缝）不发育的断裂为油源断裂，包括准南侏罗系或白垩系断至地表和浅表的断裂以及库车坳陷山前断至地表或浅表的断裂。如果区域性盖层为脆性，次级断裂（裂缝）发育，即使主断裂垂向具有较强的阻烃作用，由于次级断裂的导流性，这类断裂总体为散失型断裂，柴西缘基底断至地表的断裂、上下交叉型断裂主要还是散失型断裂。（3）沟通油气藏同时断开早期区域性盖层的断裂，未断开上覆最后一套盖层的断裂，为调整断裂，如准南基底断至安集海河组断裂。

如果断开了上覆最后一套盖层，但盖层是塑性，由于强烈的阻烃作用，也是较好的调整断裂。（4）沟通油气藏同时断开区域性盖层的断裂，晚期再活动且上覆没有盖层的遮挡，为破坏型断裂，典型的是准南山前第一排断裂、柴西缘柴西断裂和库车山前断裂。

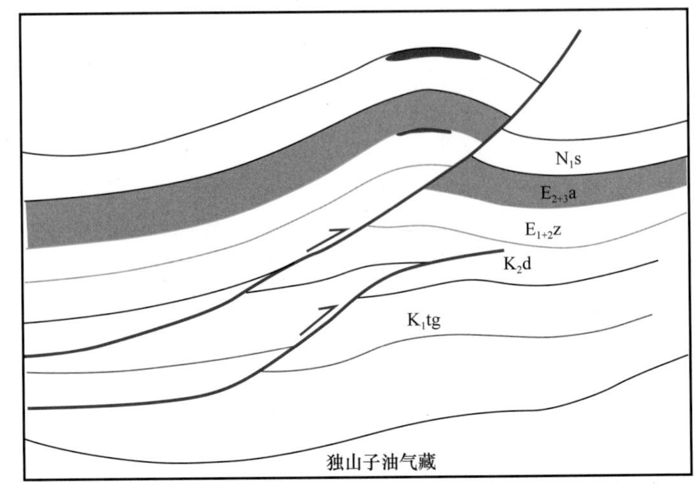

图 1–26　滑脱构造层断裂继承性活动调整油气成藏

第三节　前陆冲断带盖层发育特征与控藏作用

一、前陆冲断带盖层发育特征

我国中西部前陆盆地沉积演化经历 4 个明显的阶段，即前陆盆地克拉通沉积、早期前陆盆地沉积、中生代坳陷盆地沉积和新生代再生前陆盆地沉积，形成四种类型的区域性盖层：克拉通或海陆过渡期盖层、湖沼相煤系盖层、氧化宽浅湖或边缘海相膏泥岩盖层和湖相泥岩盖层。克拉通或海陆过渡期盖层主要发育于前陆期，大部分盆地处于海陆过渡阶段，克拉通环境下的海相沉积为局限海台地相到蒸发海膏盐相，有利于形成含膏质碳酸盐岩盖层，如川西前陆盆地的中三叠统富含膏岩的碳酸盐岩盖层。早期前陆盆地沉积时期主要为陆相磨拉石沉积，盖层不发育。到中生代中国中西部总体处于伸展构造环境，普遍发育断陷和坳陷型盆地，形成两种重要的区域性盖层，即湖沼相煤系盖层和氧化宽浅湖或边缘海相膏泥岩盖层，为油气聚集的重要封盖层。再生前陆盆地时期主要发育膏质泥岩盖层和湖相砂泥岩互层型盖层。对比发现，四种类型前陆盆地区域性盖层主要发育于坳陷盆地阶段，海西期—印支期前陆盆地时期川西盖层发育，再生前陆盆地早期四种类型的盆地均发育一套盖层，但晚期盖层不发育（表 1–3）。

前陆冲断带盖层封闭能力综合评价主要考虑盖层的岩性、分布范围、盖地比和力学特征等。盖层岩性是决定封闭能力的关键因素之一，综合公开发表的不同类型岩性排替压力数据认为膏盐岩和泥岩具有较强的封闭能力（图 1–27）。盖层厚度与封闭能力之间的关系存在争议，有些油田资料表明盖层厚度与烃柱高度之间存在某些联系（Nederlof 和 Mohler，1981；Slujik 和 Nederlof，1984；蒋有录，1998；童晓光和牛嘉玉，1989；庞雄奇等，

表 1-3　中国中西部前陆盆地盖层发育特征对比表

盆地构造及沉积演化阶段

层位	准噶尔盆地南缘：盆地演化阶段	盖层发育层位	沉积环境	岩性特征	性质
Q	再生前陆盆地				
N_3	再生前陆盆地				
N_2	再生前陆盆地		湖相	泥岩、膏岩、膏质泥岩	区域
N_1	再生前陆盆地				
E_3	陆内坳陷：碟状坳陷		滨浅湖—半深湖相	深浅湖相暗色泥岩、膏质泥岩	区域
E_2	陆内坳陷：碟状坳陷				
E_1	陆内坳陷：碟状坳陷				
K_2	陆内坳陷：碟状坳陷				
K_1	陆内坳陷：碟状坳陷		浅—深湖相	暗色泥岩、粉砂质泥岩	区域
J_3	陆内坳陷：←挤压；断陷型盆地		滨浅湖	泥岩、泥质粉砂岩夹煤层	区域
J_2	陆内坳陷：断陷型盆地		河流三角洲、湖泊	泥岩、泥质粉砂岩	局部
J_1	陆内坳陷：断陷型盆地		浅湖相	泥页岩、泥质粉砂岩及煤夹层	区域
T_3	陆内坳陷：坳陷型盆地				
T_2	陆内坳陷：坳陷型盆地				
T_1	陆内坳陷：←挤压				
P_2	周缘前陆盆地				
P_1	周缘前陆盆地				
C_2	周缘前陆盆地				
C—O					
盆地组合类型	叠合型				

层位	四川盆地西缘：盆地演化阶段	盖层发育层位	沉积环境	岩性特征	性质
Q	再生前陆盆地				
N_3	再生前陆盆地				
N_2	再生前陆盆地				
N_1	再生前陆盆地				
E_3	再生前陆盆地				
E_2	再生前陆盆地				
E_1	再生前陆盆地				
K_2	再生前陆盆地		冲积扇、河流、湖泊	粉砂岩、富含膏质泥岩	区域
K_1	坳陷型盆地		滨浅湖←河流	泥岩、粉砂岩、细砾岩	局部
J_3	坳陷型盆地		滨浅湖	泥岩、薄层钙泥质砂岩、泥质粉砂岩	区域
J_2	坳陷型盆地				
J_1	坳陷型盆地		河流、三角洲、湖泊	泥岩、砾岩、砂岩	局部
T_3	周缘前陆盆地		滨湖—河流	泥页岩、粉砂岩、煤层	局部
T_2	周缘前陆盆地		海相	富含膏岩的碳酸盐	区域
T_1	被动大陆边缘				
P_2	被动大陆边缘				
P_1	被动大陆边缘				
C_2	被动大陆边缘				
C—O	被动大陆边缘				
盆地组合类型	改造型				

层位	柴达木盆地西缘：盆地演化阶段	盖层发育层位	沉积环境	岩性特征	性质
Q	再生前陆盆地				
N_3	再生前陆盆地				
N_2	坳陷型盆地		滨浅湖相	泥岩、粉砂岩	局部
N_1	坳陷型盆地		滨浅湖相	细粒灰色砂泥岩	区域
E_3	坳陷型盆地		滨浅湖、冲积扇、辫状河	砾岩、砂岩、粉砂岩、泥岩	区域
E_2	坳陷型盆地				
E_1	坳陷型盆地		滨浅湖相	泥岩、粉砂岩	区域
K_2	←挤压				
K_1	坳陷型盆地				
J_3	坳陷型盆地		滨浅湖、半深湖—深湖	灰、深灰色泥岩，黑色砂质泥岩、碳质泥岩	局部
J_2	断陷型盆地				
J_1	断陷型盆地				
T_3					
T_2					
T_1					
P_2					
P_1					
C_2					
C—O					
盆地组合类型	新生型				

层位	塔里木盆地库车坳陷：盆地演化阶段	盖层发育层位	沉积环境	岩性特征	性质
Q	再生前陆盆地				
N_3	陆内坳陷：坳陷型盆地（挤压）				
N_2	陆内坳陷：坳陷型盆地（挤压）		河流—泛滥平原相	砂质泥岩与泥岩互层	局部
N_1	陆内坳陷：坳陷型盆地（挤压）		干旱—湖泊	粉砂质泥岩	局部
E_3	陆内坳陷：坳陷型盆地（伸展）		浅湖相、盐湖	膏泥岩 泥岩 盐岩	区域
E_2	陆内坳陷：坳陷型盆地（伸展）				
E_1	陆内坳陷：坳陷型盆地（伸展）				
K_2	陆内坳陷：坳陷型盆地（伸展）				
K_1	陆内坳陷：断陷型盆地		浅湖相	泥岩	区域
J_3	陆内坳陷：断陷型盆地		浅湖相、河流—湖泊—沼泽相	块状泥岩夹薄层粉砂岩碳质泥岩	区域
J_2	陆内坳陷：断陷型盆地		河流—湖泊—沼泽相	泥岩	局部
J_1	陆内坳陷：断陷型盆地		湖泊—河流—沼泽相	泥岩、碳质泥岩、砂质泥岩、	局部
T_3	陆内坳陷：断陷型盆地				
T_2	周缘前陆盆地				
T_1	周缘前陆盆地				
P_2	周缘前陆盆地				
P_1	被动大陆边缘				
C_2	被动大陆边缘				
C—O	被动大陆边缘				
盆地组合类型	叠合型				

1993；付广等，2003），但大多数资料表明盖层厚度与烃柱高度无明显的联系（图 1–28），因此说盖层厚度与烃柱高度之间简单的对应关系并不能说明盖层厚度决定封闭能力，因为从盖层封闭的本质讲排替压力是决定烃柱高度大小的关键因素，而排替压力并不受厚度的影响；二是影响烃柱高度的因素很多，包括圈闭幅度、断层封闭性和充注强度等。盖层厚度与封闭能力之间的关系主要体现在盖层连续性上，厚度越大，盖层横向连续性好（吕延防等，1996；付广等，2003），被断层错断的可能性小，裂缝不容易穿透盖层，盖层保持完整性（Skerlec，1992）。盖层根据分布范围分为区域性盖层和局部盖层，区域性盖层决定油气富集量的多少，中西部前陆冲断带发育多套区域性盖层，本文重点研究塔里木盆地库车坳陷库姆格列木组膏盐岩盖层、准南地区安集海河组和塔西河组、吐谷鲁群泥岩盖层及柴西地区上干柴沟组和下油砂山组砂泥互层盖层（表 1–3）。

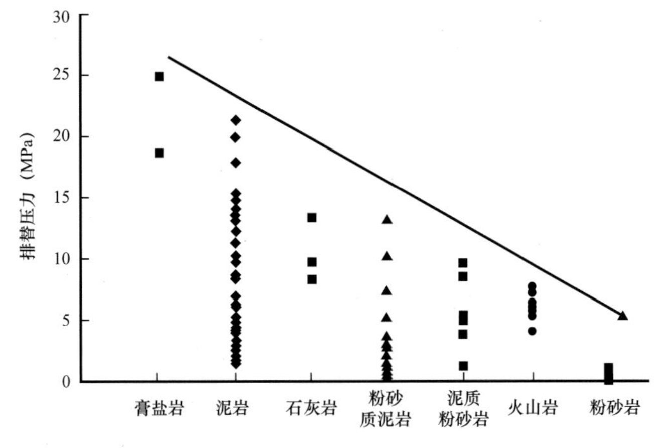

图 1–27　不同岩性盖层排替压力差异

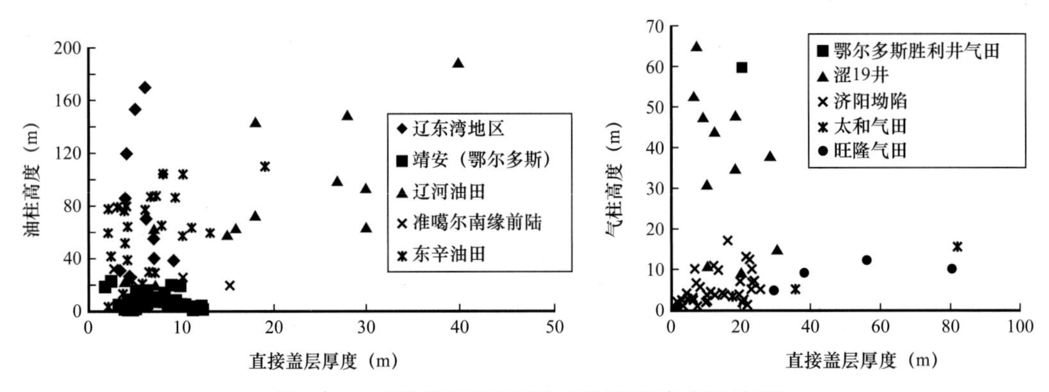

图 1–28　直接盖层的厚度与封闭烃柱高度的关系

库车坳陷库姆格列木组膏盐岩为区域性盖层，厚度普遍较大，发育稳定（图 1–29），大北—克拉苏构造带此套盖层厚度介于 100～2400m（图 1–30）；准南地区安集海河组和塔西河组泥岩盖层厚度分别介于 100～700m 和 200～1200m（图 1–31、图 1–32），吐谷鲁群泥岩厚度介于 100～1400m，泥岩分布广泛，厚度中心位于乌奎背斜带，泥岩厚度大于 600m，有利于下组合油气成藏（图 1–33）；柴西地区上干柴沟组和下油砂山组砂泥互层盖层厚度分别介于 31～1209m 和 69～2343m（图 1–34、图 1–35）。从中西部前陆盆地不

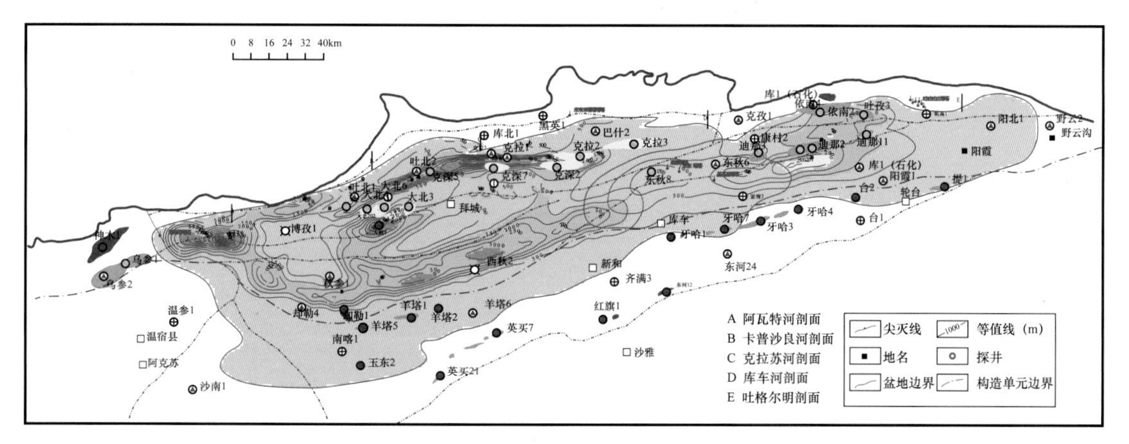

图 1–29 库车坳陷 E_{1+2}km 和 N_1j 膏盐岩厚度与油气藏分布叠合图

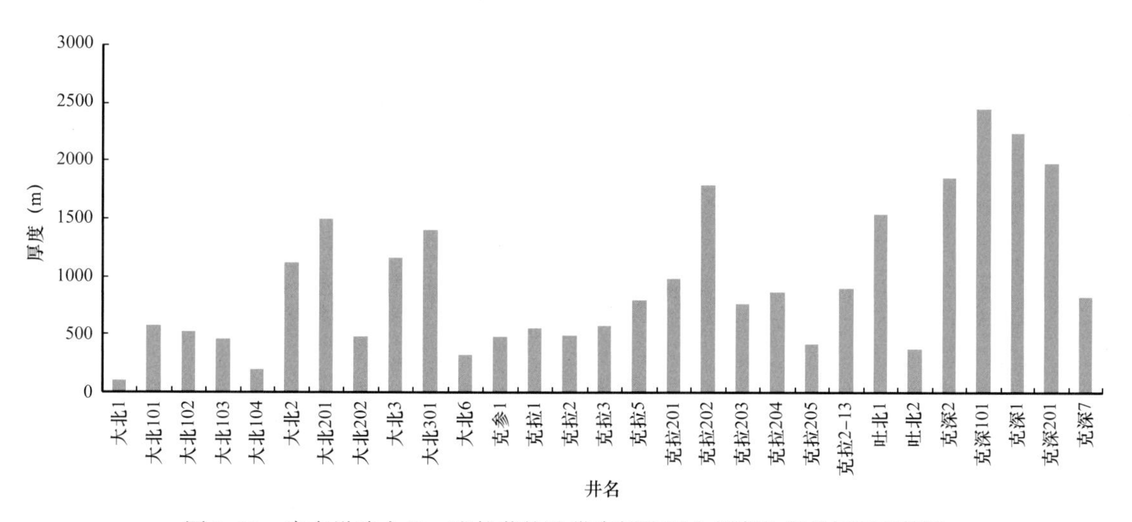

图 1–30 库车坳陷大北—克拉苏构造带库姆格列木组膏盐岩盖层厚度统计

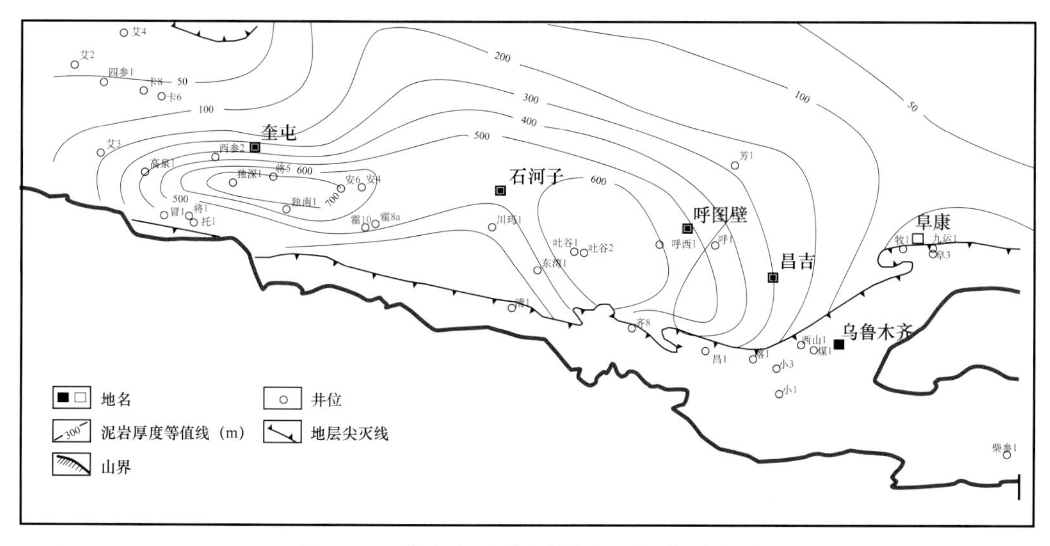

图 1–31 准南古近系安集海河组泥岩厚度图

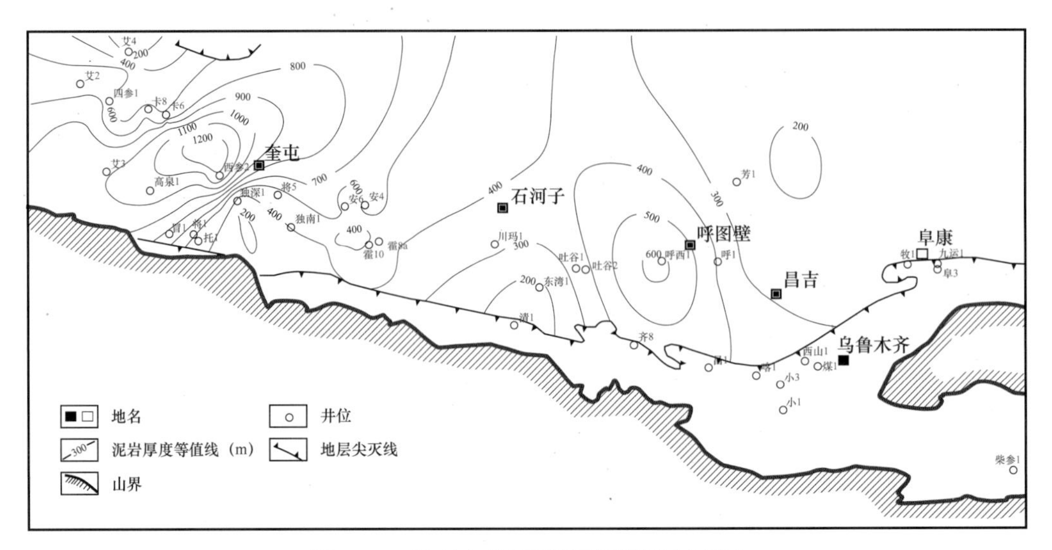

图 1-32　准南古近系塔西河组泥岩厚度图

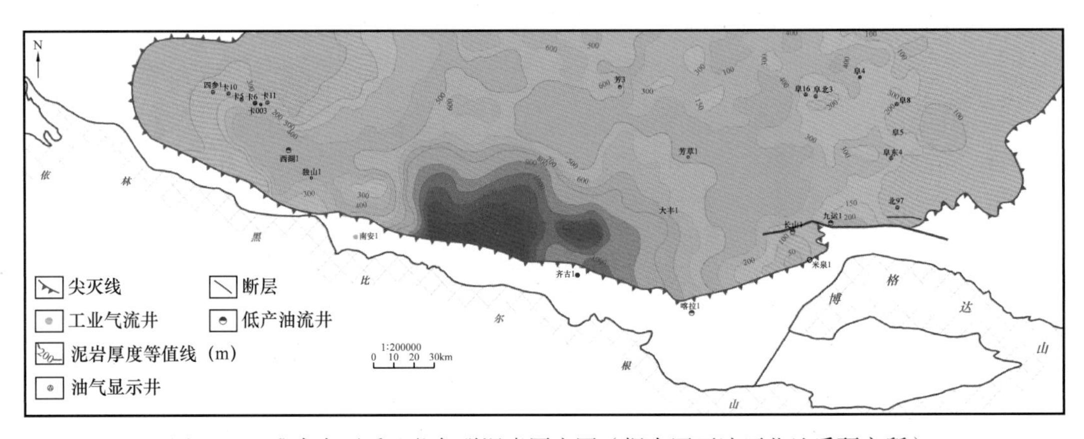

图 1-33　准南白垩系吐谷鲁群泥岩厚度图（据中国石油西北地质研究所）

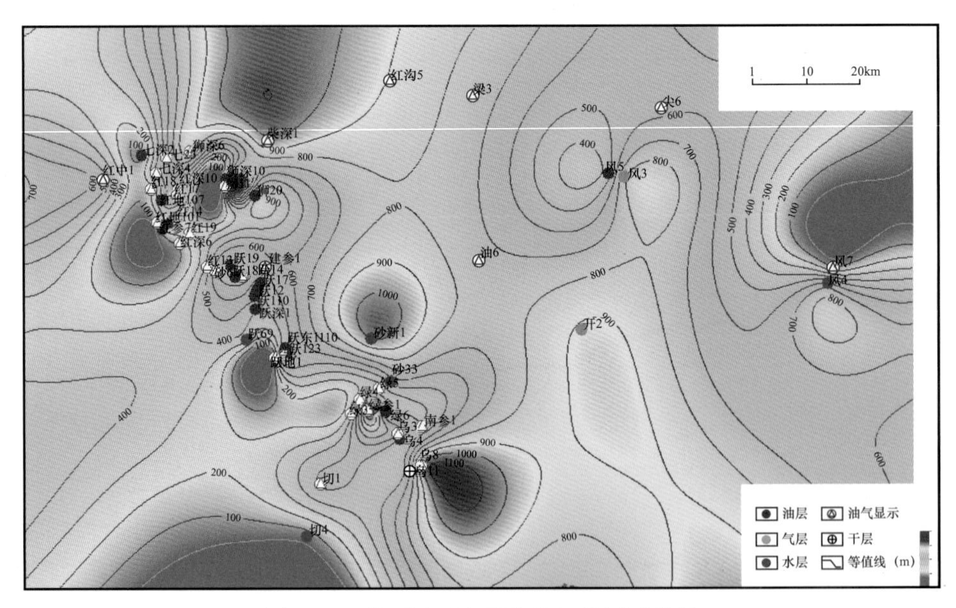

图 1-34　柴西地区上干柴沟组盖层厚度图

同类型盖层排替压力对比可以看出，库车坳陷盖层排替压力普遍大于 5MPa，封闭的烃柱高度普遍大于 500m，而准南地区和柴西地区目的盖层排替压力普遍较低，封闭的烃柱高度也较库车坳陷小（图 1–36）。

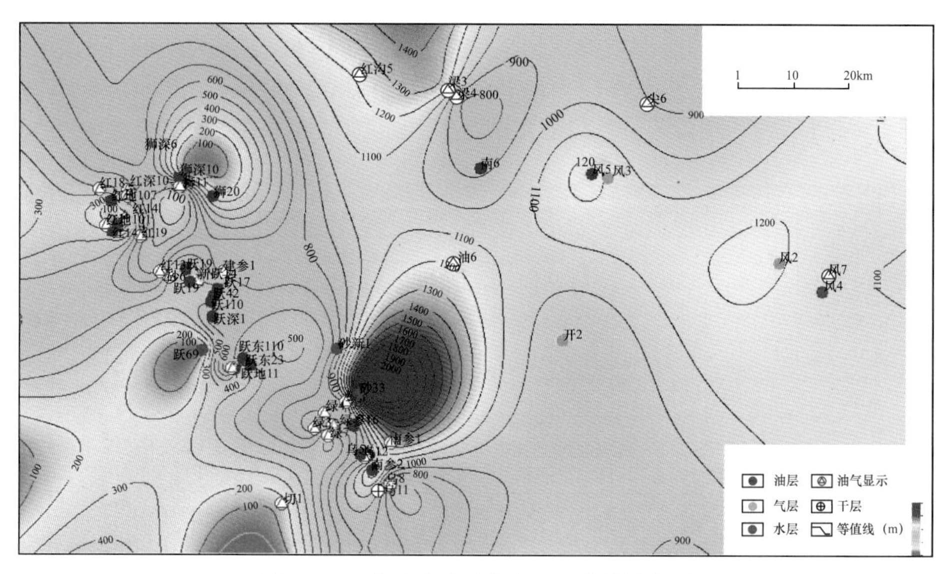

图 1–35　柴西地区下油砂山组盖层厚度图

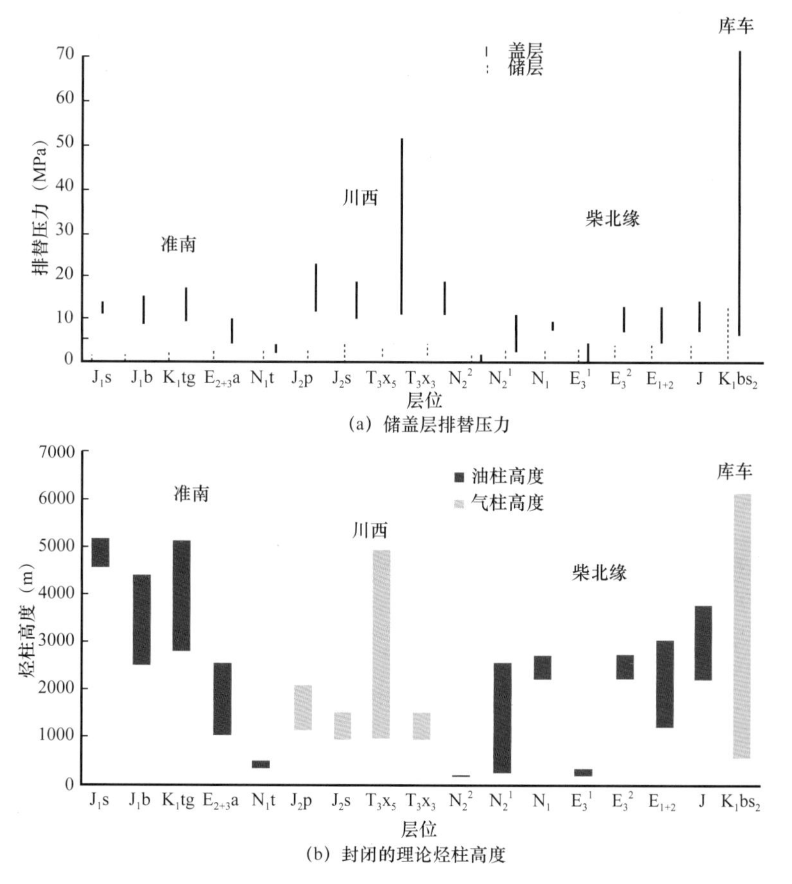

图 1–36　中西部前陆盆地盖层排替压力及封闭的理论烃柱高度

二、盖层与油气分布关系

从中西部前陆盆地盖层分布与油气分布关系中看出，区域盖层对油气的聚集和分布层位具有重要控制作用（图 1–37—图 1–40）。总体上，油气主要富集于区域盖层之下，但局部构造油气则穿过区域盖层在中浅层形成聚集，在纵向上形成多层系油气聚集。油气在纵向上多层位分布说明仅考虑盖层自身的封闭能力对油气藏的影响是不够的，更重要的是断—盖组合类型及断—盖组合的有效性。

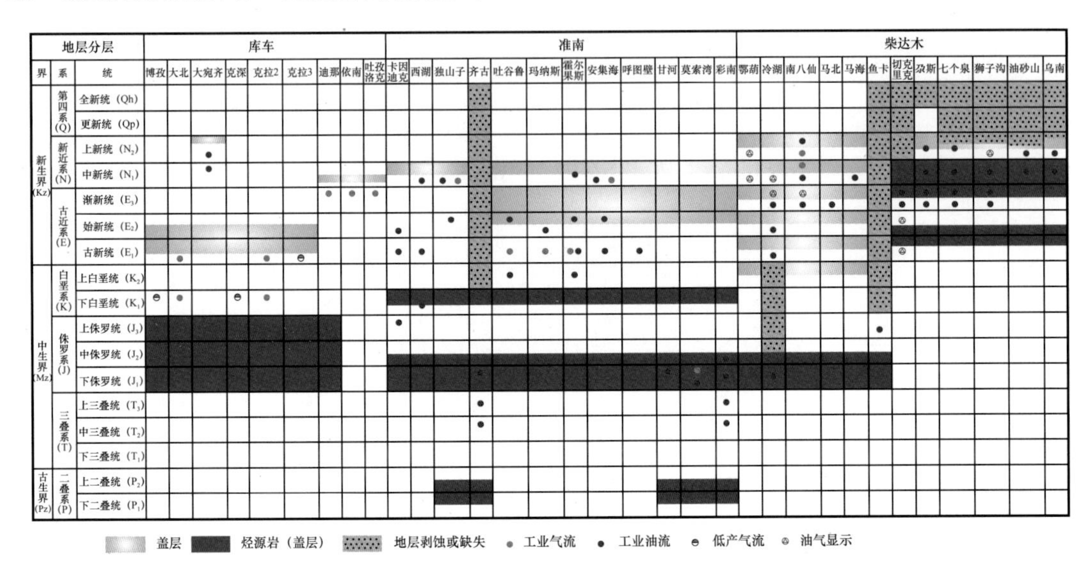

图 1–37　中西部前陆盆地盖层与油气分布特征

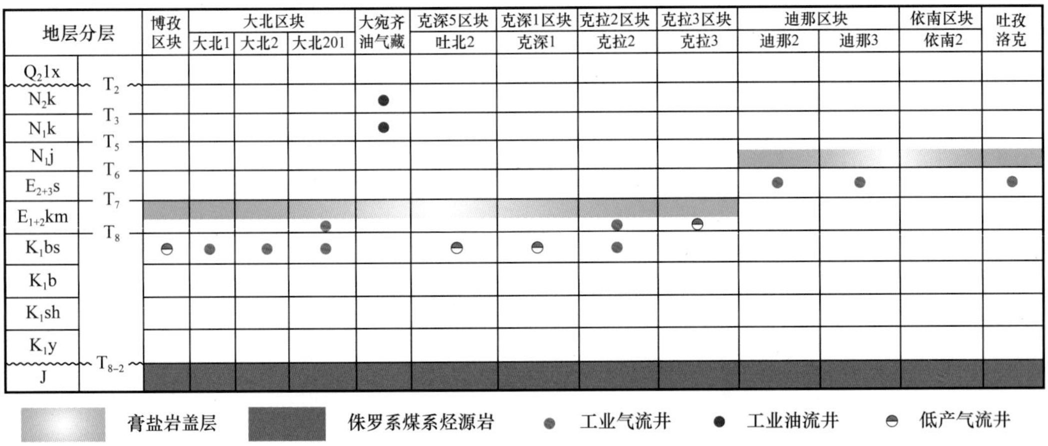

地层分层		博孜区块	大北区块			大宛齐油气藏	克深5区块	克深1区块	克拉2区块	克拉3区块	迪那区块		依南区块	吐孜洛克
			大北1	大北2	大北201		吐北2	克深1	克拉2	克拉3	迪那2	迪那3	依南2	
Q_2lx	T_2													
N_2k	T_3													
N_1k	T_5													
N_1j	T_6													
$E_{2+3}s$	T_7													
$E_{1+2}km$	T_8													
K_1bs														
K_1b														
K_1sh														
K_1y	T_{8-2}													
J														

膏盐岩盖层　侏罗系煤系烃源岩　工业气流井　工业油流井　低产气流井

图 1–38　库车坳陷盖层分布与油气分布关系

三、前陆冲断带生储盖组合划分

根据沉积演化和沉积组合特征的相似性，结合区域区域盖层发育层位，考虑中生界煤系地层在成藏过程中的重要性，中西部前陆盆地可划分为下部储盖组合（组合Ⅰ、组合Ⅱ）和上部储盖组合（组合Ⅲ、组合Ⅳ）的四套储盖组合（宋岩等，2008）（图 1–41）。

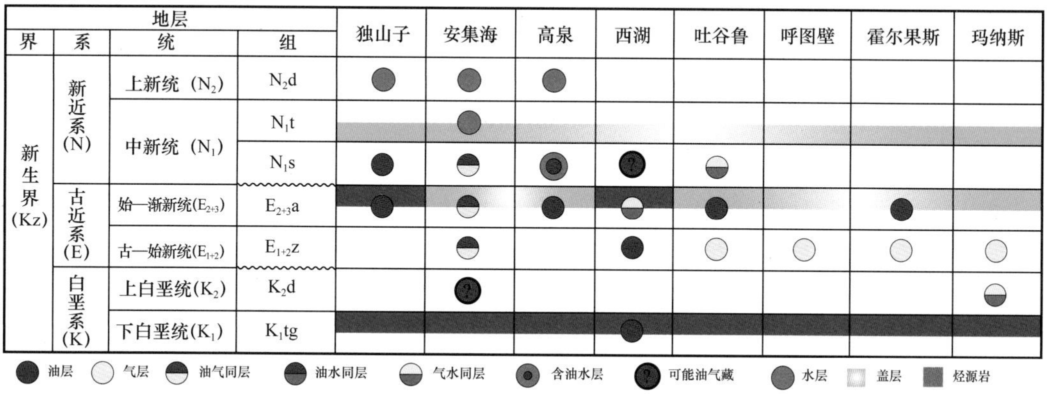

地层 界	系	统	组	独山子	安集海	高泉	西湖	吐谷鲁	呼图壁	霍尔果斯	玛纳斯
新生界(Kz)	新近系(N)	上新统（N_2）	N_2d								
		中新统（N_1）	N_1t								
			N_1s								
	古近系(E)	始—渐新统(E_{2+3})	$E_{2+3}a$								
		古—始新统(E_{1+2})	$E_{1+2}z$								
	白垩系(K)	上白垩统(K_2)	K_2d								
		下白垩统(K_1)	K_1tg								

油层 气层 油气同层 油水同层 气水同层 含油水层 可能油气藏 水层 盖层 烃源岩

图 1-39 准南地区盖层分布与油气分布关系

界	系	统	组	红柳泉跃进一号背斜带	七个泉构造带	尖顶山背斜带	狮子沟背斜带	油泉子背斜带	油砂山构造带	切克里克构造带	冷湖背斜带	南八仙背斜带	南翼山背斜带	大风山隆起带	乌南、绿草滩断鼻带	鄂博梁背斜带	干柴沟红沟子断鼻带	铁木里克凸起	小梁山凹陷	伊北凹陷	一里坪凹陷
新生界	第四系Q	更新统Q_p	七个泉																		
	新近系N	上新统N_2	狮子沟N_2^3																		
			上油砂山N_2^2																		
			下油砂山N_2^1																		
		中新统N_1	上干柴沟																		
	古近系E	渐新统E_3	下干柴沟 E_3^2																		
			下干柴沟 E_3^1																		
		古—始新统E_{1+2}	路乐河																		

盖层 烃源岩 地层缺失或剥蚀 气层 油层 气水同层 含气水层 水层 可能油层 可能油气层

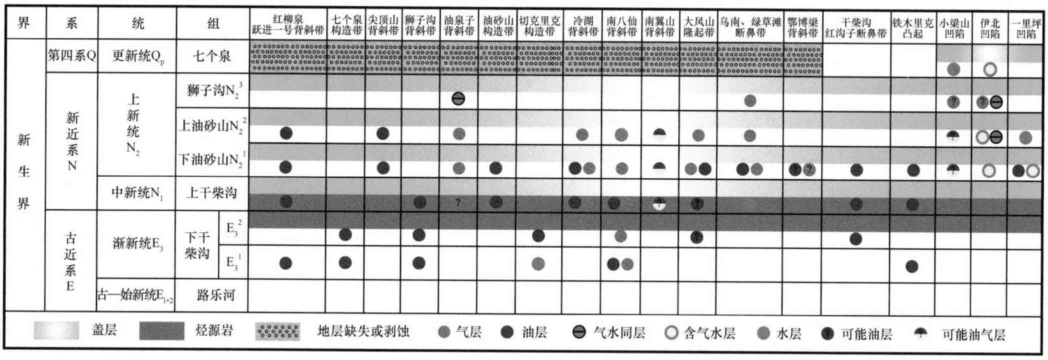

图 1-40 柴西地区盖层分布与油气分布关系

地层	准噶尔盆地南缘 组合类型	准噶尔盆地南缘 油气藏	塔里木盆地库车前陆 组合类型	塔里木盆地库车前陆 油气藏	塔西南前陆盆地 组合类型	塔西南前陆盆地 油气藏	吐哈盆地 组合类型	吐哈盆地 油气藏	生储盖组合
Q									
N_2	下生上储+自生自储								Ⅳ
N_1		独山子油藏		大宛齐气藏		克拉托油藏			
E_3			下生上储		下生上储		下生上储		
E_{1+2}	下生上储	呼图壁气藏				柯克亚气藏			
K_2				克拉2气藏				雁木西	Ⅲ
K_1								胜北3号油田	
J_3									
J_2		齐古油藏	自生自储+下生上储	依南2气藏	自生自储				
J_1	自生自储						自生自储+下生上储	鄯善油藏	
T_3			自生自储+上生下储					丘东气藏	Ⅱ
T_2								吐玉克伊拉湖油田	
T_1	下生上储								
P									
C					自生自储+下生下储	巴什托普油藏			Ⅰ

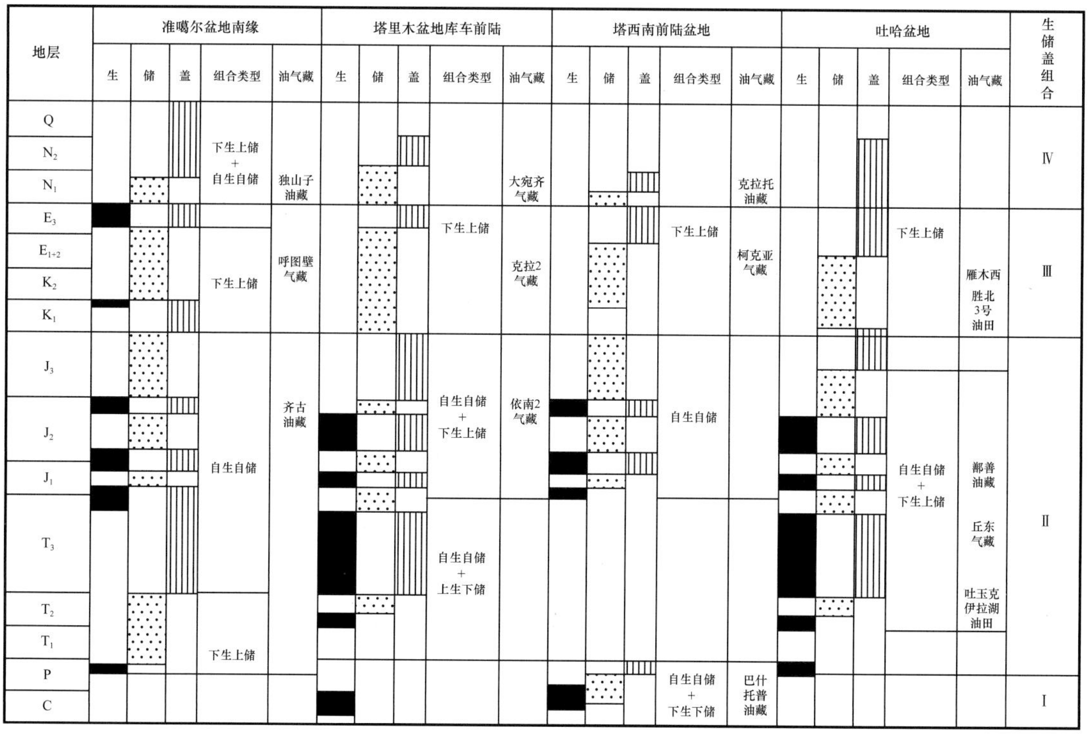

图 1-41 中西部前陆盆地生储盖组合划分图（据宋岩等，2008）

这四个组合在储盖层、成藏上具有其自身的特点。上部组合（Ⅲ、Ⅳ组合）虽然空间的匹配上欠佳，但总体来说这套储盖组合生烃期、储层成岩阶段和盖层有效封盖等因素达到最好，在时间匹配上最佳，是最佳时效匹配组合类型，实践也证明了该套组合的高效性，目前在中西部前陆盆地发现的油气藏从规模和数量上都优于Ⅰ、Ⅱ组合，如克拉2气田、柯克亚气田、白马庙、呼图壁气田、南八仙油气田等都分布于该组合。下部组合（Ⅰ、Ⅱ组合）时间匹配相具有利储层发育较早、局部构造形成期稍晚的特点，但空间配置好，如果具备后期储层改造和前期古构造与之匹配，同样具有优越的成藏条件，可以说是最佳空间匹配的组合。由于烃源岩基本位于前前陆层序，即下部组合，而不同级次的断裂则作为油源断层沟通下部组合的油气上运至中、上组合形成油气藏聚集。因此，断层与盖层组合关系决定了油气运聚的层位。

第二章　盖层封闭、失效机理及定量评价方法

盖层的分布与封盖性能控制油气的运移、聚集与保存，良好的盖层可以阻止油气渗流运移，降低天然气的扩散散失，使其在盖层之下聚集成藏。实际上，没有完美的盖层，油气会通过盖层发生或多或少的泄漏，严重时会造成油气藏的散失和破坏。本章主要介绍盖层封闭性研究现状、盖层的封闭和失效机理以及如何定量评价盖层封闭能力和盖层完整性的方法。

第一节　盖层封闭性研究现状

盖层是指位于储层之上或侧畔，能阻止油气渗漏或减缓油气逸散的岩层。在油气源充足条件下，盖层的分布与封盖性能控制油气的运移、聚集与保存，良好的盖层可以阻止油气渗流运移，降低天然气的扩散散失，使其在盖层之下聚集成藏，是油气成藏的必要条件。理论上任何岩性的岩石均可以在物性差异下作为盖层，但实际上良好的盖层一般为黏土岩、泥岩、页岩和蒸发岩类，因为这些岩性的岩石具有较高的排替压力。盖层的横向连续性、岩性的稳定，较好的塑性，是含油气盆地形成良好盖层的重要条件。

油气藏盖层封闭性研究是伴随石油地质理论的发展而逐渐发展起来的，大致可分为4个阶段（付晓飞等，2018）（图2-1）。第一阶段为油气封盖概念建立阶段（1966年以前），油气勘探由露头区转入覆盖区，背斜聚油理论指导油气勘探，认识到浮力是油气运移的主要动力，泥岩盖层在油气成藏中起到重要的作用，以1966年Smith提出盖层和断层封闭性概念为标志（Smith，1966），开始探索盖层封闭性和断层封闭性问题。第二阶段为盖层封闭机理探索阶段（1966—1996年），构造圈闭的复杂性和岩性圈闭的隐蔽性导致钻探失利，促使勘探家考虑油气运聚后的保存问题，以1987年Watts提出盖层毛细管封闭机理和水力封闭机理为标志（Watts，1987），开始系统研究盖层和断层封闭机理并进行定性评价。1983年美国地质学家协会（AAPG）召开盖层和油气保存方面的专题研讨会，Downey（1984）认为盖层研究要从微观和宏观两方面进行；Grunau（1987）认为页岩和蒸发岩是有效盖层，沉积环境、扩散速率和裂缝形成演化是盖层评价的重要参数。1996年吕延防等又提出了超压封闭机理和烃浓度封闭机理（吕延防等，1996），针对不同封闭机理建立了利用排替压力、有效应力和抗张强度、异常孔隙流体压力和扩散系数评价封闭能力方法，依据盖层宏观发育特征和微观封闭能力，建立了盖层封闭性评价行业标准。第三阶段为盖层与断层封闭性定量评价阶段（1997—2013年），断层附近大量有效的经济目标发现和钻探失利形成的矛盾，使地质学家开始考虑如何定量评价断层和盖层封闭性。以

吕延防等（1996）提出的“油气藏封盖研究”为标志，建立了盖层封闭能力定量评价方法。初步建立了盖层完整性评价思路，指出盖层完整性破坏因素有构造破裂（断裂错断、亚地震断层与砂体匹配、构造裂缝）和水力破裂作用（Skerlec，2002；Ingram 等，1997，1999）。认识到盖层岩石脆性—塑性变形特征是控制盖层完整性的关键因素，提出了利用密度—应变（Skerlec，2002）、脆性指数和超固结比（Ingram 等，1997，1999；Nygård 等，2006）来判断泥页岩盖层的脆性程度，利用 Byerlee 定律和 Goetze 准则来定量表征岩石的脆性—塑性转换（Kohlstedt 等，1995；付晓飞等，2015）。第四阶段为盖层封闭能力动态演化研究阶段（2014 年至今），伴随常规油气由中浅层转向深层，多旋回盆地油气多期成藏和改造迫切需要开展盖层封闭能力动态演化研究，加之非常规油气勘探开发，在盖岩脆性—塑性定量表征基础上，金之钧等提出了泥页岩盖层封闭能力动态演化过程评价方法（Jin 等，2014）。此外，地球物理新技术在盖层完整性评价中也逐渐得到应用（Baranova 等，2010）。

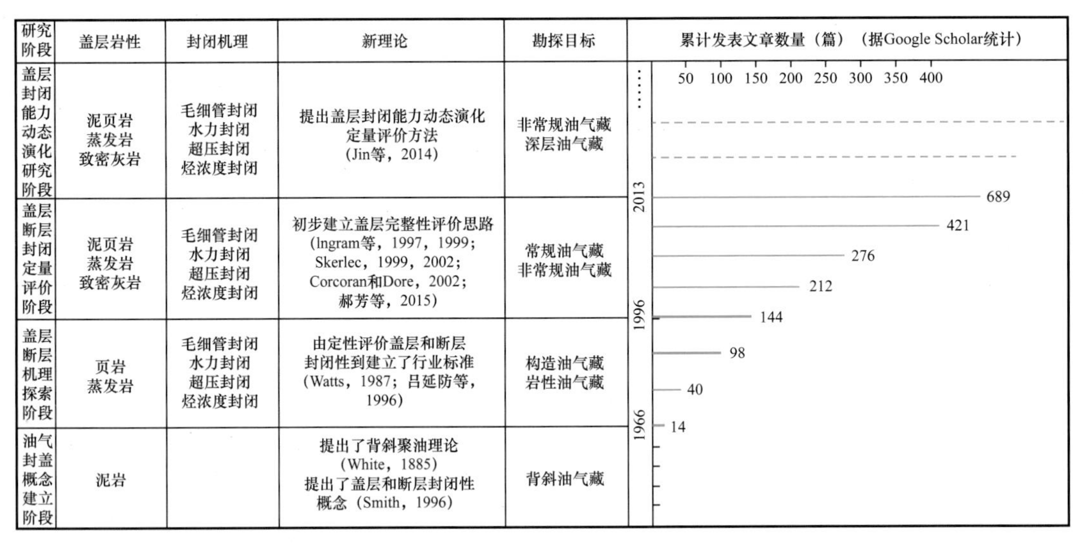

图 2-1　油气藏盖层封闭性理论研究进展（据付晓飞等，2018）

迄今为止，针对盖层封闭能力的研究在封闭机理和评价方法上都取得了长足的进展，勘探目标也由常规油气藏向非常规和深层油气藏扩展，未来对盖层封闭能力的研究必定从定性转为定量评价，从静态转为动态评价，从过去仅依据宏观发育特征和微观封闭机理评价转为从润湿性改变、构造破裂和水力破裂等方面对不同成岩程度和不同脆塑性盖层完整性影响的评价（付晓飞等，2018）。随着勘探向非常规油气藏和深层油气藏扩展，盖层对油气的保存显得更为重要，需要建立一套完善的适用于不同类型盆地、不同岩石类型盖层的成岩演化阶段和脆塑性阶段划分方法，明确不同成岩程度和脆塑性盖层封闭能力评价参数。此外，还需要开展油气藏精细解剖，明确不同级别盖层和断裂耦合配置及控藏机理和控藏模式；合理解释断裂、有效预测亚地震断层和裂缝分布，基于原地应力场和岩石破裂机理准确恢复古应力和应变，有效预测断裂和裂缝启闭性，从而定量评价盖层完整性。

第二节　完整盖层封闭机理与定量评价方法

实际上，世界上没有完美的盖层，油气会通过盖层发生或多或少的泄漏，严重时会造成油气藏的散失和破坏。对于横向连续性保持完整的盖层，盖层封闭与失效主要有2种机制（D.V. Corcoran 和 A.G. Dore，2002）（图 2–2）：（1）毛细管封闭；（2）分子扩散。

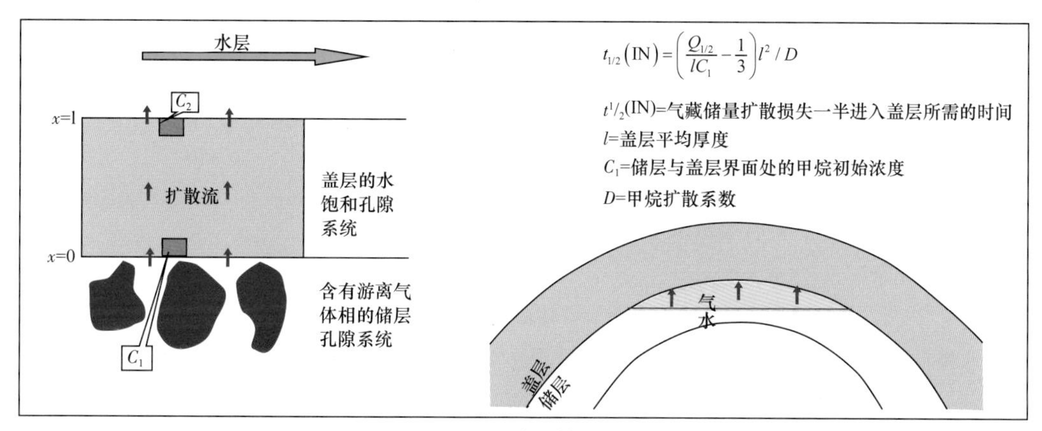

(a) 分子扩散

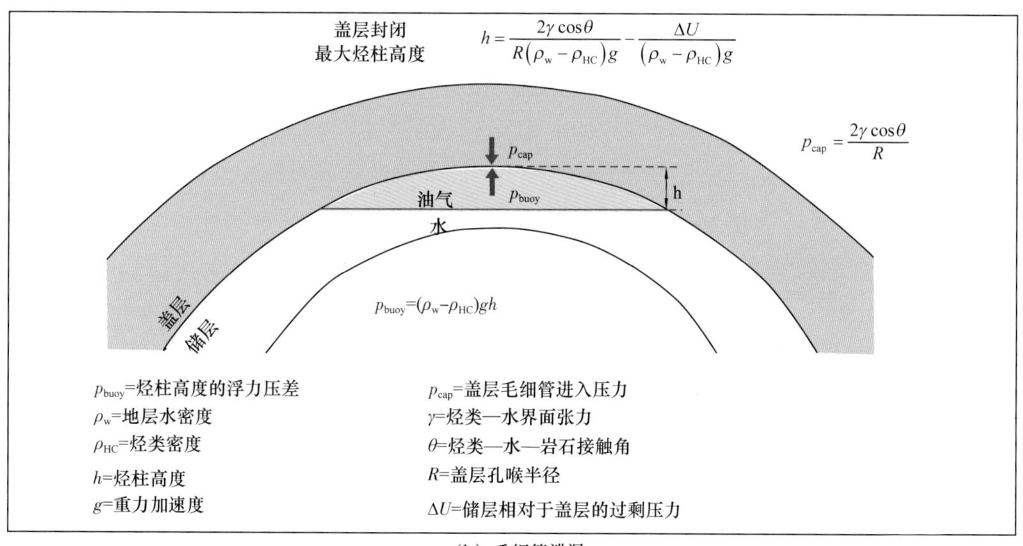

(b) 毛细管泄漏

图 2–2　油气沿完整盖层发生泄漏的两种机制

一、毛细管力封闭机理及定量评价

1. 毛细管力封闭机理与影响因素

盖层多数为水润湿的或水饱和的（Hubbert，1953），由于具有较高的毛细管压力，因此能封闭住一定的烃柱高度（Berg，1975；Watts，1987）。毛细管压力定义为在储—盖层接触面上油压力和水压力的差异（Berg，1975）。只有当油气柱产生的浮压超过毛细管进入压力时，毛细管封闭失效，油气突破盖层垂向运移（Watts，1987）。盖层的非均质性很强，各点封闭的烃柱高度不同，但最小封闭能力点决定圈闭封闭烃柱高度大小（图 2–3）（付晓飞等，2008）。

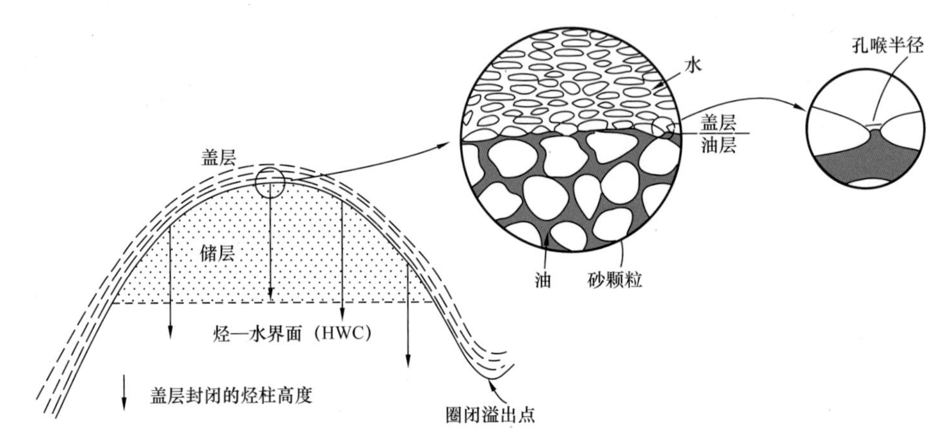

图 2–3　盖层毛细管封闭机理模式图

表征毛细管封闭能力有效参数包括孔隙度、渗透率、孔喉半径、比表面积和排替压力（吕延防等，1996）。随着埋深的增大和成岩作用程度的增强，泥页岩盖层的孔隙度、渗透率、孔喉半径快速减小，排替压力快速增大。泥页岩原始孔隙度可达 60%～80%，随着埋藏深度增加逐渐减小（图 2–4）（Mallon 和 Swarbrick，2002；Magara，1968），埋深 0.5～1km 后下降到 35%，埋深 3.5～4.0km 下降到 5% 左右（Osipov 等，1984），深层盖层孔隙度普遍小于 5%。Dewhurst 等（1998）测试泥质岩渗透率为 1×10^{-6}～1×10^{-2}mD，渗透率随着埋深、有效应力增加或泥质含量的增加而逐渐降低。北海盆地白垩系盖层孔喉半径为 5～160nm，且随着埋藏深度增加而逐渐减小，超过 3000m 普遍小于 30nm（Mallon 和 Swarbrick，2002）。松辽盆地深层和中浅层泥岩盖层孔喉半径存在差异，中浅层泥岩孔喉半径为 0.8～200nm，峰值普遍为 1～20nm，深层泥岩孔喉半径为 0.8～40nm，峰值范围为 1～6nm（高瑞祺和蔡希源，1997）。排替压力定义为润湿性流体被非润湿性流体驱替所需的最小压力，可以通过实验法、压汞法、测井和地震资料等手段获得。排替压力与孔隙度、渗透率和泥质含量之间存在定量关系，是定量预测盖层封闭能力演化过程的基础（Jin 等，2014）。

影响盖层毛细管封闭能力的因素主要有 4 个方面。一是成岩程度影响，泥岩压实历经快速压实、稳定压实、突变压实和紧密压实四个阶段（高瑞祺和蔡希源，1997），封闭能力在突变压实和紧密压实阶段最强。深层泥质岩盖层处于紧密压实阶段，对应中成岩晚期和晚成岩阶段，化学胶结作用强烈，孔喉半径很小，封闭能力增强，但泥质岩脆性增强，产生裂缝导致渗漏的可能性增大。二是流体性质影响，油—水界面张力随着温度增加而减小，随着压力增加变化不大；气—水界面张力随温度和压力升高而降低，深层盖层封闭油气能力受界面张力影响而降低。三是润湿性影响，盖层能够封闭住油气是因其为水润湿的，但原油中的极性化合物可改变岩石的润湿性。实验证实束缚水可以通过油层进入盖层（BjØrkum 等，1998），酸性化合物从油中分离出进入残留水中，水携带酸性化合物进入盖层中，导致水膜破裂，吸附到矿物表面，导致局部变为油润湿，减小毛细管力，从而形成不连续的微渗漏空间。四是储层超压的影响，当储层存在超压时，盖层封闭能力减小，相当于盖层毛细管力要抵消储层和盖层之间的过剩压差。泥质岩盖层在埋藏—抬升过程中，物性和封闭能力呈现动态变化规律，埋藏过程中，泥质岩盖层孔隙度逐渐降低，封闭能力逐渐增强；抬升过程中由于裂缝产生，孔隙度变化不大，但渗透率明显增加。基于排替压力和孔隙度、渗透率之间的定量关系，Jin 等（2014）建立了泥质岩盖层封闭能力动态变化过程定量评价方法。

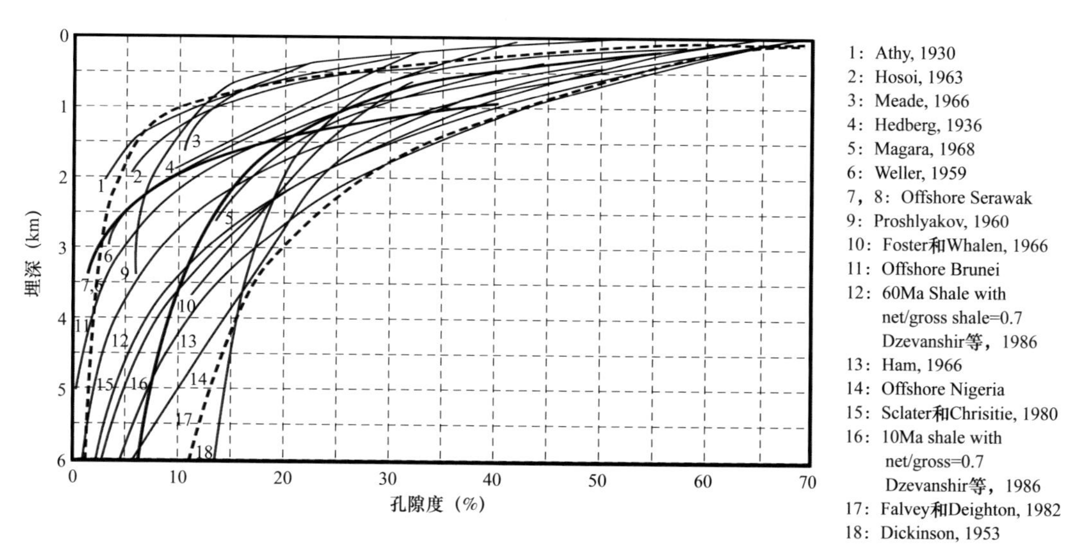

图 2–4　不同盆地泥页岩孔隙度随深度变化规律（据 Giles 等，1998）

2. 毛细管力封闭定量评价

对构造圈闭的孔隙型气藏而言，其盖层渗滤部位取决于盖层最小排驱压力（P_d）即最小毛细管力所处的位置。一般情况下构造顶部变形最大，在不考虑盖层物性变化对毛细管力的影响时，构造顶部盖层的毛细管力最小。当盖层封闭气柱高度达到盖层的最小排驱压力或毛细管力时，天然气开始突破进入盖层发生泄漏，此时的气柱高度即为盖层封闭的最大气柱高度 H_{max}。根据毛细管力定义，可推导出盖层最大封闭气柱高度的计算公式如下：

$$H_{max}=\frac{2\sigma\cos\theta/R}{\left(\rho_w-\rho_g\right)g} \tag{2-1}$$

式中　H_{max}——盖层封闭最大气柱高度；

σ——气水界面张力；

θ——接触角；

R——盖层最大孔喉半径；

ρ_w 和 ρ_g——地层水和天然气的密度；

g——重力加速度。

随着温度压力的增大，气水界面张力逐渐减小，气水两相密度差也逐渐减小，而盖层最大孔喉半径随着埋深压实作用的增强而快速减小。那么三个参数的协同变化最终表现在盖层封闭最大气柱高度上是一种什么样的变化呢？下面从理论上进行讨论深层高温高压条件下盖层封闭最大气柱高度的变化情况。考虑以下情况：地表温度 15℃，地温梯度 3℃ /100m，正常静水压力梯度，泥岩盖层初始孔隙度 60%，压实系数 0.7，泥岩排替压力与孔隙度关系为 p_{ce}=23.92exp（−0.1328ϕ），对应的最大孔喉半径 R 可由压汞的毛细管力公式进行求取。计算结果可以看出，随着埋深的增大，温度压力的增加，气水两相密度差逐渐减小，气水界面张力也逐渐减小（图 2–5）。说明天然气和水在深层高温高压条件下仍存在一定的界面张力和两相密度差，气水两相以不完全混溶形式存在，浮力分异依然明显。盐度增加会使得气水两相密度差和界面张力增大。

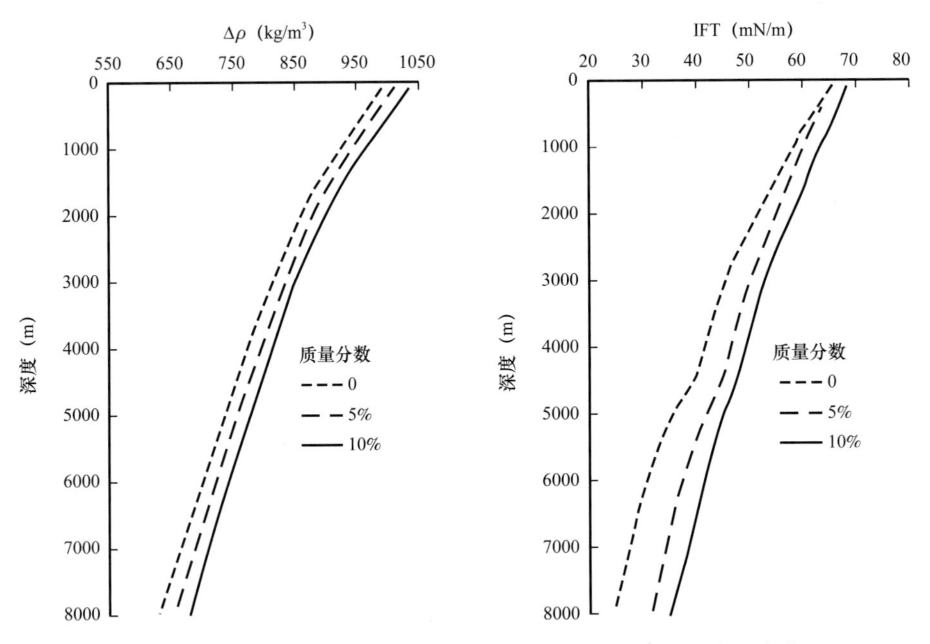

图 2–5　气水两相密度差和界面张力随深度、地层水矿化度的变化

如果考虑盖层孔喉半径随埋深变化的情况，则由于孔喉半径随埋深增大呈指数降低，所以综合效应是盖层封闭气柱高度随埋深逐渐增大，在 7000m 左右达到最大，再往深层走，封闭气柱高度又开始缓慢减小，但总体变化不大（图 2–6a）。从这个角度说，从中浅层往深层走，天然气更容易得到保存，加上天然气的运移阻力变小，深层天然气更容易运移和保存，这无疑对深层天然气的勘探是有利的。当然，当埋深达到一定值，温度压力过高的条件下，盖层封闭能力又开始减弱。

在不考虑盖层孔喉半径随埋深变化（孔喉半径取值为 10nm）的条件下，深层高温高压下气水浮力作用减弱，气水界面张力减小，毛细管力减小，天然气运移的阻力减小，两者的综合效应是盖层封闭气柱高度随深度逐渐减小（图 2–6b）。从这个角度上来说，在深层盖层达一定埋深后孔喉半径不再变化的条件下，越往深层高温高压条件将不利于天然气的保存，特别是大型整装高闭合高度气藏的形成和保存，但封闭的最大气柱高度仍超过

500m。因此，往深层走，随着埋藏深度和压实成岩程度的增强，毛细管力封闭不成问题，足够封盖形成大气田。

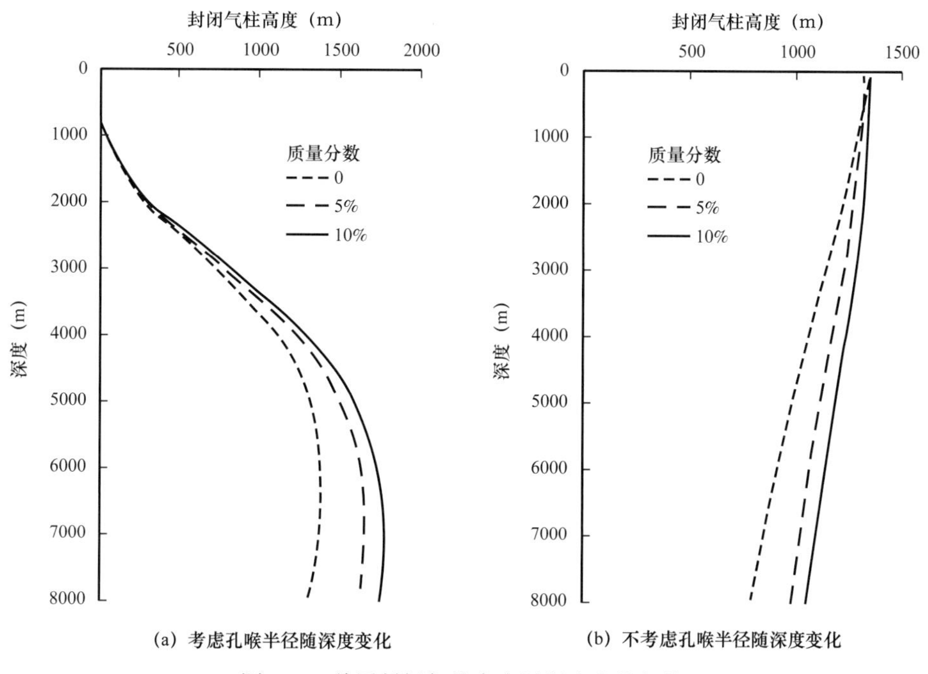

图 2-6　盖层封闭气柱高度随深度变化规律

二、天然气分子扩散机理与定量评价

1. 天然气分子扩散机理与影响因素

天然气在介质中的扩散是分子运动的结果，扩散分子在介质中做无序分子运动时会发生碰撞，促使分子从高浓度区向低浓度区运动，即分子运动方向指向浓度梯度降低的方向，直至浓度平衡为止，从而造成宏观上的扩散。通常在同一种介质中以气体扩散最快，液体较慢，而固体分子的扩散最慢，所以在相似条件下天然气的扩散远比石油扩散快很多。与渗透相似的是，介质中只要存在浓度差就会发生扩散，扩散规律遵从费克第一定律：

$$J = -D\nabla\mu \tag{2-2}$$

式中　J——扩散通量密度，即单位时间通过单位面积的扩散量，具有速度量纲；

$\nabla\mu$——物质的浓度梯度；

D——扩散系数（cm^2/s），代表了物质在介质中的扩散能力，是介质固有的物理量。

一般在扩散过程中，浓度梯度 $\nabla\mu$ 值是在不断变化中的，而扩散通量密度 J 也随着而变化，而这两个量不易确定，为此，在求解扩散问题时往往使用费克第二定律，先求解浓度场，再通过费克第一定律求解通量密度 J 和扩散总量。三维空间中，t 时刻的浓度由费克第二定律表述：

$$\frac{\partial\mu}{\partial t} = D\left(\frac{\partial^2\mu}{\partial x^2} + \frac{\partial^2\mu}{\partial y^2} + \frac{\partial^2\mu}{\partial z^2}\right) \tag{2-3}$$

它是一个二阶偏微分方程，在按具体扩散问题确定了初始条件和边界条件后，可以求解。

天然气的扩散无时不在，要完全遮挡天然气的扩散是不可能的，因而盖层对扩散的遮挡作用，只会体现在盖层对天然气扩散的延滞作用上。一般扩散量受到盖层扩散系数、天然气浓度梯度大小等因素的制约。另外，扩散距离（盖层厚度）和扩散时间的长短也是至关重要的。

天然气分子在地下岩石中的扩散实际上是天然气在孔隙水中的含气浓度差的作用下通过孔隙介质的扩散，扩散规律遵循费克定律，只不过扩散受到岩石孔隙大小、形状、迂曲度和弯曲程度的限制而已。天然气在岩石中的扩散系数受多种因素的影响，主要包括扩散物质的性质（分子大小、几何形状、分子极性和溶解性等）、扩散介质的性质（岩石的孔隙度、孔隙结构、孔隙中流体的性质等）和扩散系统的条件（温度、压力等）（Leythaeuser 等，1982；Krooss 等，1992，a，b；李海燕等，2001；付广等，2003；柳广弟等，2012；Schloemer 和 Krooss，2004）。

扩散物质摩尔质量越大，扩散系数越低，一般，同等条件下，$D_{C_1}>D_{C_2}>D_{C_3}>D_{n\text{-}C_4}>D_{i\text{-}C_4}>D_{C_5}$。扩散系数与孔隙度、渗透率虽然没有特别好的线性正相关关系，但总体上，还是随着孔隙度、渗透率的增大，扩散系数会增大。一般，砂岩的扩散系数＞粉细砂岩＞致密灰岩＞泥岩（Schloemer 和 Krooss，2004）。地层水盐度的增加会造成天然气在水中的溶解度降低，从而使得天然气扩散系数剧烈降低。此外，泥岩盖层中的有机碳含量对扩散系数也有较大影响（Krooss 等，1992a；Schloemer 和 Krooss，2004）。泥岩盖层中有机质对天然气的吸附作用会减缓天然气的扩散，其机理是有机质对天然气的吸附增加了泥岩盖层中的天然气浓度和天然气储集能力，从而使得浓度差降低，扩散系数降低，这就是烃浓度封闭的机理。天然气扩散系数受温度、压力的条件影响较大，特别是温度的影响（Guo huirong 等，2013；李兰兰，2013）。温度升高，天然气扩散系数呈指数形式快速增大，而压力影响相对较小（图 2–7）。

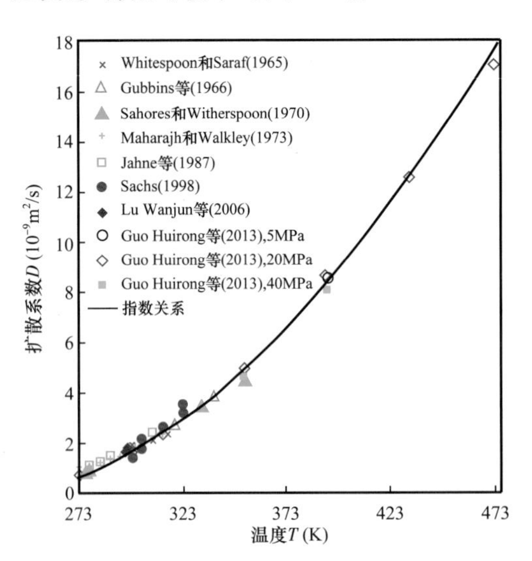

图 2–7　甲烷在水中扩散系数随温度压力变化

天然气扩散系数是衡量天然气扩散能力大小的重要物理量之一。国内外学者在天然气扩散系数测定方面做了大量探索性工作，但不同学者测定天然气在岩石中扩散系数的实验方法及结果都存在很大差异，这些差异和不足阻碍了人们更好地了解扩散在天然气成藏和保存中的作用，从而导致对地下岩石中天然气扩散速率的认识和对扩散在天然气成藏和保存中作用的理解仍存在很大争议。柳广第等（2012）指出目前测定天然气在岩石中扩散系数的实验方法国内外差别很大，国内主要采用封闭实验，即游离烃浓度法；国外主要采用开放实验，即时滞法。这两种实验方法测定的扩散系数具有不同的扩散浓度含义和不同的影响因素，游离烃浓度法测定的扩散系数比时滞法测定的扩散系数小约 2～3 个数量级，在天然气扩散量计算过程中扩散量计算的浓度含义应与扩散系数测定的浓度含义保持一致。

2. 天然气分子扩散定量评价

1）天然气扩散量定量计算模型

气体透过盖层扩散，可描述为非稳态条件下通过平面的扩散过程，过该平面的气体浓度为（图 2-8）：

$$
\begin{aligned}
c = & c_1 + (c_2 - c_1)\frac{x}{l} \\
& + \frac{2}{\pi}\sum_{n=1}^{\infty}\frac{c_2\cos(n\pi) - c_1}{n}\sin\left(\frac{n\pi x}{l}\right)e^{-Dn^2\pi^2 t/l^2} \\
& + \frac{4c_0}{\pi}\sum_{m=1}^{\infty}\frac{1}{2m+1}\sin\left(\frac{(2m+1)\pi x}{l}\right)e^{-D(2m+1)^2\pi^2 t/l^2}
\end{aligned}
\qquad (2\text{-}4)
$$

式中 c_1——气相与盖层接触面 x=0 处的气体浓度，mol/m^3；

c_2——盖层上边界处的气体浓度，mol/m^3；

c_0——盖层内的气体初始浓度，mol/m^3；

D——扩散系数，m^2/s；

t——时间，s；

l——盖层厚度，m。

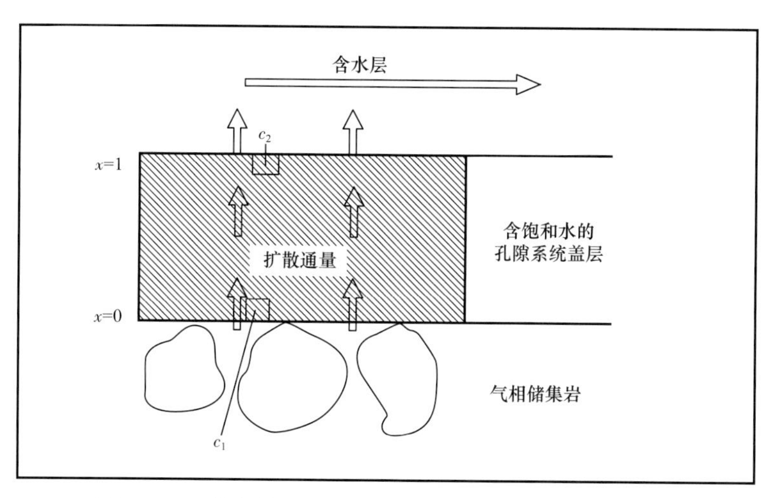

图 2-8 天然气单层盖层扩散模型（据 Krooss 等，1992）

非稳态条件下，费克第二定律可以表述为：

$$
\frac{\partial c}{\partial t} = D_{\mathrm{aq}}\frac{\partial^2 c}{\partial x^2} \qquad (2\text{-}5)
$$

将式（2-4）代入式（2-5），积分后可计算出 Q_{out}（t 时间内，甲烷气体透过盖层扩散出来的量）（图 2-9）：

$$Q_{\text{out}} = D\left(c_1 - c_2\right)\frac{t}{l} + \frac{2l}{\pi^2}\sum_{n=1}^{\infty}\frac{c_1\cos\left(n\pi\right) - c_2}{n^2}\left[1 - \mathrm{e}^{-Dn^2\pi^2 t/l^2}\right]$$
$$+\frac{4c_0 l}{\pi^2}\sum_{m=0}^{\infty}\frac{1}{\left(2m+1\right)^2}\left[1 - \mathrm{e}^{-D\left(2m+1\right)^2\pi^2 t/l^2}\right] \tag{2-6}$$

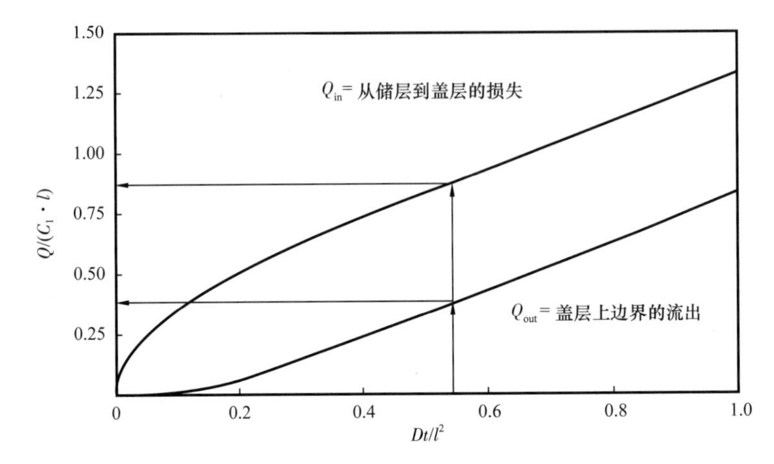

图 2-9　天然气经盖层扩散量模式图（据 Schlomer 和 Krooss，2004）

其边界条件为 $c_0 = 0$，$c_1 =$ 常数（$x = 0$ 且 $t \geqslant 0$）且 $c_2 = 0$（$x = 1$ 且 $t \geqslant 0$），式（2-6）可以简化为：

$$\frac{Q_{\text{out}}}{lc_1} = \frac{Dt}{l^2} - \frac{1}{6} - \frac{2}{\pi^2}\sum_{n=1}^{\infty}\frac{\left(-1\right)^n}{n^2}\mathrm{e}^{-Dn^2\pi^2 t/l^2} \tag{2-7}$$

同理得到甲烷气体经过 t 时间后进入到盖层岩石中的量 Q_{in}，如下式所示：

$$\frac{Q_{\text{in}}}{lc_1} = \frac{Dt}{l^2} + \frac{2}{\pi^2}\sum_{n=1}^{\infty}\frac{1}{n^2}\left(1 - \mathrm{e}^{-Dn^2\pi^2 t/l^2}\right) \tag{2-8}$$

2）天然气扩散系数随埋深变化

在深层高温高压条件下，天然气扩散系数将明显增大，但由于随着埋深的增大盖层变得更加致密，两者综合作用使得天然气扩散系数到底是增大还是减小呢？为了从理论上探讨深层高温高压条件下天然气扩散系数的变化情况，考虑如下情况：地表温度 15℃，地温梯度 3℃ /100m，正常静水压力梯度，泥岩盖层厚度 200m，盖层初始孔隙度 50%，压实系数 0.875，扩散时间 25Ma。经理论计算，随着温度压力的增大，天然气在地层水中的扩散系数逐渐增大，但由于盖层孔隙度随埋深呈指数降低，两者的综合效应使得有效扩散系数呈现先增加会逐渐减小的趋势，变化拐点在 1500m 左右（图 2-10）。25Ma 的扩散量和稳态扩散速率也都呈现相似的变化趋势。这充分说明，深层盖层中天然气的扩散主要要受盖层孔隙度的影响，其次才是温度压力，总体效应是扩散系数随深度增大而逐渐降低，说明深层致密盖层的扩散将更为缓慢，从这个角度上来看，深层超深层天然气更容易保存，只要存在有效的致密盖层。

此外，再考虑两种特殊情况：（1）地层超压。由于地层超压的发育，使得天然气在地层水中的溶解度增大，单位岩石中天然气浓度增大，扩散浓度差增大，从而使得扩散速率增大，扩散损失量增大。因此，对于超压、超高压气藏来说，天然气扩散变得更快，必须依靠优质、致密的区域盖层才能有效保存。（2）地层抬升剥蚀。这里仅考虑简单抬升情况，认为盖层孔隙度不变，只是温度、压力降低。对比可以看出，随着抬升剥蚀量的增加，温度压力降低，扩散系数逐渐降低，地层水中天然气溶解度即浓度降低，扩散速率很快降低，扩散损失量较大程度降低。对于整体抬升盆地，如果不考虑盖层发生破裂产生裂缝情况，盖层的物性不变，变化的仅是温度压力，天然气扩散将变得更为缓慢，这种情况是有利于天然气的保存的。当然，如果盖层抬升过程中发生破裂产生大量裂缝，天然气将以渗流的形式快速散失。

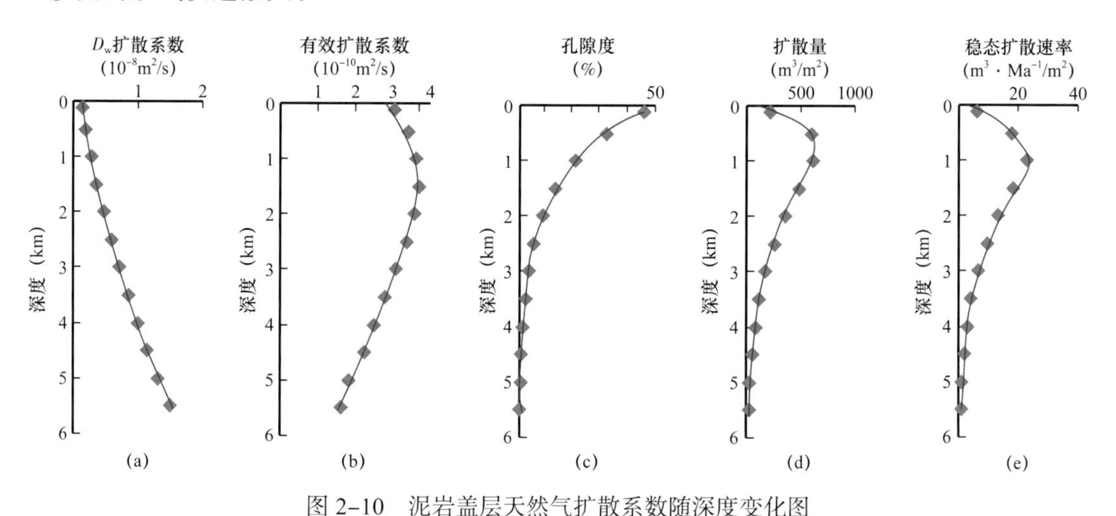

图 2-10　泥岩盖层天然气扩散系数随深度变化图

第三节　盖层变形特征与脆塑性转换

如第二节所述，对于深层致密泥岩盖层，毛细管力封闭不成问题。但深层泥岩盖层由于成岩程度高、物性致密，脆性增强，在抬升过程中或褶皱变形条件下更容易形成断层、亚地震断层和微裂缝，从而导致泄漏的可能性更大。天然气勘探实践也表明，影响气藏破坏的关键因素是盖层内断层和微裂缝的发育，所以，尽管有些盖层本身的物性条件很好，仍不能起到有效封闭作用（Downey，1984；戴金星等，1997；马永生等，2006）。我国深层油气藏具有多期构造叠加改造、构造复杂、高演化、多期成藏晚期调整改造强的特点，盖层及保存条件是勘探失利的主要因素。前陆冲断带及复杂构造区晚期挤压冲断及构造变形强烈，对盖层完整性及有效性的评价显得更为重要。因此，本节从岩石力学性质出发，分析膏盐岩和泥岩盖层脆塑性变化规律与影响因素。

一、岩石脆塑性变形特征

构造应力作用下岩石发生脆塑性变形是一种常见的地质现象，影响岩石脆塑性既有内因，即岩石的固有属性（岩性、物性、矿物成分、结构、构造等），也有外因，即岩石所处的外部环境（埋深、围压、温度、流体介质、应变速率等）。不同岩性岩石其变形机制及脆塑性控制因素存在较大差异。随着岩性、温度、压力、应变率和流体介质等因素的改变，岩石的变形、破坏和失稳行为会发生相应的变化，包括变形行为的弹—塑性转变、破坏行为的脆性—塑性转变，以及失稳行为的渐进式—突发式转变（王绳祖，1995）。

1. 岩石脆塑性变形阶段划分

无论哪种类型的岩石，随着埋藏深度增加，成岩程度、物性及温压环境发生改变，岩石均发生力学性质变化，岩石变形历经 3 个阶段：脆性、脆—塑性和塑性变形阶段（图 2–11）（付晓飞等，2015）。不同变形阶段岩层变形行为及破裂方式不同（图 2–12）（Fossen，2010）。Heard（1960）依据岩石的应力—应变关系曲线，将岩石分为三种类型（图 2–13）：（1）脆性岩石，破坏点位于弹性极限附近，破坏前的线应变一般不超过 3%；（2）脆—塑性岩石，破坏点超过屈服强度，破坏前的线应变一般不超过 5%；（3）塑性岩石，破坏点距屈服强度很远，破坏前的线应变一般超过 5%。

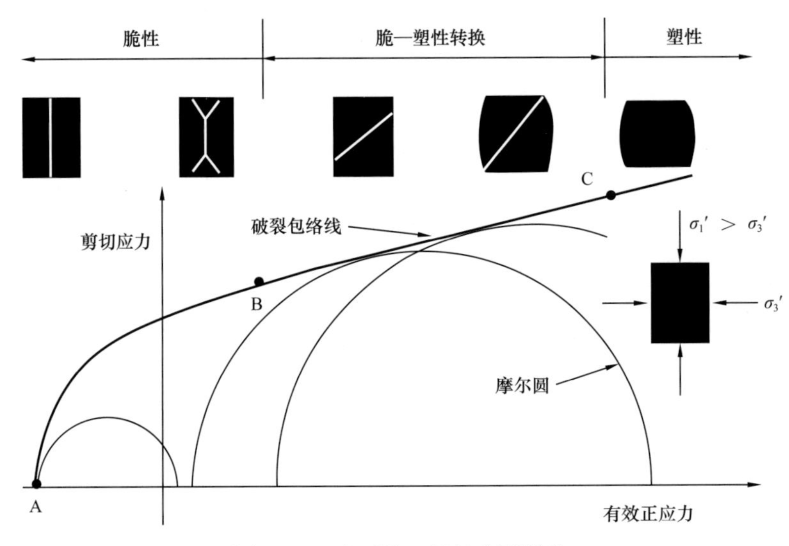

图 2–11　岩石脆—塑性变形转化

2. 脆塑性变形特征及识别标志

基于岩石应力—应变关系曲线、应变量、应变软化、应力降、微破裂、扩容特征和声发射特征，建立了盖层岩石脆性、脆—塑性和塑性变形的力学特征标志（图 2–14）。

基于三轴压缩试验，从应力—应变曲线特征来看，脆性阶段破裂后应力—应变曲线突变，在应变曲线上表现为破裂点后应力强度突然降低即突发失稳，破坏强度位于屈服强度附近，破裂应变量通常小于 3%，岩石以脆性破裂为主，产生明显的剪切破裂面即形成断层和剪裂缝；脆—塑性阶段应力—应变曲线稳定逐渐降低；塑性阶段应力—应变曲线达到峰值后不会降低，即应力降趋近于零，破坏强度大大超出屈服强度，岩石以塑性流动和网状剪切为主，不会产生明显的剪切破裂面（图 2–15）。

岩石脆—塑性转换是指从岩石局部形变破坏（宏观破裂）到宏观均匀流动变形（包括各种变形，如碎裂流动）的转化。岩石变形实验研究结果表明，岩石脆—塑性转换与岩石

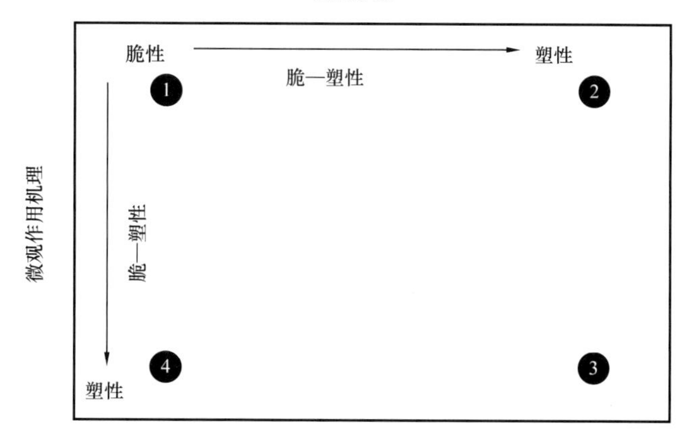

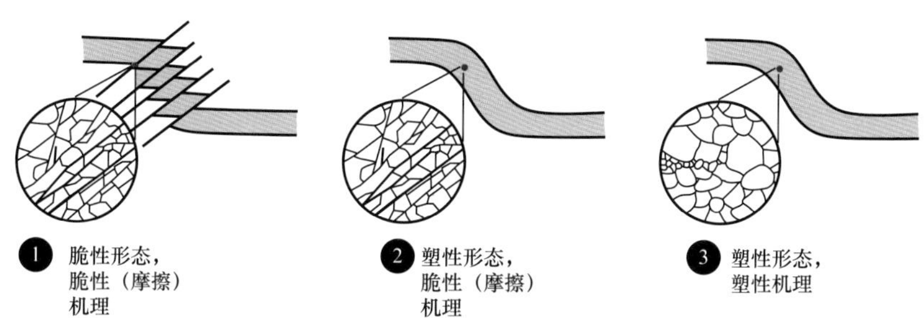

图 2-12　脆性—塑性变形方式与微观变形机理（据 Fossen，2010）

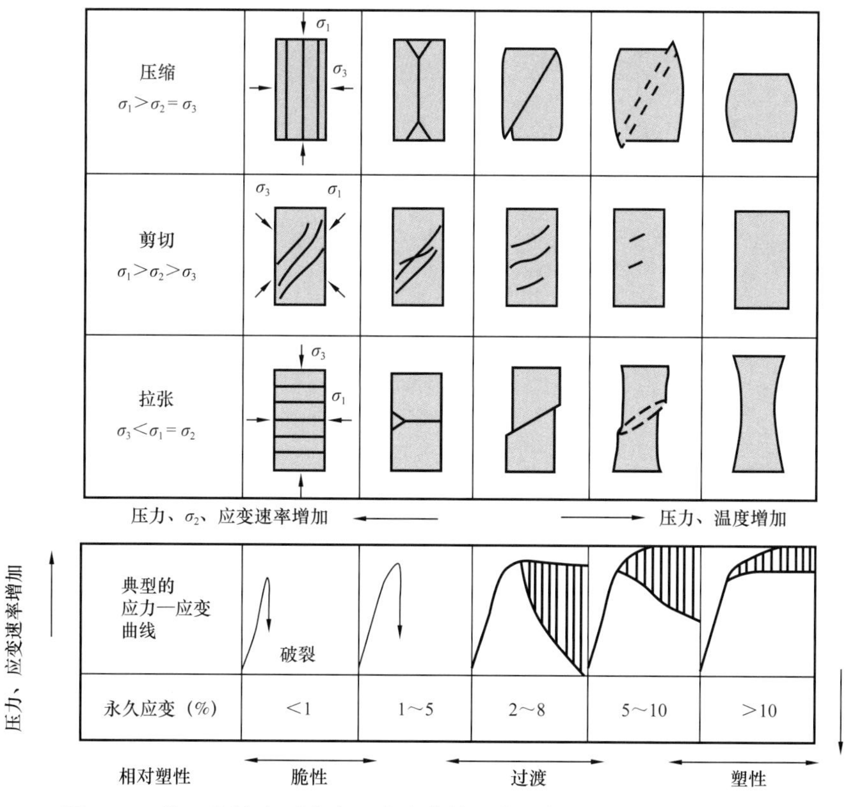

图 2-13　脆—塑性岩石应力—应变曲线及变形构造特征（据 Heard，1960）

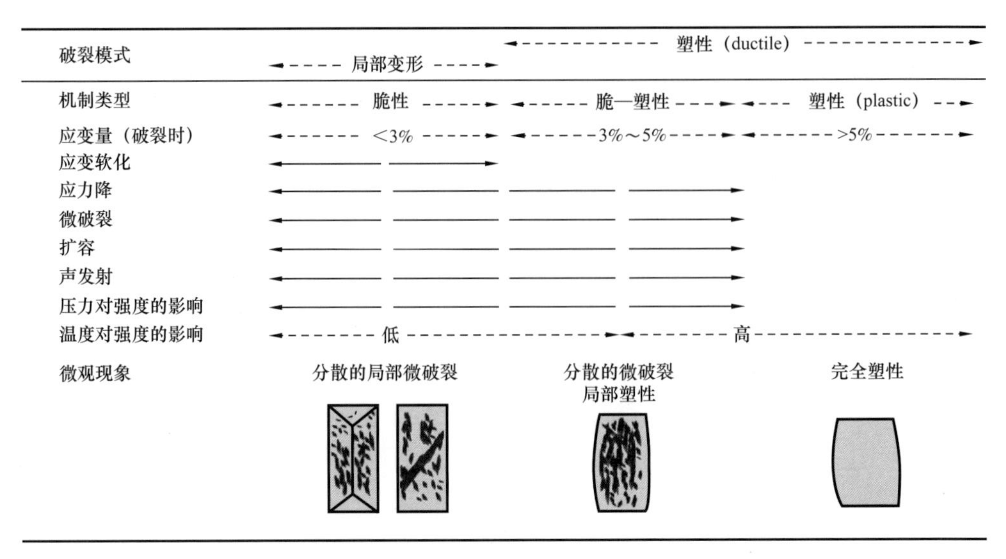

图 2-14　不同脆塑性阶段变形、应力—应变以及微观特征

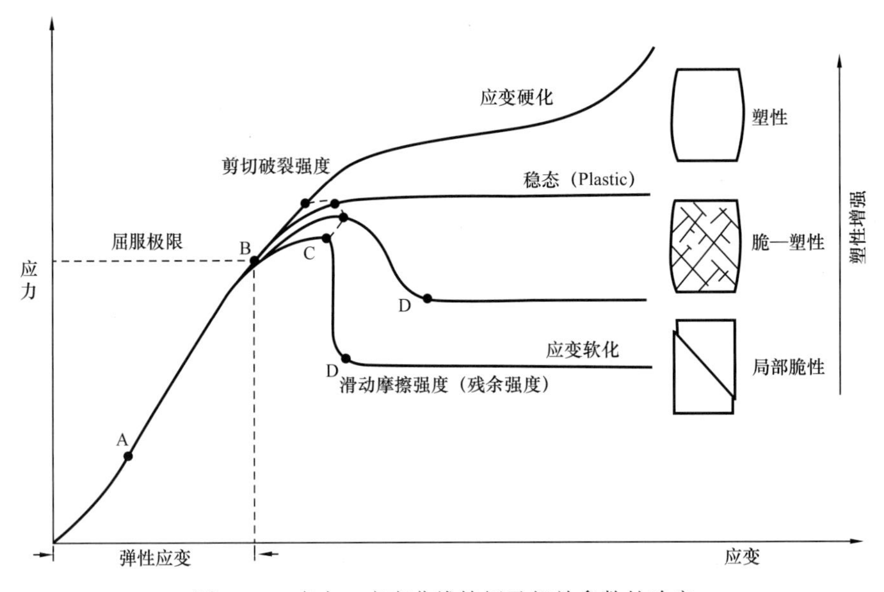

图 2-15　应力—应变曲线特征及相关参数的确定

的组分、温度、压力、应变率等因素的变化有关。通常情况下，温度和围压增大，岩石的塑性增强；应变速率增大，岩石的脆性增强；岩石中塑性成分增多，岩石塑性增强。当温度和压力升到足够高时，岩石的纯脆性行为转变为塑性，从脆性到塑性通常存在转换带，包括微观尺度上脆性和塑性作用的混合物，流变学上为宏观塑性。浅部脆性断层在一定深度（主要取决于岩性和状态条件）以下将变成塑性剪切作用，碎裂圈和塑性圈之间的过渡标志着岩石力学性质的显著变化，限制了正常脆性现象的发生深度。

3. 盖层脆—塑性变形阶段定量表征

Kohlstedt 等（1995）给出了脆—塑性转换的定量表征模式图（图 2-16），定义脆性破裂的 Moro Coulomb 准则与 Byerlee 定律的交点为 BDT（Brittle-ductile transition），即脆性与脆—塑性（脆塑过渡带）的分界点，认为是一种形变模式的转变；定义 Moro Coulomb 准则与 Goetze 准则的交点为 BPT（Brittle-plastic transition），即脆—塑性与塑性的分界点，认为是一种形变主要机制的转变。

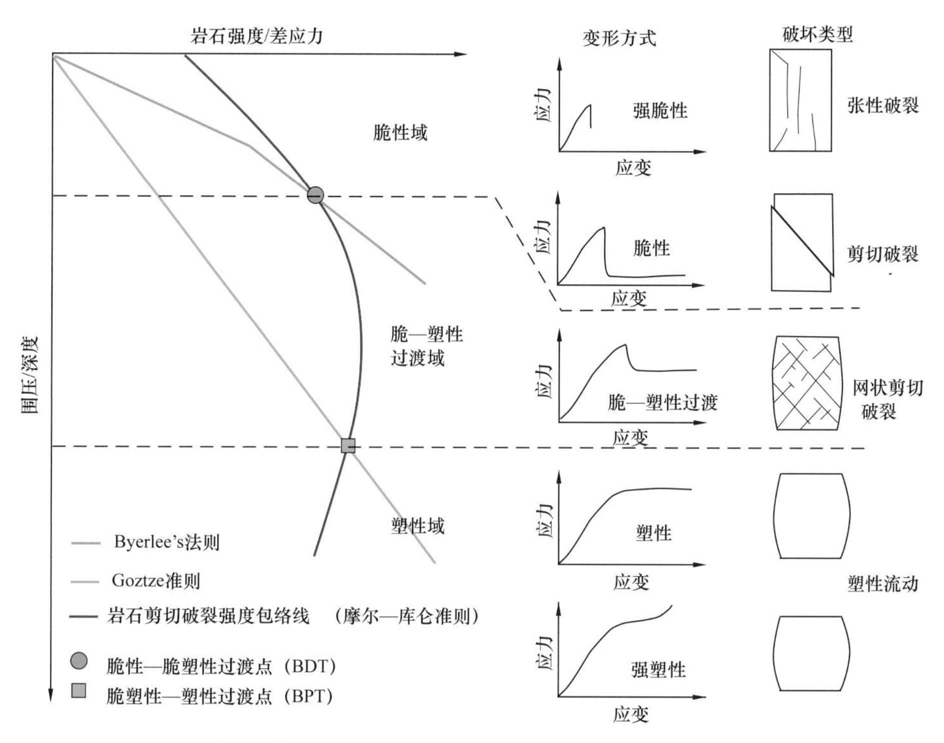

图 2-16 岩石脆塑性变形阶段定量表征模式图（据 Kohlstedt 等，1995 修改）

岩石脆性破裂满足摩尔—库仑准则（Moro Coulomb 准则）。脆性破裂强度对应峰值差应力，其强度随着围压的增加而增大。脆性破裂的表征方法一般有库仑破裂准则、格里菲斯准则、修正格里菲斯准则以及摩尔—库仑破裂准则。摩尔—库仑破裂准则为实验准则，其包络线一般为二次曲线（图 2-17）（Myrvang，2001）。

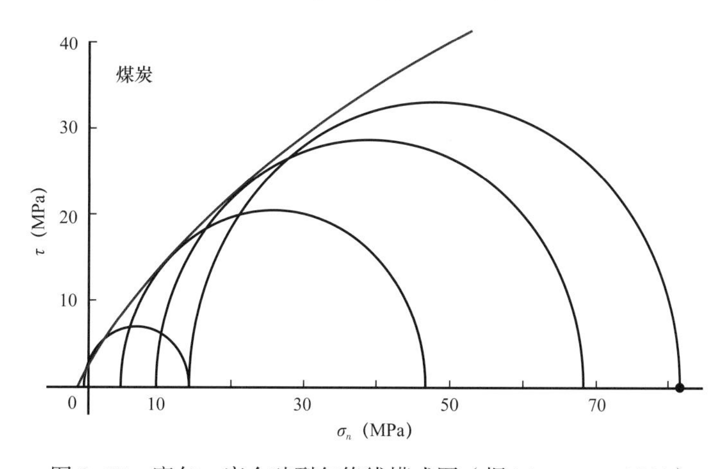

图 2-17 摩尔—库仑破裂包络线模式图（据 Myrvang，2001）

Byerlee 定律标志着脆性破裂的结束。岩石在应力作用下，初始变形为弹性变形，当应力超过了屈服点，岩石在屈服下发生一段非弹性变形后，发生破裂，此破裂称为脆性破裂，破裂强度（剪切力）遵从库仑定律：

$$\tau = c + \mu\sigma_n \tag{2-9}$$

在 σ_1 和 σ_3 坐标下表示为：

$$\sigma_1 = 2c\sqrt{\frac{1+\sin j}{1-\sin j}} + \frac{1+\sin j}{1-\sin j}\sigma_3 \tag{2-10}$$

对于纯脆性材料，当应力超过了屈服点，材料立即发生脆性破裂，在不同围压下，岩石的内摩擦系数几乎是恒定的。当岩石破裂后，内聚力约为零，在剪切力作用下，岩石实现摩擦滑动，滑动摩擦系数近似与内摩擦系数相等。滑动摩擦强度（剪切力）随围压（深度）成线性关系。Byerlee（1978）研究表明对于许多纯脆性岩石，滑动摩擦强度与岩石的成分关系不大，通过大量实验，在低围压下，纯脆性岩石破裂后的滑动摩擦系数约为0.85，滑动摩擦强度与摩擦力相等（滑动缓慢）；而在高围压下，其摩擦系数约为 0.6，滑动强度大于摩擦力（滑动加速），得出经验摩擦定律，被称为 Byerlee 定律：

$$\tau = 0.85\sigma_n,\ 3 < \sigma_n < 200\text{MPa} \tag{2-11}$$

$$\tau = 60 + 0.6\sigma_n,\ 200 < \sigma_n < 1700\text{MPa} \tag{2-12}$$

在 σ_1 和 σ_3 坐标下表示为：

$$\sigma_1 - \sigma_3 \approx 3.7\sigma_3, \sigma_3 < 100\text{MPa} \tag{2-13}$$

$$\sigma_1 - \sigma_3 \approx 2.1\sigma_3 + 210, \sigma_3 > 100\text{MPa} \tag{2-14}$$

在差应力（σ_1-σ_3）和围压 σ_3 坐标中，在低围压下，岩石体现出纯脆性破裂，峰值破裂曲线是直线，斜率与破裂后的滑动摩擦曲线（Byerlee 定律）相近，随着围压增大，岩石中体现出塑性成分，岩石的内摩擦角及滑动摩擦角都减小，此时不同围压、破裂点在图中描绘为曲线。当岩石破裂强度（差应力峰值）与围压恰好满足 Byerlee 定律时，即破裂曲线与 Byerlee 定律描述的脆性滑动摩擦直线相交（图 2-18）。相交点被作为是岩石脆性向脆—塑性过渡转变点。Byerlee 定律表征脆性破裂发生的临界条件，当岩石剪切破裂强度与围压恰好满足 Byerlee 定律时，岩石开始向脆—塑性过渡阶段转变（Kohlstedt 等，1995）。因此，Byerlee 定律标志着脆性破裂的结束。

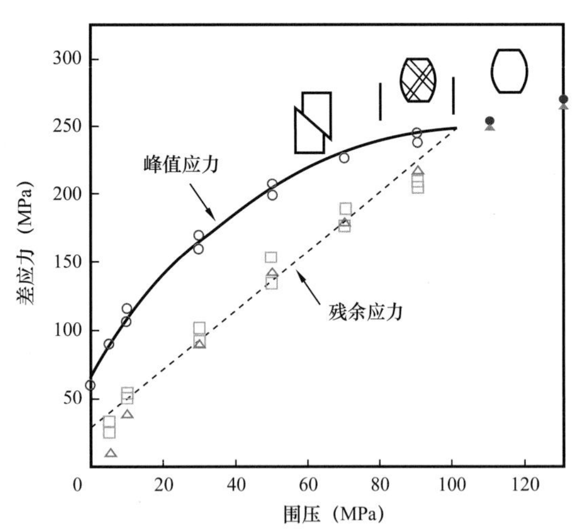

图 2-18　塑性蠕变临界定量表征方法
（据 Scott 等，1991）

应力降趋近于零是岩石塑性蠕变的临界条件。继续增加围压，岩石处于脆—塑性过渡阶段，由于塑性成分的增多，岩石发生脆性破裂后的应力降减小，当围压增加到某一临界值时，应力降为零，此时岩石主要体现出塑性变形，不发生脆性破裂。Goetze（1971）基于实验数据，当应力降为零时，大部分数据表明所加的围压（或有效围压）约与破裂强度（σ_1-σ_3）相近时，标志着脆—塑性过渡阶段向塑性流变阶段的转变临界点。此经验定律为 Goetze 准则：

$$\sigma_1-\sigma_3=\sigma_3 \tag{2-15}$$

二、膏盐岩脆塑性转化特征

膏盐岩脆塑性变形的主要影响因素是围压和温度。通过膏盐岩三轴加温加压物理模拟实验，证实膏岩、盐岩具有低温脆变、高温塑变特征，随地温和围压的增加，膏盐岩由脆性、脆韧性过渡到韧性。

（1）脆性阶段：盖层以脆性破裂为主，形成大量的裂缝和断层，如库车凹陷拜城盐场盐内的脆性断层（付晓飞等，2015）。三轴试验硬石膏样品宏观上沿单一剪切裂缝突然脆性破裂，剪切面与压缩方向约呈 30°，伴生较厚的涂抹层和较宽的强烈破碎带（Paola 等，2009；Hangx 等，2010）。微观上，由于破裂和微破裂作用硬石膏以局部变形为主，破碎带内发育高度连通的晶间和穿晶的微裂缝网，远离断裂带破裂强度降低，趋于更分散的、差—中等连通的晶内和晶间裂缝，很少有穿晶裂缝且晶内裂缝一般沿轴向发育与解理面和双晶面斜交。从应力—应变曲线上观察脆性阶段的膏盐岩发生应变软化，破裂处有很大的应力降；脆性破裂之前渗透率增加约 2～3 个数量级，这与晶内和晶间微裂缝的连通性有关，破裂时渗透率表现为突然的增加；屈服点之前体应变是减小的，超过屈服点之后体应变开始逐渐增大（Paola 等，2009）。Brantut 等（2011）从石膏切面的声发射位置投射图上观察到声发射主要沿主裂缝和次级裂缝分布。

（2）脆—塑性阶段：以发育典型的涂抹结构和分散的裂缝为特征，如东秋背斜膏盐岩被拖入断裂带中，形成剪切型涂抹。脆—塑性过渡阶段，硬石膏样品宏观上发育分散的共轭剪切破裂网，与压缩方向约呈 30°，有时可见沿一条宏观裂缝有较小的剪切位移，但样品仍保持有内聚力且几乎无鼓胀现象（Paola 等，2009；Hangx 等，2010）。微观上，脆—塑性流动和碎裂流动是膏盐岩从脆性断裂到完全塑性流动转化的一个重要过程（Chester，1988；Peach 和 Spiers，1996；Brantut 等，2011；Zhu 和 Wong，1997），因此其破裂模式既有局部的变形也有分散的变形，细粒硬石膏样品有时可形成较窄但连续的雁列式结构碎裂带，局部裂缝横切碎裂带且碎裂带之间可观察到高密度的晶内和晶间裂缝。从应力—应变曲线上观察脆—塑性阶段的膏盐岩介于应变软化和应变硬化之间，破裂处应力降明显减小（Paola 等，2009）。纯石膏样品在脆—塑性阶段还可观察到由于压碎和扭转的颗粒局部混合形成的微米级剪切带（Brantut 等，2011），脆—塑性阶段膏盐岩的声发射速率增大（Alkan 等，2007）。

（3）塑性阶段：塑性阶段的盖层具有流动特征，发生褶皱变形，一般沿着断裂塑性流动挤出并在断裂顶部出漏，为典型的塑性变形，在西秋构造带发现了出露地表的库姆格列木群膏盐岩（付晓飞等，2015）。硬石膏样品宏观上无明显的局部断裂，共轭剪切裂缝更发育，有明显的鼓胀现象（Paola 等，2009）。微观上，受位错蠕变（包括位错滑移和位错攀移）、动态恢复作用与动态重结晶作用等晶质塑性变形机制的影响，硬石膏以分散的变形为主，但是不同粒径的硬石膏样品其塑性变形方式是不同的，粗粒样品发育与加载方向平行的高密度晶内裂缝，晶间裂缝也很普遍，表现为破裂的颗粒边界，仅在强烈破碎区能观察到很少的穿晶裂缝；而细粒硬石膏样品内均匀发育极窄的雁列式结构碎裂带，最宽达0.2mm，碎裂带之间可见高密度的晶内和晶间微裂缝（Paola 等，2009）。与硬石膏不同的是，盐岩在塑性阶段发育亚晶粒，还可见由颗粒边界迁移重结晶形成的新晶粒（Schléder 和 Urai，2005）。从应力—应变曲线上观察塑性阶段的膏盐岩发生应变硬化，几乎无应力降，渗透率增加约 1～2 个数量级并最终达到一个稳定值；屈服点之前体应变减小，此阶段较脆性域的持续时间短，超过屈服点体应变开始逐渐增大（Paola 等，2009），塑性阶段无声发射响应。

从野外宏观变形特征来看，脆性阶段盖层以脆性破裂为主，如库车前陆冲断带拜城盐场盐内脆性断裂，盐岩发生脆性破裂，形成断层泥填充型断裂带，填充物特征为断层泥含大量盐粒，去除坚硬表层，内部断层泥类似于“揉好的面”（图 2-19a）；脆—塑性阶段盖层以发育典型泥岩涂抹为特征，如东秋背斜膏泥岩涂抹变形，膏泥岩发生塑性变形被拖入断裂带中，形成剪切型泥岩涂抹（图 2-19b）；塑性阶段膏盐岩具有流动特征，盐沿着断裂塑性流动挤出模式，并在断裂顶部出漏，为典型的塑性变形，在西秋构造带发现了出露地表的吉迪克组砂岩与库姆格列木群盐岩（图 2-19c）。

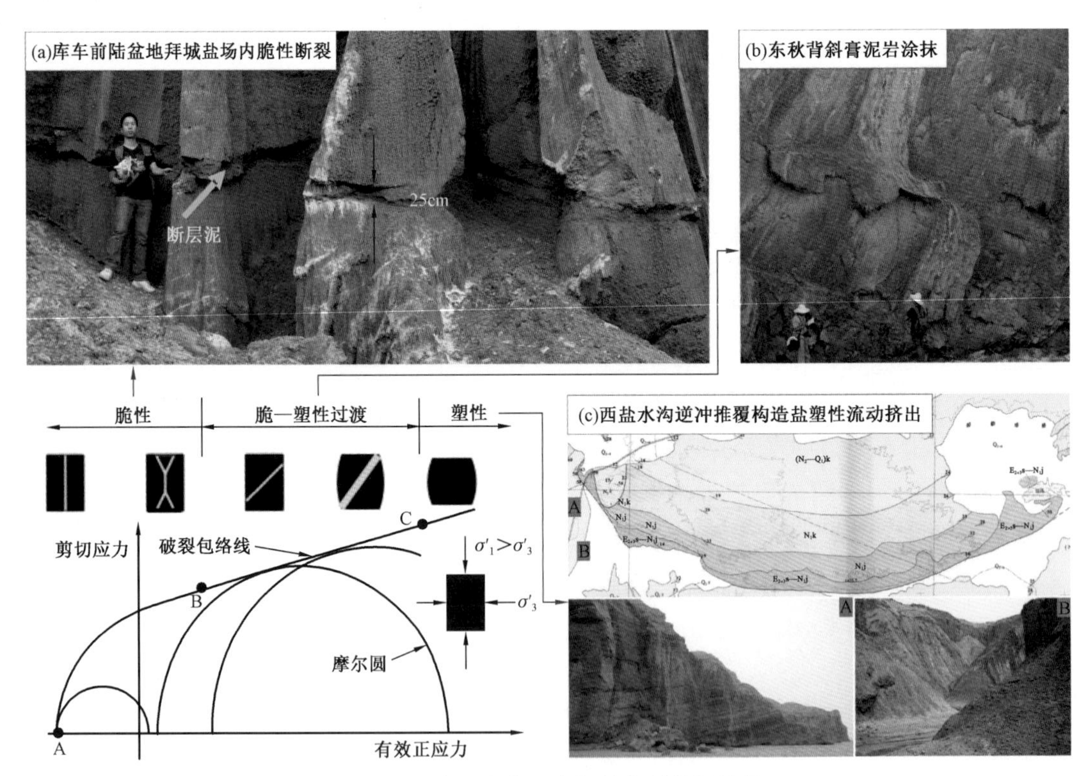

图 2-19　膏盐岩宏观脆塑性变形特征差异

实验结果表明，膏岩和盐岩应力应变岩石学特征既有相同点又有不同点。其中，一般情况下，膏岩和盐岩应力—应变过程均可分为四个阶段（图 2-20）：压密阶段、弹性阶段、塑性阶段、破坏阶段。由于膏岩和盐岩孔隙度较小，压密阶段很短，即在很小的应力状态下盐岩即达到其压密强度，温度越低，压密阶段越短；弹性变形阶段应力与应变呈线性关系，应力取消时变形可恢复原状；当受力超过屈服强度时，膏岩和盐岩变形进入塑性阶段，应力取消岩石应变无法恢复，应力与应变关系为非线性；当受力超过岩石抗压强度时，膏岩和盐岩进入第四个变形阶段——破坏阶段，其中，当岩石为脆性时，破坏阶段表明为脆性破裂，岩石轴向应力突然下降，应变不连续；当岩石为塑性时，破坏阶段表现为塑性流变，岩石轴向应力逐渐变化，应变连续。

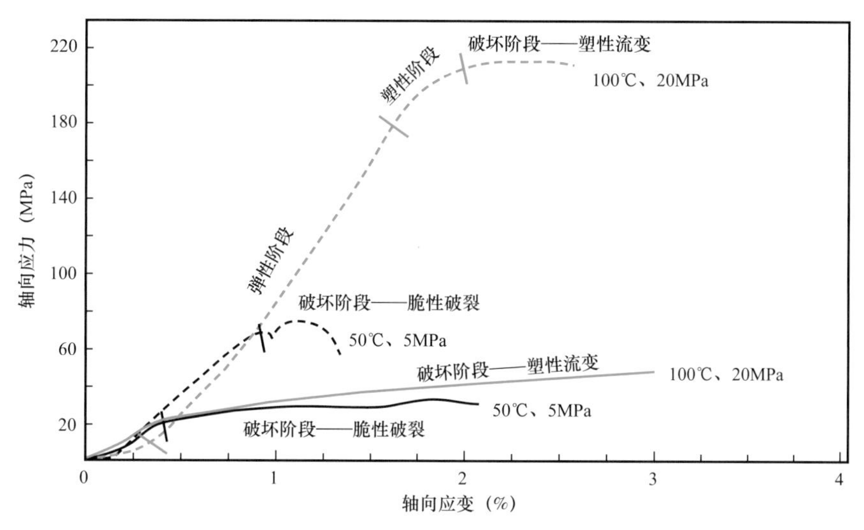

图 2-20 膏岩、盐岩三轴加温加压应力应变阶段划分

实线为盐岩应力应变曲线；虚线为膏岩应力应变曲线

二者不同之处十分明显（图 2-21）。首先抗形变能力不同，膏岩抗形变能力强，变形所需应力大；盐岩抗形变能力较弱，变形所需应力相对小。即盐岩塑性强、膏岩硬度大。其次对温度的响应不同，膏岩随温度升高塑性变形能力先降低后升高，盐岩随温度升高塑性变形能力逐渐增强，盐岩受热温度越高，抗压强度越低，发生塑性变形所需的应力越低，一定温度下破坏阶段与塑性阶段合二为一，盐岩可呈夏天的奶油状塑性流动。

基于膏盐岩三轴加温加压物理模拟实验结合盖层脆塑性转换定量表征方法，判定盐岩脆性向半脆性转换临界埋深为 600m 左右，半脆性向塑性转换临界埋深为 3000m 左右（图 2-22）。纯净膏岩脆性向半脆性转换临界围压为 46MPa，相当于埋深 2000m，半脆性向塑性转换临界围压为 90MPa，相当于埋深 4000m（图 2-23）。

再以库车前陆盆地克拉苏构造带库车期—西域期平均古地温梯度 28℃ /1000m、年地表温度 15℃计算，分别建立了膏岩和盐岩的脆、塑性变形模式。由图 2-24 可见，膏岩脆性强，抗破坏能力大，不易达到塑性变形阶段，快速强挤压应力状态下多为脆性变形，应力强度具有随埋深增大抗压强度增强，之后降低的趋势，盐岩和膏岩脆—塑过渡域分别为600～3000m、2000～4000m，塑性变形域分别为大于3000m、大于4000m。对于膏盐岩互层沉积，岩石变形特征受塑性程度更强的盐岩控制，因此，膏盐岩盖层最佳封闭阶段对应于埋深3000m以深。

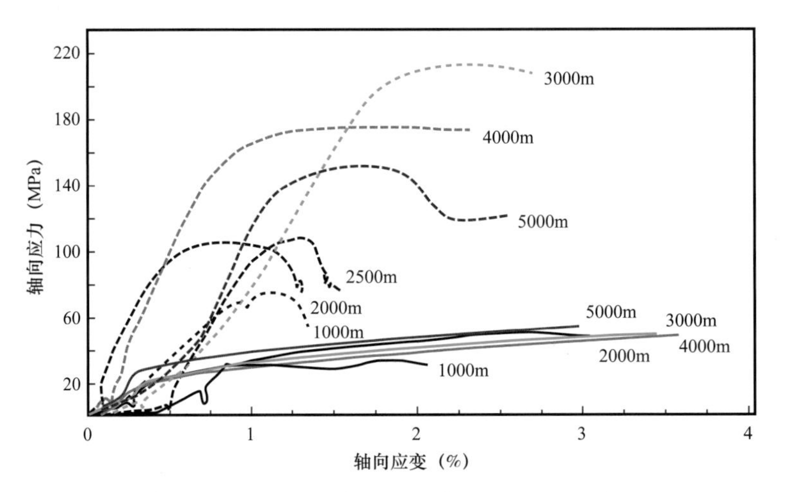

图 2-21　膏岩、盐岩三轴加温加压应力应变曲线

实线为盐岩应力—应变曲线；虚线为膏岩应力—应变曲线

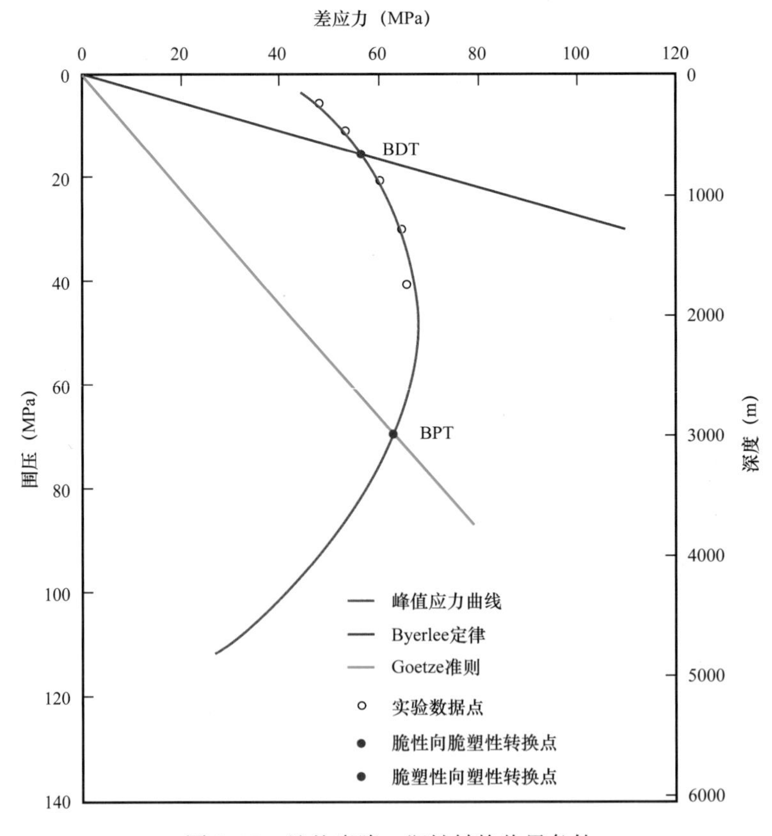

图 2-22　纯盐岩脆—塑性转换临界条件

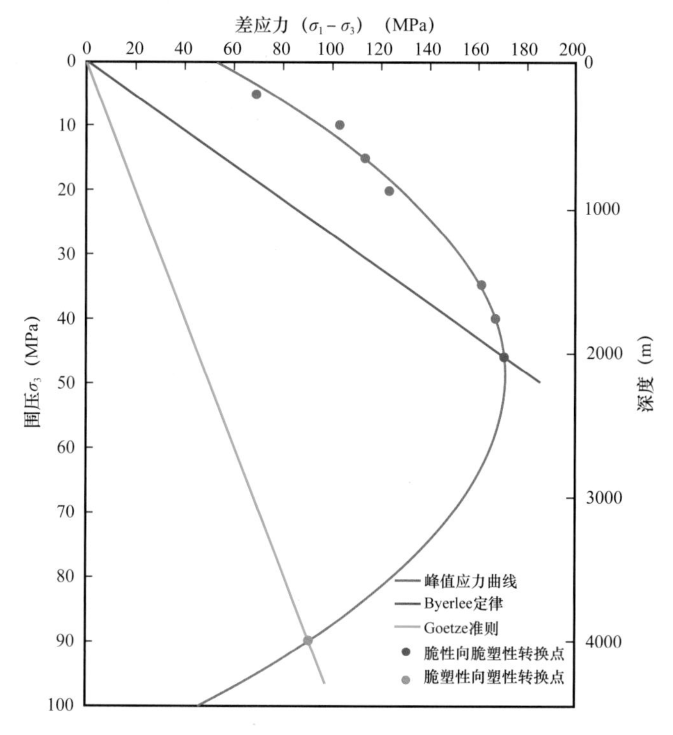

图 2-23 纯膏岩脆—塑性转换临界条件

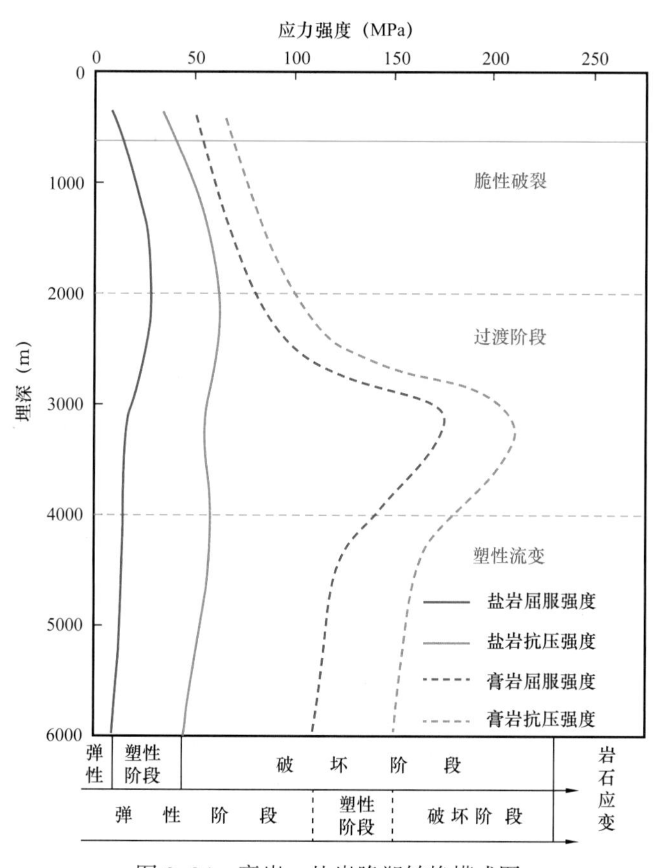

图 2-24 膏岩、盐岩脆塑转换模式图

三、泥岩脆塑性转换特征

从世界深层油气田盖层岩性统计结果来看，泥岩是最主要的油气藏盖层类型，所占比例超过 80%，膏盐岩虽然是优质盖层，但比例只占到 6% 左右（图 2–25）。因此，需要更为关注泥岩盖层。那么泥质岩盖层是否也同样遵循膏盐岩脆塑性变形的规律？针对膏盐岩脆塑性判识和评价的这套做法是否同样可以套用到泥岩盖层呢？

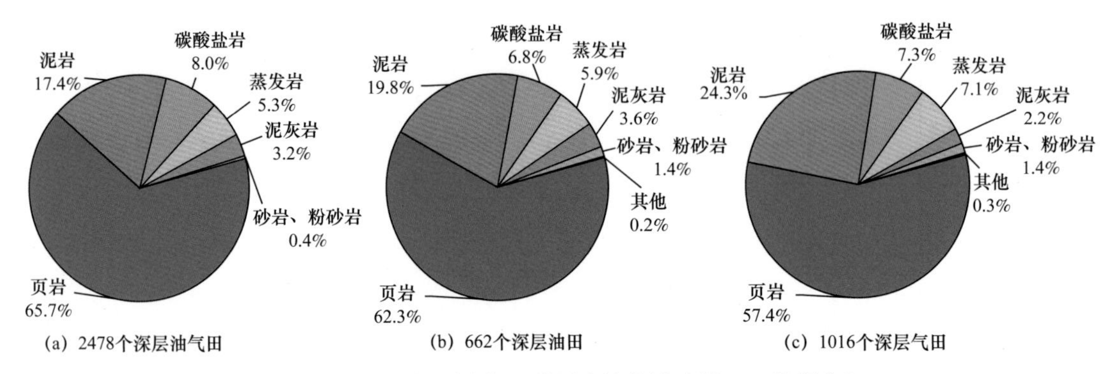

图 2–25 世界深层油气田盖层岩性统计（据 IHS 数据库）

首先从岩石类型与岩石性质上，泥岩盖层与膏盐岩盖层具有很大的差异。膏盐岩为化学结晶岩，无孔隙结构、无压实成岩和化学胶结作用，力学性质影响因素主要为围压和温度，随着围压和温度的增大，膏盐岩出现从脆性、脆—塑性到塑性的转变。而泥岩盖层则不同，泥岩力学性质除了受围压和温度影响外，泥岩的矿物组成、粒度、孔隙结构、层理、压实成岩和化学胶结作用等都对泥岩的力学性质有影响，特别是压实成岩和化学胶结作用的影响不容忽视。因此，泥质岩盖层脆塑性变化模式要比膏盐岩更加复杂、影响因素更多。

1. 厚层泥岩盖层脆塑性变形规律

关于厚层泥岩盖层随埋深增大脆塑性及封闭性能的变化规律目前争议比较大，主要有以下三种观点。

1）*泥岩盖层在埋藏过程中由脆性向塑性转变*

从泥岩在不同围压和温度下的应力—应变实验结果出发，认为泥岩盖层在埋藏过程中由于温度压力增大而由脆性向塑性转变。这一结论只适用于实验室条件，并不能代表真正的地质条件。因为，泥岩随着埋深的增大会发生压实成岩、黏土矿物转换、化学胶结等作用，使得泥岩本身的物性和力学性质发生改变，这一方面的因素在三轴力学实验中是不能考虑进去的。据 Nygård 等（2004）研究，化学成岩作用对泥质岩类的物性和力学性质影响比较大：（1）使得岩石的名义前期固结应力（apparent pre–consolidation stress）增大，要远大于正常压实所经受的最大垂向应力；（2）使岩石的压缩系数减小，即岩石变得更为坚硬，难以压实；（3）使岩石的孔隙度、渗透率减小，特别是渗透率会降低很多；（4）使岩石能承受的最小水平有效应力减小，即岩石的泊松比降低。多数学者认为黏土岩由沉积至成岩演化经历了未固结—固结—致密化—变质过程，因此黏土质盖层与烃源岩一样也有一个未成熟—成熟—过成熟（无效—有效—无效）的演化历史，泥岩可塑性也随着成岩程度的增大逐渐变小即脆性增强，中等成岩程度对封盖最为有利，一般认为，泥质岩在中成岩 B 期的封闭性能最好（图 2–26）。因此，三轴力学实验只适用于围压小于泥岩前期经受的最大固结应力的条件，即超固结状态（Over–consolidation），也就是适用于泥岩盖层抬升阶段脆性的评价。Nygård 等（2006）研究表明，在超固结状态，泥岩基本表现为脆性、脆—塑性过渡的变形特征。此外，通过加温加压的三轴力学实验表明，在温度低于 400℃时，温度对泥岩力学性质的影响较小，主要受围压的影响较大（图 2–27）；因此，在盆地勘探尺度，可以基本忽略温度对泥岩力学性质的影响，可以重点考虑围压和泥岩成岩程度的影响。

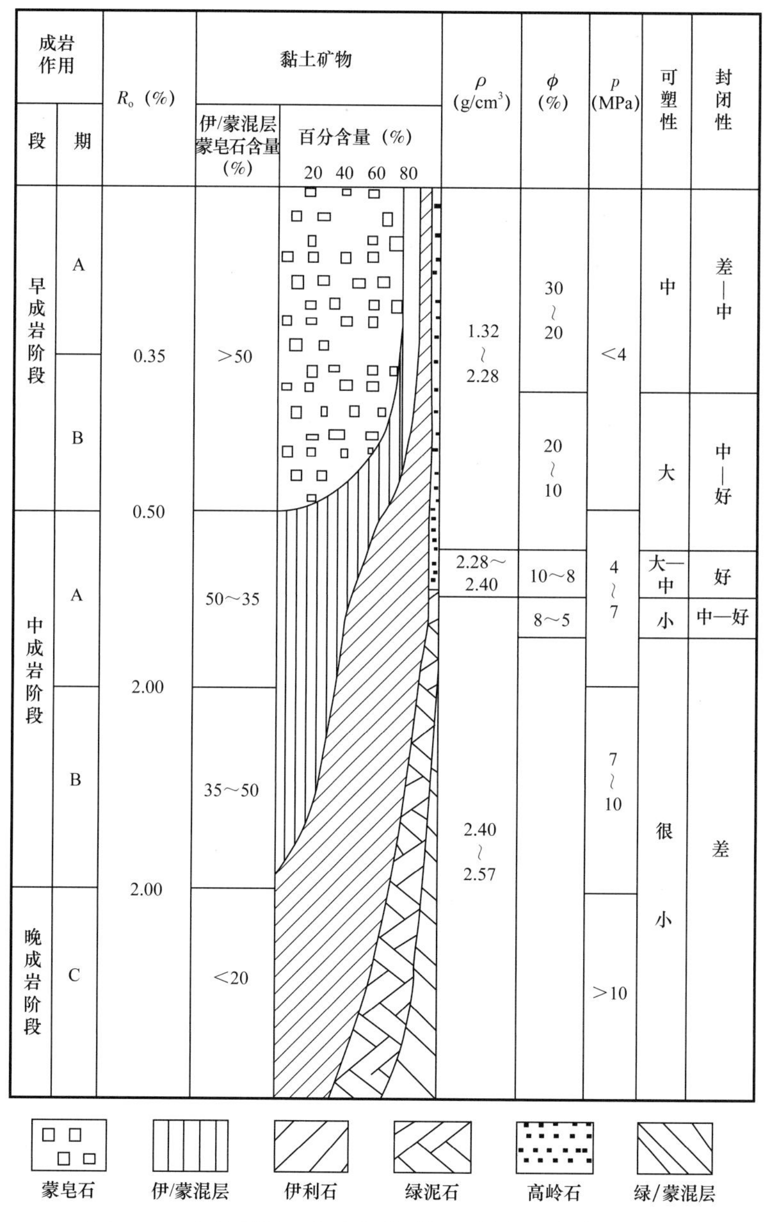

图 2–26　泥岩封闭性能演化模式图（据李双建等，2011）

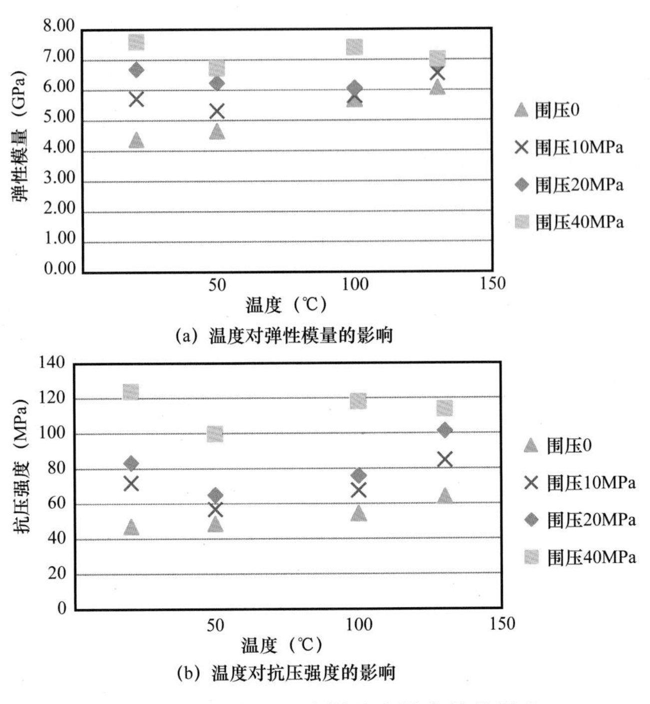

(a) 温度对弹性模量的影响

(b) 温度对抗压强度的影响

图 2–27　温度对泥岩样品力学参数的影响

2）泥岩盖层在埋藏过程中由弱固结阶段的塑性向固结阶段的脆性转变

Skerlec（2002）研究认为随着埋深的增大，泥岩压实和成岩胶结作用的增强，泥岩孔隙度降低，密度增大，在同样的围压下，随着密度的增大泥岩逐渐从塑性过渡为脆性，虽然泥岩的抗压强度随密度增大逐渐增强（图 2–28），但是泥岩破裂所需要的应变量却逐渐减小（脆性逐渐增强），破裂的方式也从塑性变形逐渐转换为脆性破裂。Hoshino 等（1972）认为在大多数沉积盆地的围压范围内页岩的密度在大致小于 2.1g/cm^3 的情况下只发生塑性变形而不会发生脆性破裂（图 2–29）（Ingram 和 Urai，1999），如果页岩的密度大于 2.1g/cm^3，在足够的应变下将发生脆性破裂。Corcoran 和 Dore（2002）利用泥岩密度和破裂应变定量判断泥页岩脆—塑性转化过程（图 2–30），脆性阶段密度大于 2.5g/cm^3，破裂前应变小于 3%；过渡阶段密度介于 2.25～2.50g/cm^3，破裂应变介于 5%～8%；塑性阶段密度小于 2.25g/cm^3，破裂应变大于 8%。

3）泥岩盖层在埋藏过程中经历由塑性—脆性—塑性的复杂转变

以上两种观点都是片面的考虑了围压和泥岩成岩程度（密度）的影响，实际上对于泥岩盖层来说，同时需要考虑在埋藏过程中围压和泥岩成岩程度的协同变化。从建立的综合考虑泥岩密度、破裂应变量和围压的泥岩脆塑性判断图版（图 2–31）上可以看出，仅考虑泥岩密度和破裂应变量是不够的，围压大小对泥岩的强度和破裂方式有着较大的影响。密度小于 2.1g/cm^3 的低密度泥岩在很低的围压下也可能表现出脆性破裂，密度介于 2.1～2.5g/cm^3 的泥岩在较大的围压下也会表现出塑性特征，密度大于 2.5g/cm^3 的泥岩在围压大于 300MPa 时也可能表现出塑性的特征。在同等密度条件下，随着围压的增大，泥岩的破裂应变量逐渐增大，即泥岩的塑性增强，当围压达到一定程度即超过泥岩的前期固结压力时，即使是脆性泥岩也会呈现出塑性变形的特征；在同等围压条件下，密度大的泥岩破裂应变量小，即脆性更强；在抬升过程中，围压逐渐降低，泥岩的脆性逐渐增强，很容易发生脆性破裂。因此，泥岩盖层的脆塑性主要取决于围压和泥岩成岩程度（可以用泥岩密度或泥岩经历的最大固结应力来表达）的相对大小。

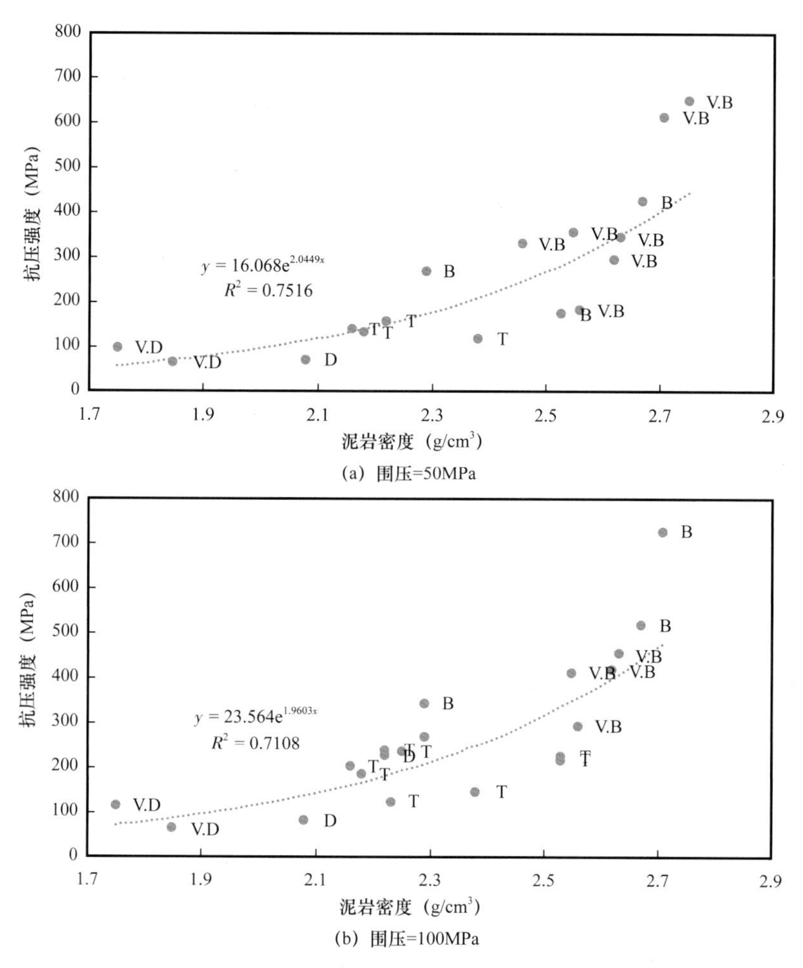

图 2–28　泥岩抗压强度与泥岩密度、围压关系

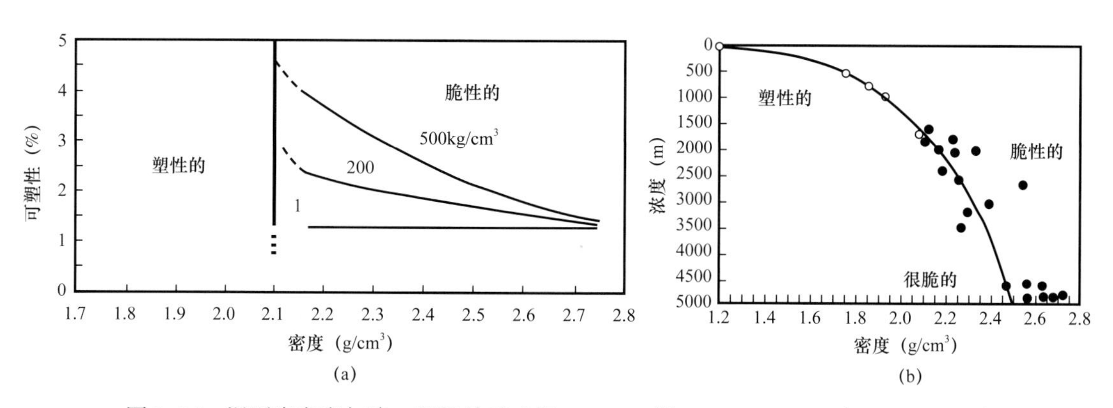

图 2–29　泥页岩密度与脆—塑性关系（据 Hoshino 等，1972；Ingram 和 Urai，1997）

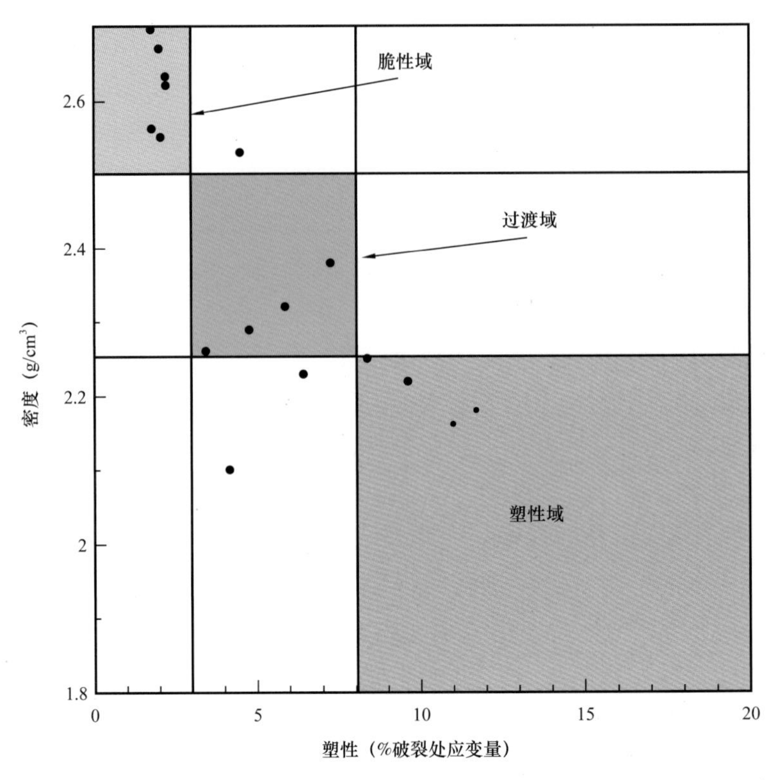

图 2-30　利用密度和破裂时应变判断脆塑性（据 Corcoran 和 Dore，2002）

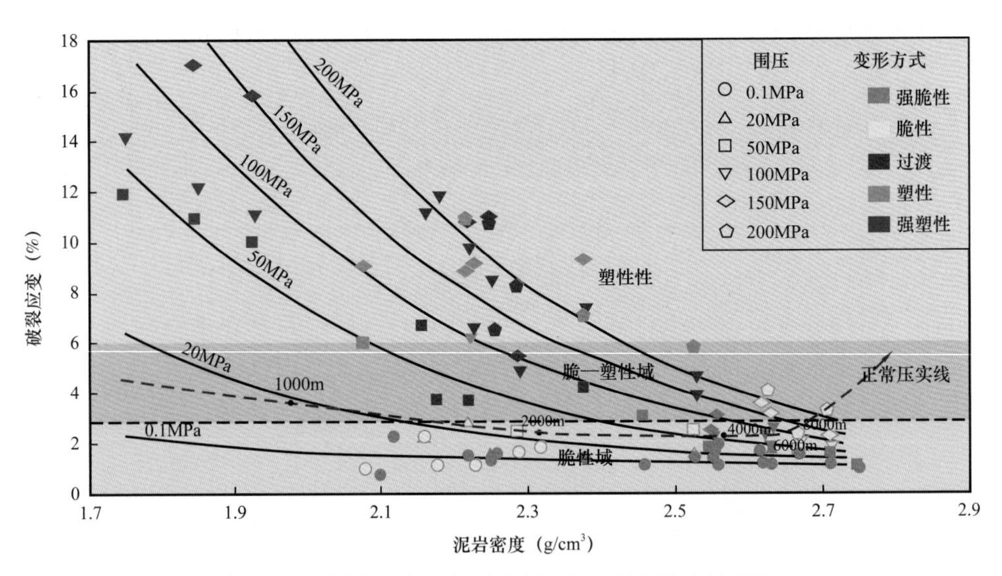

图 2-31　泥岩密度、破裂应变和围压判断脆塑性图版

Ingram 等（1997）引进土力学中常用的超固结比（Over Consolidation Ratio，OCR）参数来定量判断泥岩的脆性程度，其定义为最大有效垂直应力与现今有效垂直应力的比值，即 OCR=$\sigma'_{\mathrm{vmax}}/\sigma'_{\mathrm{y}}$，其中 σ'_{vmax} 为岩石经历的最大垂向有效应力，或称之为前期固结应力，表示岩石的成岩固结程度，σ'_{v} 为岩石现今的垂向应力，即现今的围压条件。OCR=1 时，表示岩石处于正常固结状态（Normal Consolidation），OCR＞1 时表示岩石处于超固

结状态（Over Consolidation）。大量的岩石力学实验结果表明，OCR可以作为有效的指标来表征泥岩的脆性程度，在正常固结状态（NC）下，泥岩一般以塑性变形为主，在超固结状态（OC）下，泥岩一般以脆性、脆—塑性变形为主。对于沉积岩而言，其受到老化、胶结、矿物成分转化，以及地层抬升、剥蚀等因素的影响，力学特征上表现出超固结特性，超固结的出现一般会使得岩石表现出硬脆特征，进而可能造成对密封性破坏的不利后果。根据OCR的定义，OCR的适用条件为垂向有效应力为最大有效主应力，水平有效应力为最小有效主应力，这一条件只适用于构造应力较小，垂向应力为最大主应力的水平层状介质。但实例应用研究表明，OCR这一概念同样适用于主应力不是水平或垂直方向的复杂地区（Nygård等，2006）。

综合考虑压实成岩、化学胶结作用等对泥岩前期固结应力的影响，可以从理论上定量推算泥岩样品在正常压实和固结成岩过程中的有效垂向应力和名义固结应力，从而计算出泥岩的OCR，判断泥岩的脆塑性（图2–32）。从图2–32中可以看出，在正常埋藏和压实成岩过程中，有效垂向应力线性增大，在500m以浅，泥岩尚未固结成岩，前期固结应力即为垂向应力，泥岩处于正常固结状态，未固结泥岩以塑性变形为主，如在现代沉积中常见到的泥岩沉积主要还是松散软泥为主，塑性较强。在埋深超过500m左右由于温度和压力的升高，泥岩开始发生黏土矿物转化和化学胶结作用，使得名义前期固结压力大于有效垂向应力，开始进入超固结状态；随着埋深的进一步加大，化学成岩作用进一步增强，前期固结应力与有效垂向应力之差进一步增大，在6000m左右，差值可能达到最大；之后，由于化学成岩作用的减弱，前期固结应力不再增大，有效垂向应力与前期固结应力逐渐趋近，在11000m左右两者达到一致，即超过11000m之后，前期固结应力与有效垂向应力相等，处于正常固结状态。从OCR来看，以500m为界，泥岩从松散未固结的正常固结状态的塑性过渡到超固结状态的脆性为主，OCR逐渐增大，在4000m左右OCR达到最大，接近2.0左右，脆性达到最强；之后，OCR又逐渐降低，在11000m左右变为1.0，又进入塑性阶段。因此，可以看出，泥岩盖层在正常埋藏压实成岩过程中经历了由塑性—脆性—塑性的复杂转变过程，在500～11000m的主体埋深范围内，泥岩处于超固结状态，总体以脆性、脆—塑性为主，在2000～6000m范围内脆性最强。这也是为什么在沉积盆地内泥岩多发育裂缝和穿层断裂而很少见到泥岩塑性流动的原因，当然在一些特殊情况下如欠压实程度很高的超压泥岩，泥岩的固结压力低可能会发生塑性变形，如莺歌海盆地的泥底辟。

随着抬升和剥蚀量增加，现今垂向有效应力降低，泥岩OCR值逐渐增大，当超过一个临界值时泥岩就会变脆而很容易发生脆性破裂从而造成盖层的漏失。若不考虑构造应力的影响，仅考虑剥蚀导致的地层卸载则泥岩破裂并失去封闭能力的OCR临界值为2.5（Ingram等，1997；Nygård等，2006）。OCR值越大，泥岩盖层发生脆性破裂的风险越大。如果考虑地层抬升3000m，有效垂向应力降低而前期固结应力不变，OCR则表现为从地表往下逐渐降低的趋势，在4500m以浅，OCR都大于临界值2.5，即4500m以浅，泥岩处于强脆性阶段，很容易发生脆性破裂。这一结论总结为以下几点：（1）在抬升剥蚀过程中，由于垂向应力的卸载，岩石处于超固结状态，脆性会大大增强，很容易发生脆性破裂；（2）抬升3000m造成的泥岩脆性增强的影响深度能达到4500～5000m，即抬升剥蚀对泥岩脆性的影响是巨大的，影响深度要远大于抬升剥蚀量；（3）在抬升剥蚀之后，岩石的OCR从地表往深层逐渐减小，即脆性逐渐减弱，对于中浅部地层脆性最强，随深度增大，泥岩脆性逐渐减弱。即在同样的抬升背景下，年代较轻的浅层泥岩盖层脆性强，较早发生脆性破裂，年代较老的深层泥岩盖层脆性弱，较晚发生脆性破裂；对于同一套泥岩盖层，抬升量大的地区先破裂。李双建等（2011）在川东南桑木场背斜核部的习水吼滩剖面，对寒武系和志留系盖层中发育的与层面近于垂直的方解石脉的流体包裹体测温发现，寒武系盖层中方解石脉的包裹体温度明显低于志留系盖层中方解石脉的包裹体温度，结合埋藏史推断，志留系中脉体形成时间为古近纪，而寒武系中脉体形成时间为新近纪。这一地质现象与抬升过程中浅埋地层较早发生破裂，深埋地层较晚发生破裂的认识是一致的。因此，对于抬升剥蚀量较大的地区，目前埋深较浅的泥岩的脆性较强，对于这种类型的构造圈闭泥岩盖层发生破裂的风险就会比较大。例如四川盆地蜀南地区在盆缘埋深较浅的震旦系构造圈闭中钻探的周公1、老龙1、宫深1、窝深1、自深1、宁1、宁2、林1、丁山1等10多口井都相继失利，甚至产淡水或矿化度较低的地层水，其主要原因就是抬升剥蚀量大，且现今埋深较浅，筇竹寺组泥岩盖层发生脆性破裂造成天然气的垂向漏失。

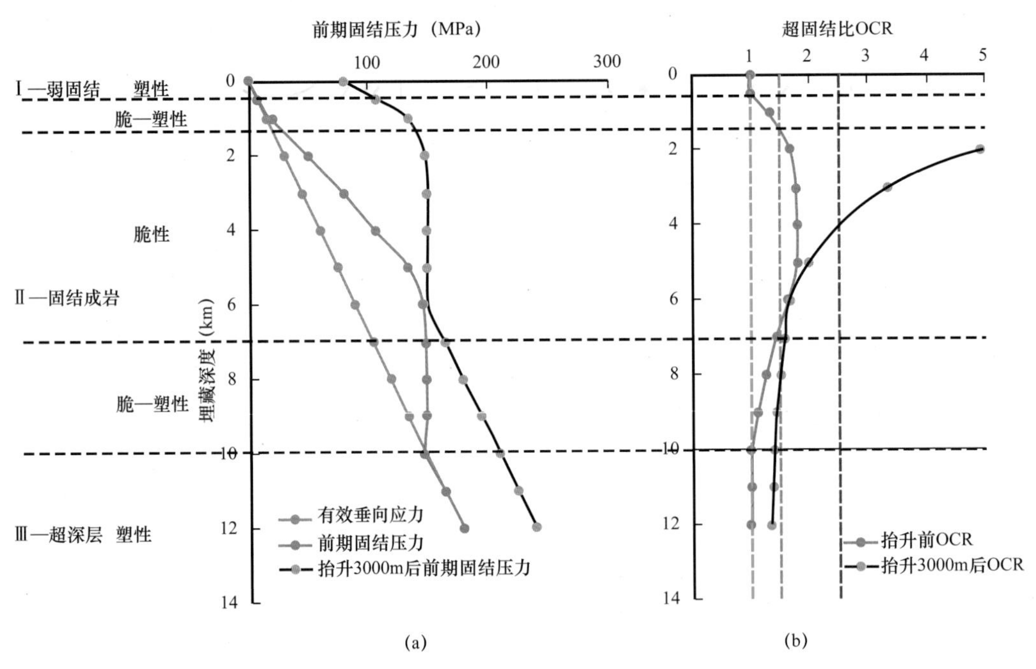

图2-32　泥岩盖层随埋深变化脆塑性转化阶段模式图

2. 层理发育的泥页岩盖层脆塑性变形规律

泥页岩在沉积过程中矿物颗粒的择优取向和沉积水动力条件的高频变化，使其具有明显的层理结构。因此，按照各向同性的方法来研究其力学性能和变形特征，显然是不够的，还应考虑其层理效应。层理面是页岩地层的薄弱面，其黏聚力和内摩擦角明显小于页岩基质体，抗剪强度也最低。层理面的存在是页岩地层力学性质、强度特征和破裂模式表现出明显各向异性特征的根本原因。为此，国内外学者对泥页岩的层理效应开展了大量的实验研究。Paterson 和 Wang（2004）、Cho 等（2012）、赵文瑞（1984）等国内外学者通过对不同角度下千枚岩、板岩、页岩、泥质粉砂岩的单轴压缩和三轴压缩试验结果，基本明确了层理性岩石的抗压强度具有很强的各向异性，得到当主应力轴与弱层理面呈 30° 夹角时强度最低（图 2-33）。衡帅等（2014，2015）通过对不同层理角度的页岩进行单轴和三轴压缩试验及直剪实验，开展了石柱县龙马溪页岩的单轴和三轴压缩试验，分析了其力学特性、强度特征和破裂模式的各向异性，揭示了层理面对页岩破坏模式的影响。研究结果表明：（1）页岩的弹性模量在平行层理方向最大，垂直层理方向最小，且围压的增

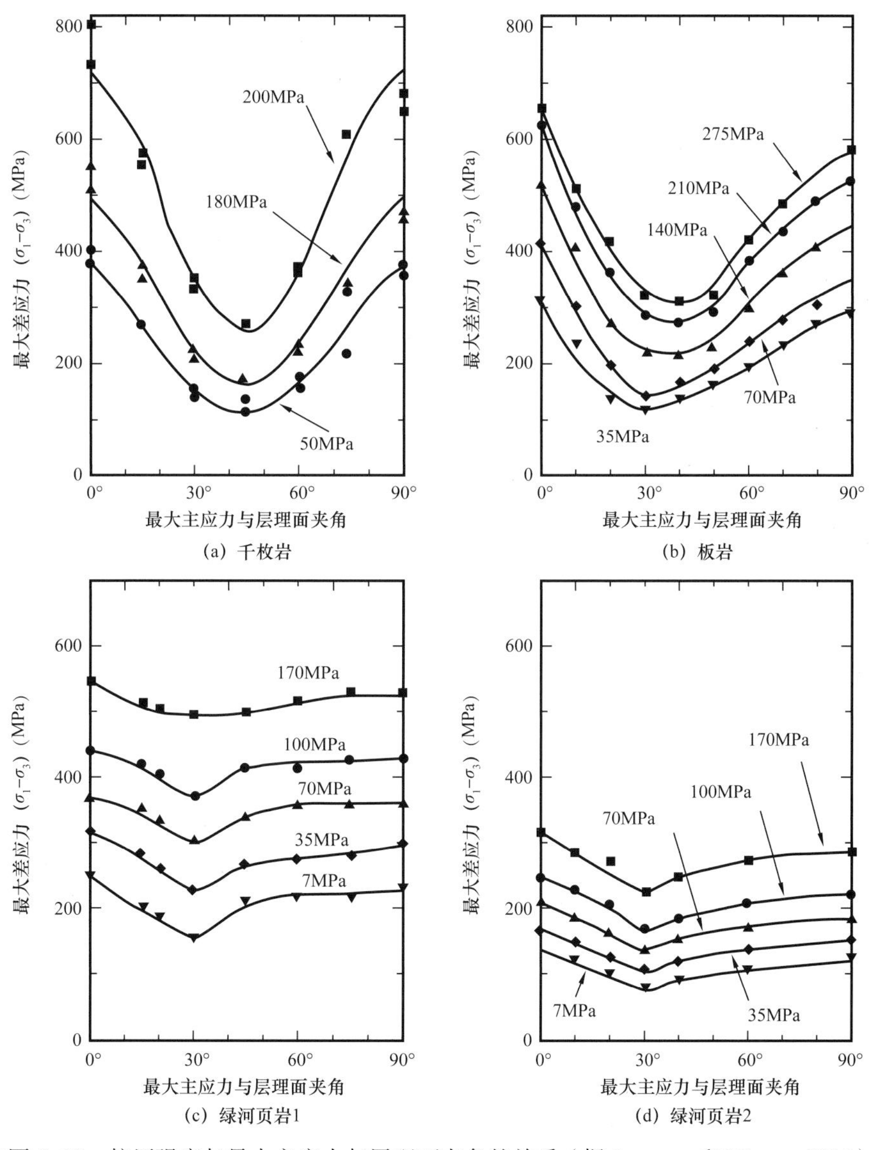

(a) 千枚岩 (b) 板岩 (c) 绿河页岩1 (d) 绿河页岩2

图 2-33 抗压强度与最大主应力与层理面夹角的关系（据 Paterson 和 Wang，2004）

加使其弹性模量随层理夹角的增加速率不断减小（图 2–34a）。（2）相同围压下，0° 试样抗压强度最高，90° 次之，30° 最低，总体上呈现出两边高、中间低的“U”形变化规律（图 2–34b），即当主应力轴与弱层理面呈 30° 夹角时强度最低（图 2–35）。（3）页岩破裂模式和强度具有各向异性，单轴压缩时，0° 页岩为沿层理的拉张劈裂破坏，30° 为沿层理的剪切滑移破坏，60° 为贯穿层理和沿层理的复合剪切破坏，90° 为贯穿层理的拉张破坏；三轴压缩时，0° 为贯穿层理的共轭剪切破坏，30° 为沿层理的剪切滑移破坏，60° 和 90° 为贯穿层理的剪切破坏（图 2–36）。页岩破裂模式的各向异性与层理倾角和围压的大小密切相关。层理面为页岩地层的薄弱面，其层状沉积结构和层间的弱胶结作用是造成力学特性、强度特征和破裂模式各向异性的主要原因。从层理性页岩的各向异性特征可以看出，在挤压冲断构造中，在低角度顺层挤压区（水平主应力与地层倾角的夹角接近 30° 时）容易发生顺层的剪切滑动变形，即产生滑脱层；而在高角度挤压变形区（水平主应力方向与地层倾角的夹角大于 45° 时），或在近水平挤压变形区（水平主应力方向与地层倾角小于 30° 时），则主要发生穿层的剪切破裂，形成三角剪切破碎带。

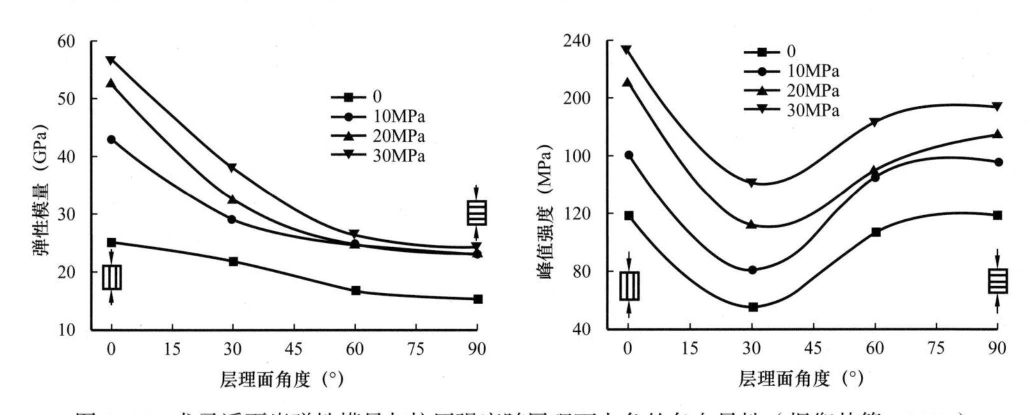

图 2–34　龙马溪页岩弹性模量与抗压强度随层理面夹角的各向异性（据衡帅等，2015）

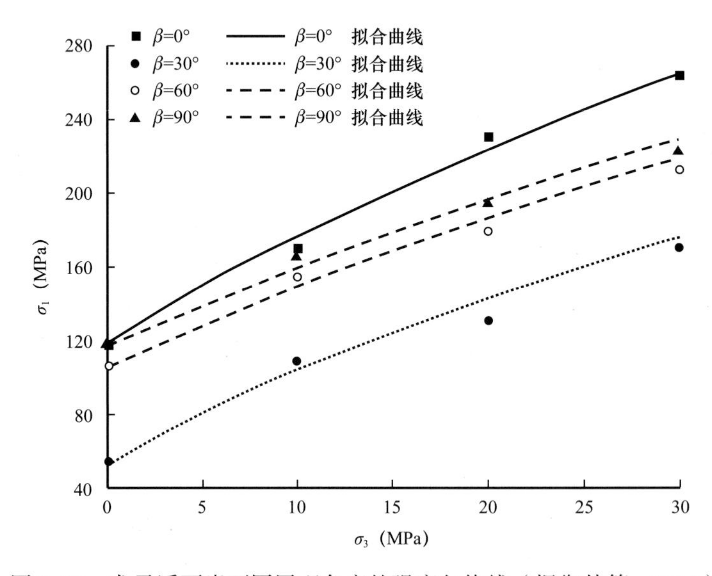

图 2–35　龙马溪页岩不同层理角度的强度包络线（据衡帅等，2015）

最大主应力与层理面夹角（°）	单轴压缩		三轴压缩	
	破裂模式	主控因素	破裂模式	主控因素
0	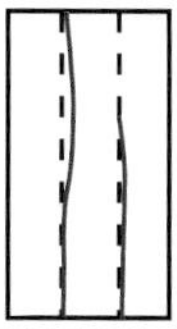 沿层理面的拉张劈裂破坏	层理弱面	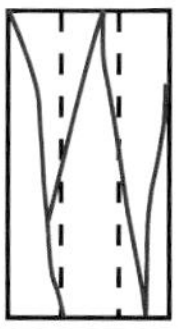 共轭剪切破坏	基质体
30	 沿层理面的剪切滑移破坏	层理弱面	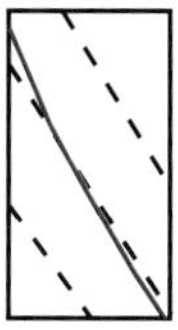 沿层理面的剪切滑移破坏	层理弱面
60	 贯穿层理和沿层理的剪切破坏	基质体和层理弱面	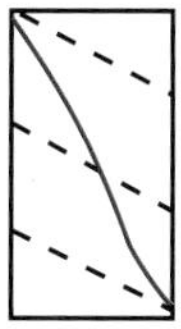 贯穿层理面的剪切破坏	基质体
90	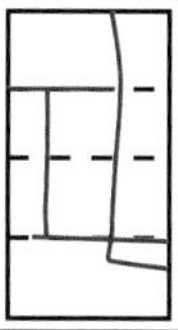 贯穿层理的拉张和沿层理的剪切滑移复合破坏	基质体和层理弱面	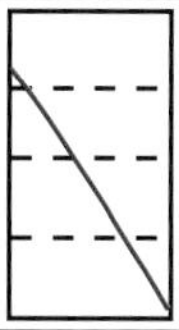 贯穿层理面的剪切破坏	基质体

图 2-36　不同层理角度下页岩破裂模式与主控因素（据衡帅等，2015，修改）

第四节　盖层破裂失效机理与盖层完整性评价

深层、超深层油气藏多形成于复杂叠合盆地，经历了多期次构造变革和多种过程的叠加改造，深层泥岩盖层由于成岩程度高、物性致密、脆性增强，通常也发育异常高压，更容易形成断层、亚地震断层和微裂缝。而且对于深层高温高压油气藏来说，一旦盖层发生破坏形成断层和微裂缝等高速渗流通道，会造成油气藏的快速散失。因此，深层油气藏的盖层完整性评价更为重要。盖层完整性破坏主要是指由破裂、裂缝作用造成盖层在横向上的连续性遭受破坏形成微渗漏空间引起的，从破裂失效机理上可以分为五种类型：（1）水力破裂；（2）盖层内先存断层重新活动；（3）断裂破坏作用；（4）构造裂缝连通造成的垂向泄漏；（5）亚地震断层和砂体连通造成的垂向泄漏。其中前 2 种类型与超压体系有关，即流体压力增大造成的岩石破裂，后 3 种类型与构造破裂作用有关，即差应力增大造成的岩石破裂。破裂失效机理不同，盖层完整性定量评价方法也有较大差异。

一、盖层水力破裂机理与盖层动态封闭能力评价方法

1. 完整盖层水力破裂机理及盖层动态封闭能力评价方法

水力破裂（hydraulic fracturing），又称天然水力破裂（natural hydraulic fracturing）、水力张性破裂（hydraulic extensional fracturing），是指由于孔隙流体压力增加导致的岩石破

裂作用（Secor，1965；Phillips，1972；Ozkaya，1986；Watts，1987；Engelder 和 Lacazette，1990）。Phillips 在对英国威尔士矿化正断层形成机制的研究中，首次正式提出了水力破裂的概念，他将由裂缝内孔隙流体压力增加导致的裂缝扩张过程描述为水力破裂（Phillips，1972）。随后许多地质学家开始对水力破裂作用进行系统研究，详尽阐述了水力破裂的作用机理及条件，对世界上许多沉积盆地（澳大利亚 Otway 盆地、墨西哥湾盆地、北海盆地等）进行分析研究，指出水力破裂是导致油气渗漏的一种潜在风险（Ingram 和 Urai，1999），并提出了对于水力破裂风险性评价的定量方法，如保持能力（Retention Capacity）、滑动趋势（Slip Tendency）、扩容趋势（Dilation Tendency）等（Gaarenstroom 等，1993；Mildren 等，2002，2005）。

根据有效差应力与岩石抗张强度之比的不同，将岩石水力破裂分为张性破裂、张性剪切破裂和剪切破裂，不同类型的脆性破裂发生在不同的应力场和不同的孔隙压力条件（图 2–37）（Sibson，1996）。

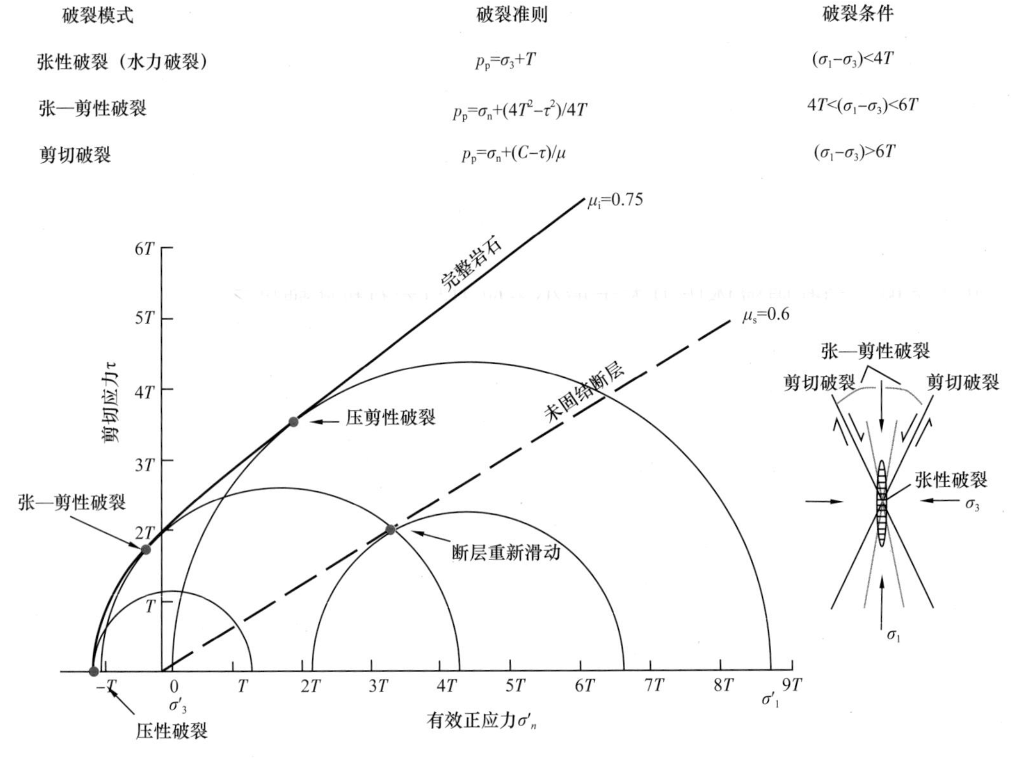

破裂模式	破裂准则	破裂条件
张性破裂（水力破裂）	$p_p=\sigma_3+T$	$(\sigma_1-\sigma_3)<4T$
张—剪性破裂	$p_p=\sigma_n+(4T^2-\tau^2)/4T$	$4T<(\sigma_1-\sigma_3)<6T$
剪切破裂	$p_p=\sigma_n+(C-\tau)/\mu$	$(\sigma_1-\sigma_3)>6T$

图 2–37 水力破裂类型及所需的临界孔隙流体压力条件

1）张性水力破裂——狭义的水力破裂

当差应力较小时，即 $\sigma_1-\sigma_3<4T$ 时，岩石在水力作用下发生张性破裂，这种类型多数在张性盆地发生，通常所说的水力破裂都是指这种类型。在孔隙流体压力增加的过程中，有效应力降低，有效差应力不变，表现为应力圆向靠近破裂包络线方向移动，位移量等于孔隙流体压力的增加量（$\Delta p=p_2-p_1$），但应力圆的大小不变（Phillips，1972）。当应力圆与破裂包络线相切于（$-T$，0）时，发生水力破裂（图 2–38a），形成与最小主应力 σ_3 方向垂直的水力裂缝（图 2–38b、c）。因此，水力破裂准则表示为：

$$p=\sigma_3+T \text{ 或 } \sigma'_3=-T \tag{2-16}$$

式中 T——岩石的抗张强度，MPa；

σ_3——最小主应力，MPa；

σ'_3——最小有效主应力，MPa，规定张应力为负值。

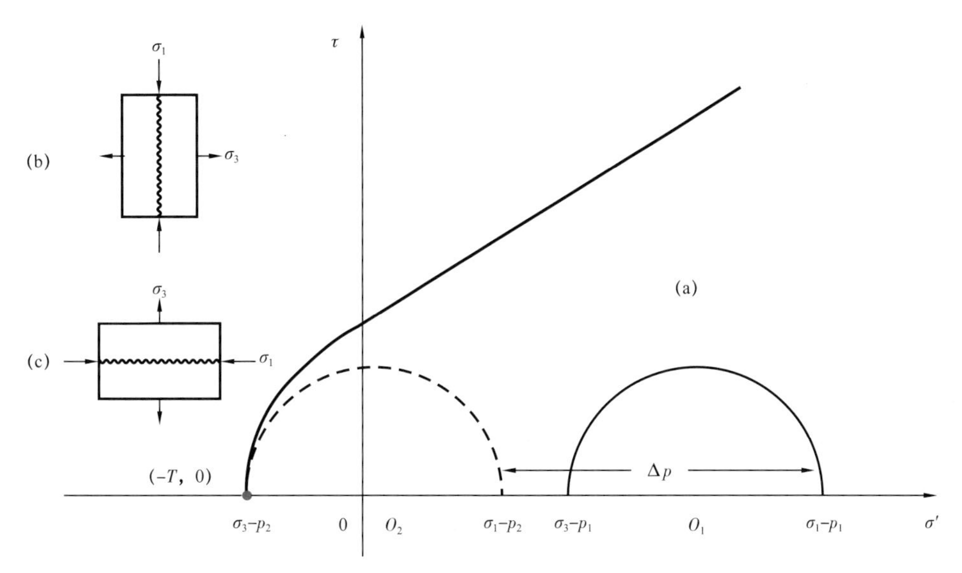

图 2–38 孔隙流体压力增加导致的水力破裂以及形成的水力裂缝（据 Phillips, 1972; Sibson, 1981，修改）

也就是说，当孔隙流体压力大于最小主应力与岩石抗张强度之和，即当最小有效主应力表现为张力且大于岩石抗张强度时，发生水力破裂（Jaeger，1963；Secor，1965；Sibson，1981，1996，2004；Behrmann，1991；Ingram 和 Urai，1999；Mildren 等，2005；Nygård 等，2006）。因此，发生水力破裂需要 $\sigma'_3<0$ 且 $T>0$，由此可知，水力破裂不能发育在松散的沉积物内（Sibson，1981）。由于泥岩盖层的抗张强度一般只有水平应力的几分之一，而自然界中断层的内聚力也比较小，一般不超过 1MPa（Sibson，1996）。因此，常常将水力破裂准则简化为孔隙流体压力大于最小主应力。根据这种简化，对墨西哥湾超压泥岩顶部研究发现，当孔隙流体压力大于最小主应力即接近静岩压力的 85% 时，泥岩发生水力破裂，形成垂直的水力裂缝（Anderson 等，1991）。同样地，对挪威 Snorre 油田的研究发现，当储层顶部的孔隙流体压力达到静岩压力的 82%，近似等于最小水平主应力时，发生水力破裂使得泥岩的渗透性增加，以致油气从储层中逃逸出来（Caillet，1993）。

当储层孔隙流体压力超过围岩的最小水平应力时，盖层破裂形成裂缝或原有裂缝张开，构成了由高压沉积物到上覆地层的高渗透性通道。大量的流体通过裂缝进行运移，发生流体排放活动，随着流体经裂缝流出，孔隙流体压力降低，引起矿物胶结沉淀，裂缝的宽度减小，渗透率降低，最终裂缝闭合，流体排放活动终止（Ingram，1997；Ingram 和 Urai，1999）。一旦裂缝闭合，盖层会一直保持非渗透性，直到深部运移来的流体使孔隙流体压力增加至破裂为止，新的排放活动开始从而周期性地循环。对于相对坚硬的盖层，裂缝会在 20～50a 内保持张开状态（Roberts 和 Stewart，1994）。Caillet（1993）以挪威 Snorre 油田为例，研究发现盖层中含有与储层内油气同源的油气。

2）张性剪切破裂和剪切破裂

Sibson（1996）研究指出，当差应力较大时，即（σ_1-σ_3）>4T时，岩石在水力作用下将不再发生张性水力破裂。当4T<（σ_1-σ_3）<6T时，岩石在水力作用下将发生张性剪切破裂，临界孔隙流体压力条件为$p=\sigma_n+(4T^2-\tau^2)/4T$；当（$\sigma_1$-$\sigma_3$）>6$T$时，岩石在水力作用下将发生剪切破裂，临界孔隙流体压力条件为$p=\sigma_n+(C-\tau)/\mu$。通常情况下，差应力随深度增大而增大。因此，根据经典模型，浅部超压地层主要发生张性破裂，而深部超压地层主要发生剪切破裂（图2-39a）（Cosgrove，2001）。

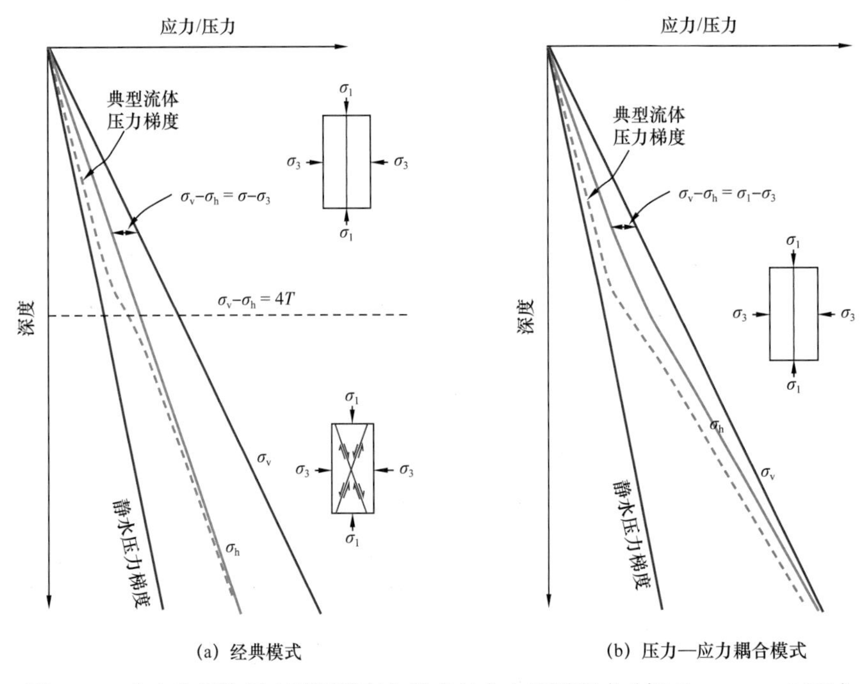

(a) 经典模式　　(b) 压力—应力耦合模式

图2-39　应力和流体压力随深部变化模式与水力破裂型式（据Cosgrove，2001）

近年来的大量研究表明，在很多盆地中最小水平应力（S_h）随孔隙流体压力增大而增大，这一现象被称为压力—应力耦合（pressure-stress coupling）（Tingay等，2009；Lynch等，2013）。由于垂向应力（S_v）基本不受孔隙流体压力的影响，孔隙流体压力的增大同时导致莫尔圆直径减小和莫尔圆左移（图2-40），压力—应力耦合的总体效应是增大了可保存的最强超压，并使地层更易于发生张性水力破裂，特别是在根据经典模型应发生剪切破裂的深部层系可能仍发生张性破裂（图2-39b）。

很多学者认为，地层的抗压强度较低，可以忽略（T=0），因此将盖层的破裂压力设为最小水平应力。当圈闭顶点的储层水相压力小于圈闭顶点的盖层最小水平应力，油气能有效聚集，能封闭的烃柱高度由圈闭顶点水相压力与最小水平应力的差值决定；当圈闭顶点的储层水相压力达到圈闭顶点的盖层最小水平应力，油气不能聚集。因此，可以将S_h/S_v视为超压系统油气成藏的水相超压因子（$\lambda=p_p/S_v$）的上限（郝芳等，2015）。研究表明，盆地浅部可能具有较低的S_h/S_v，由于压力—应力耦合作用，深度超过3000-4000m的S_h/S_v大于0.85甚至接近1.0（郝芳等，2015）。因此，在压力—应力耦合作用下，深部超压系统中S_h逐渐趋近于S_v，能够承受的超压也就随着越大（图2-39b）。这就意味着，学术界广泛认同的当孔隙流体压力达到垂向应力或静岩压力的 80% 时地层发生水力破裂的假设，可能明显低估深层圈闭所能保持的最大超压和所能封闭的烃柱高度（郝芳等，2015）。例如，p_p/S_v 比为 0.92（压力系数为 2.3）的北海 Franklin 油气田的油气柱高度为 502m，且盖层尚未破裂；墨西哥湾 Bullwinkle 地区 J 砂岩的 p_p/S_v 比达 0.97（压力系数为 2.42），但仍含有 300m 的气层（Lupa 等，2002）。正是在这种压力—应力耦合作用下，准噶尔盆地南缘深层地层超压导致最小水平应力增大并趋近于垂向应力，高探 1 井清水河组高产油藏在压力系数高达 2.32 时仍能有效保持下来。由于受多种因素的影响，不同盆地、同一盆地不同地区甚至同一地区不同深度的圈闭、油气成藏的超压系数和超压因子（λ）上限可能存在明显的差异（图 2–41、图 2–42）。

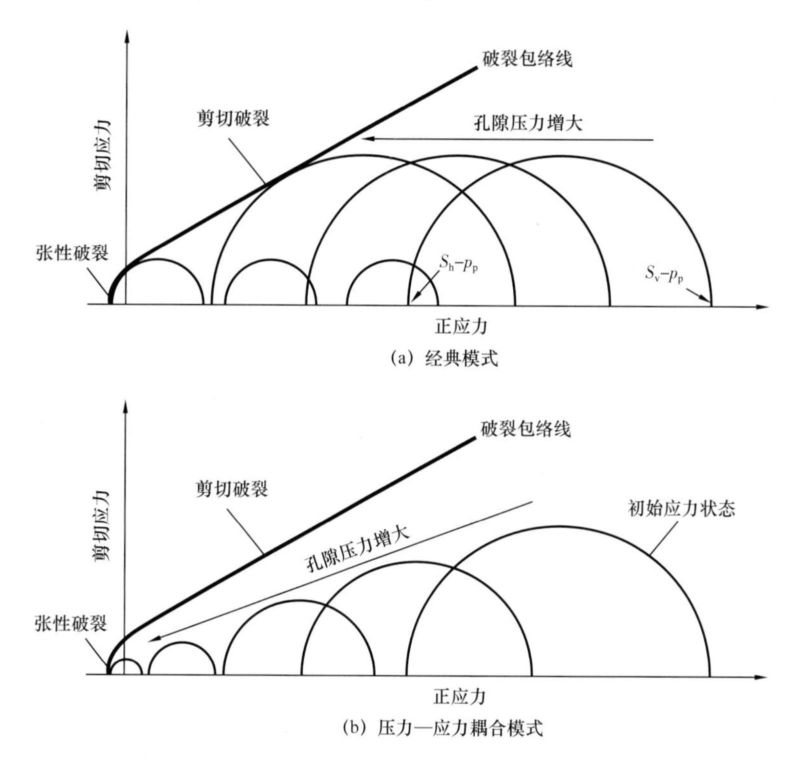

图 2–40　常规和应压耦合条件下孔隙压力增大引起应力状态变化和水力破裂类型（据 Tingay 等，2009）

Sibson（2003）基于 Anderson 应力状态假设，建立了 3000m 深度处（假设岩石平均密度为 2.5g/cm³）盖层中的最大差应力 $\sigma_1-\sigma_3$ 与流体压力因子 $\lambda_v=p_f/\sigma_v$ 的交会图（图 2–43），图中的 Δp_f 表示顶部盖层所能承受的最大超压。岩石的抗张强度 T 是控制该岩石中三种破裂模式发生的应力条件的关键因素。图中分别对抗张强度 T=1MPa 和 T=10MPa 的情况进行作图，这囊括了大部分沉积岩拉张强度的范围。可以看出：（1）相同岩性的盖层在挤压应力状态下比在拉张应力状态下能承受更大的超压；（2）拉张构造环境中更有利于超压的快速释放，因为与挤压应力状态下的接近水平的裂缝和低倾角断层相比，拉张状态下产生的近于垂直的拉张裂缝和陡倾正断层具有更高的垂向渗透性，有利于超压的快速释放；（3）在完整岩石中，相同应力条件下，岩石的抗张强度越大，所能承受的最大超压越大。

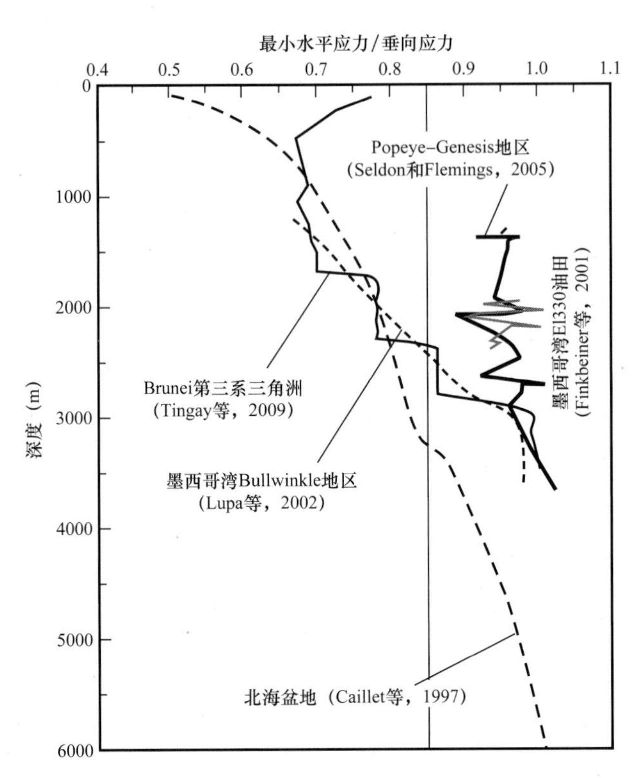

图 2–41 不同盆地或地区最小水平应力 / 垂向应力比值随深度的变化

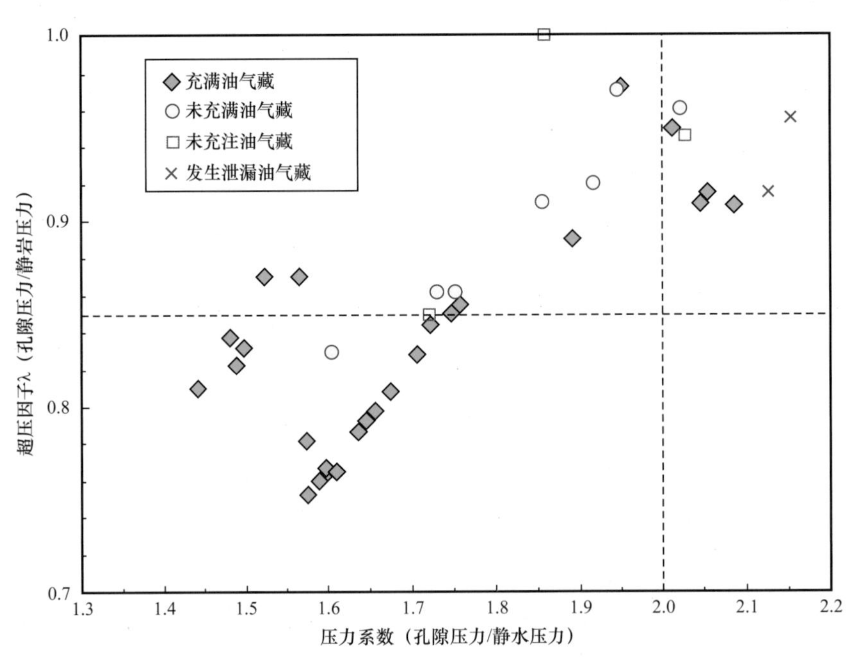

图 2–42 不同盆地或地区油气藏压力系数与超压因子交会图（据 Hao Fang 等，2015，修改）

3）完整盖层水力破裂动态封闭能力定量评价方法

在油气圈闭中，储层的孔隙流体压力由水相压力和烃柱压力构成（图 2–44a）。当圈闭顶点的孔隙流体压力超过盖层的破裂压力（p_{sf}）时，盖层发生破裂，油气散失。根据水力破裂发生的条件，下列公式描述了盖层所能保持的最大压力：

$$p_{wtc}=p_{htc}+\Delta p_w \tag{2-17}$$

$$p_{htc}+\Delta p_w+\Delta p_{HC}=S_{h-s}+T_s \tag{2-18}$$

式中 p_{wtc}——圈闭顶点的水相压力，MPa；

p_{htc}——圈闭顶点的静水压力，MPa；

Δp_w——圈闭顶点的水相过剩压力，MPa；

Δp_{HC}——圈闭顶点的烃柱压力，MPa；

S_{h-S}——圈闭顶点盖层的最小水平应力，MPa；

T_s——盖层的抗张强度，MPa。

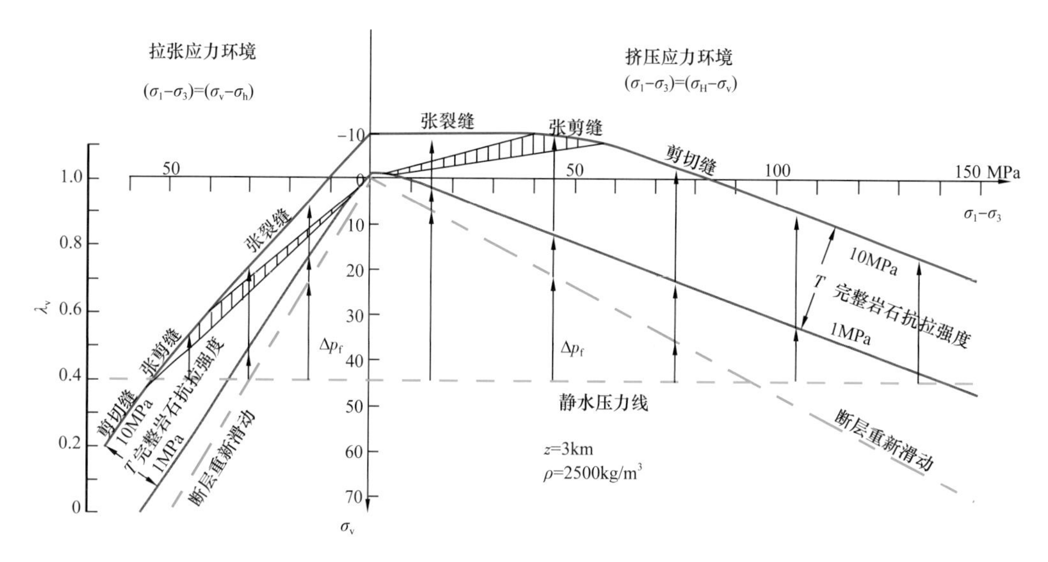

图 2-43 不同应力状态承受最大超压及破裂模式图

公式描述了一个动态临界状态，水相或烃相压力的进一步增大都将导致盖层破裂和油气散失，式（2-18）可以改写为：

$$\Delta p_{HC}=(S_{h-s}+T_s)-(p_{htc}+\Delta p_w) \tag{2-19}$$

Δp_{HC} 决定了盖层所能封闭的最大烃柱高度，Gaarenstroom 等（1993）将其定义为盖层的保持力（hydrocarbon retention capacity）。Δp_{HC} 决定了超压圈闭的 3 种油气充注状态和类型：充满型（filled）、部分充满型（underfilled）和未聚集或油气散失型（unfilled or drained）。

2. 盖层内先存断层滑动机理及盖层动态封闭能力定量评价

如果盖层内部先期存在非粘结性断层，在某一应力条件下，随着流体压力的增大，当沿着断面的剪应力达到断层面的摩擦阻力时，这些非粘结性断层将趋于重新滑动，从而限制了水力张性裂缝和其他脆性破裂模式的发生，并提供了在该应力条件下所能承受的最大超压的最小值（Sibson，2003）。Barton 等（1995）指出那些方向在当前应力场中最有可能趋向于重新活动（optimally oriented for shear）的裂缝或断层具有相当高的水力传导性。当盖层发生破裂之后，压力释放，盖层重新闭合，岩石的强度则由先存断裂控制，远小于破裂前承受超压的能力。也就是说，一旦在盖层中产生裂缝或断裂，盖层的封闭性能将大大降低。对于盖层内先存断层滑动模式，盖层所能承受的超压要小于最小水平应力（Finkbeiner 等，2001）。

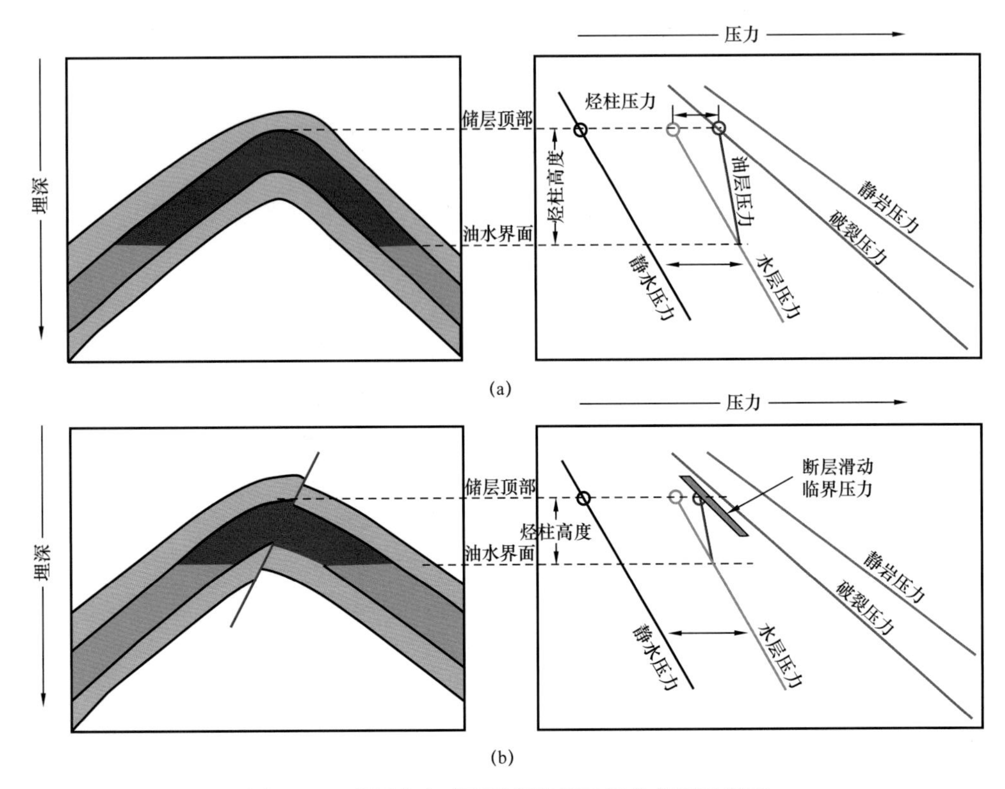

图 2–44　盖层水力破裂及所能承受烃柱高度示意图

根据库仑断层摩擦理论，断层重新滑动需要满足的条件为：

$$\frac{\sigma_{\text{h-s}}}{\sigma_{\text{v}}}=\frac{S_{\text{h-s}}-p_{\text{p}}}{S_{\text{v}}-p_{\text{p}}}=\left[\left(\mu^{2}+1\right)^{\frac{1}{2}}+\mu\right]^{-2}=f\left(\mu\right) \tag{2-20}$$

上式改写为：

$$p_{\text{p}}^{\text{crit}}=\left[S_{\text{h-s}}-f\left(\mu\right)\times S_{\text{v}}\right]/\left[1-f\left(\mu\right)\right] \tag{2-21}$$

其中，$S_{\text{h-s}}$ 为泥岩盖层底部的最小水平应力，μ 为摩擦系数。可将 μ=0.3 和 μ=0.6 分别作为下限和上限值。下限值 μ=0.3 来自黏土岩非排水条件下的实验结果（Wang 等，1979，1980）。上限值 μ=0.6 来自全球大多数地区的实际观测数据（Zoback 和 Healy，1992；Brudy 等，1997）。

剪切破裂通常伴生着扩容（微裂缝的形成使得岩石体积增加），使得渗透率增加，造成流体沿着断裂带的释放（Antonellini 和 Aydin，1994）。同时，沿着断层面的几何不规则性会导致断层滑动时部分地方发生开启，从而造成油气在垂向上的泄漏。从图 2–44b 上可以看出，盖层内先存断裂重新滑动所需的流体超压要远小于水力破裂所能承受的最大超压。一旦盖层内产生先存断层，将阻止水力破裂的发生。即先存断裂的重新滑动限制了超压的发育和水力破裂的发育。这也意味着地层发生水力破裂的时间通常要早，之后才能形成贯穿性的断裂和裂缝。盖层内形成贯穿性的断裂之后，盖层所能承受的最大超压也随之降低。

二、盖层构造破裂及盖层完整性定量评价方法

随着埋深的增大和成岩作用程度的增强，泥页岩盖层的孔隙度、渗透率、孔喉半径快速减小，排替压力快速增大。因此，对于深层致密泥岩盖层，毛细管力封闭不成问题。当发生构造变形产生断穿盖层的断裂，以及在盖层内部形成大量微裂缝，使得盖层的完整性发生破坏时，这时毛细管力封闭已不能起作用。这些断裂、亚地层断层或微裂缝是油气运移渗流的快速通道，从而造成油气的大量散失。在泥页岩盖层中，通常含有大量的微裂缝，但是这些微裂缝在正常应力状态下往往是孤立的、闭合的，它们之间是相互不连通的，因此，盖层可以具有很好的封闭油气的能力。当盖层中应力状态发生改变时，就会形成新的微裂缝或使之前闭合的裂缝重现张开，从而使这些微裂缝相互连通，形成微渗漏空间（Smith 等，2011；Gale 等，2014）。引起这种应力发生变化的机制主要有构造挤压作用、构造抬升以及异常高压流体等（Gross 和 Eyal，2007；曾联波等，2008；Smith 等，2011）。

构造挤压作用使最大主应力变大，使得应力莫尔圆变大，从而使应力莫尔圆与破裂包络线相交，容易在岩石中产生破裂。构造抬升作用没有改变最大主应力，但是使最小主应力降低，造成应力摩尔圆变大与包络线相交，致使岩石中容易产生破裂，使裂缝发生连通，从而形成渗漏空间。深层泥岩盖层由于成岩程度高、物性致密，脆性增强，在抬升过程中或褶皱变形条件下更容易形成断层、亚地震断层和微裂缝，从而导致泄漏的可能性更大。对于地震和井资料上能够识别的断层，盖层封闭问题已属于断层垂向封闭性的范畴，将在第三章断层封闭性评价部分进行阐述。而对于亚地震断层和裂缝“看不见、摸不着”，缺少有效的方法和手段来进行表征和评价。虽然亚地震断层的规模小于地震断层，但是其数量和密度远远超过地震断层，亚地震断层和微裂缝才是控制背斜圈闭盖层完整性的关键因素。有时，即使很小规模的破裂作用也能导致巨大的渗漏速率。因此，准确表征这种由于亚地震断层和裂缝作用带来的油气盖层渗漏风险，对降低油气勘探风险和提高钻探成功率具有重要的指导作用。

1. 裂缝发育程度取决于岩石脆性程度与应变量大小

岩石裂缝发育程度及连通性主要取决于岩石的变形机制：脆性、脆—塑性、塑性。Ishii 等（2011）对不同变形机制的泥岩应力—应变曲线和流体压力变化曲线进行了对比（图 2-45）。对于脆性变形，剪应力随轴向应变量线性增加，达到峰值强度后，应力曲线突然降低至残余强度。对于脆—塑性变形，在达到屈服强度后，应力—应变曲线为非线性特征，显示应变硬化（strain hardening）过程；在达到峰值强度后，应力—应变曲线缓慢下降。对于塑性变形，应力—应变曲线在达到较难确定的峰值强度附近应力—应变曲线缓和、非线性变化；在达到峰值强度后，应力—应变曲线没有明显降低，显示应变软

化（strain softening）过程。三种破裂变形机制最终都会产生断层破裂，但破裂的效果及对流体压力的影响不一样。脆性变形和脆—塑性变形在达到峰值强度后都发生明显的脆性破裂，其效果是岩石在破裂后发生扩容，流体压力在达到峰值压力前逐渐增大，发生破裂后，流体压力由于岩石扩容而降低。与之对比，对于塑性变形，流体压力在达到峰值强度后仍然随着应变的增加而增大，尽管增高速率有所降低，即塑性破裂变形的结果是压性破裂，岩石体积并未发生扩容。

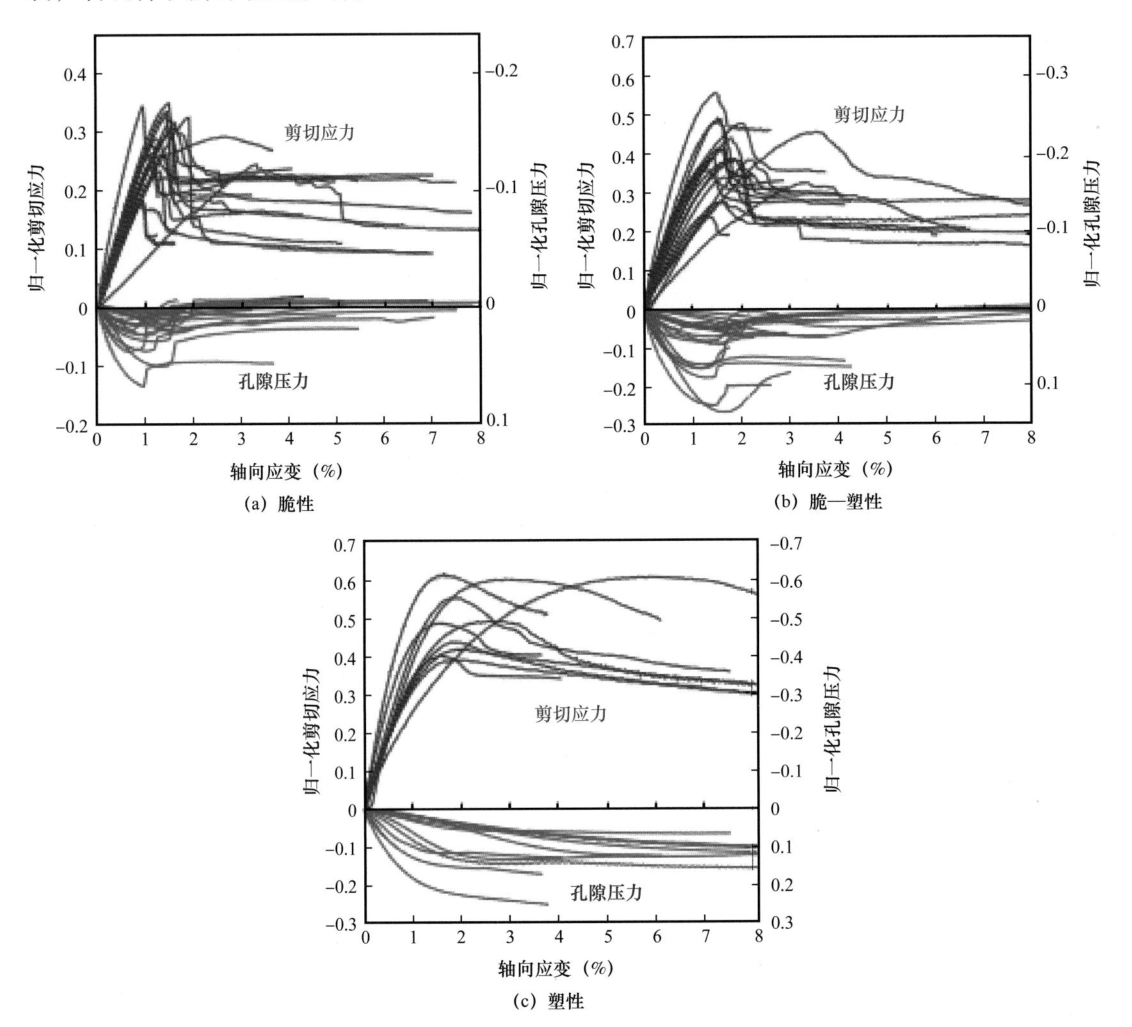

图 2–45　泥岩脆性、脆—塑性和塑性变形的应力应变曲线与孔隙压力变化（据 Ishii 等，2011；剪应力根据最大垂向有效应力进行归一化）

从以上可以看出，岩石只有在发生脆性、脆—塑性变形时，才可以形成贯通性的水力传导裂缝，造成岩石体积扩容，断裂或裂缝的渗透性较围岩明显增大，从而破坏岩石的完整性。而在发生塑性变形时，岩石破裂变形产生的是压性裂缝或压剪性变形带，断裂或裂缝的渗透性较围岩并没有明显增大，有些甚至减小，并没有破坏岩石的完整性。

岩石是否发生破裂，以及破裂后是否产生水力传导性裂缝，主要取决于岩石的脆性程度，以及岩石经受的应力和应变量大小。对于背斜而言，中和面以上发育张性裂缝，以下发育剪切裂缝，大量张性裂缝导致盖层渗漏（图 2–46）。裂缝的形成与分布受岩层的控制，裂缝通常在岩层内发育，并终止层面上，很少穿越岩层界面，裂缝高度一般等于裂隙化岩层的厚度（Narr 和 Suppe，1991；Bai 和 Pollard，2000；Laubach 和 Ward，2006；Lamarche 等，2012）。在一定的岩层厚度范围内，裂缝的平均间距与裂隙化岩层的平均厚度呈较好的线性关系，其比值称作裂缝间距比率（Fracture Spacing Ratio，FSR），裂缝间距比率与岩石受到的应变呈正比（图 2–47）。根据大量野外露头实测，当 FSR＜1.2 时，在岩层中只发育有这种层控裂缝，它们是孤立的、不连通的；当 FSR＞1.2 时，开始出现贯穿裂缝（Through going Fracture），且贯穿裂缝的频率与 FSR 呈正比，说明应变的增加导致裂缝发生连通，从而形成渗漏通道。

图 2–46　背斜中和面上下裂缝发育差异性

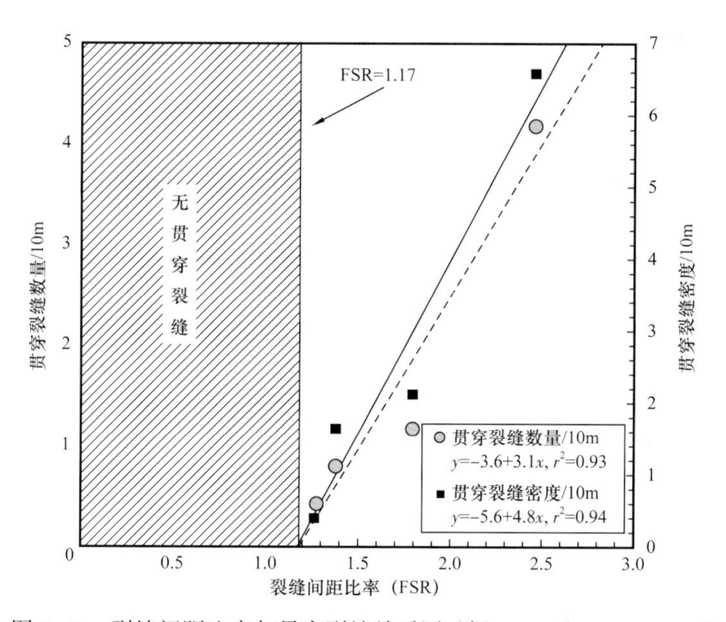

图 2–47　裂缝间距比率与贯穿裂缝关系图（据 Gross 和 Eyal，2007）

岩石的破裂与裂缝的产生是一个应变量逐渐累积的过程，裂缝发育程度取决于应变大小（图 2–48）（Lohr 等，2008）。预测裂缝发育程度最常用的技术之一是递增应变分析，该技术最早用于裂缝性储层分析，目前也用于盖层分析（Skerlec，1992；Koch 和 Masch，1992）。递增应变是指发生于两个层序界面之间的时间段内的应变，通过对比任意两点 A 和 B 之间原始的、未变形的线长得出的（图 2–49），l_0 是原始的、未变形的线长，l_1 是 60Ma 后层序边界的线长，l_2 是距今 131Ma 后层序边界的线长。在距原始 131Ma 后层序界面的应变值 $\varepsilon=(l_2-l_0)/l_0$，在距原始 131Ma 后层序界面的应变值 $\varepsilon=(l_1-l_0)/l_0$，所有的应变都是张性的。在一个成熟的盆地，盖层发生破坏的应变门限需要通过成功和失利圈闭对比确定，如北海盆地盖层发生破坏的应变门限为 1.6%（图 2–50）。

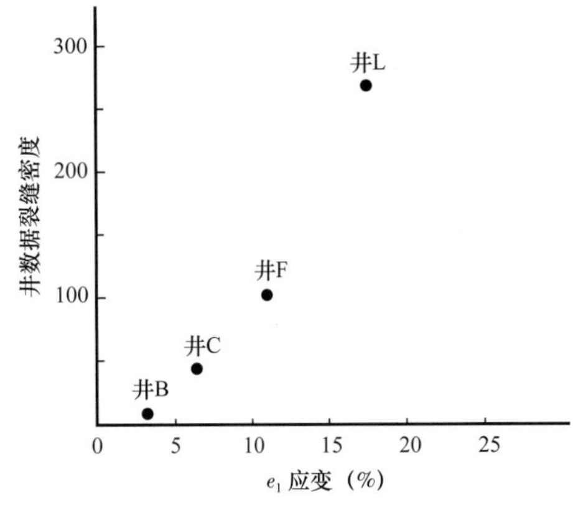

图 2–48　应变与裂缝密度关系（据 Lohr 等，2008）

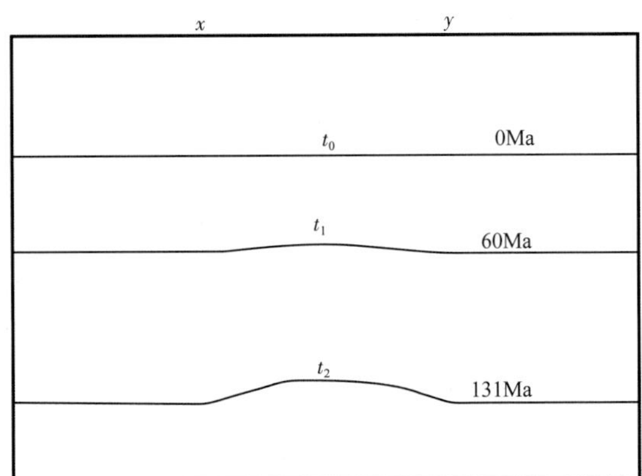

图 2–49　递增应变计算图解

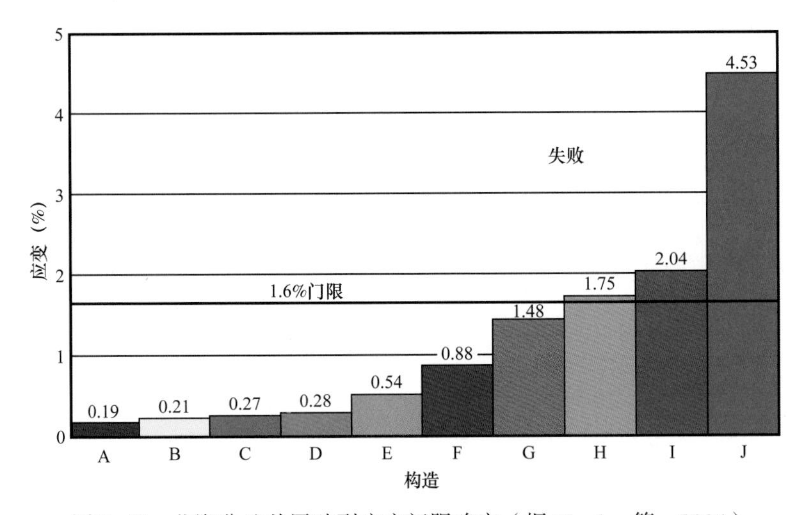

图 2–50　北海盆地盖层破裂应变门限确定（据 Skerlec 等，2004）

2. 岩石脆性程度定量表征

岩石脆性指数（brittleness index）是用来表征岩石脆性程度的常用术语。到目前为止，前人已经提出很多种采用不同方法和考虑不同脆性特征的脆性指数的表达式（Hucka 和 Das，1974；Altindag，2002；Nygård 等，2006；Tarasov 和 Potvin，2013；Jin 等，2014）。

这些脆性指数的定义主要是基于如下方法：应力—应变曲线、单轴抗压强度、巴西劈裂拉张强度测试、硬度测试、矿物组成、孔隙度与颗粒大小、超固结比 OCR 与地球物理方法等。下面重点介绍基于应力—应变曲线法和超固结比 OCR 的脆性指数表征方法。

1）基于应力—应变曲线的脆性指数

利用应力—应变曲线确定岩石强度参数是常用的岩石力学方法。该方法可以用来量化任何岩石的脆性，因为脆性特征直接表现为岩石在围压下的强度与变形行为。脆性指数可以很容易地从应力—应变曲线的形态中得到。脆性岩石破裂主要在弹性变形区域产生较小的应变，而塑性岩石在破裂之前在不丧失承受能力的条件下经受较大的非弹性变形。仔细对比这两种破裂样式，即可利用弹性应变与总应变的比值来定量表征岩石脆性：

$$BI_1 = \varepsilon_{\mathrm{el}} / \varepsilon_{\mathrm{tot}} \tag{2-22}$$

式中 $\varepsilon_{\mathrm{el}}$——弹性（可恢复）应变；

$\varepsilon_{\mathrm{tot}}$——破裂时的总应变。

该比值越大，反映岩石脆性越强。

BI_1 比值可以从应力—应变曲线上容易得到（图 2-51）。如果从破裂点或峰值强度点（C）画一条线（CE）平行于应力—应变曲线的线性变化段（AB），则 BI_1 比值等于 CE 在水平方向上的投影线（EF）与 OF 线段的比值。

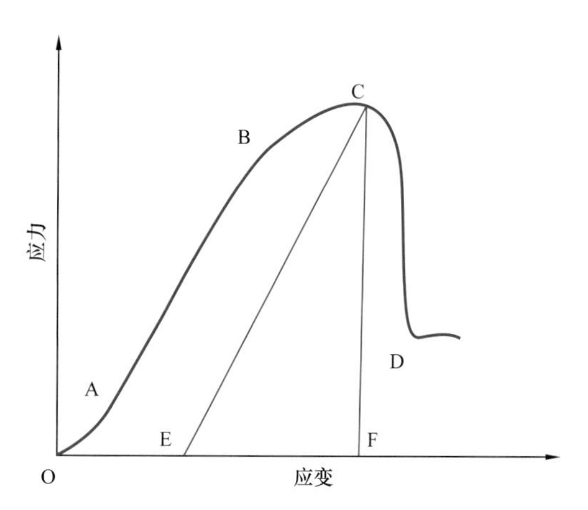

图 2-51　典型脆性岩石的应力—应变曲线

如果考虑破裂时的能量，则脆性指数可以表示为弹性能量与总能量的比值 BI_2（Hucka 和 Das，1974），即 CEF 的面积与 OABCF 的面积之比（图 2-51）。这一定义可以用来识别弹性和非弹性变形。对于塑性变形，由于在破裂之前长期塑性变形连续吸收能量，从而具有较低的 BI_2 值：

$$BI_2 = W_{\mathrm{el}} / W_{\mathrm{tot}} \tag{2-23}$$

式中 W_{el}——破裂时的弹性能量；

W_{tot}——破裂时的总能量。

Tarasov 和 Potvin（2013）考虑岩石破裂后的能量守恒，引入了两个适合于三轴压缩变形条件下的脆性指数表达式。如图 2-52 所示，峰后能量可以分成三种类型：（1）弹性能（elastic energy）表示岩石在加载和破裂过程中储存和释放的弹性能，用绿色表示；（2）破裂能（rupture energy）表示在围压条件下的剪切破裂能，用橙色表示；（3）额外能量（adtional energy）表示破裂变形过程中吸收或释放的能量，用黄色表示。从 A 点到 B 点释放的弹性能（ACDF）可以用式 2-24 表示，假设各点的弹性模量相等，吸收或释放能则可以用式（2-25）表示：

$$\mathrm{d}W_{\mathrm{e}} = \frac{\sigma_{\mathrm{A}}^2 - \sigma_{\mathrm{B}}^2}{2E} \tag{2-24}$$

$$\mathrm{d}W_{\mathrm{a}} = \frac{\sigma_{\mathrm{A}}^2 - \sigma_{\mathrm{B}}^2}{2M} \tag{2-25}$$

式中 dW_e——释放的弹性能；

dW_a——吸收或释放能；

σ_A、σ_B——A 点和 B 点的应力值；

E、M——加载阶段和峰后阶段的弹性模量。

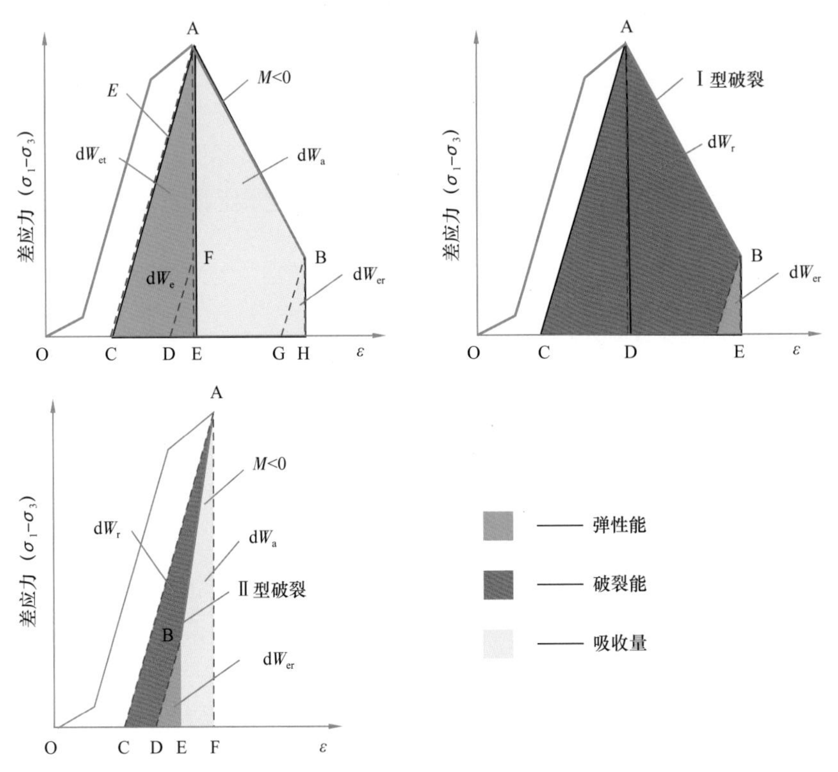

图 2-52 Ⅰ类和Ⅱ类破坏应力—应变曲线及峰后能量平衡（据 Tarasov 和 Potvin，2013）

破裂能为释放的弹性能与吸收或释放能的差值，用式（2-26）表示：

$$dW_r = dW_e - dW_a = \frac{\left(\sigma_A^2 - \sigma_B^2\right)\left(M - E\right)}{2EM} \tag{2-26}$$

根据破裂后弹性模量 M 值的大小，可以将破裂过程划分为 2 类：在Ⅰ类破裂模式中，在加载过程中岩石连续变形，吸收额外能量；在Ⅱ类变形模式中，破裂应变恢复并释放能量，称之为自给自足型（self-sustatining）。岩石的脆性程度代表了宏观破裂后的自级自足的能力，即在加载阶段吸收的弹性能在破裂峰后阶段全部释放掉（Tarasov 和 Potvin，2013）。破裂过程自给自足的程度可以用弹性能与破裂能、吸收能的比值来表示（式 2-27、式 2-28）。吸收能量越多，释放的弹性能越少，表征岩石越不容易发生破裂，越显塑性：

$$BI_9 = \frac{dW_r}{dW_e} = \frac{M - E}{M} \tag{2-27}$$

$$BI_{10} = \frac{dW_a}{dW_e} = \frac{E}{M} \tag{2-28}$$

$$\mathrm{BDI}=\frac{\mathrm{d}W_{\mathrm{a}}}{\mathrm{d}W_{\mathrm{r}}}=\frac{E}{E-M} \tag{2-29}$$

BI_9 和 BI_{10} 和 BDI 指数为连续、单一方向变化的数值，代表了从绝对塑性到绝对脆性的逐渐过渡。图 2–53 表示了脆性指数变化过程中 M 值变化和应力—应变曲线。当 $M=E$ 时，$BI_9=0$，$BI_{10}=1$，$\mathrm{BDI}=+\infty$，$\mathrm{d}W_{\mathrm{r}}=0$，$\mathrm{d}W_{\mathrm{e}}=\mathrm{d}W_{\mathrm{a}}$，岩石属于绝对脆性，在绝对脆性状态，吸收的所有弹性能最终都将释放掉，总的弹性应变也将完全恢复。当 $M=\infty$ 时，$BI_9=1$，$BDI=0$，岩石处于理想脆性状态；当 $M=-E$ 时，$BI_9=2$，$BI_{10}=-1$，$\mathrm{BDI}=0.5$，为脆性向塑性转换的临界点。当 $M=0$ 时，BDI=1，为脆—塑性向塑性的转换临界点；左半部分（$0<BI_9$，$BI_{10}<1$）属于破裂类型Ⅱ，岩石破裂为自给自足型。右半部分（$0<BI_9<+\infty$，$-\infty<BI_{10}<0$）属于破裂类型Ⅰ。因此，可以基于峰值后能量守恒的原理计算出的脆性指数来定量表征岩石的脆塑性：BDI＜0 为绝对脆性区域；BDI=0 为理想脆性状态；0＜BDI ＜0.5 为脆性向脆—塑性过渡区；BDI=0.5，为脆性到脆—塑性转换临界状态；0.5＜BDI＜1 为脆—塑性向塑性过渡区；BDI=1 为脆—塑性向塑性变形转换的临界状态；BDI＞1 为绝对塑性状态。

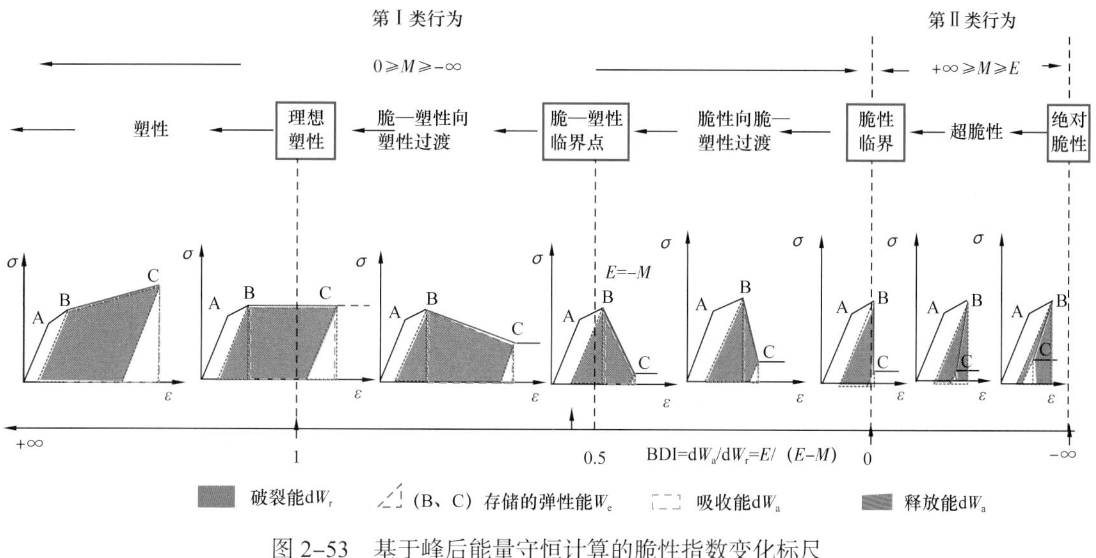

图 2–53　基于峰后能量守恒计算的脆性指数变化标尺

以库车膏岩为例，根据不同围压下三轴压缩实验，计算不同围压下的 BDI 脆塑性指数（图 2–54），确定膏岩从脆性向脆—塑性转化的临界围压为 16MPa，从脆—塑性向塑性转化的临界围压是 62MPa。

2）泥岩超固结比 OCR

随着抬升和剥蚀量增加，或由于流体压力增大，现今垂向有效应力降低，OCR 值逐渐增大，当超过一个临界值时泥岩就会变脆而很容易发生破裂从而造成盖层的漏失。若不考虑构造应力的影响，仅考虑剥蚀导致的地层卸载则泥岩破裂并失去封闭能力的 OCR 临界值为 2.5（Ingram 等，1997；Nygård 等，2004，2006；Knappett 等，2012；Jin 等，2014）。OCR 值越大，泥岩盖层发生脆性破裂的风险越大。

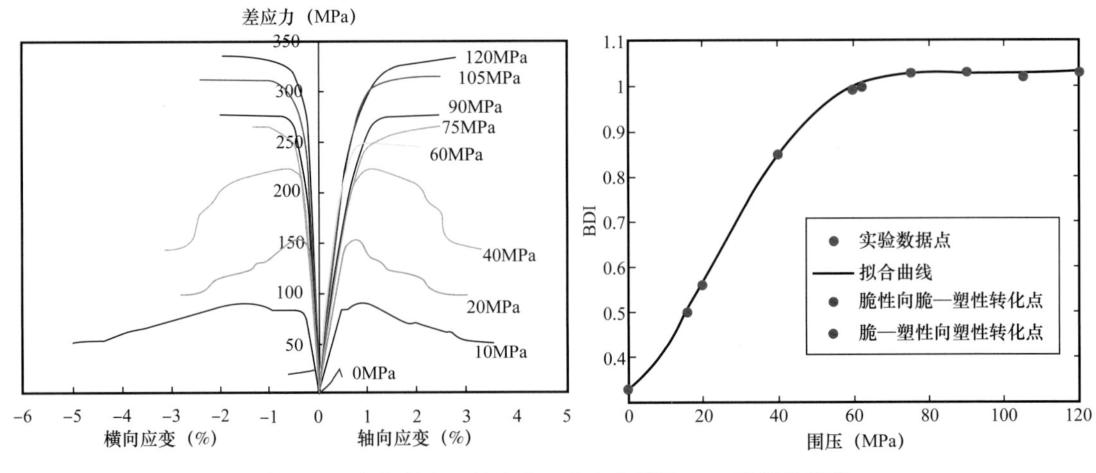

图 2-54 库车膏岩三轴应力—应变曲线及 BDI 脆塑性指数

Nygård 等（2006）通过不同泥岩样品的力学实验证实了 OCR 能够很好地用于判断泥质岩的脆塑性，不管泥岩是固结的，还是弱固结的，也不管泥岩有没有发生成岩胶结作用。下面介绍 3 种典型泥岩样品的实验结果：（1）未固结泥岩样品（KWC）。KWC 泥岩（Kimmeridge Westbury Clay）样品采自英国 Pewsey 盆地 Westbury Quarry 地表的未固结或胶结的 Kimmeridge 黏土岩。Kimmeridge 黏土岩是在北海盆地分布广泛的上侏罗统沉积，作为很多油气田的烃源岩和盖层。KWC 泥岩样品在抬升前最大埋深约为 0.5km。KWC 泥岩样品的名义前期固结应力测定结果为 6MPa，与历史最大埋深 0.5km 经受的最大有效垂向应力基本相当，表明 KWC 名义前期固结应力主要源自机械压实。KWC 泥岩的三轴力学实验结果见图 2-55，C_1 和 C_2 样品为超固结状态（OC），OCR 分别为 6 和 1.2，C_3—C_6 样品为正常固结状态（NC）。可以看出，C_1 和 C_2 样品表现为脆性变形特征，而 C_3—C_6 样品表现为塑性变形特征。（2）固结泥岩样品（KBC）。KBC 泥岩（Kimmeridge Bay Clay）样品采自英国 Portland-South Wight 盆地的 Kimmeridge Bay，抬升前最大埋深不超过 1.7km。KBC 泥岩样品的名义前期固结应力为 22MPa，与历史最大埋深 1.7km 经受的最大垂向有效应力基本相当，表明 KBC 名义前期固结应力主要源自机械压实，化学胶结作用较弱。KWC 泥岩的三轴力学实验结果如图 2-56 所示，M_1—M_3 样品为超固结状态，OCR 分别为 22、4.4 和 1.5，M_4—M_6 样品为正常固结状态，可以看出，M_1—M_3 样品表现为脆性变形特征，而 M_4—M_6 样品表现为塑性变形特征。（3）强固结泥岩样品（Barents Sea Shale）。Barents Sea 泥岩样品的名义前期固结应力为 40MPa，明显大于在最大历史埋深 1.37km 时所经受的最大垂向有效应力，表明化学胶结作用对名义前期固结应力有较大贡献。Barents Sea 泥岩样品的三轴力学实验结果见图 2-57，S_1 和 S_2 样品为超固结状态，OCR 分别为 5 和 3.3，表现为脆性变形特征，应力—应变曲线比较陡，具有明显的峰值应力，破裂后应变软化现象明显，而 S_3 和 S_4 样品为正常固结状态（围压已大于 40MPa），表现为塑性变形特征，峰值应力和应变软化现象不明显。这里需要指出的是，三轴力学实验中可以出现围压远大于名义固结应力的情况，但实际地质条件下当围压超过前期固结应力时，由于漫长的地质时间，岩石的名义固结应力也会相应增大，即在地质条件下，

$\sigma'_{v_{max}} \geq \sigma'_{v}$。通过以上实验表明，与黏土岩一样，泥岩样品的脆塑性变形特征与OCR也具有很好的相关性。因此，可以利用OCR来有效表征泥岩样品的脆塑性。当OCR=1时即岩石处于正常固结状态，泥岩主要表现为塑性变形特征；当OCR＞1时，岩石处于超固结状态，主要表现为脆性变形特征；当OCR＞2.5时，岩石则处于强脆性状态，很容易发生脆性破裂。

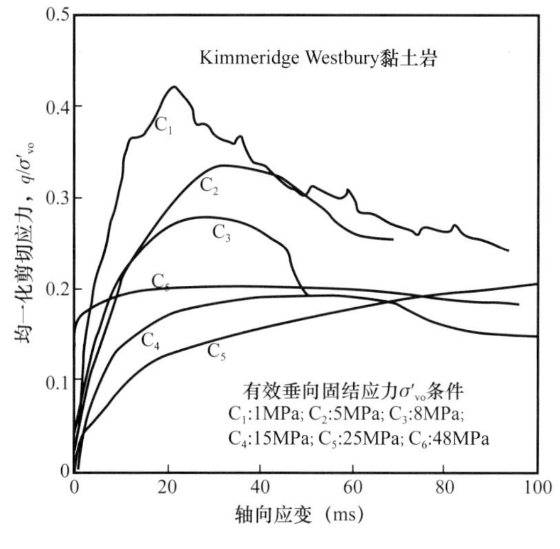

图2-55　未固结泥岩脆—塑性转化

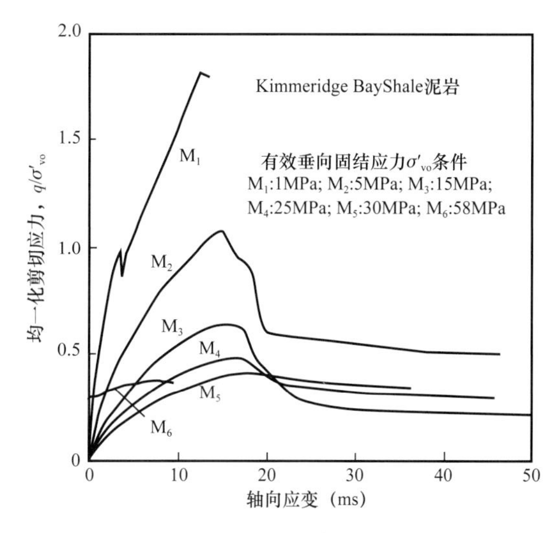

图2-56　固结泥岩脆—塑性转化

由上可知，OCR是判断泥岩盖层脆塑性的重要指标，那么计算OCR的关键就在于泥岩前期固结应力的确定。岩石的前期固结压力可以通过实验进行测定，测出来的结果称之为名义前期固结应力。实际上，名义前期固结应力是岩石经历最大应力和成岩强度的综合效应，不仅受到由于地层的沉积埋藏作用和侵蚀（抬升）引起的力学加载与卸载影响，还与地质构造演化作用，如成岩、胶结、矿物成分改变和长期的次固结压缩作用（即蠕变）有关。因此，名义前期固结应力并不只是单纯最大垂向应力的概念，而是对岩石最大固结强度的一个综合表征。岩石的名义前期固结应力可以通过压缩实验或单轴应变实验进行直接测定，或通过前期固结应力与单轴抗压强度或泥岩声波时差的拟合关系进行推算。

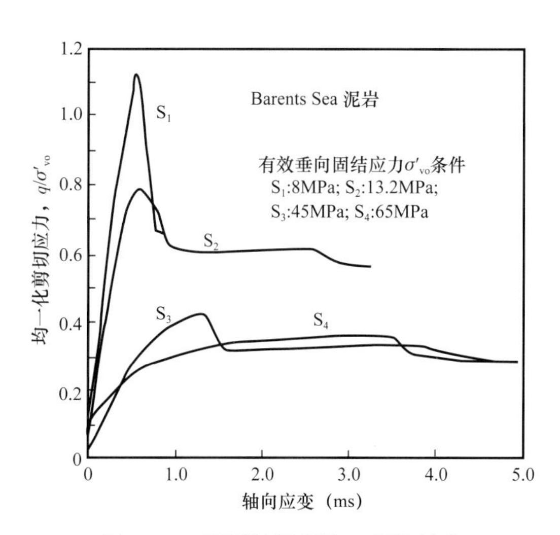

图2-57　强固结泥岩脆—塑性转化

关于岩石名义前期固结应力的确定，目前主要有2种方法：（1）Casagrande法，即压实曲线上最弯的位置（拐点处）所对应的应力作为名义前期固结应力（Casagrande，1936）。利用压缩（固结）仪测定岩样在侧向受限与轴向排水条件下的变形及孔隙比与压力的关系，将压实曲线斜率发生转折处所对应的压力作为名义前期固结应力，如Nygård等（2006）利用压实曲线法确定Barents Sea

Shale 的名义前期固结应力为 40MPa（图 2-58），远大于该泥岩最大埋深 1.37km 时所经受的最大垂向有效应力，表明化学胶结作用对名义前期固结应力有较大贡献。（2）Addis 法，即单轴应变试验曲线上斜率发生转折处所对应的应力就是名义前期固结应力（Addis，1987）。所谓单轴应变试验，即试样在侧向受到刚性约束，而仅在轴向产生变形的侧向受限压缩试验。图 2-59 为四川桐竹园组泥岩的单轴应变试验的典型曲线（刘俊新等，2015）。从试验曲线的整体形态来看呈 4 段式：第 1 段为压密阶段，该阶段是否出现与岩样本身的致密程度有关，如泥岩非常致密，孔隙率很低，并没有出现压密阶段，而如果泥岩孔隙率较高，则会出现了明显的压密阶段；第 2 段为直线段，即与套筒逐渐紧密压缩的过程；第 3 段为曲线发生偏转，超过前期名义固结应力阶段；第 4 段为塑性流动阶段。从图 2-59 中可知，假如忽略第 1 段，可将试验曲线简化为 3 段直线，其直线斜率逐渐减小表明侧压系数（侧压系数是指侧向压力与轴向压力的比值）逐渐增大，从另一方面论证了随着围压的增加，岩石发生了脆性—塑性转换现象；此后，由于侧压系数相对于第 2 段明显增大，将使得摩尔圆变小且远离强度包络线（相对摩尔—库仑准则而言），这时剪应力相对减小，而岩石的承载能力相应提高；到第 4 段后由于出现较为强烈的塑性流动使得试样内基本不存在剪应力，进而导致侧向压力系数大于 1。参照 Casagrande 法处理方法，认为第 2、3 段的 2 条直线段交点所对应的轴向应力值即为该岩石的前期名义固结应力值，第 3、4 段的 2 条直线段交点所对应的轴向应力值即为该岩石发生塑性流动而不能承担剪应力的压力值。

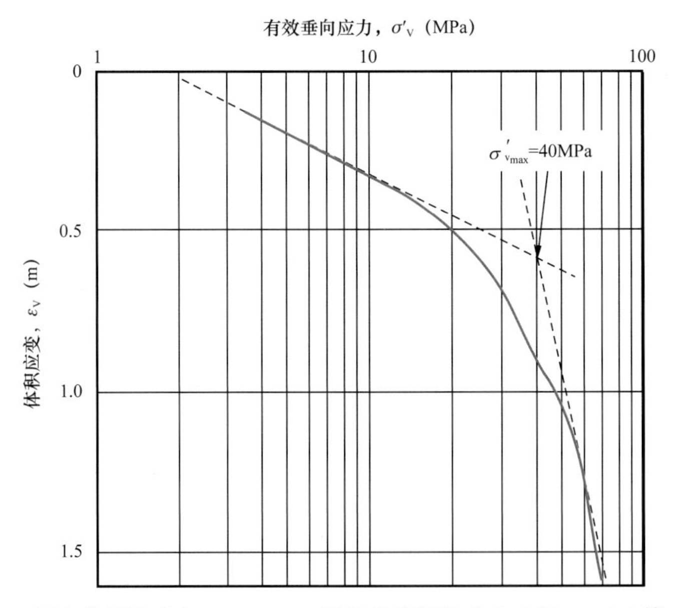

图 2-58　压实曲线法确定 Barents Sea 泥岩前期固结应力（据 Nygård 等，2006）

压缩试验与单轴应变实验对样品要求都比较严格，以单轴应变实验为例，样品的获取通常采用如下步骤：在野外或岩心库现场钻取直径 49mm 的长柱，然后擦干迅速蜡封，运至实验室妥善保管。为了避免泥质岩在干湿循环作用下发生崩解，试验所需试样均需采用手工加工制作，先利用刚锯切出长度 102mm 左右的试样，然后利用专用夹具配合细砂纸打磨成符合实验规程的标准试样（尺寸直径 × 长度为 47mm × 100mm），并迅速采用牛皮纸和胶带进行包装和蜡封。为了避免试样本身差异过大，使其力学特性的偏差较大，对所用试样同时测定密度、纵波速度 2 个参数，剔除了具有较大偏离的试样；此外还需要剔除有缺口、残缺、微裂缝或矿脉充填的试样。由于压缩试验与单轴应变实验对样品的要求比较严格，受取样条件和测试费用的限制，要通过实验测定前期固结压力一般难度较大。

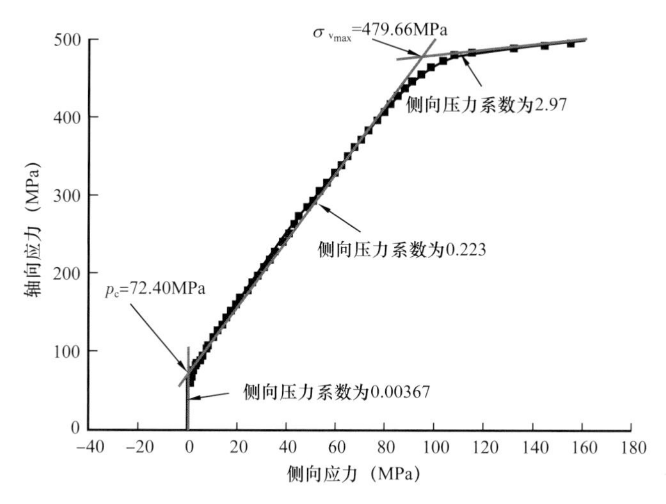

图 2–59　单轴应变试验典型曲线（据刘俊新等，2015）

因此可以根据前人数据建立的名义前期固结应力与单轴抗压强度、密度等参数的统计关系式对泥页岩样品的名义前期固结应力进行预测，这就是第三种方法——经验公式法。Nygård 等（2006）、刘俊新等（2015）建立了名义前期固结应力与单轴抗压强度、纵波速度的统计关系，表明名义前期固结应力与单轴抗压强度和泥岩纵波速度具有很好的相关性，而单轴抗压强度只要有岩心样品即可钻柱进行单轴抗压强度的测试，如果没有岩心样品，也可利用岩屑样品开展点荷载强度试验获取点荷载强度来换算单轴抗压强度（张元胤等，2017），泥岩的纵波速度参数可以利用声波时差测井曲线计算，这就为快速确定岩石名义前期固结应力提供了可靠依据。

将 Nygård 等（2006）和刘俊新等（2015）以及测试的数据放到一起，发现规律性非常吻合（图 2–60），通过拟合得到名义前期固结应力（$\sigma_{v_{max}}$）与单轴抗压强度（σ_c）的关系式：

$$\sigma'_{v_{max}} = 1.32\sigma_c + 10.15 \quad (2\text{–}30)$$

泥岩名义前期固结应力（$\sigma'_{v_{max}}$）与纵波速度（v_p）的关系式：

$$\sigma'_{v_{max}} = 0.5\times10^{-11}\left(v_p\right)^{3.4} \quad (2\text{–}31)$$

同样，也统计发现名义前期固结应力与泥岩的孔隙度、泥岩密度也都具有很好的相关性（图 2–61）。虽然这些公式的数据点有限，但可以利用这些公式在实例地区应用中对名义前期固结应力进行初步预测。

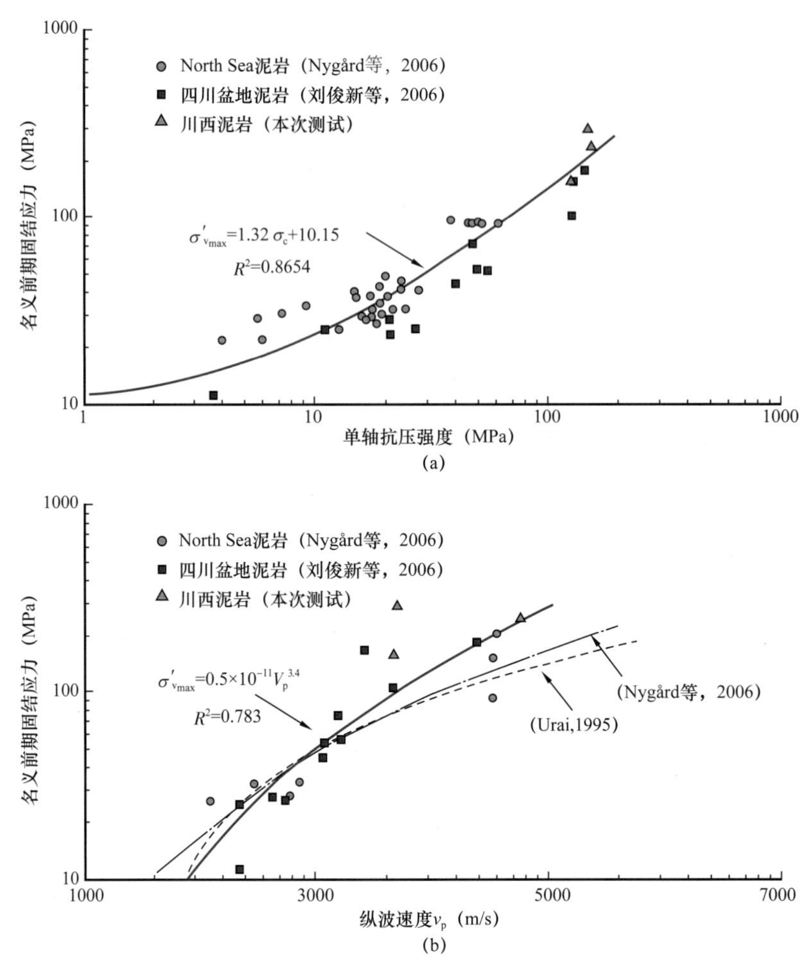

图 2-60　泥岩单轴抗压强度、纵波速度与前期固结应力相关图

a—泥岩单轴抗压强度与前期固结应力关系图；b—泥岩纵波速度与前期固结应力关系

3）泥岩脆性指数 BRI

对于强烈硬化或胶结的泥岩来说，即使在 OCR=1 时，也可能发生脆性变形，因此，OCR 并不总是脆性程度的可靠指标（Ishii 等，2011）。Ingram 和 Urai（1999）提出 BRI 脆性指数（brittleness index）来表征泥岩的脆性程度。

$$\mathrm{BRI}=\frac{(\sigma_c)_{\mathrm{OC}}}{(\sigma_c)_{\mathrm{NC}}}=\frac{\mathrm{UCS}}{\mathrm{UCS_{NC}}} \tag{2-32}$$

其中（σ_c）$_{OC}$ 为泥岩在超固结状态的单轴抗压强度，也可表示为 UCS（unconfined compressive strength），（σ_c）$_{NC}$ 为泥岩在正常压力环境正常固结状态的单轴抗压强度，也可表示为 UCS_{NC}。

BRI 脆性指数非常有用，因为它既可以表征岩石负荷引起的机械压实效应，也可以表征由于矿物成岩作用导致的固化或胶结效应。

正常固结状态的单轴抗压强度 UCS_{NC} 可以通过土力学中的经验公式来确定：

$$\mathrm{UCS_{NC}} = 0.5\sigma_\mathrm{v}' \tag{2-33}$$

式中 σ_v'——指定深度处相当于正常固结状态的原地有效应力。

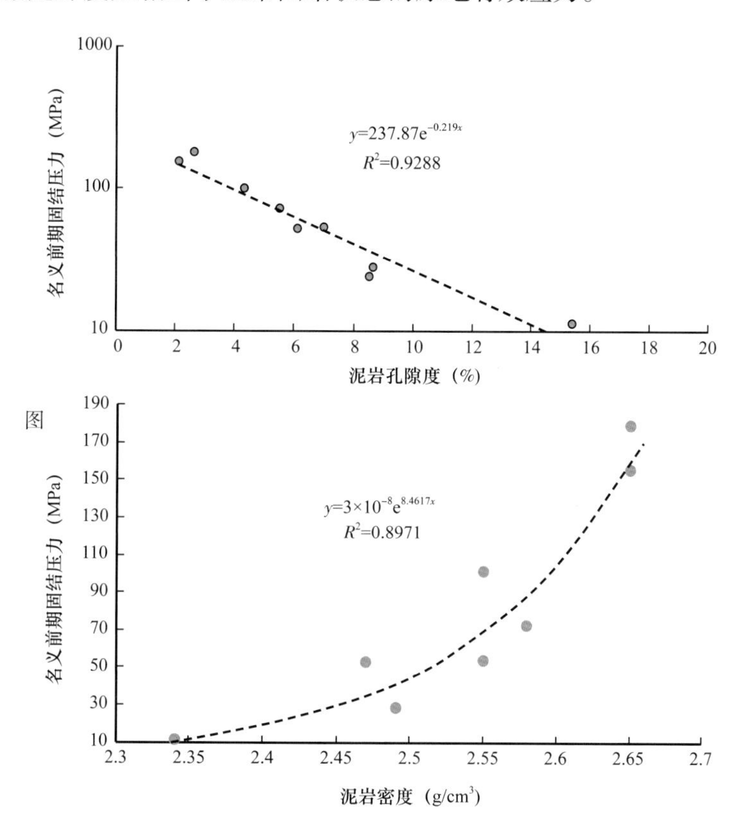

图 2-61 泥岩名义前期固结应力与孔隙度和泥岩密度的关系

$$\sigma_\mathrm{v}' = \sigma_\mathrm{v} - \alpha p_\mathrm{p} \tag{2-34}$$

式中 σ_v——指定深度处的垂向应力，MPa；

α——Biot 孔隙弹性因子，对于泥岩，α 孔隙弹性因子通常 =1；

p_p——孔隙流体压力，MPa。

假设孔隙压力为静水压力，则最大埋深时有效垂向应力与最大埋深有如下关系：

$$\sigma_{\mathrm{v_{max}}} = \left(\rho_\mathrm{rock} - \rho_\mathrm{water}\right) g Z_\mathrm{max} \tag{2-35}$$

则最大埋深时的正常固结状态的单轴抗压强度 $\mathrm{UCS_{NC}}$ 可以表示为：

$$\mathrm{UCS_{NC}} = 0.5\left(\rho_\mathrm{rock} - \rho_\mathrm{water}\right) g Z_\mathrm{max} \tag{2-36}$$

岩石单轴抗压强度 UCS 可以直接测量或通过经验公式由测井曲线计算得到：

$$\lg \mathrm{UCS} = -6.36 + 2.45\lg\left(0.86 v_\mathrm{p} - 1172\right) \tag{2-37}$$

其中 UCS 单位为 MPa，v_p 纵波速度单位为 m/s。

这样，就可以利用声波测井资料来计算泥岩的 BRI 脆性指数。大量实例研究表明，当脆性指数 BRI 大于 2 时，随着 BRI 的增大，泥岩发生脆性破裂的风险相应增大

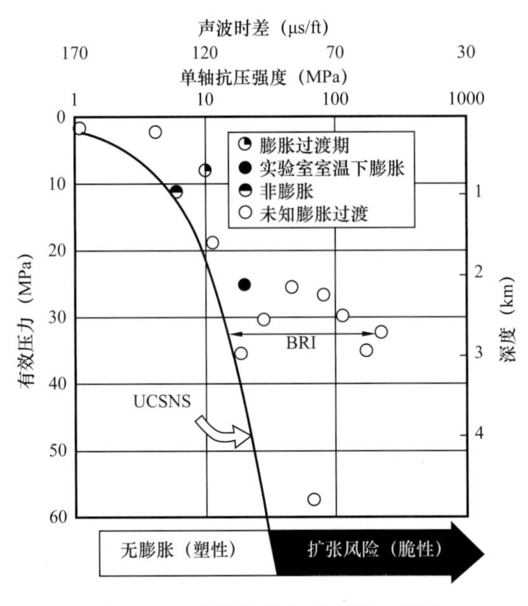

图 2-62　脆性指数与岩石脆—塑性
（据 Ingram 和 Urai，1999）

（图 2-62）。Ishii 等（2011）研究指出，对于自然应变速率与低温条件下，在 BRI＜2 时，泥岩发生塑性变形（压性剪切带且不与断层伴生）；在 2＜BRI＜8 时，泥岩发生脆性或塑性变形（压性剪切带、伴生断层）；当 BRI＞8 时，泥岩主要发生脆性变形（张性节理）。当 BRI＞8 时，断层十分发育，泥岩在水力学上为裂缝型介质；而 BRI＜8 时，即使断层发育，泥岩在水力学上为孔隙型介质。

3. 盖层完整性定量评价方法

关于泥岩盖层完整性评价，Skerlec（1999）提出了利用增量应变分析（Incremental strain analysis）技术评价盖层完整性的方法，即利用地震资料构造解释，利用平衡剖面技术分析每一地质时期的应变量，通过大量已钻探圈闭的统计，建立目的层曾经历的应变与盖层完整性之间的经验关系，确定经验应变阈值，由此简单的判断盖层是否存在渗漏风险，认为当目的层经历的应变大于经验应变阈值时，圈闭就被破坏，小于经验应变阈值时，盖层就能起到封闭作用，其优点是提供了一种利用地震数据进行勘探前景评价的简便方法，但是该方法没有考虑盖层本身的岩石力学及应力特征。另外，该方法中经验应变阈值的确定，需要利用大量的钻探实例，也就是说该方法并不能指导钻前勘探。Ingram 等（1997，1999）提出了泥岩超固结比 OCR（Over Consolidation Ratio）和脆性指数 BRI（Brittleness Index）来定量表征泥岩的脆性程度，认为当 OCR 大于 2.5 或 BRI 大于 2 的泥岩脆性强，发生脆性破裂造成泥岩盖层失效、油气发生漏失的风险比较大。该方法提供了一种定量表征泥岩脆性程度的方法，但是没有考虑泥岩盖层经历的构造应变量是否达到破裂的临界值。

泥岩盖层处于脆性变形特征，若不受到构造应力作用或没有发生明显的构造变形，其不会产生裂缝，仍是完整的，故只研究泥岩盖层脆性程度，并不能反映其完整性。本文建立了一种综合考虑了泥岩的脆性程度和构造变形作用来定量表征泥岩盖层完整性的方法，解决了目前不能够准确表征由于亚地震断层和微裂缝作用带来的泥岩盖层渗漏风险的难题。值得指出的是本文所提出的泥岩盖层完整性方法主要适用于断裂不发育的背斜圈闭，所评价的对象是完整背斜圈闭泥岩盖层在抬升褶皱变形过程中由于微裂缝或亚地震断层产生并造成泥岩盖层完整性被破坏的情况。

这种定量表征深层背斜圈闭泥岩盖层完整性的方法包括如下步骤：

（1）确定泥岩盖层的密度。利用研究区评价目的盖层段的岩心样品可以根据称重法测定泥岩的岩石密度 ρ_{shale}（单位：g/cm^3）；也可以利用研究区常规测井曲线中密度测井曲线直接读取目的盖层段的平均泥岩密度。泥岩密度是泥岩压实和固结成岩程度的重要表征。

一般来说，随着埋深的加大和泥岩成岩固结程度的增大，泥岩密度逐渐增大，泥岩孔隙度逐渐减小。泥岩密度越大，泥岩的抗压强度越大，但泥岩的脆性会越强。

（2）确定泥岩的现今有效围压。根据研究区评价目的盖层段的现今埋深 h、上覆地层岩石密度 ρ_{rock}、泥岩盖层段流体压力来计算泥岩的现今有效围压 σ'_v（单位：MPa）。计算公式如下：

$$\sigma'_v = \sigma_v - p = \rho_{rock} gh - p = 0.0098\rho_{rock} h - p \tag{2-38}$$

式中 σ_v——上覆地层压力，MPa；

ρ_{rock}——上覆地层岩石密度，g/cm^3；

h——现今埋深，m；

p——泥岩段流体压力，MPa。

地下岩石平均密度大约为 2.16～2.65g/cm^3，上覆地层岩石密度 ρ_{rock} 通常取平均值为 2.5g/cm^3。对于有密度测井曲线的钻井，上覆地层压力可以利用密度测井曲线积分法进行计算，计算公式如下。测井井段以上可用人工插值法获得连续的密度曲线，或借助垂直应力梯度反推：

$$\sigma_v = 0.0098\int_0^h \rho(h)\mathrm{d}h \tag{2-39}$$

式中 ρ（h）——深度为 h 处岩石的密度，g/cm^3；

dh——某一岩性段的厚度，m。

泥岩段地层流体压力 p 可以由钻井泥浆密度或相邻储层段的测试地层压力来进行推算。对于正常压力段，泥岩流体压力等于静水压力。对于异常压力段，泥岩地层压力可由声波时差测井资料利用“等效深度法”进行计算。

（3）确定泥岩发生破裂时的应变量。将泥岩密度与现今有效围压投到泥岩密度与破裂应变量关系图版（图 2-31）上，判断泥岩发生破裂时的应变量 $\varepsilon_{failure}$。

（4）计算待评价构造圈闭的应变量。地层在侧向构造挤压、底辟隆升或侧向牵引等作用下会产生弯曲变形形成背斜褶皱等构造圈闭。根据褶皱的裂缝发育规律来看，中和面以上也就是背斜的顶部容易产生张性裂缝，造成泥岩盖层的张性破裂从而使油气发生渗漏。在垂直于构造圈闭轴线的主测线构造地质剖面上（注意纵横向比例一致），通过量取线段长度计算构造圈闭的应变量 ε_{trap}，计算公式如下：

$$\varepsilon_{trap} = \frac{l_{trap} - l_{line}}{l_{line}} \tag{2-40}$$

式中 l_{trap}——背斜两侧两个溢出点之间的围限的圈闭顶部构造线的长度；

l_{line}——圈闭两个溢出点之间的直线长度（图 2-63）。圈闭幅度越大，背斜越陡，圈闭的应变量越大。

（5）计算圈闭应变量与泥岩破裂应变量的比值。虽然，圈闭应变量 ε_{trap} 与泥岩破裂应变量 $\varepsilon_{failure}$ 在含义上并不相同，但反映的都是岩石地层经受的变形程度。因此，可以用圈闭变形量与泥岩破裂应变量的比值 $\varepsilon_{trap}/\varepsilon_{failure}$ 来表征泥岩盖层由于构造褶皱变形作用发生

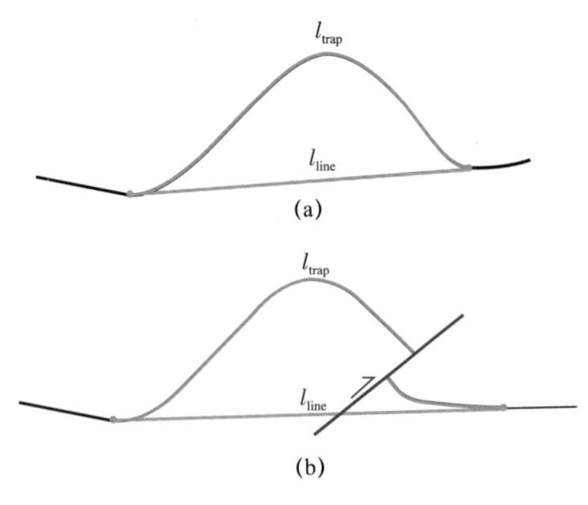

图 2-63 构造圈闭应变量计算方法图解

脆性破裂的风险。泥岩应变量比值 $\varepsilon_{trap}/\varepsilon_{failure}$ 越大，泥岩发生脆性破裂的风险越大。

（6）测定或推算泥岩的前期固结应力 $\sigma'_{v_{max}}$。$\sigma'_{v_{max}}$ 是指岩石经历的最大垂向有效应力，可以通过单轴应变实验进行直接测定，或通过前期固结应力与单轴抗压强度或泥岩声波时差的拟合关系进行推算。

（7）计算泥岩的超固结比 OCR。泥岩超固结比的定义为最大有效垂向应力与现今有效垂向应力的比值，计算公式如下：

$$\mathrm{OCR}=\sigma'_{v_{max}}/\sigma'_{v} \tag{2-41}$$

式中 $\sigma'_{v_{max}}$——岩石经历的最大垂向有效应力，或称之为前期固结应力；

σ'_{v}——岩石现今的垂向应力，即现今的围压条件。

（8）泥岩盖层泄漏风险的定量判识。将泥岩的 OCR 和应变量比值 $\varepsilon_{trap}/\varepsilon_{failure}$ 投到泥岩完整性判识图版（图 2-64）中，综合判断泥岩是否发生脆性破坏。在泥岩完整性判识图版（图 2-64）上，根据泥岩的 OCR 和应变量比值的大小，可以划分为四个区：强脆性强变形区（脆性破裂区）、低脆性弱变形区（完整区）、低脆性强变形区和强脆性弱变形区（破裂风险较小）。根据对准噶尔南缘齐古背斜不同层系泥岩盖层、四川盆地筇竹寺泥岩盖层完整性的评价结果以及实际勘探效果分析，确定脆性泥岩发生破裂的应变量比值界限为 4。如果泥岩 OCR＞2.5，且应变量比值 $\varepsilon_{trap}/\varepsilon_{failure}$＞4，即处于强脆性强变形区，则泥岩盖层发生脆性破裂的风险比较大，泥岩盖层完整性可能是构造圈闭发生漏失的主要风险。如果泥岩 OCR＜2.5，且应变量比值 $\varepsilon_{trap}/\varepsilon_{failure}$＜4，即处于弱脆性弱变形区，则泥岩盖层发生脆性破裂的风险比较小，泥岩盖层完整性好。

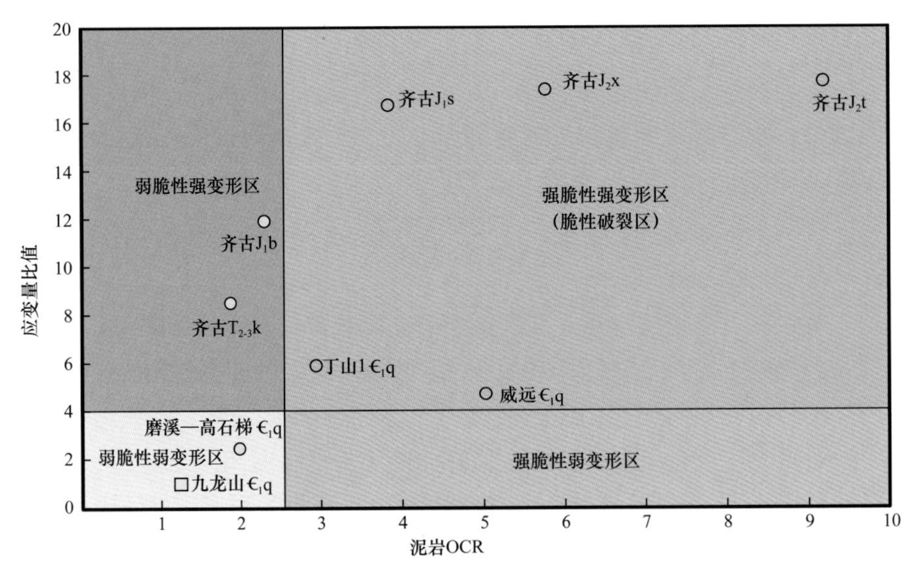

图 2-64 泥岩盖层完整性定量判识图版

（9）模型验证及未钻探圈闭预测。利用上述方法，首先对已钻探的构造圈闭的盖层完整性进行评价。选择对准噶尔南缘的齐古背斜圈闭的侏罗系泥岩盖层和四川盆地川中隆起区的威远构造和磨溪—高石梯构造的寒武系筇竹寺组盖层进行了完整性评价和模型验证，结果见图2-64。从评价结果来看，齐古背斜的J_1s、J_2x、J_2t泥岩盖层均处于强脆性强变形区，泥岩盖层发生的脆性破裂的风险很大，这与钻探结果十分吻合。齐古背斜J_1s、J_2x、J_2t均未发现天然气聚集，主要为残留的高蜡原油，表明天然气发生了泄漏。但齐古背斜的J_1b、$T_{2+3}k$泥岩盖层均处于弱脆性强变形区，盖层发生脆性破裂的风险较小，这与钻探结果也十分吻合（鲁雪松等，2019）。齐古背斜在J_1b、$T_{2+3}k$均发现凝析气藏和带气顶的油藏，表明天然气并未发生明显泄漏。四川盆地威远构造寒武系筇竹寺组盖层位于强脆性强变形区，泥岩盖层发生破裂的风险较大，这与钻探结果十分吻合。威远构造震旦系气藏充满度仅为20%左右，上覆地层中气体组分和同位素的垂向分异均表明震旦系气藏发生了垂向泄漏。威远构造震旦系气藏之所以能够存在得益于天然气运聚速率大于逸散速率，且构造圈闭和天然气藏形成时间较晚。而磨溪—高石梯构造筇竹寺组盖层位于弱脆性弱变形区，泥岩盖层保持完整，天然气垂向封闭条件好，这也是磨溪—高石梯震旦系大气田形成和保存的重要条件。

第三章　断层变形机制、封闭机理及定量评价方法

前陆冲断带的突出地质特点表现为断裂体系复杂、多期构造活动、构造破碎、油气保存条件较差，油气沿断裂垂向运移为主形成多层系聚集。在断层活动期，断层通常作为油气运移的通道，导致油气穿层运移形成多层系油气聚集，或使得原生油气藏发生调整改造，在中浅层形成次生油气藏聚集。在断层静止期，断层由于泥岩涂抹、成岩封闭或对接封闭等机理多作为遮挡层。本章从断层在不同脆塑性盖层内变形机制及断层岩的类型出发，详细讨论断层垂向封闭性和侧向封闭性影响因素与定量评价方法。

第一节　断层在盖层段内变形机制与垂向封闭性评价

断层在垂向上能不能起到封闭作用，主要与断层在盖层段内的变形机制有关。由于盖层段的岩性、温压、流体条件不同，盖层段的脆—塑性也有较大差异，断层在不同脆—塑性盖层中的变形机制不同，形成的断裂带内部结构也有较大差异，相应地，断裂在盖层段内的封闭能力也不尽相同。

一、断层在脆性盖层内的变形机制及垂向封闭性评价

脆性域的盖层由于破裂作用易被断层破坏，随着断距的增大，裂缝的密度逐渐增大直至互相连通后油气就会通过断层发生垂向运移（Tchalenko，1970；Anderson 等，1991；Bolton 等，1998；Ingram 和 Urai，1999）。野外观察证实脆性的膏盐岩和泥岩一般会形成贯通性的大断层，其断裂带通常被断层角砾岩（图 3–1、图 3–2）和软的断层泥充填（图 3–3），如意大利亚平宁山脉北部三叠系蒸发岩内的脆性断层（Paola 等，2009）。基于裂缝垂向连通程度受控于应变（图 3–4）（盖层厚度和断距大小的函数），提出断接厚度的概念来定量表征裂缝垂向连通性（图 3–5），即平行于断面的盖层厚度与断层位移的差值（吕延防等，2008），该值越大，裂缝垂向导通能力越差。处于脆性域的盖层存在临界的断接厚度值，断接厚度大于临界值，断裂垂向封闭能力增强（吕延防等，2008；刘哲等，2013）。对准噶尔盆地主要构造带探井油气水分布的统计表明各构造带在安集海河组泥岩盖层上下的油气分布差异较大，从而确定了断接厚度的临界区间为 393～409m（图 3–6）。

图 3-1　意大利亚平宁山脉北部的三叠系蒸发岩内的脆性断层及断裂带内部结构（据 Paola 等，2009）

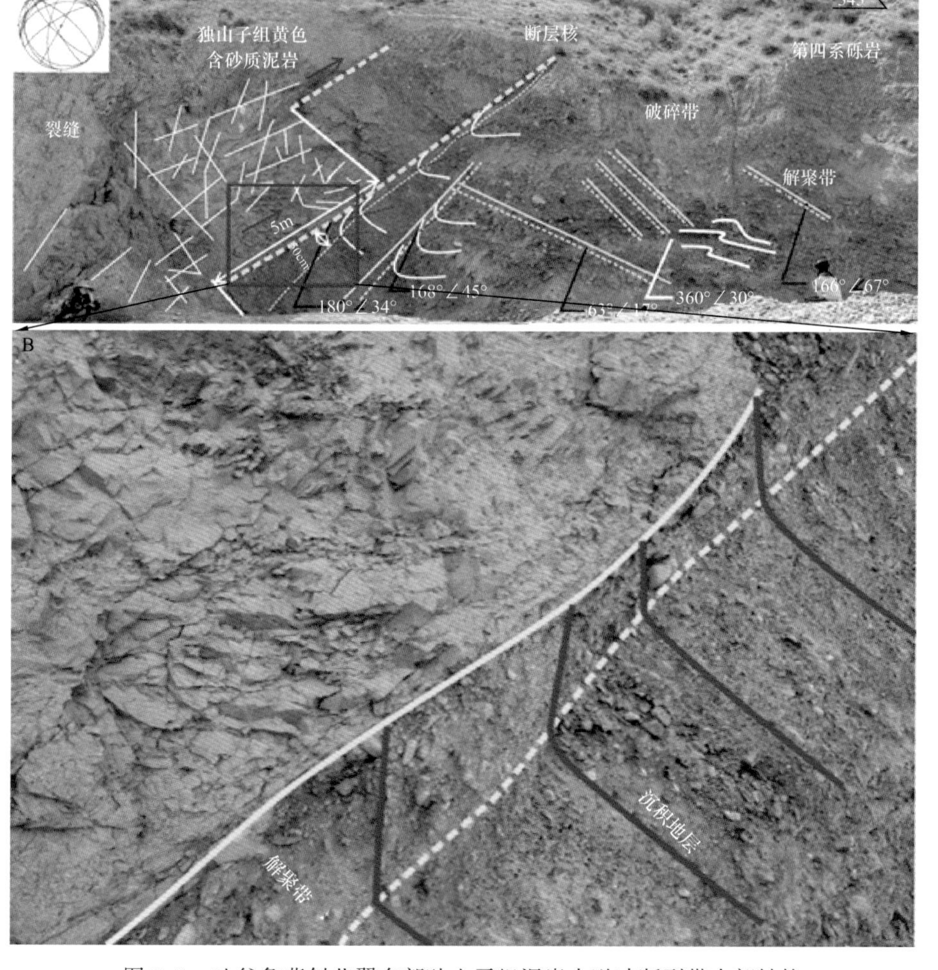

图 3-2　吐谷鲁背斜北翼东部独山子组泥岩内逆冲断裂带内部结构

图 3-3　拜城盐场盐岩盖层内脆性断裂破裂特征

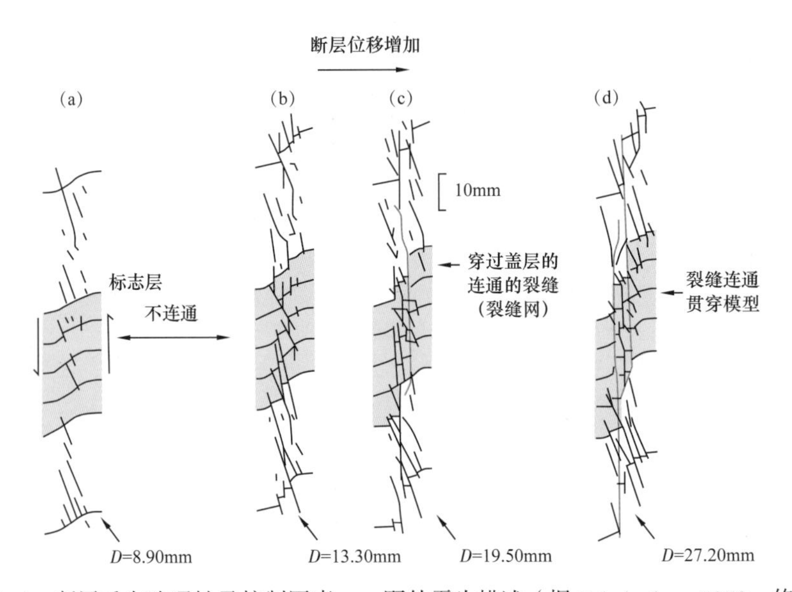

图 3-4　断层垂向连通性及控制因素——野外露头描述（据 Tchalenko，1970，修改）

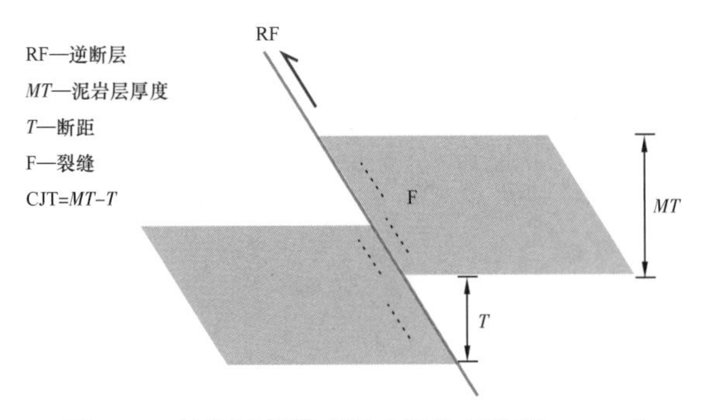

图 3-5　断接厚度模式图（据吕延防等，2008）

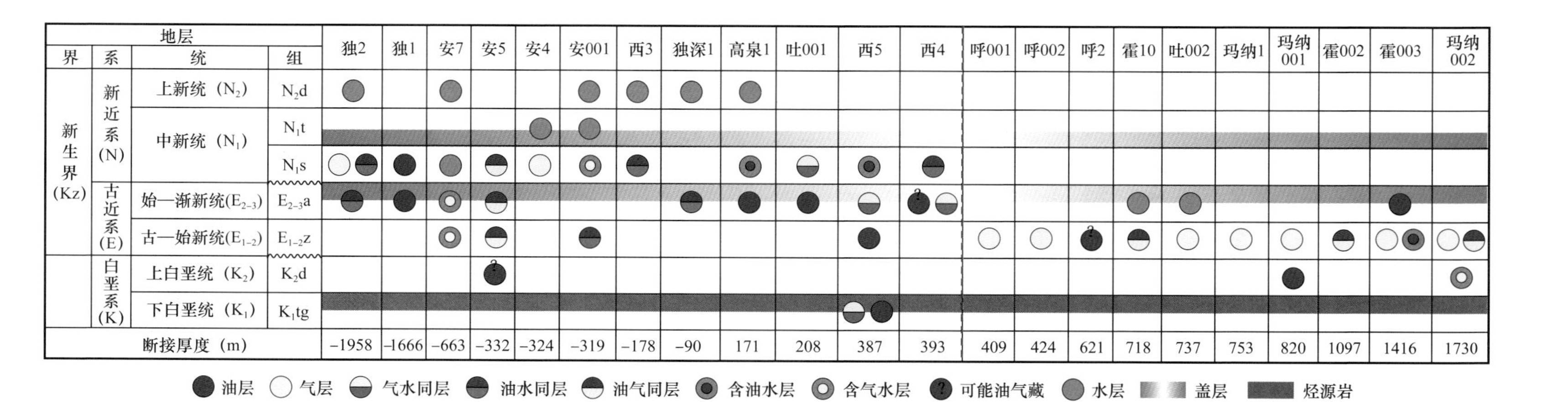

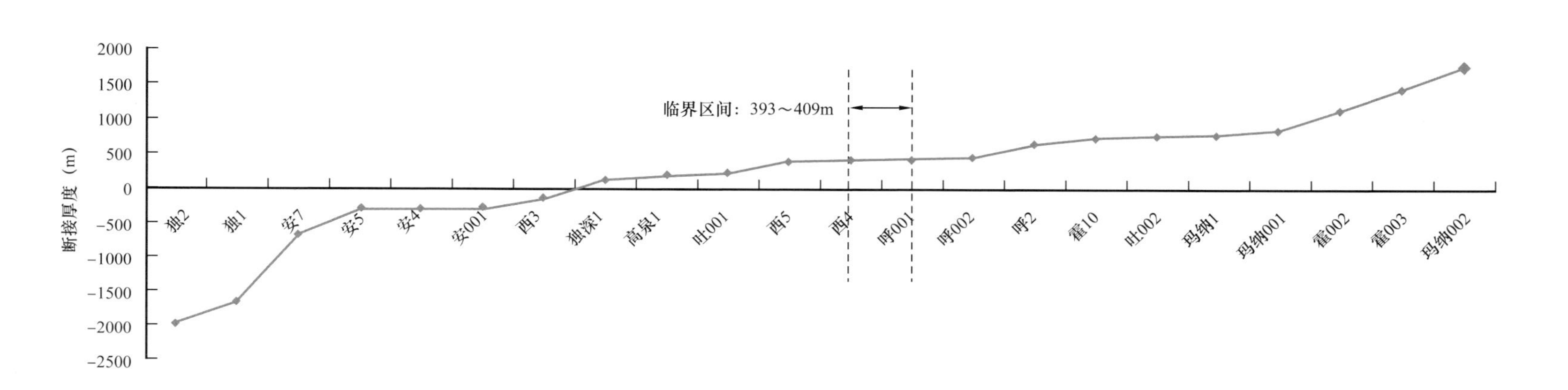

图 3–6　准噶尔盆地安集海河组泥岩盖层临界断接厚度

二、断层在脆—塑性盖层内的变形机制及垂向封闭性评价

断层在处于脆—塑性过渡阶段的盖岩内发育典型的涂抹结构（图 3–7），只要涂抹保持连续性，断层垂向就是封闭的（图 3–8）。通过泥岩涂抹系数 SSF（Shale Smear Factor）即断距与泥岩厚度的比率（Lindsay 等，1993），可以预测涂抹的发育程度（图 3–9），实现断层封闭性定量评价（付晓飞等，2012）。多数学者认为（Lindsay 等，1993；Gibson，1994；Yielding 等，1997；Younes 和 Aydin，2001；Yielding，2002；Doughty，2003；Kim 等，2003；Takahashi，2003；Sorkhabi 和 Hasegawa，2005；Eichhubl 等，2005；Faerseth，2006；Childs 等，2007），泥岩涂抹的连续性受控于断距与泥岩厚度的比率（SSF 值）大小（图 3–10、图 3–11），Faerseth（2006）认为小规模断层（断距小于 15m），即亚地震断层

图 3–7　泥岩盖岩（a）和膏岩盖层（b）形成的涂抹结构断裂

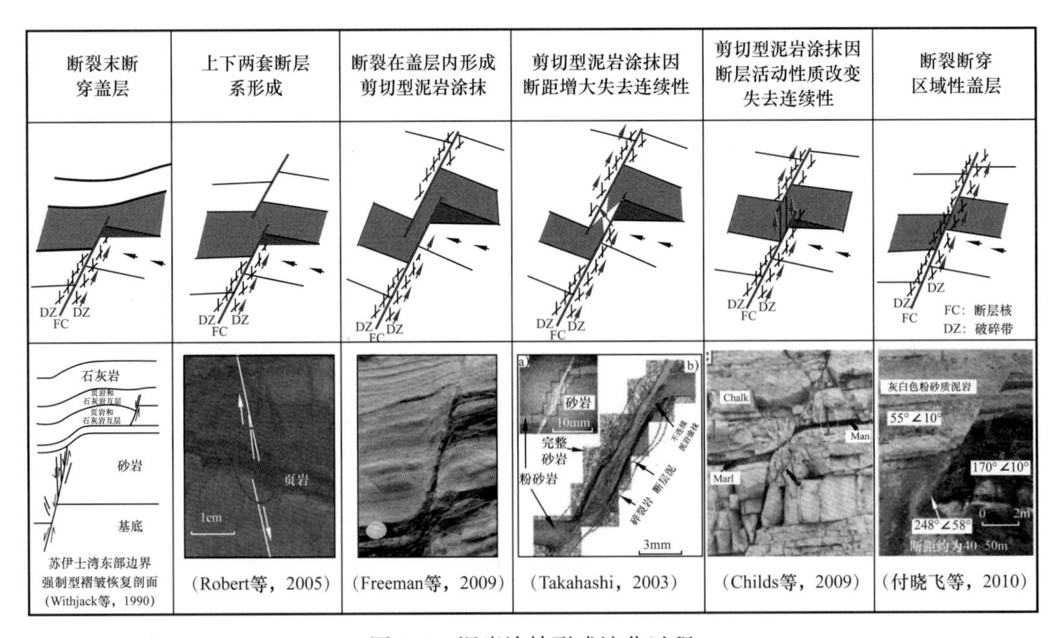

图 3–8　泥岩涂抹形成演化过程

（Subseismic fault），泥岩涂抹连续 SSF 值变化范围为 1～50，SSF 值达到 20～50 时泥岩涂抹保持连续，通常泥岩层厚度为几毫米到 10cm，断距为几分米到 3～4cm（Speksnijder，1987；Knipe，1992；Sassi 等，1992；Lindsay 等，1993；Gibson，1998；Hesthammer 和 Fossen，1998；Fisher 和 Knipe，2001；Dewhurst 等，2002；Sperrevik 等，2002）。对于规模较大的断层（断距大于 15m），泥岩涂抹保持连续性的临界值较小，一般为 4～8（Gibson，1994；Yielding 等，1997；Younes 和 Aydin，2001；Yielding，2002；Doughty，2003；Kim 等，2003；Faerseth，2006），但也有 SSF 值为 6～20 的断层保持连续的泥岩涂抹（Lewis 等，2002；Doughty，2003；Kim 等，2003；Eichhubl 等，2005）。Takahashi（2003）高温高压物理模拟表明，有效正应力为 30MPa，当 SSF 大于 4.9 时，粉砂岩形成的涂抹失去连续性；有效应力提高到 40MPa，涂抹保持连续性的临界 SSF 值为 6.6。因此，泥岩随着埋深增加，围压增大，泥岩塑性增强，泥岩涂抹越发育，且容易保持连续性。

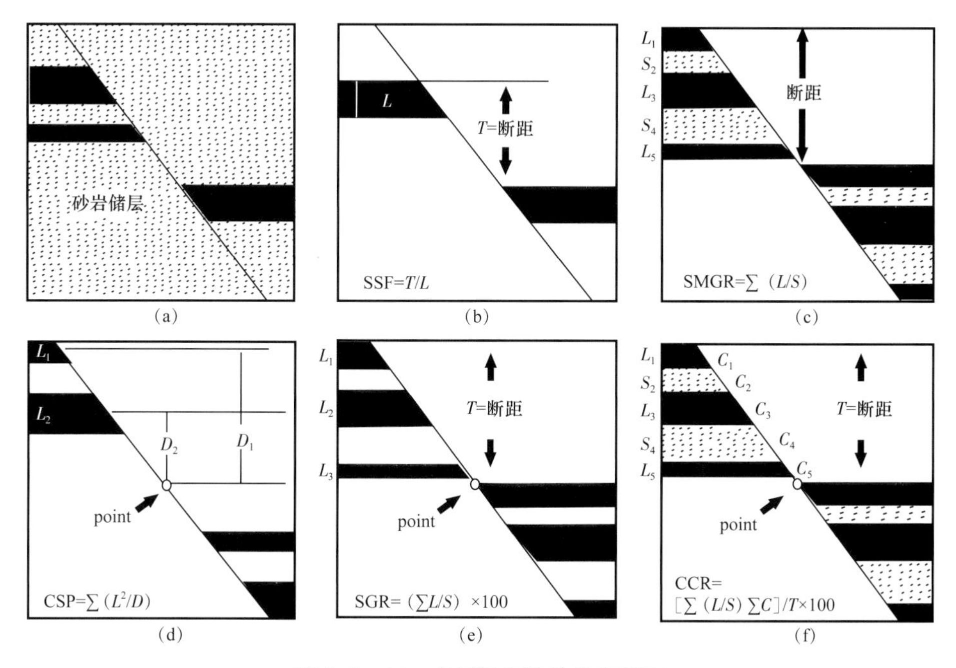

图 3-9　SSF 表征泥岩涂抹发育程度

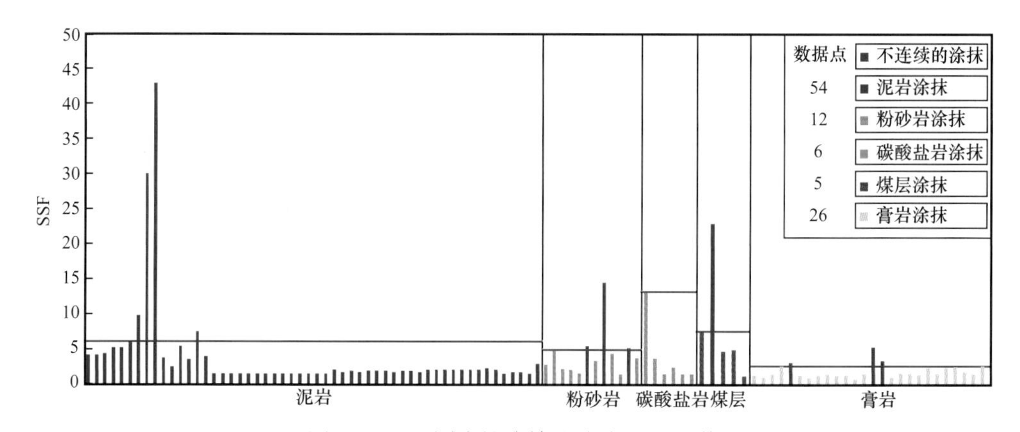

图 3-10　不同岩性涂抹连续临界 SSF 值

(a)

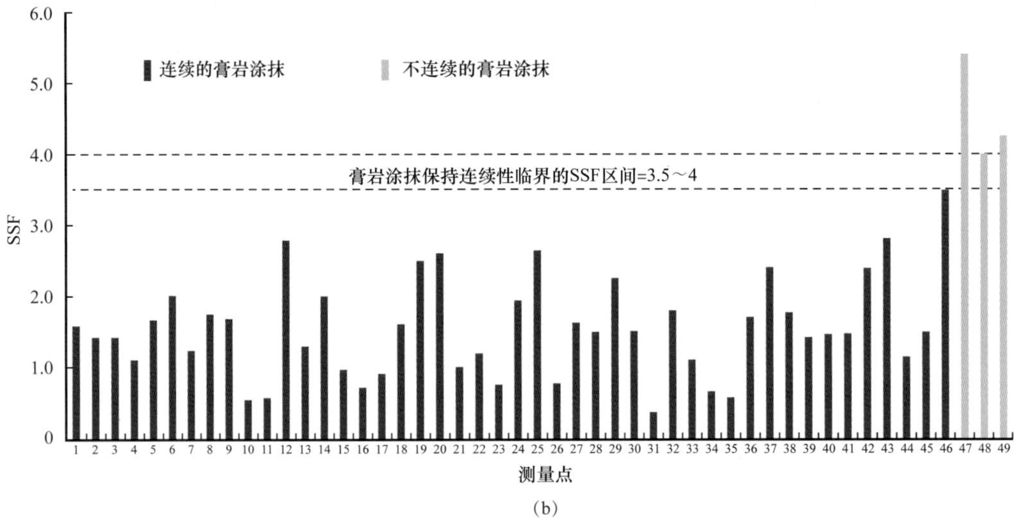

(b)

图 3-11 库车前陆东秋背斜脆—塑性域膏岩盖层连续临界 SSF 值

三、断层在塑性盖层内的变形机制及垂向封闭性评价

处于塑性阶段的盐岩具有流动特征，一种情况是盐岩伴随断裂逆冲滑动，盐沿着断面流动，并在逆冲带前锋挤出，形成“鼻涕”构造，另一种情况是对于地下深处的断层一般无法断穿塑性的膏盐岩盖层，从而形成盲冲断层（图 3-12），此时断层垂向是封闭的。但是在差异压实作用下，塑性的盐岩向构造高部位（低应力区）流动和局部集中，使得上覆地层发生隆起，形成盐构造；同时在相对薄的（几米到十几米）或厚度变化剧烈的（从几米到上百米）盐岩区，盐岩的蠕动作用会形成一些塑性断层，这些断层断穿盐岩层，形成盐岩缺失区即“盐窗”（图 3-13）（salt window）（马中振等，2013）。盐窗的形成为在盐岩区域性盖层之下的油气向盐上及盐间运移调整提供了通道。从南美东缘巴西坎波斯盆地剖面图中可以看出，盐上油气藏的分布与盐窗的发育位置具有极好的相关性（马中振等，2013）。

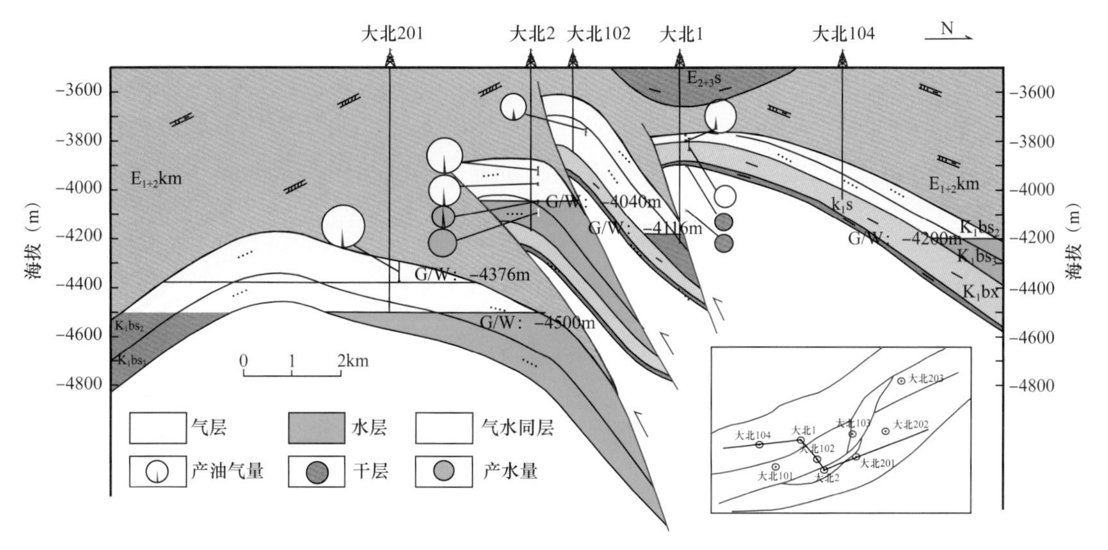

图 3-12　大北地区油气藏剖面图

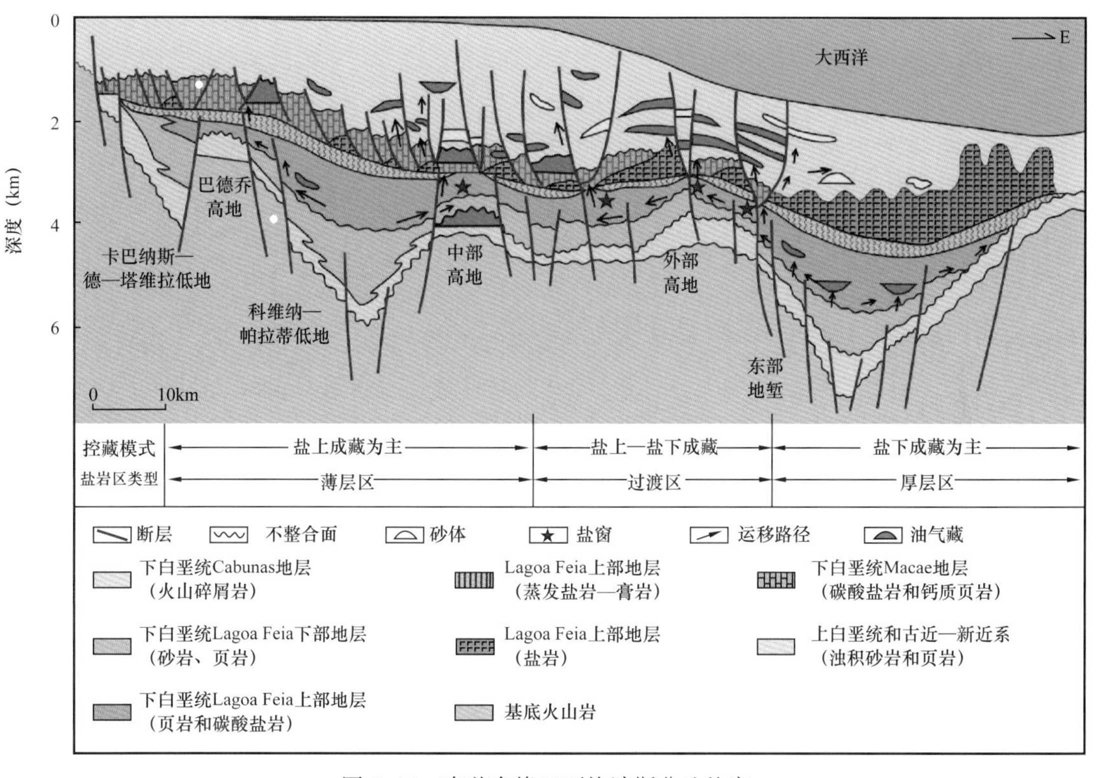

图 3-13　南美东缘巴西坎波斯盆地盐窗

第二节　断裂带内部结构与断层侧向封闭性评价

断层不是一个独立的面，而是有一定宽度的、包含不同特征断层岩的“带”，均具有典型的二分结构，即断层核和破碎带（Caine，1996）。断层核主要包括主滑动面和其周围发育的断层岩，断层岩类型主要包括断层角砾岩、碎裂岩、断层泥、涂抹和胶结的断层岩以及不同尺度的透镜体（郄莹等，2014）。破碎带靠近断层核，是由多组不同类型的裂缝、变形带和次级断层组成的具有一定宽度的带。不同结构的断裂带对储层内流体的控制作用具有明显差异，因此，正确认识断裂带内部结构是研究断层侧向封闭能力的基础。

一、断层在砂岩中变形机制及断裂带内部结构

断层变形机制及断裂带内部结构是对断层封闭性和流体沿断层运移规律研究的基础（付晓飞等，2012）。影响断裂变形机制的因素既有内因，也有外因。其中内因包括岩性、矿物成分、成岩阶段、孔隙度和渗透率，外因包含温度、围压和变形深度等。根据岩石孔隙度大小可以将其分为3类：孔隙度大于15%的岩石，为高孔隙度岩石，通常表现为多种类型的砂岩（Fisher等，2003）；孔隙度小于15%的岩石为低孔隙度岩石，多为超固结成岩阶段的砾岩、砂岩和黏土岩（Fisher等，2003）；孔隙度低于5%时，为非孔隙性岩石，如碳酸盐岩、火山岩、变质岩、埋藏抬升后的硫酸盐岩和卤化物岩都属于非孔隙性岩石。

1. 断层在高孔隙度砂岩中变形机制及断裂带内部结构

高孔隙度砂岩在未固结—半固结成岩阶段，断裂变形机制为颗粒边界摩擦滑动引起颗粒旋转和滚动，即为颗粒流，形成解聚带（图3-14）。断层核通常包含颗粒重排的解聚带、“砂泥”混合带和滑动面，破碎带发育多方位的解聚带，按其力学特征可分为膨胀带和压缩带，膨胀带的形成与高孔隙流体压力有关，表现为体积增大的特征，孔隙度和渗透率明显增大（付晓飞等，2012）。压缩带的孔隙度和渗透率相比母岩明显降低。解聚带对砂岩储层的渗透率影响较小（Fossen等，2007），有些解聚带可以成为流体垂向运移的通道（Sample等，2006）。

霍玛吐构造带是准南冲断带中的典型富油气构造带，霍尔果斯背斜古近系紫泥泉子组为主要储层，孔隙度在1%～25%之间，平均渗透率为9.46mD，为中孔中渗—中孔高渗、孔隙连通性好的细砂岩、粉砂岩储层（白振华等，2013）。由于颗粒流作用，颗粒发生旋转和滚动，一些颗粒具有明显定向排列，准噶尔盆地南缘霍尔果斯背斜更新统—全新统砾岩断裂下盘砾岩中发育大量与断裂同向和反向的断裂解聚带（图3-15），同向解聚带的厚度是反向解聚带厚度的5倍（图3-16）。

在固结成岩阶段，高孔隙度砂岩主要发生碎裂作用，破碎的岩石碎屑在剪切作用下发生摩擦滑动和旋转，导致颗粒尺寸和孔隙度相对于母岩减小，即为碎裂流，形成碎裂变形带（Aydin和Johnson，1978，Underhill等，1987，1983；Knott，1993；Beach等，1997，1999；Wibberley等，2000；Fisher和Knipe，2001；Du Bernard et al.，2002；付晓飞等，2013，2014）（图3-14—图3-16）。当埋深超过3km，地温超过90℃时，碎裂带发生明显

的石英压溶胶结（Walderhaug，1996），形成压溶变形带。碎裂带在断裂破碎带、断裂端部的过渡带、调节带、背斜顶部、交叉断层组成的三角带及平行断层间的区域内易成簇状发育（Aydin 和 Johnson，1983；Antonellini 和 Aydin，1995；Mair 等，2000；Fossen 等，2005）。

图 3-14　断裂在砂岩中的变形机理

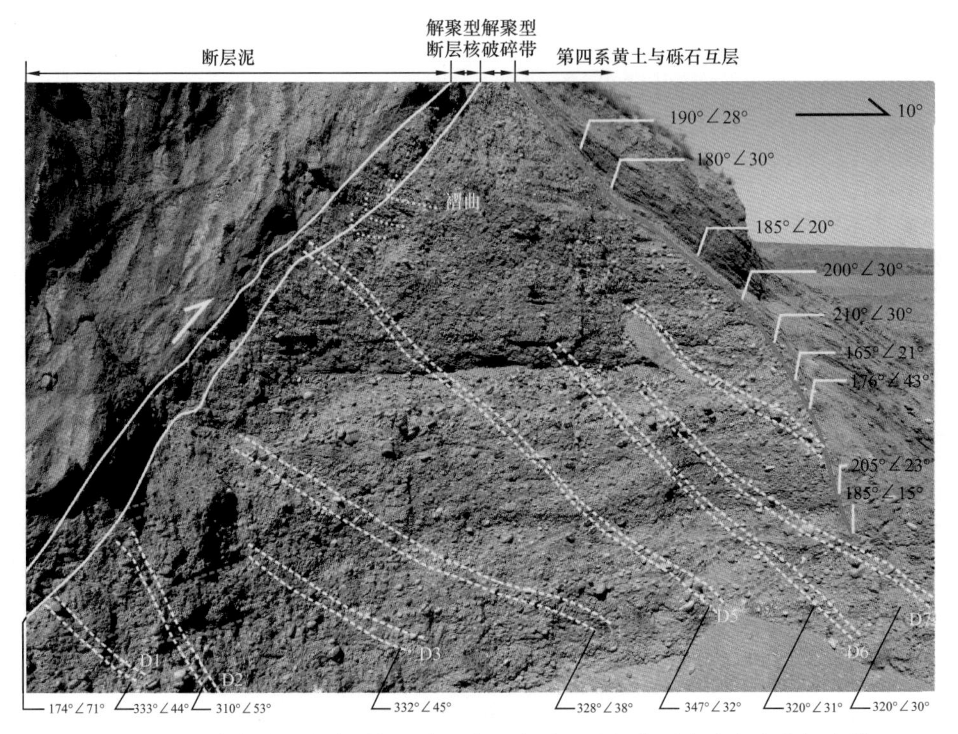

图 3-15　准噶尔盆地南缘霍尔果斯背斜更新统—全新统砾岩中发育的解聚带

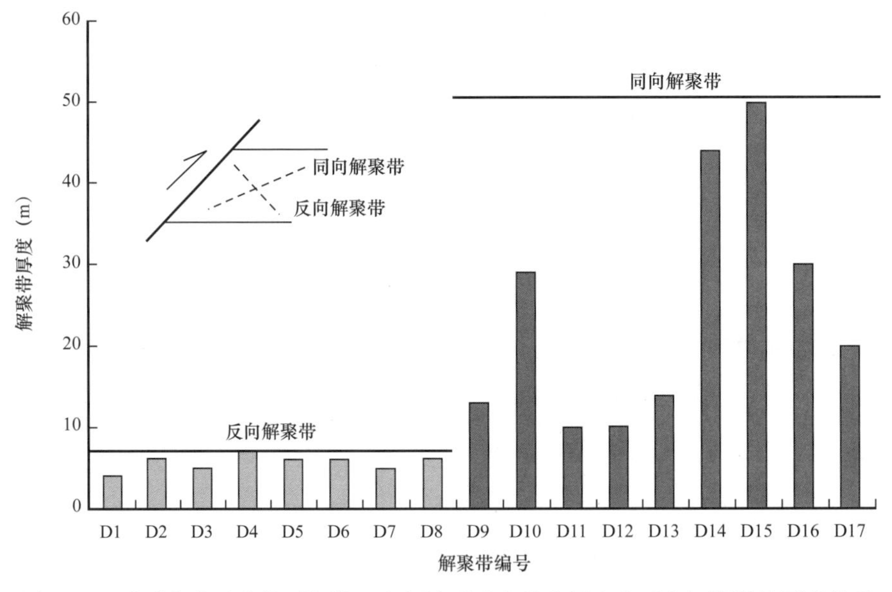

图 3-16　准噶尔盆地南缘更新统—全新统砾岩中发育同向和反向解聚带的厚度关系

固结成岩的纯净砂岩中的断裂源于碎裂带的形成和发展（据 Aydin 和 Johnson，1978；Fossen 等，2005，2007），开始形成单个碎裂带，其强度高于围岩。应变硬化作用会引起局部的应变（Pittman，1981），在原来变形带旁边产生新的变形带，形成簇状变形带，由于流体参与或断层泥作用发生应变软化，进一步变形会形成滑动面并发育成断层。Antonellini 和 Aydin（1994）通过对美国犹他州实际断层岩孔隙度和渗透率的测试

（图 3-17），认为垂直于断裂带方向的变形带，渗透率同母岩相比，降低 1～3 个数量级，碎裂带的密度越大，渗透率降低的幅度越大，对流体流动的阻碍越强。而平行于断裂带方向的变形带，渗透率同母岩相比几乎没有变化，只有在断层核两侧滑动面的位置，渗透率明显增大，有利于流体的流动（图 3-17）。因此，在高孔隙岩石的断裂带中，滑动面作为流体运移的通道。且随着距断层核的距离的增大，变形带发育的密度逐渐减低（Aydin 和 Johnson，1983；Mair 等，2000；Hesthammer 和 Fossen，2001；Fossen，2010），而变形带的密度和渗透率降低的程度对流体流动有着重要的影响。这种影响与单条变形带的渗透率和“簇状”变形带宽度密切相关。通过大量研究证明，变形带发育的宽度与断层的断距具有明显的正相关性。一般情况下，单条碎裂带的渗透率降低 1～2 个数量级，排列较紧密的“簇状”变形带渗透率最大可降低五个数量级（Fisher 等，1998）（图 3-18）。通过对单相流体在发育变形带的高孔隙岩石中流体进行数值模拟（图 3-19），发现当变形带的渗透率较母岩相比降低三个数量级时，变形带的发育就对流体流动存在明显的影响（图 3-20）（Fossen 和 Bale，2007）。部分变形带的发育会导致渗透率的增加，但是一般情况下，大部分变形带的渗透率同母岩比有明显的降低，随着母岩渗透率的增加，变形带渗透率降低的越低，对流体流动的影响越大，当 K（母岩渗透率）/K_{DB}（变形带渗透率）=10^6 时，流体流动效率几乎接近零值。变形带的密度越大，对流体流动的阻碍作用越大（图 3-20）（Fossen 和 Bale，2007）。

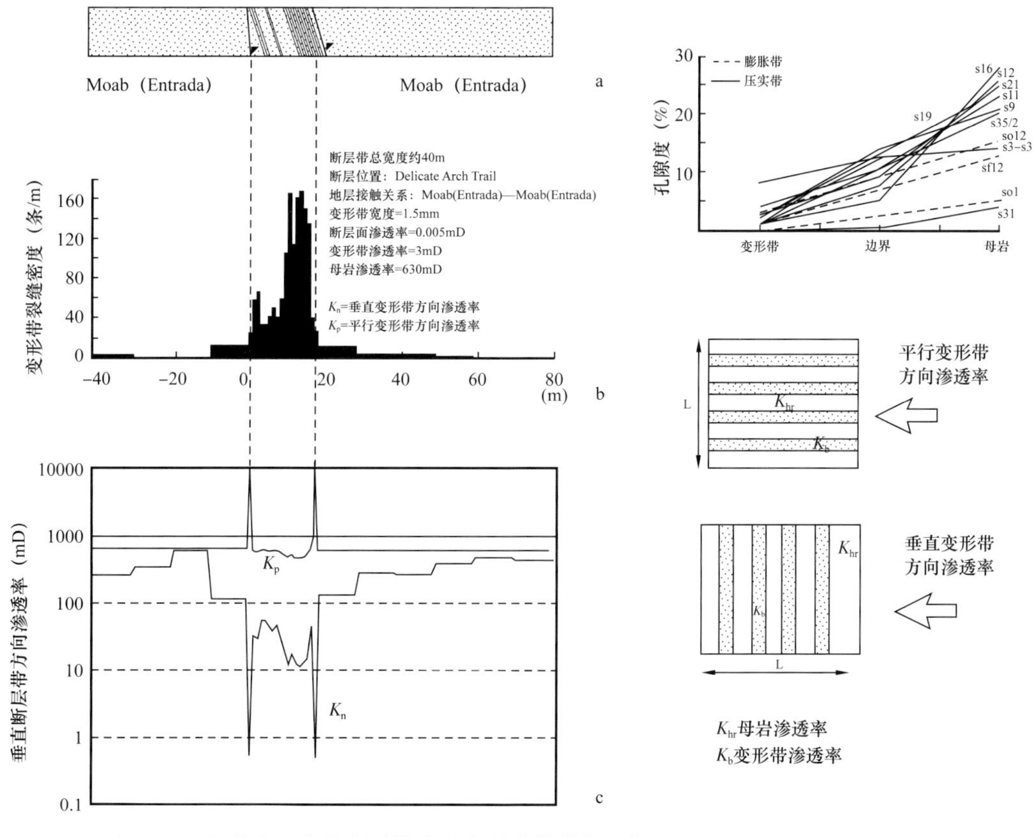

图 3-17 高孔隙砂岩中断裂带渗透率的变化特征（据 Antonellini 和 Aydin，1994）

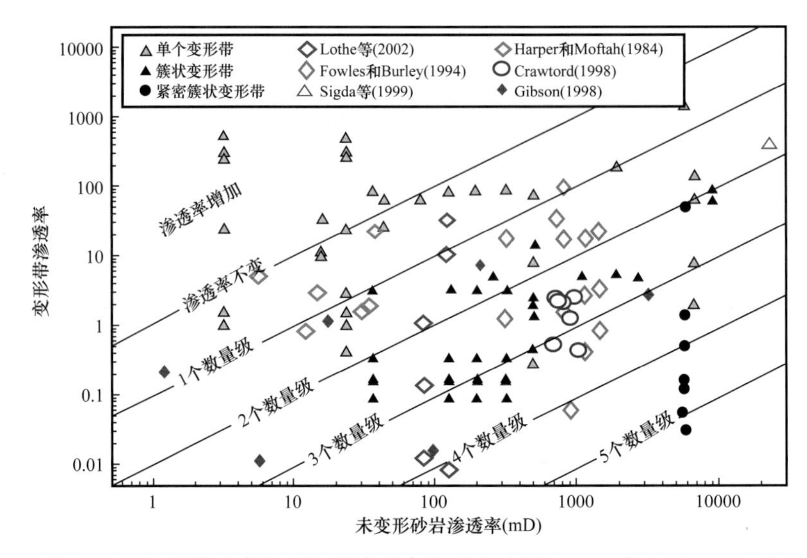

图 3-18　母岩渗透率与变形带渗透率的对比（据 Fossen 和 Bale，2007）

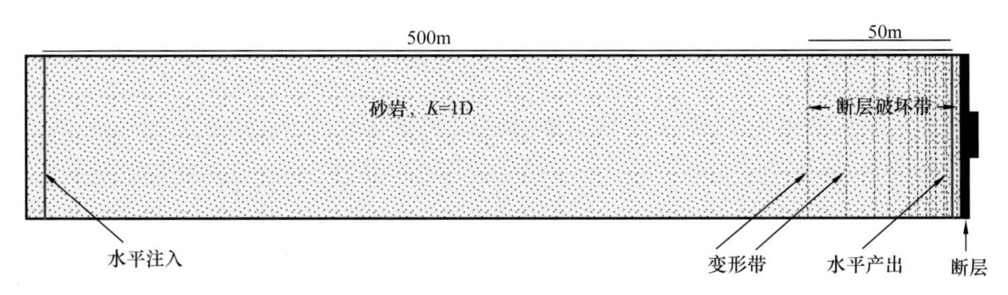

图 3-19　数值模拟变形带对流体流动的影响（据 Fossen 和 Bale，2007）

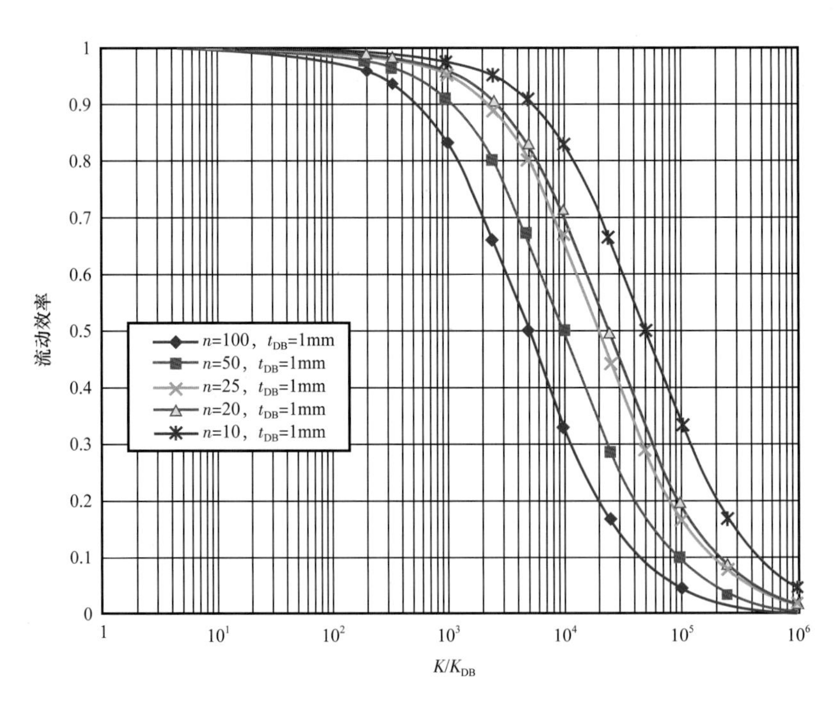

图 3-20　母岩与变形带渗透率比值与流体流动效率的关系（据 Fossen 和 Bale，2007）

n—变形带系数；t_{DB}—变形带宽度

固结成岩的砂岩在埋藏成岩后抬升的过程中，由于卸载作用和冷却作用，主要发生脆性变形（图 3-14），产生区域裂缝。如果发生断裂变形，其变形机制为破裂作用（付晓飞等，2014），形成无内聚力的断层角砾岩（Fossen，2010），破碎带发育大量的裂缝，部分为区域裂缝，部分为断裂活动衍生应力场造成的诱导裂缝，这种断层为油气垂向运移的通道。对于一条晚期形成的断层而言，不同深度变形机制及微构造类型不同导致油气选择性充注。碎裂带和压溶胶结碎裂带渗透率比母岩低 1～6 个数量级阻止油气向高孔隙度砂岩中充注。而解聚带和母岩渗透率相当，不会对油气充注产生影响，反而解聚带会成为油气运移的通道。

2. 断层在低孔隙度砂岩中变形机制及断裂带内部结构

低—非孔隙性岩石的断裂变形机制有别于高孔隙度岩石，断裂变形机制为破裂作用、碎裂作用和碎裂流作用，在这三种变形机制的作用下分别形成粗角砾岩、角砾岩和碎裂岩以及超碎裂岩（图 3-21）。在岩石埋藏小于 3～4km 时（Sibson 等，1977；Fossen，2010；付晓飞等，2014，2015），断裂变形开始主要产生破裂作用（图 3-21）（Blenkinsop，2000），产生大量的粒间裂缝和粒内裂缝（Fossen，2010），形成无内聚力的断层角砾岩，一般来说，这种断裂带具有“膨胀”特征，随着裂缝形成和张开，渗透率明显增大（Sibson 等，1977；Fossen，2010）。随着裂缝越来越发育，当埋深超过 3～4km 后，沿着裂缝发生摩擦滑动并伴随破碎的颗粒滚动，即为碎裂作用，产生碎裂流，变形结果形成断层泥、有内聚力的断层角砾岩和碎裂岩（Fossen，2010）。由于应力松弛和压力释放使得岩石固结成岩后，在抬升阶段发生断裂变形（Fossen 和 Bale，2007；Fossen，2010），产生大量张性裂缝，从而使断裂变形形成无内聚力的断层角砾岩和断层泥，为高渗透断裂带，有利于油气的优先充注。

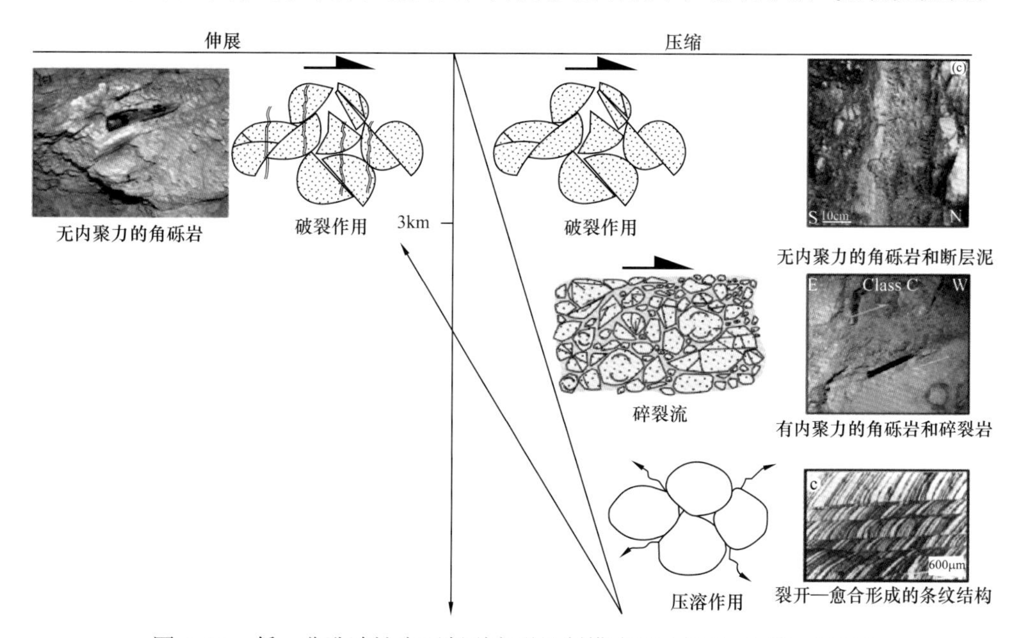

图 3-21　低—非孔隙性岩石断裂变形机制模式图（据 Cook 等，2006）

低—非孔隙性岩石的断裂带变形机制决定着断层核中断层岩的类型及破碎带的微构造类型，由于断裂带内部结构的不同，导致断裂带物性具有一定的差异。在低孔隙性砂岩中形成的断裂同样具有典型的“二元”结构，即断层核和破碎带。

断层核主要发育无内聚力角砾岩、有内聚力角砾岩和碎裂岩、断层泥、构造透镜体和滑动面。破碎带发育大量裂缝，且沿着远离断层核方向，裂缝密度逐渐降低。有内聚力角砾岩和碎裂岩孔隙度和渗透率比母岩略低，无内聚力断层角砾岩孔隙度比母岩高2%～5%，渗透率高1～4个数量级。强烈破碎带孔隙度比母岩高5%～6%，渗透率高4～6个数量级。一般破碎带孔隙度比母岩高2%～6%，渗透率高1～6个数量级。因此在致密砂岩储层中形成的断裂为高渗透性断裂，为流体垂向运移通道。

库车坳陷主要目的层为白垩系巴什基奇克组砂岩，主要埋深为5500～8500m（张荣虎等，2014），岩性主要为长石岩屑砂岩（刘建清等，2005），砂岩中泥质含量介于15%～40%，为不纯净的砂岩。孔隙度集中分布于6%～10.0%，平均为7.39%，渗透率集中分布在0.1～10mD，平均为1.75mD（冯洁等，2015），为典型的低孔隙性砂岩（刘建清等，2005）。储层普遍具有异常高的孔隙流体压力，变形深度超过4000m。储层整体处于中成岩阶段A2—3亚期（图3-22）。

构造名称	储层	岩性(Vsh)	矿物成分	成岩阶段	储层物性		温度(℃)	围压（MPa）		断裂现今埋深(m)
					孔隙度(%)	渗透率(mD)		储层压力(泊松比0.3)	压力系数	
大北1	白垩系巴什基奇克组	砂岩	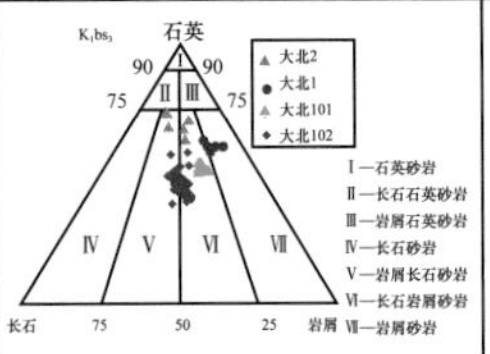	中成岩A2亚期	0.9～8.4 4.02	0.01～0.297 0.061	119.6～129.5	26.2～26.8	1.53～1.65	5550～5596
克拉2	白垩系巴什基奇克组	砂岩	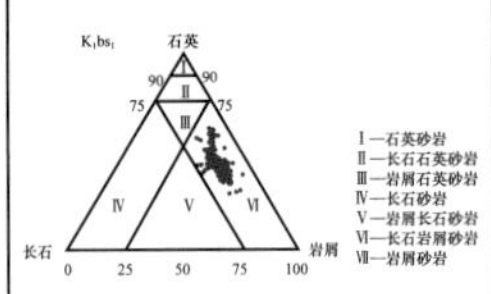	中成岩A亚期	2.9～17.5 17.5	0.04～1770.15 49.42	122.7～131.4	22.04～22.49	1.95～2.19	6492～6990
克深2	白垩系巴什基奇克组二、三段	砂岩	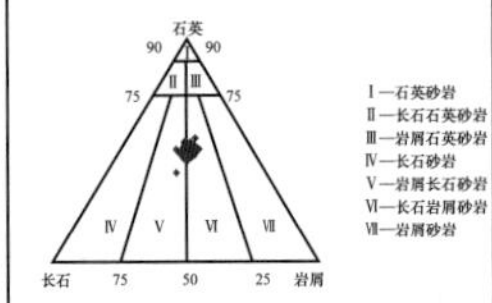	中成岩A2亚期	3.5～9.0 5.55	0.1～1 0.294	169	33.9	1.73	6571～6780
克拉3	古近系库姆格列木群	砂岩	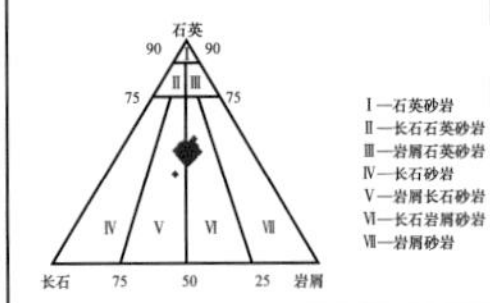	中成岩A3亚期	2.53～11.41 5.55	0.036～23.3 5.94	113.3	21.42	—	3550～3876
迪那2	苏维依组第一、二、三砂层组，库姆格列木群第一、二砂层组	砂岩	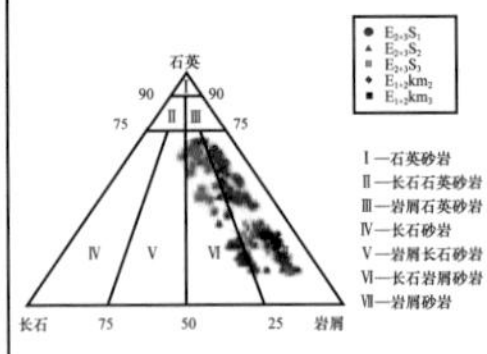	中成岩A亚期	苏维依组 第一岩性段：9.4～11.0； 第二岩性段：8.2～9.2； 第三岩性段：8.5～11.5； 库姆格列木群 第二岩性段：6.0～8.2	苏维依组 第一岩性段：0.2～1.2； 第二岩性段：0.25～0.75； 第三岩性段：0.5～1.5； 库姆格列木群 第二岩性段：0.2～0.5	苏维依组气藏：134.27； 库姆格列木群气藏：139.05	苏维依组气藏：31.87； 库姆格列木群气藏：32.11	>2.0	311.1～328.6

图3-22　库车坳陷大北—克拉苏构造带储层发育特征

按照这种变形规律，断裂在白垩系巴什基奇克组和库姆格列木群砂岩储层中变形应该形成有内聚力断层角砾岩和碎裂岩，但有两个因素可能导致无内聚力角砾岩形成：一是异常高孔隙流体压力作用，当存在较高流体压力时，造成最小有效应力大大降低，变形以破裂为主，不发生碎裂流作用，形成无内聚力断层角砾岩。Cook 等（2006）在 Cave 山背斜低孔石英碎屑岩中逆冲断层（图 3-23），变形深度超过 5km，但由于超压流体参与，形成膨胀型断层角砾岩带。二是抬升过程中应力卸载和围压降低，易于形成无内聚力断层角砾岩带，在库车河剖面阳霞组砂泥互层地层中出露的小规模断层中，形成于盆地抬升阶段，主要发育无内聚力的断层角砾岩（图 3-24），柯坪地区同样出露发育无内聚力角砾岩断裂（图 3-25）。

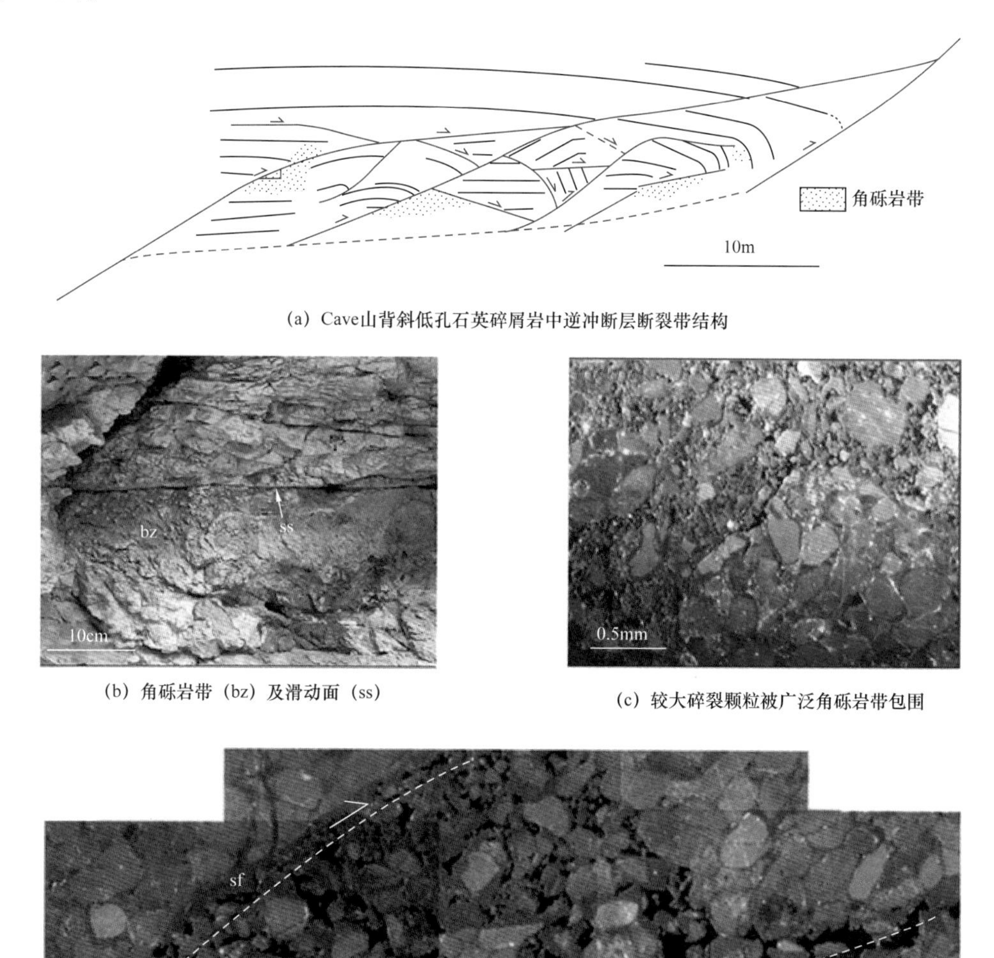

(a) Cave山背斜低孔石英碎屑岩中逆冲断层断裂带结构

(b) 角砾岩带（bz）及滑动面（ss）

(c) 较大碎裂颗粒被广泛角砾岩带包围

(d)

图 3-23　阿巴拉契亚山脉中段前陆冲断带中发育在低孔隙石英砂岩中的逆冲断层断裂带结构（据 Cook 等，2006）

图 3-24　库车坳陷库车河剖面阳霞组出露逆冲断层

图 3-25　塔里木盆地柯坪地区萤石矿剖面出露志留系砂岩中的断裂

二、断层侧向封闭类型与侧向封闭性评价方法

断裂具有典型的二分结构，断层核的渗透性因其内部充填物的不同而表现出较大差异，这是围岩与断层存在差异渗透性的根本原因（孟令东，2012）。前陆盆地内发育大量各种类型的断层，断层对油气的运移和聚集具有重要作用，大型断层通常可以成为油气田的边界，控制着油气的聚集，小型断层则可能对油气起到局部分隔的作用，因此断层的侧向封闭性对相关圈闭的聚油能力具有明显的控制作用（Bouvier 等，1989；Harding 和 Tuminas，1989；Knipe，1992，1993）。

1. 断层侧向封闭类型

大量研究表明，断层可以成为油气藏的边界，但并非所有断层或断层的所有位置都能够作为油藏的有效边界，因此在断层封闭性研究过程中需要清晰分辨出有效封闭的断层与断层有效的封闭位置。断层是否能够形成有效的封闭，宏观上与储层厚度、盖层厚度及断距的相对大小关系密切（Allan，1989；Knipe 等，1997），同时断层活动后期的流体改造作用同样不容忽视（Walderhaug，1996；Fisher 等，1998；Lander 等，1999；David 等，2002；孟令东，2012），故依据以上内容和对国内外学者对断层封闭类型认识的研究成果，将封闭类型划分为三大类：Ⅰ岩性对接封闭、Ⅱ断层岩封闭、Ⅲ胶结封闭（图 3–26）。

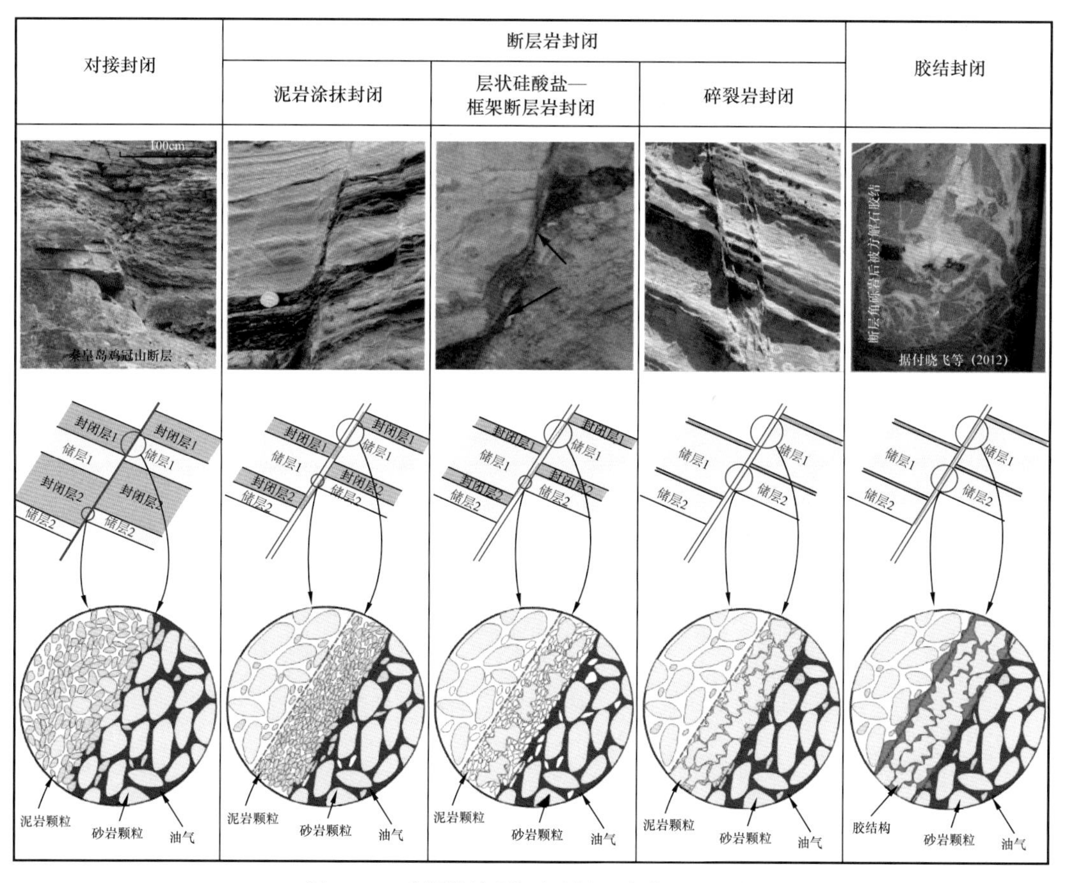

图 3–26　断层封闭类型（据孟令东，2012）

1）岩性对接封闭

对接封闭最早由 Smith 于 1966 年提出，并于 1989 年由美国学者 Allan 首次将该模型应用于对油气运移模式的研究（Smith，1966；Allan，1989；Knipe 等，1997）。这种封闭与过断层不同岩性对接有关，当储层自顶部向下与盖层形成对接时，断层对油气起侧向封闭作用，当储层与储层形成对接时，断层为侧向连通，可成为油气的侧向输导通道（图 3-26）。其封闭能力主要受到储层对盘盖层的厚度、断层断距及储层与封闭层之间的毛细管压力差控制。理论上，盖层厚度越大就越容易形成对接封闭，同时在盖层未被错断的情况下，断距越大则断圈幅度越大，越有利于烃类的聚集，断层封闭能力与储盖层毛细管压力差成正相关。

2）断层岩封闭

在断层岩封闭类型中，不同断层岩的类型与各类型的物性特征对断层的封闭能力影响较大，国际上多位学者认为断层岩的类型与物性特征极大程度上取决于母岩的泥质含量（Yielding 等，1997；Fisher 等，1998；Fisher 和 Knipe，2001；Bretan 等，2003），故由此对断层岩封闭类型进行了细致划分：（1）泥岩涂抹封闭；（2）层状硅酸盐—框架断层岩封闭；（3）碎裂岩封闭。

泥岩涂抹封闭主要形成于被错断地层的泥质或层状硅酸盐含量大于 40% 的断层带中（Fisher 和 Knipe，2001），呈连续的、沿断层面的层状涂抹，其具有与封闭层相似的封闭能力，极大程度上降低了断层带的孔隙度和渗透率。1993 年 Lindsay 等在对野外泥岩涂抹研究统计的基础上，依据其成因机制的差异将其划分为三个亚类：研磨型、剪切型与注入型（图 3-27）。研磨型泥岩涂抹主要由于摩擦作用使泥岩相对均匀地涂抹于断层面上，从而形成类似镜面般光滑的涂抹层（图 3-27a），依赖于断层的后期活动与断面的粗糙程度；剪切型泥岩涂抹在剪切带中呈单一、连续、厚度减薄的泥岩层，相对未错断泥岩层发生了明显的拉伸和旋转（图 3-27b）；注入型泥岩涂抹与泥岩的塑性特征有关，断层位移使一侧形成压性环境，导致断盘体积减小，而另一侧形成了张性环境，导致断盘相对膨胀，由于上覆岩层压力的驱使，泥岩便会沿着断层面从压性区向张性区流动，从而在靠近张性区的断层面附近产生注入型泥岩涂抹（图 3-27c），该类型的涂抹厚度是不可预测的。

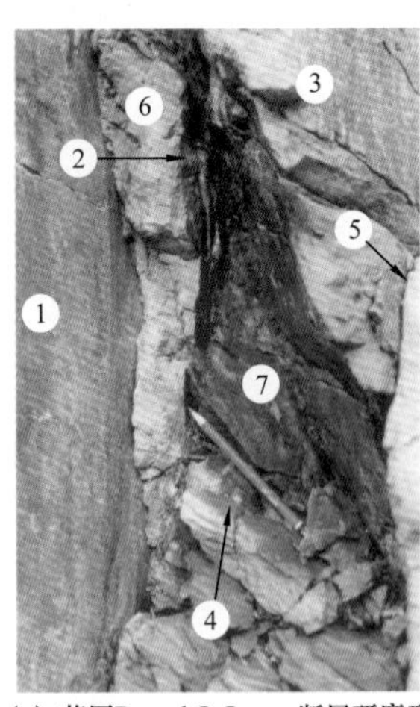

(a) 英国Round O Quarry断层研磨型泥岩涂抹（Lindsay等，1993）

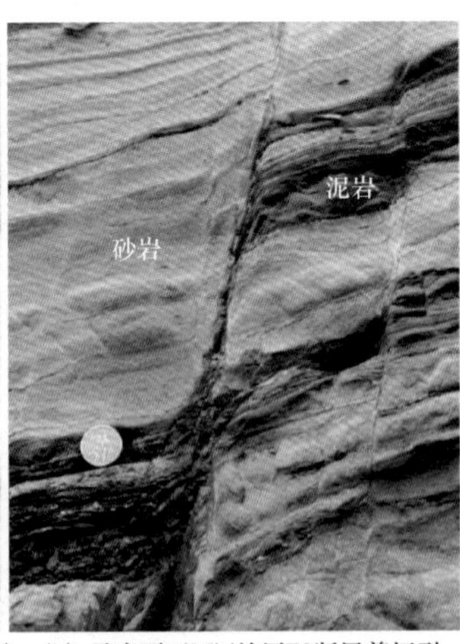

(b) 马来西亚Miri地区F8断层剪切型泥岩涂抹（van der Zee等，2005）

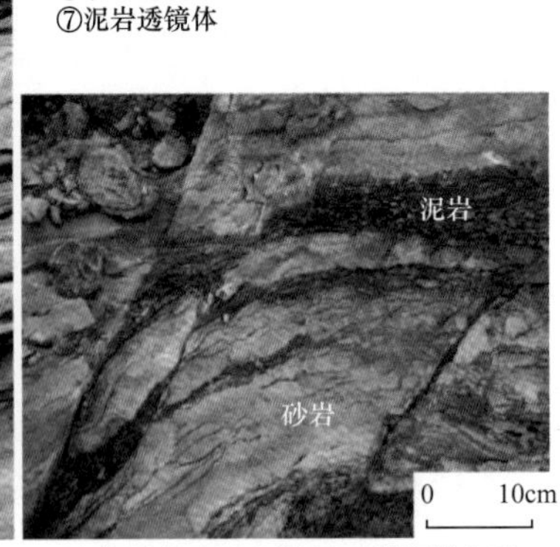

(c) 马来西亚Miri地区F10断层注入型泥岩涂抹（van der Zee等，2005）

图 3-27　泥岩涂抹类型

层状硅酸盐—框架断层岩是不纯净或富泥质砂岩层中断层变形的产物，其泥岩或层状硅酸盐含量介于15%～40%，这种岩石由于剪切合并、泥岩或层状硅酸盐涂抹和混合、断裂作用晚期或断裂作用后压溶作用增强、破碎作用、新的层状硅酸盐沉淀形成封闭，断层带具有相对母岩较低的孔隙度和渗透率。

碎裂岩形成于断移地层泥岩或层状硅酸盐含量小于15%的条件下，属于纯净砂岩层断层变形的产物。这种断层岩的演化主要受裂缝控制。根据成岩阶段可以将碎屑岩分成三类（Knipe等，1992，1993）：（1）弱成岩的碎屑岩，没有明显的断裂作用后的压实和胶结，主要形成解聚带，孔渗特征与母岩相似，基本不具备封闭能力；（2）部分成岩的碎屑岩，以有一定的压实和沉淀作用为特征，会产生部分颗粒破碎、粒径减小的现象，孔隙度有所降低；（3）成岩的碎屑岩在断层变形中常会产生大量的颗粒破碎，增大了石英压溶的几率，进而降低了断裂带的渗透率，提升断层的封闭能力。

3）胶结封闭

断裂在变形过程中形成张性裂缝，可以充当流体通道（Burley等，1989；Knipe，1992；Sibson，1996），因此很容易在断裂处沉积成矿。若在成藏期前这些张性裂缝被低渗透性矿物胶结充填，如铁质矿物、硅质矿物、钙质矿物或沥青（图3-28），那么断层的孔渗特性就会大大降低，即可形成胶结封闭。

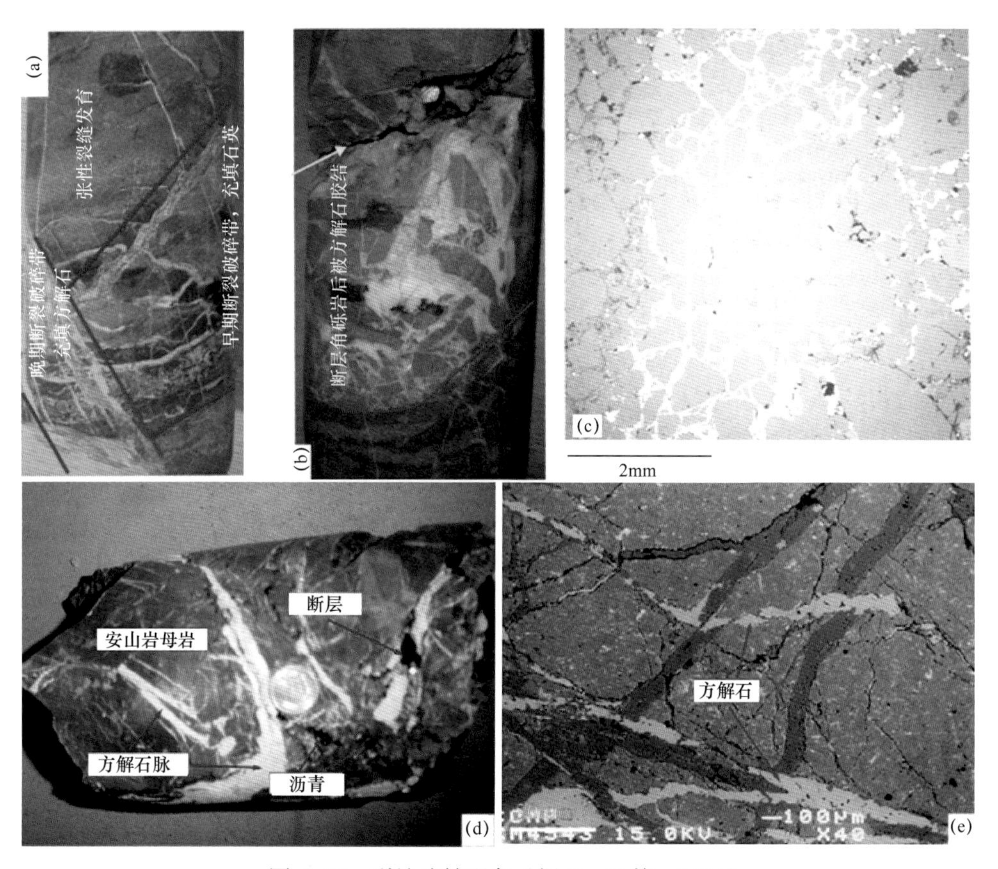

图3-28　裂缝胶结现象（据David等，2002）

a—贝38-1井，2521.20～2529.20m，岩心内断裂带；b—贝38-1井，2521.20～2529.20m，岩心内断裂带

2. 断层侧向封闭性评价方法

所谓断层侧向封闭性是指断层在侧向上对断层两盘对置层中沿断层面法线方向穿过断层面运移油气的封闭作用（吕延防等，1996）。断层的侧向封闭能力受断裂带内部结构、盖层厚度、断层断距等因素影响，不同储盖组合评价断层侧向封闭能力的方法也不同，但总体通过两种方法定量表征断层侧向封闭能力，即岩性对接幅度和断面 SGR 法。

1）岩性对接封闭定量评价

在低孔隙度岩石中发生的断裂变形，断层核主要形成无内聚力角砾岩、断层泥、有内聚力的断层角砾岩和碎裂岩，破碎带发育大量裂缝。由于应力松弛和压力释放使得岩石固结成岩后在抬升阶段发生断裂变形（Fossen 和 Bale，2007；Fossen 等，2010），产生大量张性裂缝，从而使断裂变形形成无内聚力的断层角砾岩和断层泥，为高渗透断裂带，不具备侧向封闭能力。因此，只有当断距足够大，能够错断储层，使储层与对盘盖层形成有效对接，才能对油气起到侧向封闭的作用（图 3–29a），而在储层与储层对接的位置，会形成渗漏点，即油（气）水界面的位置。可以依据地震解释数据中断层断距的变化及断层两侧岩性关系，将上下盘同时投影到断层面上，就形成了 Allan 图（图 3–29b）。通过绘制 Allan 图，可以清楚地知道断层两侧的岩性并置关系。通常，可以通过对接幅度来标定岩性对接所能封闭的烃柱高度，即平行断层面盖层厚度与断层位移的差值。

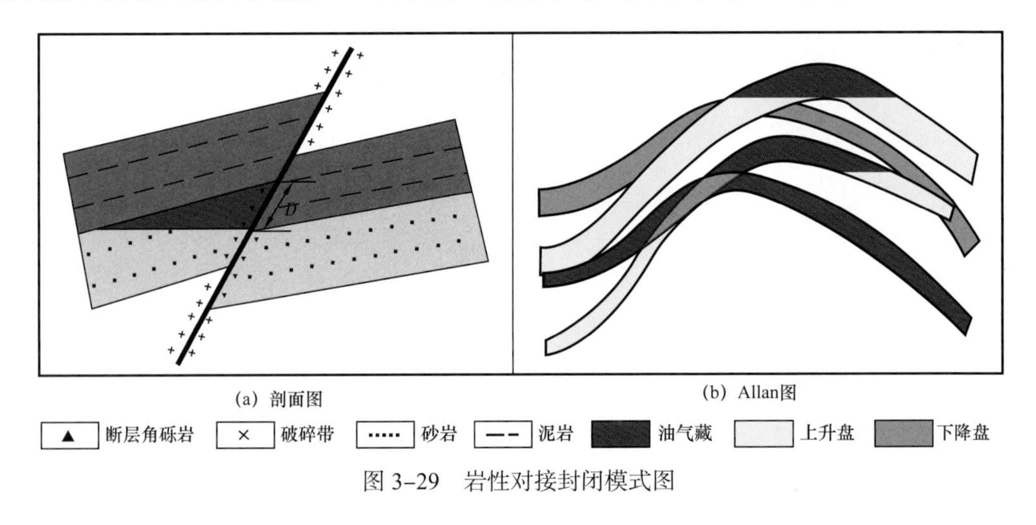

图 3–29　岩性对接封闭模式图

2）断层岩封闭定量评价

断裂在砂泥互层的地层中变形，受地质因素影响，断裂带内可能发育碎裂岩、层状硅酸盐—框架断层岩和泥岩涂抹，封闭能力主要受到断裂带内泥质含量控制，可以利用断裂带侧向封闭属性值来模拟断裂带内细粒物质的含量。常用的参数有 CSP、SSF、SGR 等。综合考虑了各种地质因素，且野外实测与实验计算表明断裂带 SGR 值与断裂带内细粒物质含量具有很好的相关性，即 SGR 值越大，断裂带内细粒物质越多，断层侧向封闭能力越强。

应用 SGR 方法对一个具体地区断层的封堵性进行评价，首先必须用被钻井资料证实了封堵能力的控藏断层对 SGR 值进行标定（Welbon 等，1997；Gibson，1998；Childs 等，2007；Bretan 等，2003），推导断层的封堵强度，从而估算烃柱的高度。在理想情形下，

SGR 值必须用断层圈闭的烃类与断层带中水之间的压力差进行标定（图 3-30）（Fristad 等，1997；Fisher 和 Knipe，2001）。然而，由于很难收集到断层带中精确的水的压力资料，压力差（AFPD）是通过测量相同储层中烃相和水相之间的压力差或者测量过断层的压力差得到（Fristad 等，1997）。AFPD 是在断层面上测量同一深度的上升盘一侧（A）的烃类压力和下降盘一侧（A′）的水压力的差（图 3-31）。通过建立 SGR 与 AFPD 关系，得到 SGR 与断面各点所能支撑的烃柱高度 H 的对应关系：

$$H=\frac{10^{\left(\frac{\mathrm{SGR}}{\mathrm{d}}-\mathrm{c}\right)}}{\left(\rho_{\mathrm{w}}-\rho_{\mathrm{o}}\right)g} \tag{3-1}$$

式中 H——断层面某点支撑的烃柱高度，m；

SGR——断层面某点断层泥比率，0～100 之间的数；

c、d——常量；

ρ_{w}——气藏中水的密度，g/cm^3；

ρ_{o}——气藏中油气的密度，g/cm^3；

g——重力加速度，m/s^2。

据此，可以根据断层 SGR 值分布，找出最小 SGR 值分布位置，并计算出该点所能支撑的烃柱高度。根据木桶原理，最小 SGR 值能封闭的烃柱高度即为该断层圈闭能支撑的最大烃柱高度。

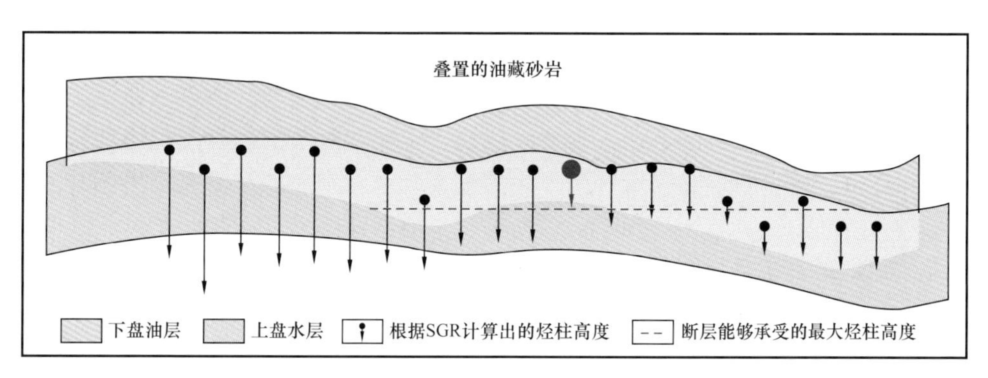

图 3-30 断层能够承受的最大烃柱计算模型图

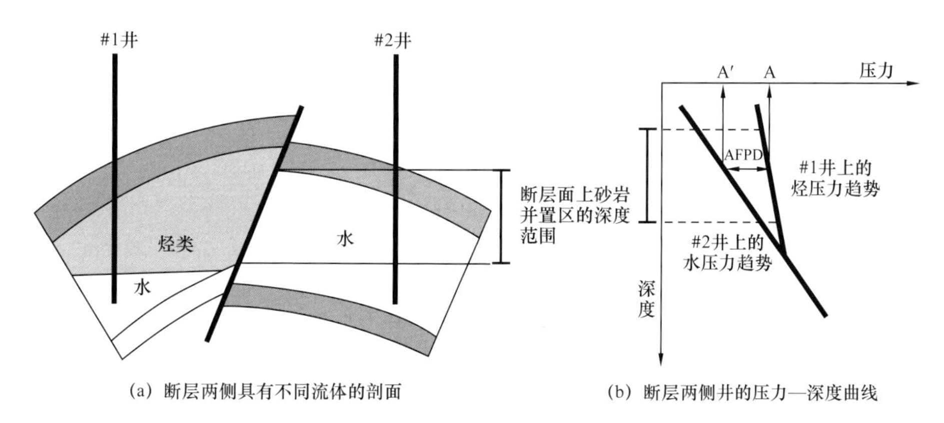

图 3-31 过断层压差（AFPD）示意图

第四章　断—盖组合类型及断—盖组合有效性评价

中西部前陆盆地冲断带较发育，其中，与断裂相关的构造圈闭成排、成带分布，且空间上叠置在烃源岩生烃中心之上，大量逆断裂沟通油源和储层，上覆盖层基本保持完好，具备形成大型油气田的条件。断裂在油气成藏过程中是一把双刃剑，它是油气运聚成藏和破坏散失的通道，正是由于冲断带发育大量油源断裂，故冲断带油气成藏最重要的地质要素应为断层和盖层。中西部前陆冲断带发育膏盐岩和泥岩两大类盖层，构造应力挤压作用下不同岩性、不同埋深的盖层具有不同的岩石力学特征，由此形成了两类六种断裂与盖层组合。断—盖组合类型时空演化控制着中西部前陆盆地富含油气构造带大型油气田的形成，以及不同构造区带、不同构造段油气藏的分布差异。

第一节　前陆冲断带断—盖组合类型

从中西部前陆盆地油气成藏过程可以看出，除了烃源岩的作用外，断裂和盖层是控制圈闭有效成藏的关键因素，一方面断层活动沟通油源，成为油气运移的通道，另一方面盖层垂向封闭性控制区域盖层下油气聚集。以往，主要针对断层和盖层封闭性开展单因素地质研究和评价，而将断层和盖层这两个关键要素联合起来考虑和研究几乎还处于空白阶段。断层和盖层的组合关系，简称断—盖组合，是控制圈闭油气成藏的关键，既要考虑垂向关系，即断层是否断开和错开盖层，也要考虑侧向关系，即断层两侧的储盖对接关系以及断层岩类型及分布。盖层的岩性、力学性质、厚度、断层的规模与样式是决定断—盖组合关系的关键要素。

一、两类六种断—盖组合特征

中西部前陆冲断带发育膏盐岩和泥岩两大类盖层，构造应力挤压作用下不同岩性、不同埋深的盖层具有不同的岩石力学特征，由此提出了两类六种断—盖组合类型（图 4-1）：第一类为断—盐组合，是指断裂和膏盐岩为主盖层的组合类型，分为断穿型、隔断型、未穿型；第二类为断—泥组合，是指断裂与泥岩为主盖层的组合类型，分为上下贯穿型、下穿型和上穿型。

断穿型断—盐组合：当膏盐岩盖层埋藏小于 3000m，主要处于脆性变形域时，快速强挤压作用下，逆冲断裂可断穿盖层，盖层垂向不封闭，油气向上散失或运移，此时只有完整背斜圈闭方能成藏，主要分布在库车前陆冲断带北部单斜带或克拉区带，如克拉 5、克拉 1 失利构造。

断—盐组合		断—泥组合	
盐岩变形阶段	断—盖组合类型	泥岩变形阶段	断—盖组合类型
脆性阶段	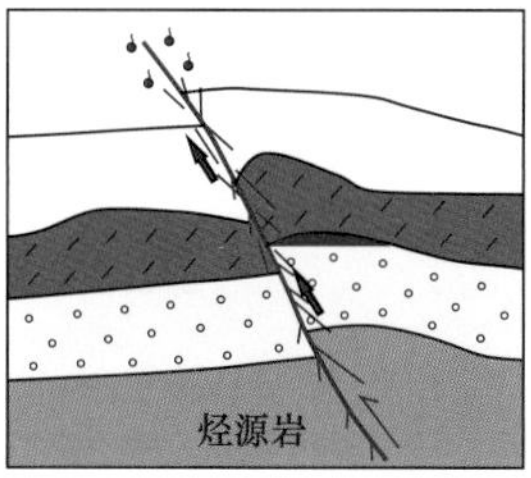 烃源岩 断穿型	脆性阶段	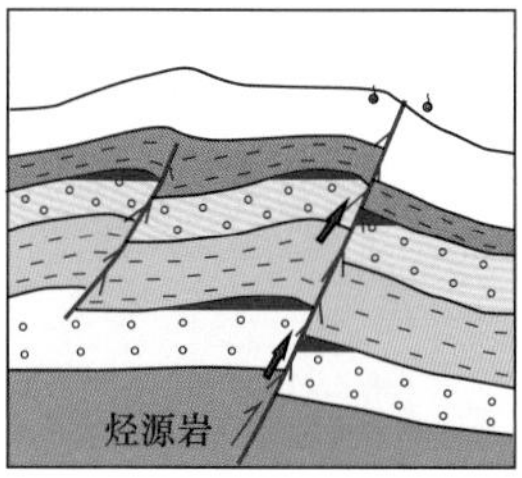 烃源岩 上下贯穿型
脆—塑性过渡阶段	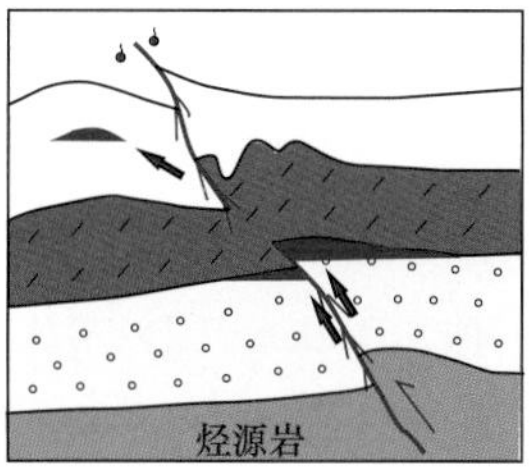 烃源岩 隔断型		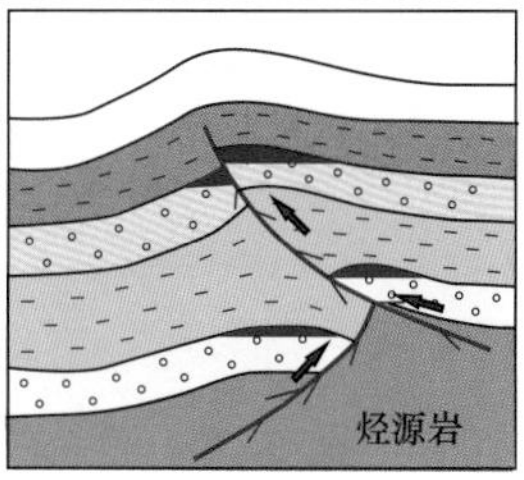 烃源岩 下穿型
塑性阶段	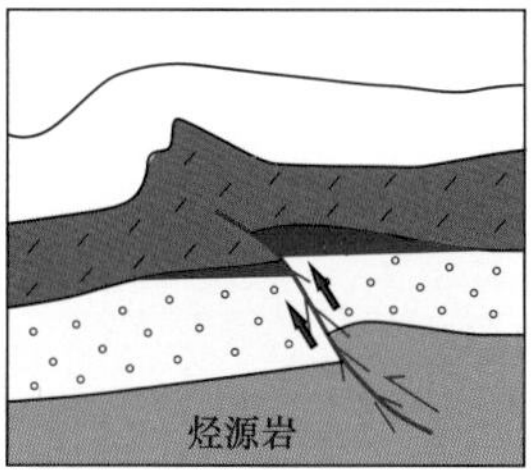 烃源岩 未穿型	脆—塑性过渡阶段	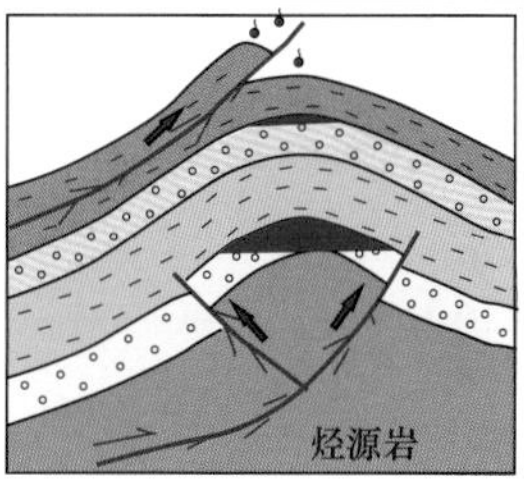 烃源岩 上穿型

图 4–1　中西部前陆冲断带断—盖组合类型

隔断型断—盐组合：当膏盐岩盖层埋藏深度超过 3000m 时，盐岩层塑性增强，使盖层段原有断裂消失，断裂被分为盐下和盐上两段，形成隔断型断—盖组合，这样盐上层圈闭可聚集早期的油气成藏，盐下层圈闭早期聚集的油气多数被破坏，捕获了晚期油气而成藏。隔断封闭有效时期取决于膏盐岩盖层的埋深，盐下断层圈闭充注规模受断层两侧岩性对接关系与断面 SGR 侧向封闭能力控制，如大宛齐油田、大北气田、克拉 2 气田。

未穿型断—盐组合：后期发育的逆断裂顶部在塑性膏盐岩层段内消失，断裂无法穿过盖层，形成未穿型断盖组合，盖层下圈闭聚集晚期油气而成藏，如克深 2 气藏。这类断—盖组合最有利于油气、特别是晚期天然气的聚集，即使是断块圈闭也能成藏，圈闭成藏规模取决于断层两侧岩性对接关系与断面 SGR 侧向封闭能力控制。

上下贯穿型断—泥组合：断裂自烃源岩向上穿切多个储盖组合，甚至断至地表，自上而下，泥岩盖层多处于脆性或脆—塑性变形域，构造作用下断裂活动输导油气向上运移，上部断裂断距较小、泥岩盖层没有完全错断，具有一定的封闭能力；下部断裂带往往发育泥岩涂抹或泥岩对接封闭，垂向上形成多个成藏系统，下部成藏条件优于上部，如柴达木狮子沟—油砂山含油构造带。

下穿型断—泥组合：断裂向下切穿烃源岩、储盖组合，向上没有断穿主要区域盖层，如唯噶尔西北缘乌—夏富油构造带。这类断—泥组合油气成藏最有利。在区域盖层之下形成大规模模的多层系油气聚集。

上穿型断—泥组合；滑脱断裂向下滑脱于泥岩层内部，向上断穿泥岩盖层至地表，如准噶尔南缘霍玛吐构造带浅部，这类组合较难成藏，地表发育大量油气苗。但该组合有利于中下组合油气成藏与保存。

二、断—盐组合特征及其封闭性时空演化

根据膏盐岩岩石加温加压三轴应力应变物理模拟实验，可将膏盐岩盖层、特别是盐岩盖层演化分为 3 个变形域：脆性域、脆—塑性域、塑性域。

脆性域和脆—塑性域盐岩通常形成贯通性断裂，断裂带填充物通常为软的断层泥，不具有封闭能力，如拜城盐场盐内断裂，以断穿型断—盐组合为主、脆—塑性域后期盐岩虽有一定的塑性，但在强挤压作用下，封闭能力不强。3000m 以深塑性域膏盐岩呈塑性，盖层不易破裂，或已破裂的盖层流动弥合，盖层段内断裂垂向和侧向封闭性良好，为未穿型或隔断型断—盐组合，极利于油气成藏。克拉苏构造带西段大北地区沿吐孜玛扎断裂发育了一系列盐岩刺穿或隐刺穿等盐构造，主要为吐孜玛扎盐墙以及零星出露的盐丘。盐刺穿的层位自东向西逐渐变新，从东侧刺穿吉迪克组逐渐变为刺穿库车组，形成吐孜玛扎盐墙，其走向近东西向，长度为 50～60km，宽几十至几百米，膏盐层和周围地层之间呈复杂的锯齿状侵入接触关系（图 4–2）。

图 4–2a 为吐孜玛扎盐墙地质展布图，出露地表的主要为苏维依组棕褐色含膏泥岩，绿线为地面出露部位，红圆点为图 4–2b 拜城盐矿位置（地质图中没有反映，位置由 GPS 定位确定）。图 4–2b 为吐孜玛扎盐墙地表出露，苏维依组棕褐色含膏泥岩呈带状断续出露地表。

依据古地磁资料确定，该区生长地层的年代下限为上新统库车组沉积时期（5Ma），最新的生长地层为现代沉积。大北地区地层厚度对比确定盐上地层现今厚度超过 3700m，完全具备塑性流动的条件，塑性膏盐岩被挤压、上侵、焊接，形成断层焊接，同时膏盐岩层间的断裂被弥合，该断裂被隔断为上下两段，此时断层不再对油气起散失或输导作用。

由此可见，库车含盐前陆冲断带断—盐组合类型受断裂演化与盖层脆塑性转换的制约，膏盐岩盖层埋藏由浅至深，塑性增强，3000m 以深为塑性，断裂演化由北至南有序形成；二者组合，由浅至深、由北至南，断—盐组合类型的演化与分布呈现由断穿型到隔断型、未穿型（图 4–3）。由于断—盐组合类型的演化，不同区带、不同时期断—盐组合存在时空分布差异性（图 4–4）。北部克拉区带盐岩盖层埋深较浅，往往形成断穿型、隔断型断—盐组合，如克拉 5、克拉 1 等失利断块，盐下圈闭成藏有效性与盐盖层的厚度关系不大；而南部克深区带盐岩盖层埋深大，形成隔断型或未穿型断—盐组合，天然气成藏十分有利。

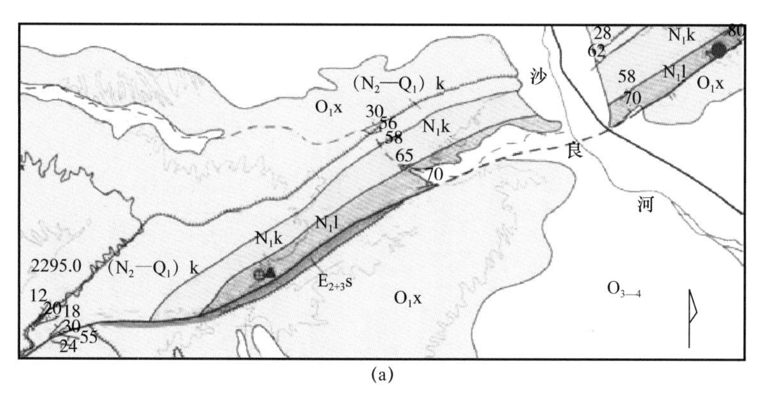

(a)

(b)

图 4-2 吐孜玛扎盐墙地表出露特征

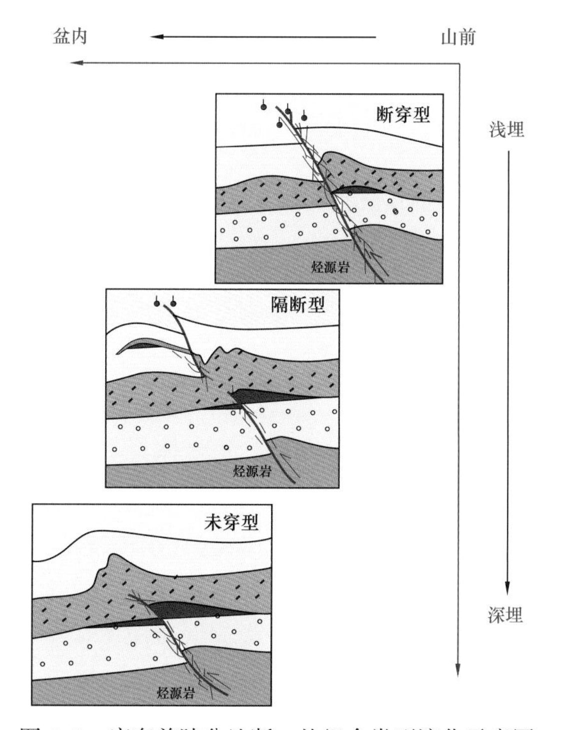

图 4-3 库车前陆盆地断—盐组合类型演化示意图

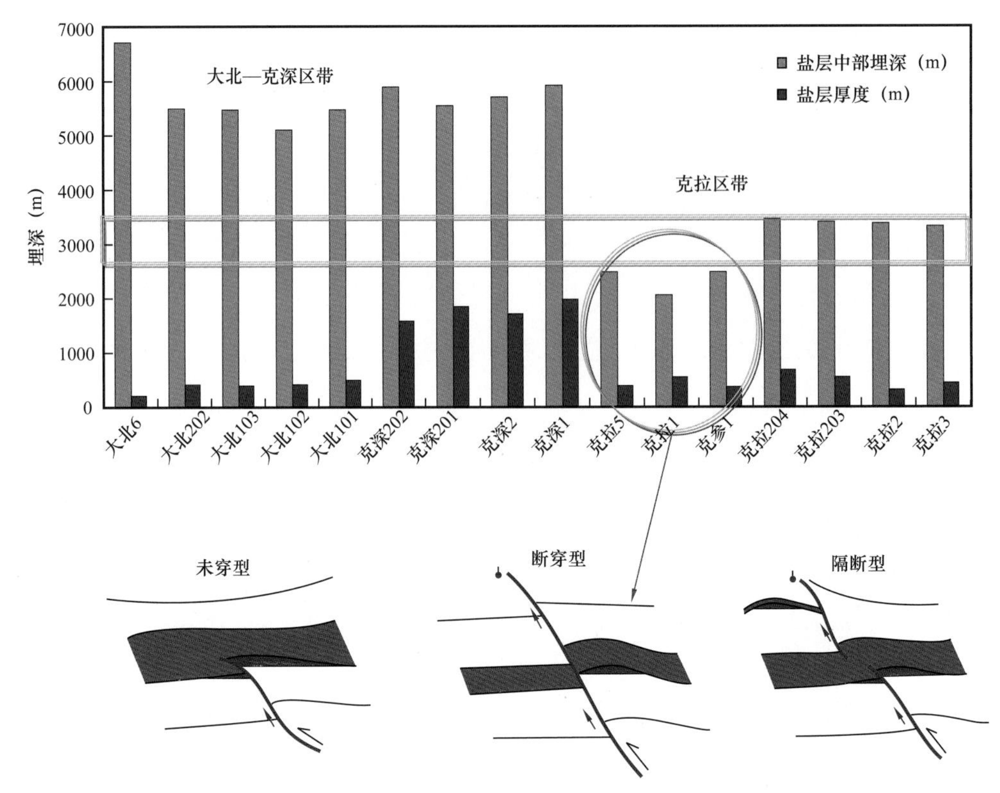

图 4-4　克拉苏构造带不同区带断—盖组合类型及控藏

冲断带始终处于烃源岩的生烃中心，油气源不是决定盐下圈闭成藏的关键，断裂和盖层是冲断带油气成藏两个最重要的控藏因素，前人着重研究了断裂对油气的垂向输导作用和盖层对油气的垂向保存作用，而地质历史时期断裂和盖层是不断演化和相互影响的。本次研究表明，断裂—裂缝沟通源储和改善储层是油气运聚的前提，盖层塑性流动和侧向涂抹是油气藏保存的核心，断—盖组合类型及其演化控制着油气运聚成藏和保存。

三、断层—厚层泥岩组合特征及其封闭性演化

断裂在泥岩盖层段变形机制及断裂带结构直接决定油气聚集和散失。岩石物理模拟实验表明，随着埋藏深度增加泥岩塑性增强，其岩石力学性质从脆性向脆—塑性（脆—塑性过渡带）转变，因此，将泥岩盖层演化划分为 2 个变形域，即脆性域和脆—塑性域。

当泥岩所受应力大于其抗压强度时，脆性域和脆—塑性域泥岩往往均形成贯通性断裂。其中，穿盖层断裂带内填充物以断层角砾、透镜体为主时，如东秋背斜北翼断裂带内透镜体和断层角砾（图 4-5）。该类断裂在活动期则成为油气垂向运移的通道，主要为脆性域的上穿型断—泥组合，不具有封闭能力，仅背斜型圈闭才能成藏。

当穿盖层断裂带内泥岩涂抹连续发育时，如东秋背斜南翼断裂带具典型的泥岩涂抹结构。在泥岩盖层没有被断裂完全错开或断裂带内泥岩涂抹连续性未被破坏之前，此断—泥组合具有一定的封闭能力，如下穿型和上下贯穿型断—泥组合，主要形成于泥岩脆性域深部和脆—塑性域，其垂向封闭能力大小是断层断距和盖层厚度的函数，因此可利用泥岩涂

抹系数 SSF，为断层断距（D）与泥岩盖层厚度（T）之比，来定量表征断裂带内泥岩涂抹连续性及断—泥组合垂向封闭能力。

图 4-5 库车前陆盆地东秋背斜北翼发育的脆性断层

详细调查东秋背斜南翼泥岩涂抹发育和不发育断裂情况，统计得出泥岩涂抹连续的临界 SSF 值为 3.5。只要涂抹保持连续性，断层垂向就是封闭的。Welch 等（2011）通过数值模拟和野外地质调查研究认为逆断层发育的泥岩涂抹受控于断距、泥岩层厚度及断层几何学尺寸和传播速率等多种因素，连续泥岩涂抹临界的最大值为 4.0。

断裂带内泥岩涂抹保持连续性是断—泥组合垂向封闭的首要条件。准噶尔西北缘和南缘前陆冲断带泥岩盖层内断裂保持连续涂抹的临界值约为 3.5（图 4-6）。

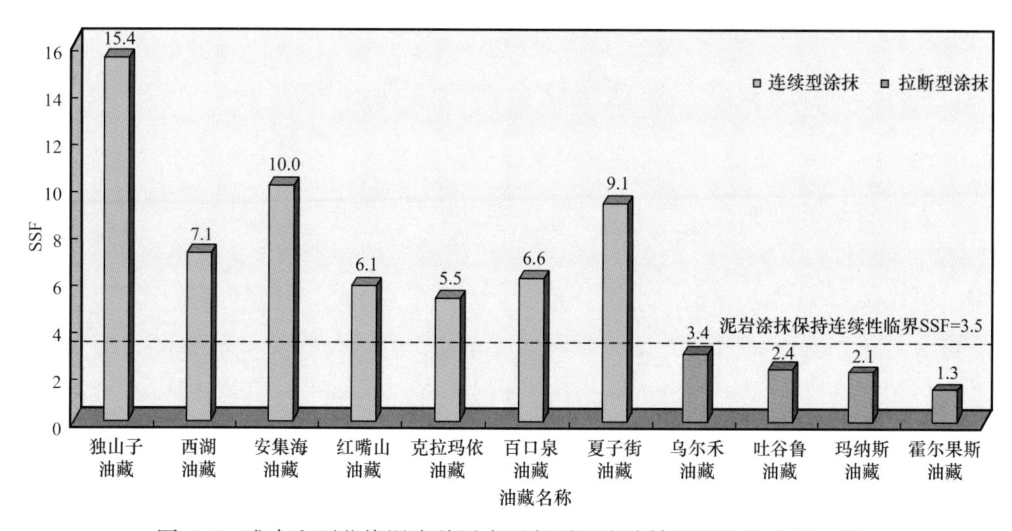

图 4-6 准南和西北缘泥岩盖层内逆断裂泥岩涂抹连续性临界 SSF 值

第二节　断—盖组合有效性评价方法

在不同地质条件下膏盐岩和泥岩所处的脆塑性阶段不同，断裂在不同脆塑性盖层内的扩展模式也不同，形成不同类型的断—盖组合，因而采用的断—盖组合有效性评价方法也不同。断层—厚层盖层组合与断层—砂泥岩薄互层盖层组合的垂向有效性评价方法和影响因素差别较大，下面分别进行说明。

一、断层—厚层盖层组合有效性评价方法

断裂在不同脆塑性盖层内的扩展模式不同：脆性阶段的盖层内部最初形成的是孤立的裂缝（I_1），随着位移的增加裂缝数量增加且逐渐扩展、连结最终贯穿整个盖层（I_2）；脆塑性阶段盖层的能干性小于邻层，形成的断层一般终止于盖层内部（II_1），随着位移的增加一般形成上下两套断层系统（II_2），断裂在盖层内形成剪切型的涂抹结构（II_3），随着位移的继续增加涂抹将会失去连续性从而导致垂向渗漏（II_4）；而处于塑性阶段的盖层内断裂的扩展模式为断层终止于塑性盖层内（III_1 型）（图 4–7）。对于脆性阶段，断—盖组合有效性即垂向封闭性取决于临界断接厚度，当断接厚度低于临界断接厚度时，断层垂向是封闭的，即断盖组合是有效的；当断接厚度大于临界断接厚度时，断层垂向是开启的，即断层组合是无效的，造成油气向上泄漏。对于脆塑性过渡阶段，断盖组合有效性取决于泥岩涂抹的连续性，即存在一个临界的 SSF 值，当 SSF 值大于该临界值，泥岩涂抹连续性变差，断层垂向不封闭，断盖组合是无效的，造成油气向上泄漏。对于塑性阶段，盖层以塑性流动为特征，断层一般在盖层段内消失或焊接，断—盖组合是有效的。因此对于断裂发育地区的断—盖组合有效性评价，首先要判断膏盐岩或泥岩盖层所处的脆塑性阶段，再根据盖层所处的脆塑性阶段采用相应的评价方法对断—盖组合的有效性进行评价。对于远离断层或断层不发育的构造圈闭，要利用泥岩盖层完整性评价方法对完整构造圈闭泥岩盖层的有效性进行评价。

二、断层—砂泥岩薄互层盖层组合有效性评价方法

砂泥互层层序中，垂向渗漏机制受控于封盖层的结构，当在大量亚地震断层作用下形成砂—砂对接渗漏通道时，垂向封闭失效（Ingram 等，1997），即垂向封闭性取决于砂岩层与亚地震断层数量。基于三维地震断层数据可以清楚地识别地下大规模断裂，通过岩心和井资料可以对毫米—米级断层进行识别（Walsh 等，2002）。但是对于中尺度的断裂作用，位移大约在几分米到 30m 之间，常称为亚地震断层（Subseismic fault）（图 4–8），通常既不能从地震数据上识别，也不能从井资料上识别（Lohr 等，2008；Ferrill 等，2000）。然而，这种断裂是控制油气沿盖层渗漏的主要因素之一（Laubach 等，2010）。

为了模拟断层—砂泥岩薄互层盖层组合的顶封渗漏，需要建立一个模型，即等厚的泥岩层被非常薄且侧向连续的渗透层如粉砂岩或砂岩层分隔，断层在盖层中是随机分布的但

断层演化阶段	盖层内形成孤立的裂缝	断距增大裂缝连通形成断层	断层未断穿盖层	上下两套断层系形成	断裂在盖层内形成剪切型泥岩涂抹	泥岩涂抹因断距增大失去连续性	断层未断穿盖层
断层—盖层组合模式	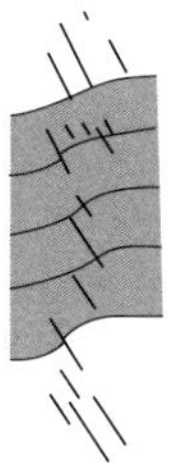	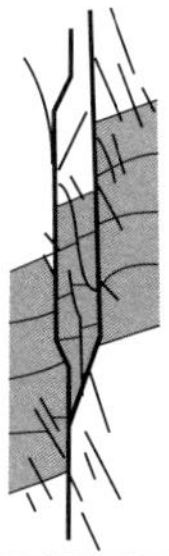	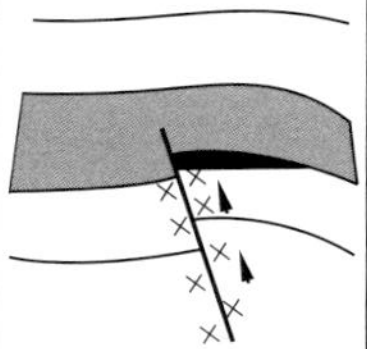	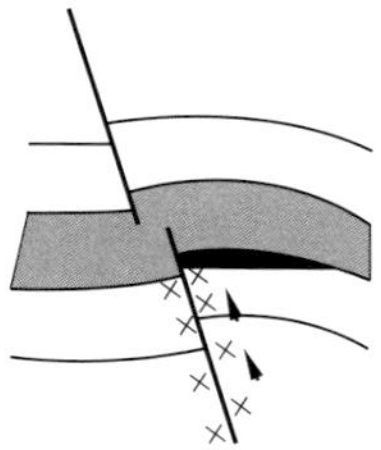	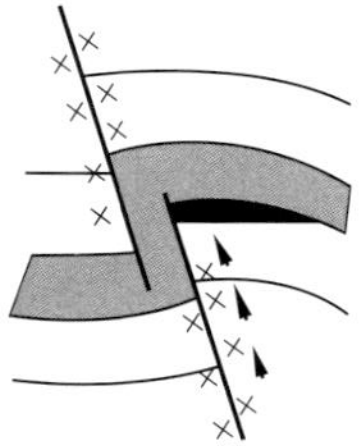	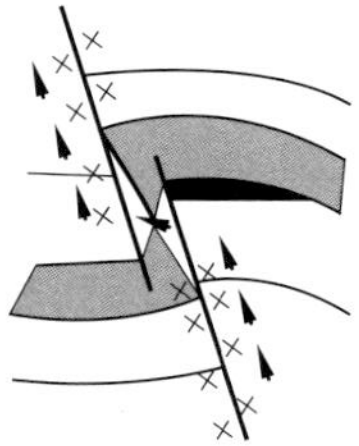	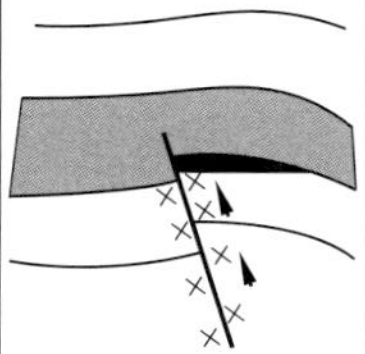
变形阶段	$Ⅰ_1$	$Ⅰ_2$	$Ⅱ_1$	$Ⅱ_2$	$Ⅱ_3$	$Ⅱ_4$	$Ⅲ_1$
	脆性域（Ⅰ）		脆—塑性过渡域（Ⅱ）				塑性域（Ⅲ）
垂向封闭性	取决于临界断接厚度		取决于临界SSF				垂向是封闭的

图 4-7　不同变形阶段盖层内断裂变形机制及断—盖组合有效性评价方法

每个泥岩层中至少分布一条断距大于最大单层泥岩厚度的断层，上下盘由于断距对接到相邻的渗透层，且断层不起封闭作用（无泥岩涂抹或碎裂作用）也不是流体运移的通道，此时顶部封闭能力取决于断裂及伴生的裂缝密度与泥岩层的匹配关系（图 4–9）。为了评价砂泥互层型盖层垂向封闭性，Ingram 等（1997）构建了应用蒙诺卡罗法定量预测垂向渗漏风险的方法，该方法综合考虑了单层泥岩层厚度、泥岩层数量、亚地震断层数量和断距（图 4–10a）。数值模拟证实（Ingram 等，1997；Ingram 和 Urai，1999）砂泥互层盖层垂向封闭性取决于裂缝条数和泥岩层层数。一般来说，当亚地震断层数量（最大断距大于等于最大单层泥岩层厚度的断层）是封盖层内泥岩层数量的 4 倍和 6 倍时，垂向渗漏概率达到 50% 和 90%（图 4–10b）。实际上，根据蒙特卡罗随机模拟结果，断裂和裂缝数量与泥岩层的比值相同的条件下，不同泥岩层数所对应的连通概率不同，因此，要综合这两个因素确定顶封渗漏的可能性（图 4–10）。

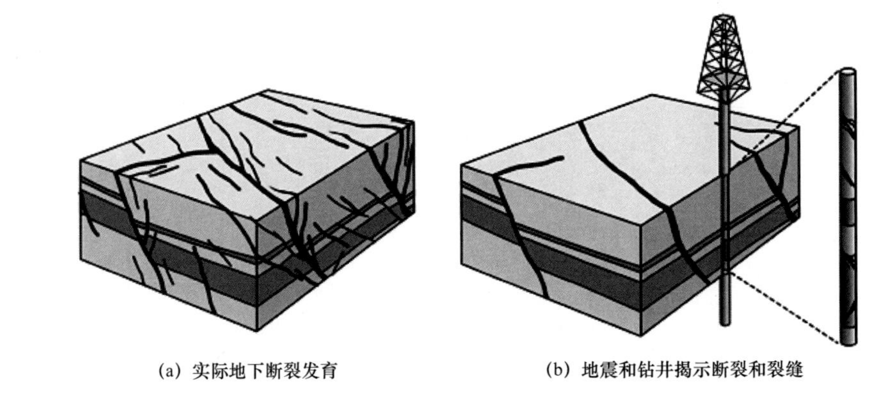

图 4–8　亚地震断裂概念模型（据 Lohr 等，2008）

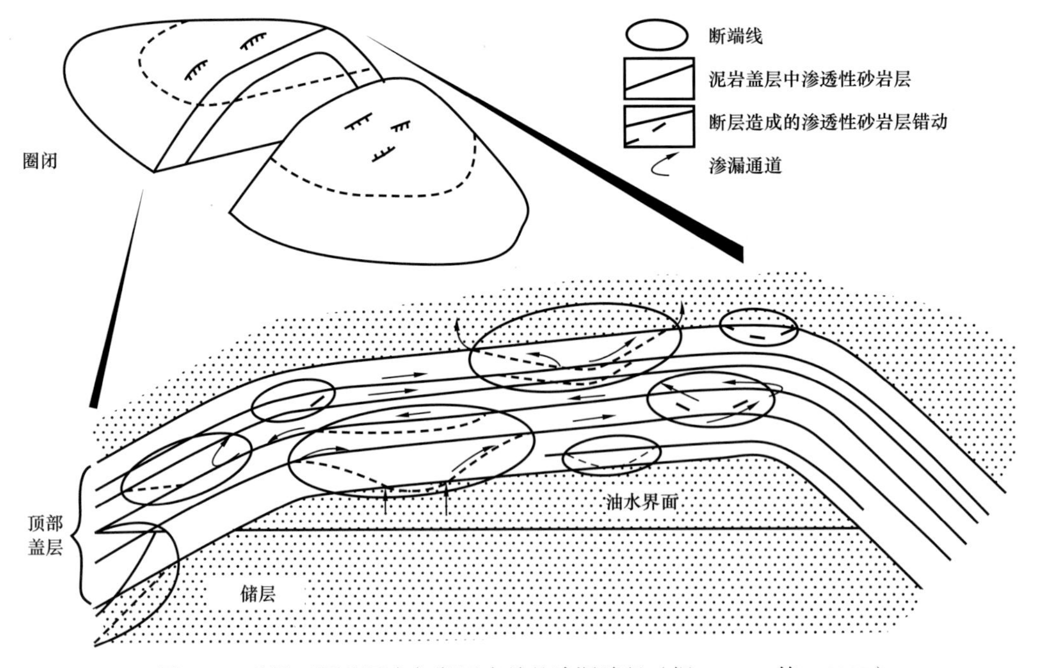

图 4–9　砂泥互层盖层中与断层有关的渗漏路径（据 Ingram 等，1997）

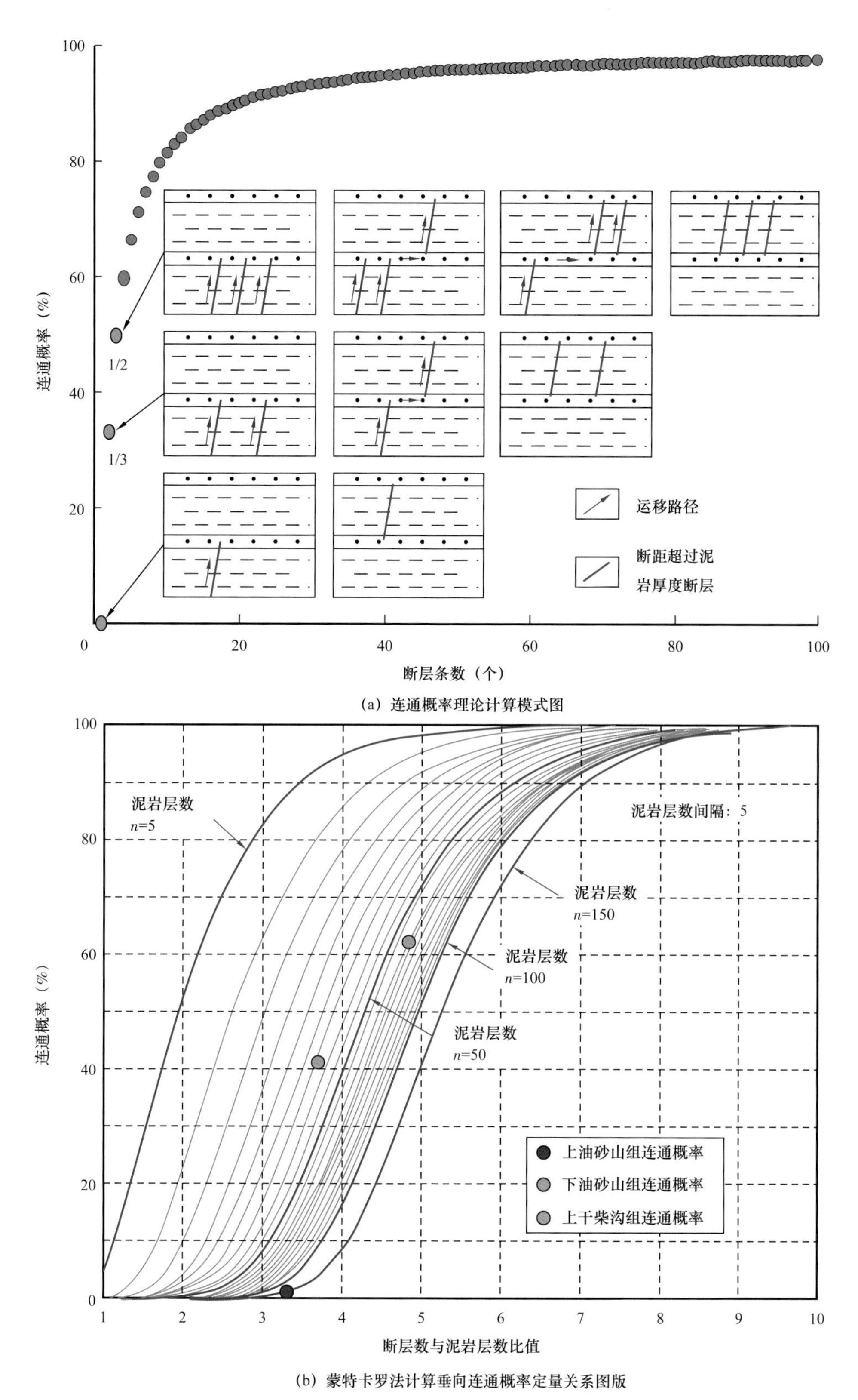

图 4-10　不同泥岩层数条件下断层数 / 泥岩层数与垂向连通概率的关系

断层—砂泥岩薄互层盖层组合的垂向渗漏风险评价首先需要预测亚地震断层的数量。利用分形几何学的方法来预测亚地震断层数量分布是目前较为成熟，也是最为流行的一种方法。断层和亚地震断层数量与规模（长度或断距）满足一定的线性关系。根据 Davis 等（2005）对逆断层断裂长度与最大断距的统计关系，将最大单层泥岩厚度作为使相邻渗漏层对接所需的最小断距，从而得到断距等于最小断距的断裂长度（图 4–11）。然后，根据实际地区断裂及伴生裂缝数量与断裂长度的幂率关系求得断距大于最小断距的断裂和裂缝的数量。最后，根据求得的断裂数量及泥岩层数量，在 Ingram 和 Urai（1999）做出的垂向连通概率与断层数或泥岩层数比值的定量评价图版（图 4–12）上投点，可以判断断层—砂泥岩互层型盖层组合发生垂向泄漏的风险概率。

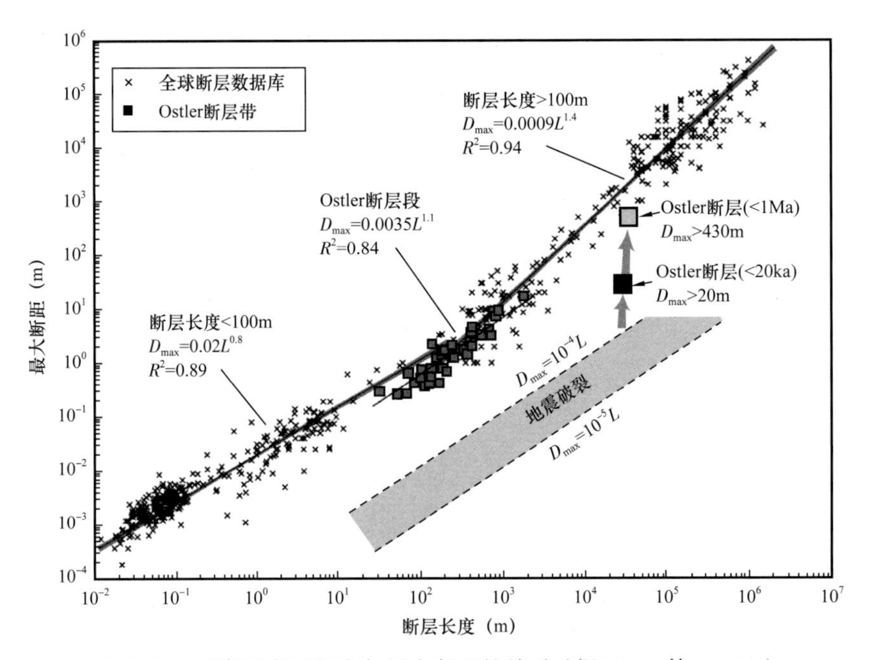

图 4–11 逆断层断层长度与最大断距的关系（据 Davis 等，2005）

L—断层长度，m；D_{max}—最大断距，m

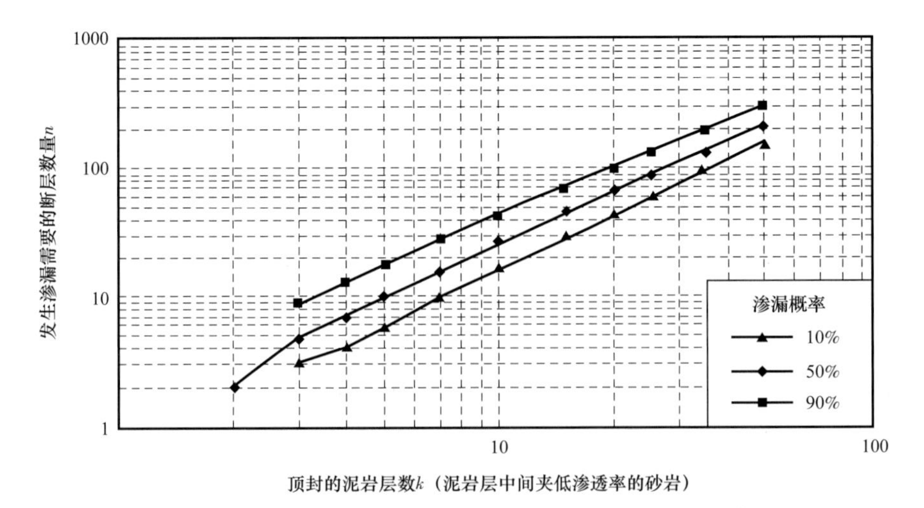

图 4–12 砂泥岩薄互层断—盖组合顶封渗漏的可能性（据 Ingram 和 Urai，1999）

第三节　断层—盖层垂向封闭性评价技术流程

对于前陆冲断带复杂冲断构造体系，油气藏能否形成有效聚集和保存的关键还在于断层—盖层的垂向封闭性，在垂向封闭的前提下，断层的侧向封闭性与圈闭溢出点决定了圈闭能封闭的烃柱高度。综合前面对断层封闭性、盖层封闭性以及断—盖组合类型及断—盖组合有效性评价方法的系统论述，本节综合提出了断层—盖层垂向封闭性评价的总体思路与技术流程图（图 4–13）。

对研究区某一储盖组合进行断层—盖层垂向封闭性评价时，首先判断研究区断裂（地震上可以识别的断裂）是否发育。对于断裂发育区，如复杂断块区或被断层复杂化的背斜构造区，垂向封闭性评价属于断—盖组合有效性评价范畴，应根据盖层所处的脆塑性阶段选择不同的方法进行评价。对于断裂不发育区，如大型背斜隆起区或断背斜构造区，属于盖层封闭性的评价范畴，应根据盖层的岩性组合特征来选择相应的评价方法：如果盖层为厚层均质泥岩，毛细管力封闭一般不成问题，则垂向封闭性评价属于盖层完整性评价的范畴；如果盖层为砂泥岩薄互层，盖层垂向泄漏的风险在于砂体—亚地震断层的连通性，则垂向封闭性评价属于砂体—亚地震断层连通性概率评价的范畴；如果盖层为粉砂岩类等毛细管力封闭能力较差的盖层，则垂向封闭性评价属于毛细管力封闭能力评价的范畴。对于不同的类型，所采用的评价方法和技术路线是完全不同的（图 4–13）。下面按照四种地质情况和垂向封闭性评价的类型来阐述垂向封闭性评价所采用的方法与技术路线。

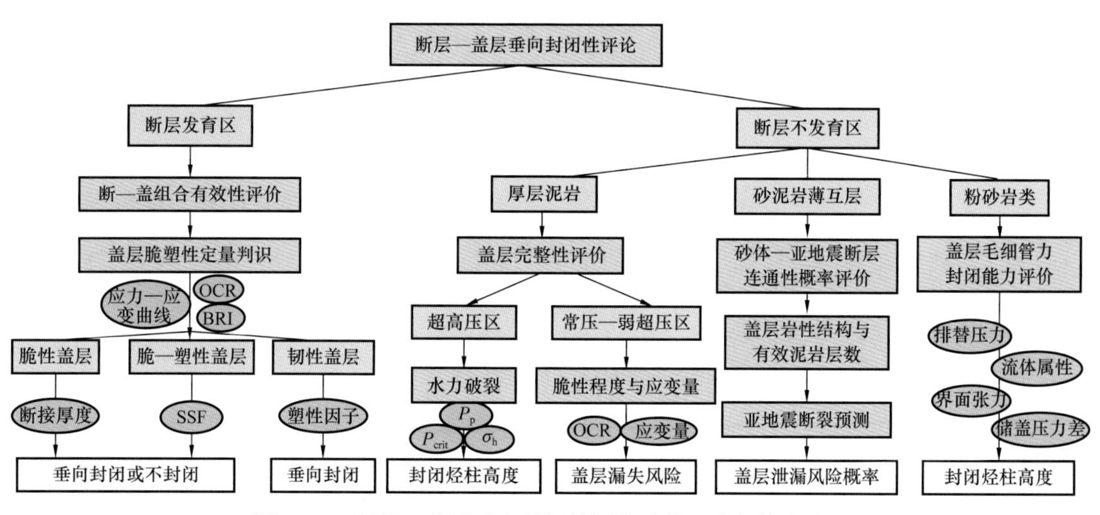

图 4–13　断层—盖层垂向封闭性评价总体思路与技术路线

一、断—盖组合有效性评价技术路线与关键参数

断—盖组合有效性评价的关键在于对盖层脆塑性的定量判识，断层在不同脆—塑性盖层内的变形机制、断—盖组合类型有较大差异，不同类型断—盖组合的有效性评价方法也存在较大差异。因此，首先要对评价的目标盖层段所处的脆塑性变形阶段要进行判断。对

于盖层脆塑性的定量判识，主要利用基于岩石三轴应力—应变曲线、泥岩超固结比 OCR、泥岩脆性指数 BRI 等脆性指数来定量判断目标盖层在原地条件下的脆塑性，具体方法与参数说明请参照第二章第三节关于岩石脆塑性变形特征与定量表征的论述。

对于处于脆性变形阶段的盖层，受断层的影响在盖层内断层附近产生大量脆性裂缝，随着断距的增大，裂缝逐渐连通形成渗漏通道。可以采用断接厚度（盖层厚度—断距）来评价脆性阶段断—盖组合（未穿型、断穿型断盖组合）的垂向有效性。当断接厚度小于某个临界值时，断—盖组合垂向将不封闭，不利于下伏油气藏的保存。

对于处于脆—塑性变形阶段的盖层，受断层的影响，脆—塑性盖层将在断层带内形成连续的泥岩涂抹，随着断距的逐渐增大，泥岩涂抹将失去连续性。可以采用 SSF（断距/盖层厚度）来评价脆—塑性变形阶段的断—盖组合（未穿型、断穿型断盖组合）的垂向有效性。当 SSF 大于某一个临界值时，断—盖组合的垂向将不封闭，不利于下伏油气藏的保存。

对于处于塑性变形阶段的盖层，由于盖层处于塑性变形，断层在塑性盖层内消失，或在塑性盖层内发生焊接或愈合，或在盖层内形成压性剪切带，盖层的渗透率并没有因为断裂或裂缝的形成而有所增加。因此，对于塑性盖层来说，断盖组合（未穿型或隔断型断盖组合）的垂向是封闭的。可以用盖层塑性因子 SPR（盖层现今埋深与塑性临界深度比值）来评价盖层的塑性程度，SPR 越大，盖层塑性程度越强，断—盖组合的垂向封闭性越高，越有利于油气聚集。

二、厚层泥岩盖层完整性评价技术路线与关键参数

对于断裂不发育的厚层泥岩盖层垂向封闭性关键在于盖层的完整性，即有无断层、裂缝破坏盖层的连续性。如果待评价的储盖组合发育超高压，则盖层完整性发生破坏的主要风险是发生水力破裂，水力破裂可以由地层流体压力增大或抬升造成最小水平应力降低来造成。关于水力破裂风险的评价可以参照第二章第三节的内容，主要利用的关键参数为流体地层压力、最小水平应力和水力破裂临界压力，在超压系统中由于烃柱高度的增加导致储层顶部流体压力逐渐增大，当流体压力接近水力破裂临界压力或最小水平应力时，盖层将发生水力破裂，从而造成油气的部分漏失，当流体压力有所降低后，水力裂缝将愈合，即水力破裂动态控制了能封闭的最大烃柱高度，但不会造成油气藏的完全散失。如果待评价的储盖组合发育常压—弱超压，则发生水力破裂的风险不存在，盖层完整性破坏的风险在于构造裂缝的形成，这主要取决于盖层的脆性程度和盖层经受的应变量。当盖层的脆性程度大，且经受的构造应变量足够大时，盖层将发生构造破裂形成大量微裂缝从而造成盖层完整性被破坏，下伏油气藏将散失。关于盖层完整性定量评价的方法和参数请参见第二章第三节。

三、砂泥岩薄互层盖层泄漏风险评价技术路线与关键参数

砂泥互层层序中，垂向渗漏机制受控于封盖层的结构，当在大量亚地震断层作用下形

成砂—砂对接渗漏通道时，垂向封闭失效（Ingram 等，1997），即垂向封闭性取决于砂岩层与亚地震断层数量。砂泥岩薄互层盖层中砂体与亚地震断层连通性概率的评价方法请参见本章第二节内容，关键有三个步骤：（1）根据盖层岩性结构确定有效泥岩层数；（2）根据分形理论预测断距大于最大单层泥岩厚度的亚地震断层的数量；（3）根据断层数量和有效泥岩层数，结合垂向连通概率与断层数 / 泥岩层数的定量评价图版来评价盖层垂向泄漏风险的概率，当风险概率较大时，则盖层垂向泄漏的风险较大，不利于油气藏的聚集和保存。

四、粉砂岩类等差盖层的毛细管力封闭能力评价

对于粉砂岩、泥质粉砂岩、粉砂质泥岩等差盖层，垂向漏失的风险主要在于毛细管力封闭能力。毛细管力封闭能力评价是盖层静态评价的基本要求，主要利用盖层排替压力、流体物性、界面张力、储盖层压力差等参数，具体参见第二章第二节的内容，这里不再赘述。盖层的毛细管力封闭能力决定了能封闭的最大烃柱高度。

因此，对于前陆冲断带断层—盖层垂向封闭性的评价，需要根据具体的断层发育情况、盖层脆塑性、超压发育情况、盖层岩性特征等选择合适的评价方法和参数来进行定量或定性的评价。

第五章　中西部前陆冲断带断—盖组合控藏研究实例

尽管前陆盆地发育多套优质盖层，但晚期强烈的构造变形导致前陆盆地内形成大量的逆冲断层，断裂与盖层的时空耦合是决定油气成藏与保存的关键（宋岩等，2012）。由于中西部前陆盆地受多期构造活动影响，油气在纵向上多层系聚集，断—盖组合控制了油气多层系富集成藏。本章在建立的岩石脆塑性判识标准、断—盖组合类型及其垂向封闭有效性、断层侧向封闭性等评价方法的基础上，重点以库车前陆克拉苏构造带、准南前陆霍玛吐构造带和柴西英雄岭构造带等为例，来说明三种不同类型断—盖组合的控藏作用，并以准南齐古背斜为例说明山前带抬升阶段泥岩盖层破裂对天然气保存的控制作用。

第一节　断—盐组合控藏实例——库车前陆克拉苏构造带

库车前陆盆地新生代发育两套膏盐层，库车河以西为古近系库姆格列木群膏盐岩层，库车河以东为新近系吉迪克组膏盐岩层。两套膏盐岩层分布广泛，尤其是古近系膏盐岩，覆盖了库车前陆盆地大部分区带，主要分布在克拉苏构造带、拜城凹陷带、秋里塔格构造带、依奇克里克构造带和阳霞凹陷，南部斜坡—隆起带局部也有分布。

一、膏盐岩脆塑性变化与断—盐组合控藏

通过膏盐岩加温加压三轴力学实验，证实膏岩、岩盐具有低温脆变、高温塑变特征，随埋深加大，膏盐岩由脆性、脆—塑性过渡到塑性，相应地，在构造挤压作用下，膏盐岩层变形随埋深加大由脆性破裂逐渐过渡到塑性流动。根据实验结果，认为库车坳陷含泥盐岩和膏岩的脆塑性转换临界埋深条件分别为3000m和4000m左右。对于库车坳陷古近系以盐为主的膏盐岩沉积来说，变形主要受塑性更强的盐岩控制。也就是说，3000m以浅，在前陆冲断带强烈挤压作用下膏盐岩以脆性为主，快速挤压受力易破碎，形成穿盐断裂和裂缝，油气易散失；3000m以深，膏盐岩主要以塑性变形为主，在挤压变形过程中盐层以塑性流动释放构造应力，盖层不易破裂，已有断层也因盐层的塑性流动变形而在盐层段愈合消失，有利于盐下的油气保存。结合膏盐岩脆塑性域变形临界深度和断裂带内部结构，划分为3类断—盖组合模式：（1）塑性域发育盐下盲冲断层—盖层组合，油气垂向封闭，控制油气普遍在塑性盖层之下聚集；（2）脆塑性域发育连续和拉断泥岩涂抹型断—盖组合，当超过临界SSF值，导致油气垂向调整散失，表现为多层系富集，否则聚集于盖层

之下；（3）脆性域发育贯通性断层，当超过临界断接厚度时，油气垂向调整散失，否则油气在盖层之下聚集成藏。

库车前陆盆地盐下天然气保存条件主要受控于两个关键因素：（1）盖层脆塑性及其断裂发育模式、断裂带结构；（2）断层的侧向封堵能力，在储层厚度大体相当的情况下，圈闭范围内最小断距决定气柱高度，因此最小对接幅度决定天然气聚集程度。综合盖层脆塑性、临界断接厚度、临界 SSF 值和最小对接幅度 4 个因素建立了库车坳陷天然气保存条件定量判别图版（图 5-1）。Ⅰ类区为天然气聚集区；膏盐岩处于塑性变形阶段，盐下断裂控制圈闭形成和天然气聚集，圈闭范围内最小对接幅度决定气柱高度和气水界面，典型实例如大北区块和克深 8 圈闭。Ⅱ类区为天然气早期聚集后期散失区；膏盐岩处于脆—塑性变形阶段，穿盐断裂控制圈闭形成，当断距较小时，泥岩涂抹保持连续性，圈闭范围内最小对接幅度决定气柱高度和气水界面。Ⅲ类区为典型的天然气散失区，如克拉 1 井、克拉 5 井和克参 1 井。克拉 3 圈闭的天然气藏即为泥岩涂抹保持连续时聚集的，之后泥岩涂抹失去连续性，导致部分天然气散失，受背斜自圈控制聚集部分油气。Ⅳ类区为脆性膏盐

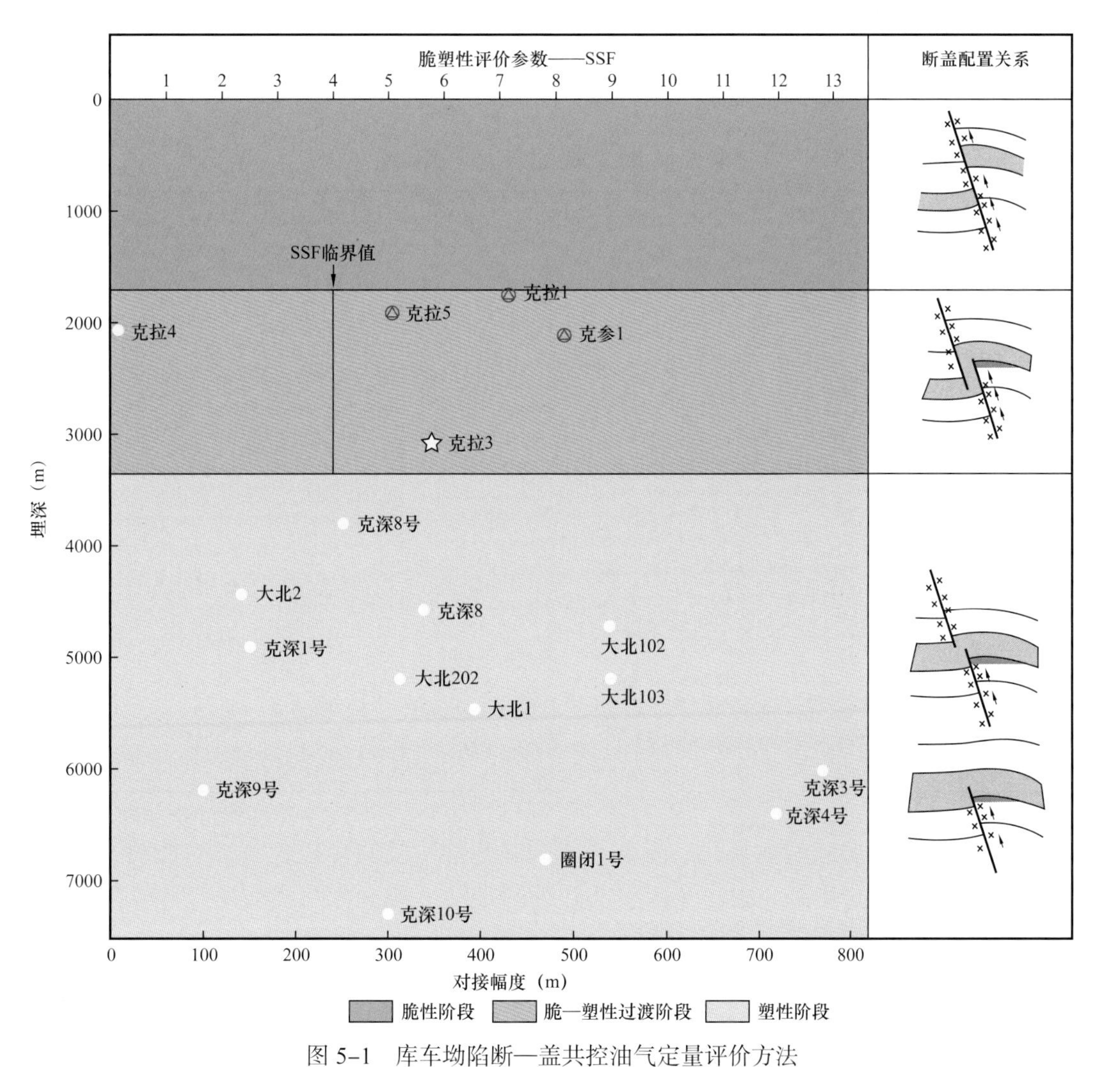

图 5-1　库车坳陷断—盖共控油气定量评价方法

岩发育区，断接厚度控制圈闭内油气的聚集。统计发现，库车坳陷内膏盐岩均处于脆—塑性或塑性阶段，无法定量厘定脆性域断接厚度的临界值。因库车坳陷大北—克拉苏构造带膏盐岩盖层普遍处于脆—塑性和塑性阶段，因此，库车前陆冲断带断—盐组合控制油气普遍富集在库姆格列木组和吉迪克组膏盐岩盖层之下，局部调整早期原油在浅层大宛齐聚集成藏（图 5-2）。利用临界 SSF 值和对接幅度对大北克拉苏构造带所有断层圈闭进行了定量评价，从而确定出了有利圈闭（表 5-1）。

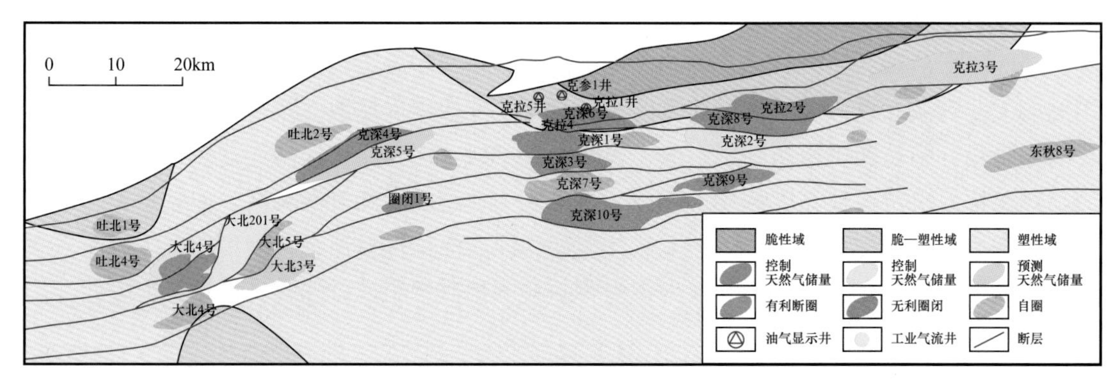

图 5-2　库车坳陷膏盐岩盖层脆韧性分布与圈闭评价

表 5-1　库车坳陷断层圈闭封闭性

变形阶段	圈闭名称	SSF	变形阶段	圈闭名称	对接幅度（m）
脆—塑性域	克拉 4	0.556	塑性域	克深 1 号	150
				克深 4 号	720
	克拉 3	4.4		克深 3 号	770
				克深 10 号	300
	克拉 1	7.2		克深 9 号	100
				克深 8 号	250
	克参 1	8.2		大北 1	396
				大北 202	310
	克拉 5	5.1		大北 2	136
				大北 102	535

综合膏盐岩盖层脆塑性演化、断裂与不同脆塑性阶段的膏盐岩盖层的切割关系及断裂垂向封闭能力评价指标，提出了库车前陆冲断带断—盖组合控藏模式（图 5-3）。库车坳陷断—盖组合控藏模式分为早期穿盐盐上成藏模式（大宛齐油藏）、浅埋穿盐散失模式（克拉 1 和克拉 5 井）、较深埋叠覆型成藏模式（克拉 2 气藏）、较深埋叠覆型散失模式（克拉 3 井）以及深埋阶段盐下成藏模式（克深 2 和大北 3 井）。

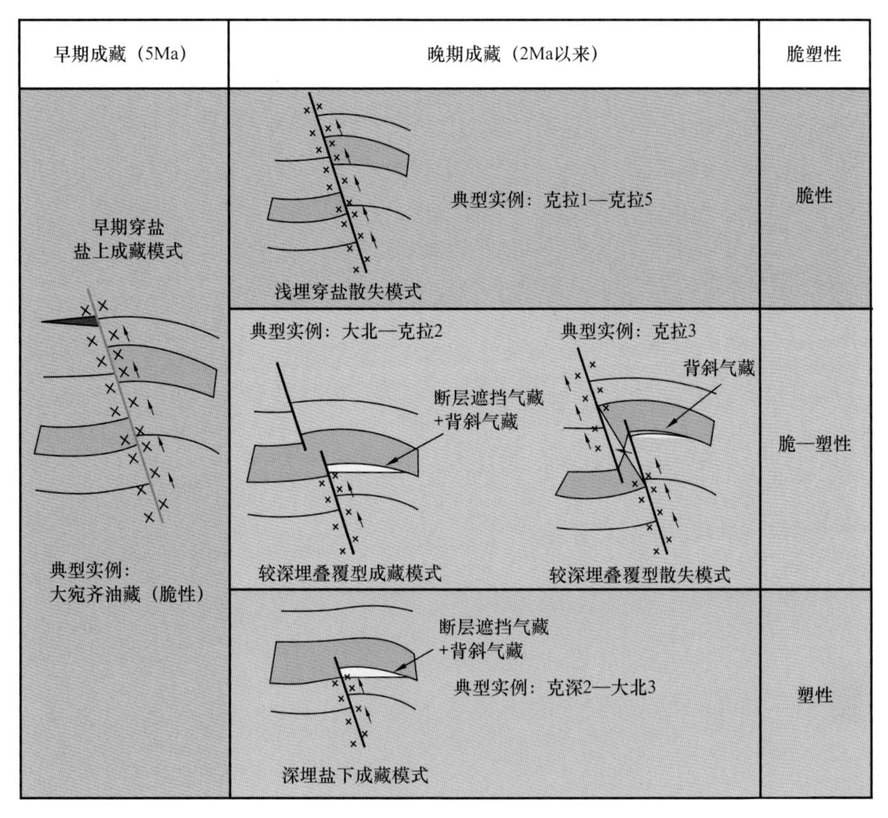

图 5-3　库车坳陷断—盐组合控藏模式

二、断—盐组合盐下断层侧向封闭性定量评价

库车坳陷大北—克拉苏构造带发育多个断层相关圈闭，且各断圈的气水界面各不相同，故断层对天然气侧向遮挡起着不可忽视的作用。研究区主要目的层为白垩系巴什基奇克组致密砂岩，上覆古近系库姆格列木群膏盐岩盖层在区域内稳定分布，厚度在100～1000m，大部分地区超过500m，局部地区由于盐岩流动，厚度可达到3000m（周兴熙，2000；卓勤功等，2014），对天然气的封闭与保存具有重要作用。由于断裂在巴什基奇克组致密砂岩储层中形成的是无内聚力的断层角砾岩，侧向上不具备封闭能力，因此，断层侧向封闭以岩性对接封闭为主，可以通过寻找砂—砂对接渗漏点标定圈闭的气水界面。

1）大北区块

库车坳陷大北区块为典型的受次级断裂分隔的背斜圈闭，共发育7个断层圈闭（图5-4），依据地震数据体建立了大北气田的三维构造模型，利用相关测井资料对该研究区各个控圈断层开展了断层侧向封闭性评价工作，计算了各个断层的断面属性，利用岩性对接图对大北1、大北102、大北2圈闭断层侧向封闭性进行评价。

大北1含气井段为5550～5596m，受F2断裂控制（图5-4），储层厚度为46m，盖层主要为膏岩和含膏泥岩，厚度仅100m，断层控圈部分断距均大于50m，储层砂岩与上覆库姆格列木群盖层对接，但由于下盘断层的作用，导致控圈断层断面出现了部分储层对接渗漏窗口（图5-5）。断层控圈高点为-3800m，砂—砂对接渗漏点深度为-4196m，对接

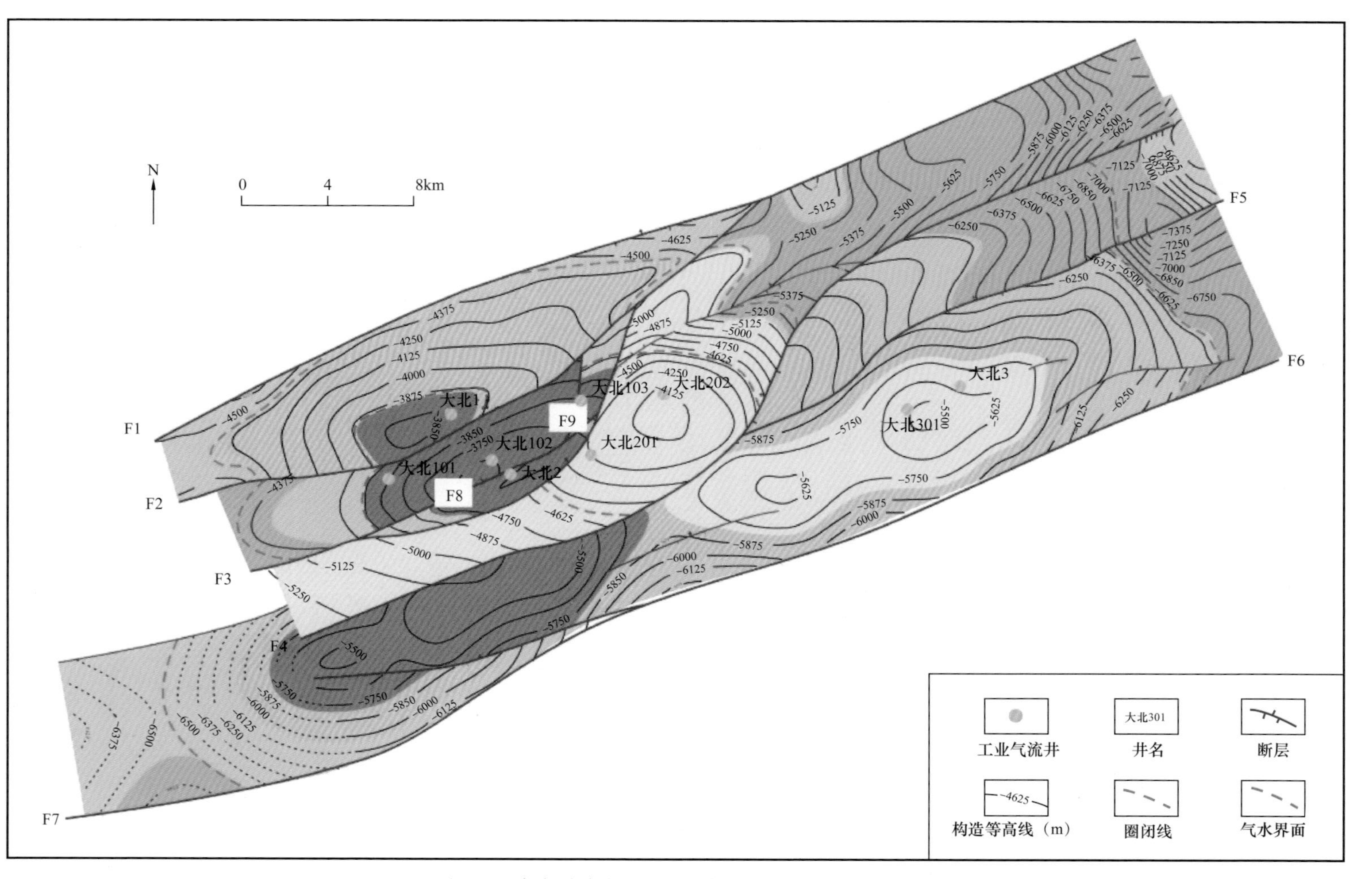

图 5-4 库车坳陷大北区块巴什基奇克组顶面构造图

幅度为396m，渗漏点以上，断面SGR均大于35（图5-6），断层封闭性较好，因此预测烃柱高度为396m，而实际气柱高度为50m。大北1井库姆格列木群盖层厚度仅为100m，以泥岩为主，盐岩的缺失可能是造成油气渗漏，使得预测烃柱高度与实际含气情况差距较大的根本原因。

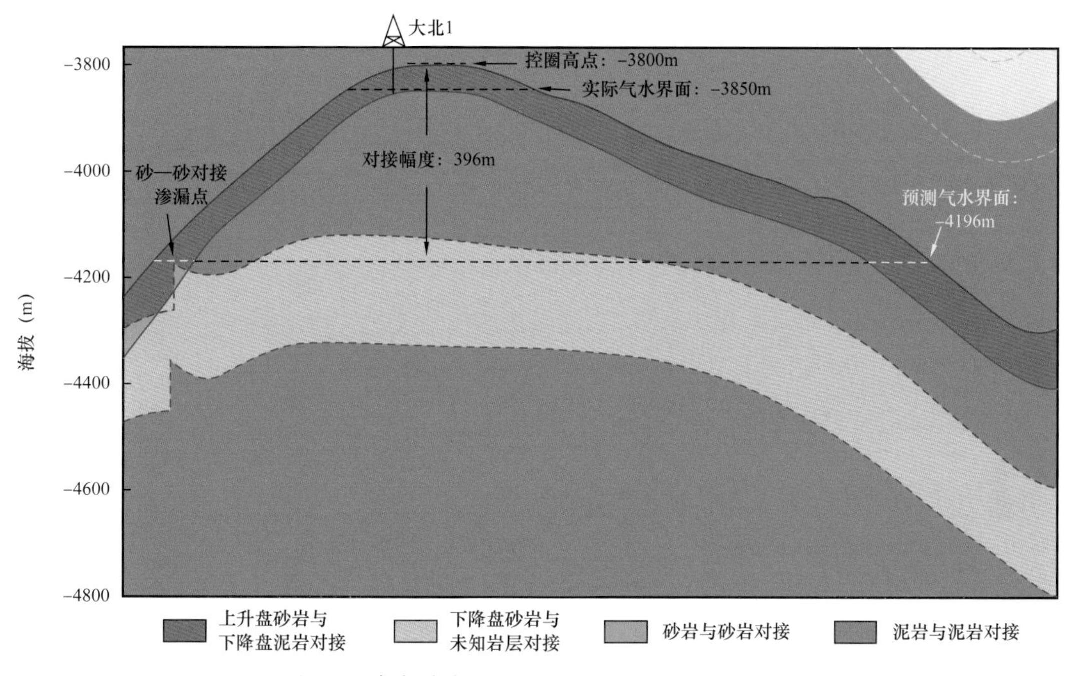

图5-5　库车坳陷大北1圈闭控圈断层岩性对接图

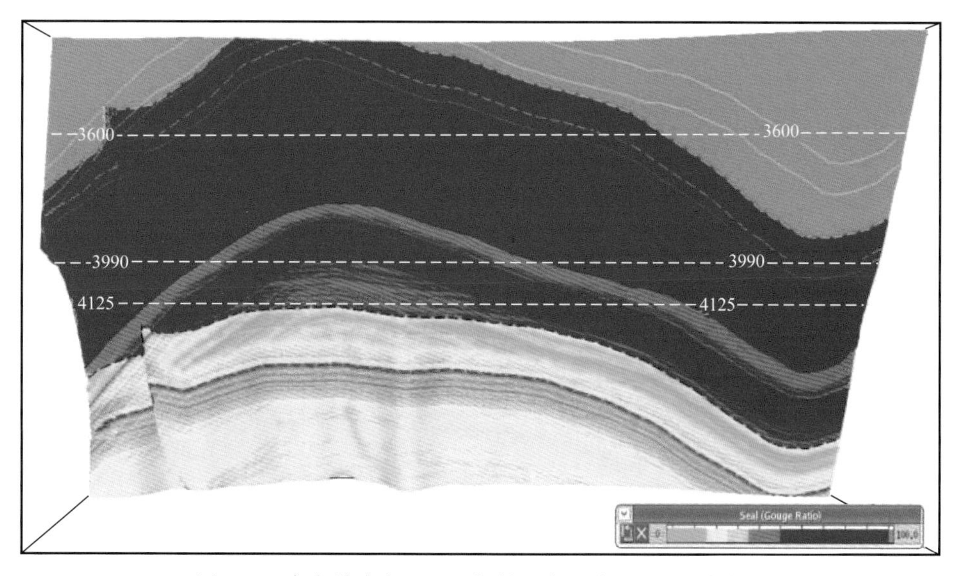

图5-6　库车坳陷大北1圈闭控圈断层断面SGR分布图

大北102受F2、F8和F9三条断裂控制的断圈，储层厚度为216m，大北103受控于F3、F8和F9，储层厚度为269m。F8和F9断裂将储层完全错断，使其与上覆盖层对接，形成有效的对接封闭，而大北 102 和大北 103 断圈中间的 F9 号断裂（图 5-7），由于断距较小，未能完全错开储层，局部出现砂—砂对接渗漏窗口，深度为 -3990m（图 5-7），实测两个断圈油层中部的温度和压力基本相同，压力系数在 1.6 左右，温度为 126～128℃（表 5-2），两断圈在 -3990m 以下储层是连通的，因此大北 102 和大北 103 两断圈最终气

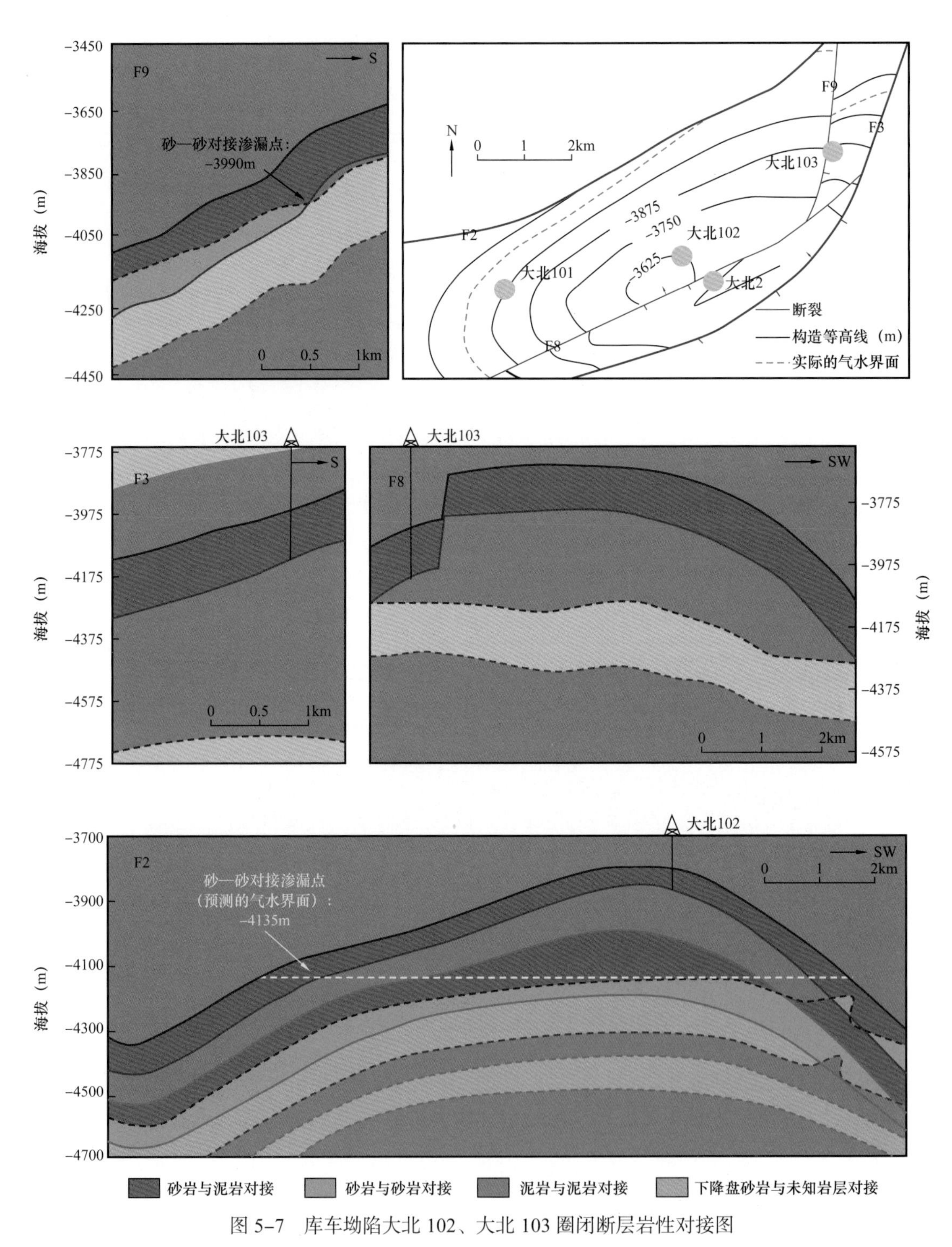

图 5-7　库车坳陷大北 102、大北 103 圈闭断层岩性对接图

水界面应保持一致（图 5–8）。大北 102 圈闭北侧 F2 断层控圈高点在 –4135m 处，断面 SGR 小于 15%（图 5–9），发生侧向渗漏，故两断圈预测的最终气水界面为 –4135m，对接幅度为 535m，大北 102 圈闭实际烃柱高度为 525m，大北 103 圈闭实际烃柱高度为 585m。

表 5–2　库车坳陷大北 102、大北 103 圈闭温压参数对比

断块名称	层位	井号	井段（m）	测点深度（m）	测点所测的温压				井段中部埋深（m）	推算出的井段中部温压	
					温度（℃）	地温梯度	压力（MPa）	压力系数		温度（℃）	压力（MPa）
大北 102 断块	K	大北 101	5725～5783	5622.2	124.4	2.21	89.61	1.63	5754	127.31	91.71
			5790～5840	5763	127.8	2.22	90.30	1.60	5815	128.96	91.12
		大北 102	5451～5479	4991.9	125.1	2.51	88.48	1.80	5465	136.97	90.86
P9 号断裂（大北 102 与大北 103 井之间断裂）											
大北 103 断块	K	大北 103	5677～5689	5641.2	125	2.20	89.62	1.62	5682	126	90.27
			5792～5802	5736.9	126.7	2.20	90.27	1.60	5797	128.02	91.22

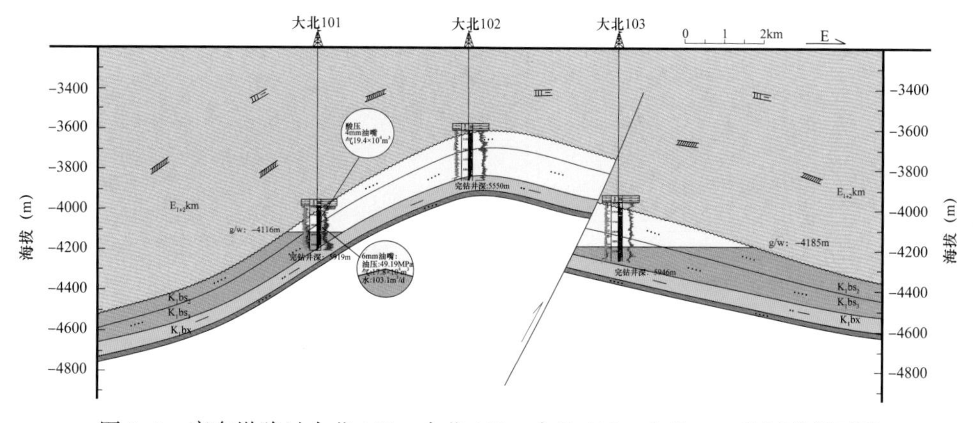

图 5–8　库车坳陷过大北 101—大北 102—大北 103—大北 202 井气藏剖面图

大北 2 圈闭受 F3 和 F8 断层共同控制，储层厚度为 282m，控圈断层 F3 将储层错断，断层控圈范围内未出现砂—砂对接现象（图 5–10），气水界面受控于北侧 F8 断裂的控圈高点 –4036m，该点 SGR＜15%（图 5–11），对接幅度为 136m，与实际气水界面 –4040m 相差 4m。

大北 202 断圈受控于 F3 和 F4 断层，预测圈闭气水界面为北侧断层控制高点，该点 SGR＜15%（图 5–12），对应深度为 –4585m。预测含气高度为 310m，实际含气高度 325（图 5–13），相差 15m。

2）克深区块

库车坳陷克深区块发育背斜型气藏：克拉 202、克深 1、克深 7 圈闭；断背斜气藏：克深 4、克深 2、克深 8、克深 9、克深 10 圈闭（图 5–14）。通过现有资料，统计区块内各断圈圈闭要素（表 5–3），并依据地震数据，建立三维构造模型，对克深 4、克深 2、克深 8、克深 10 圈闭断层侧向封闭性进行评价。

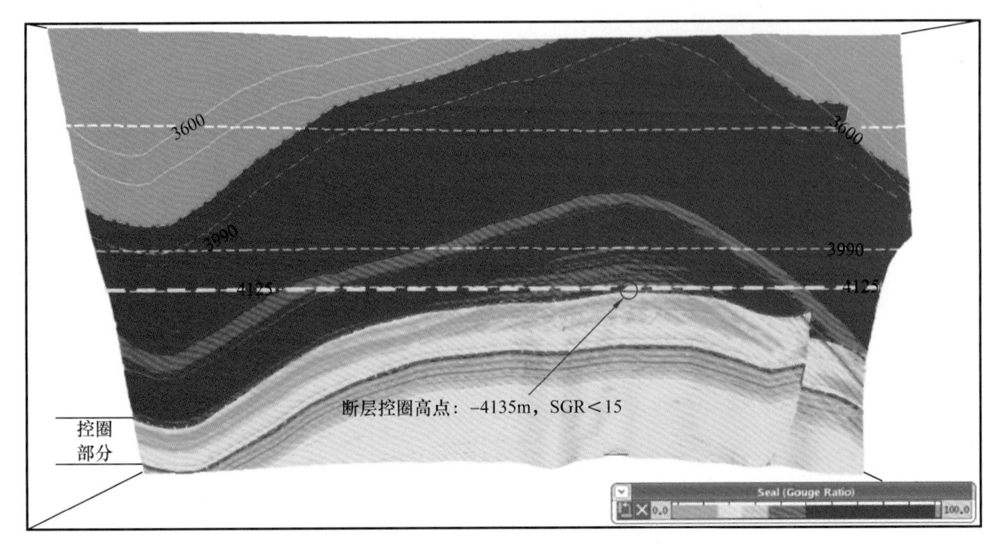

图 5-9　库车坳陷大北 102 圈闭 F2 断层断面 SGR 分布图

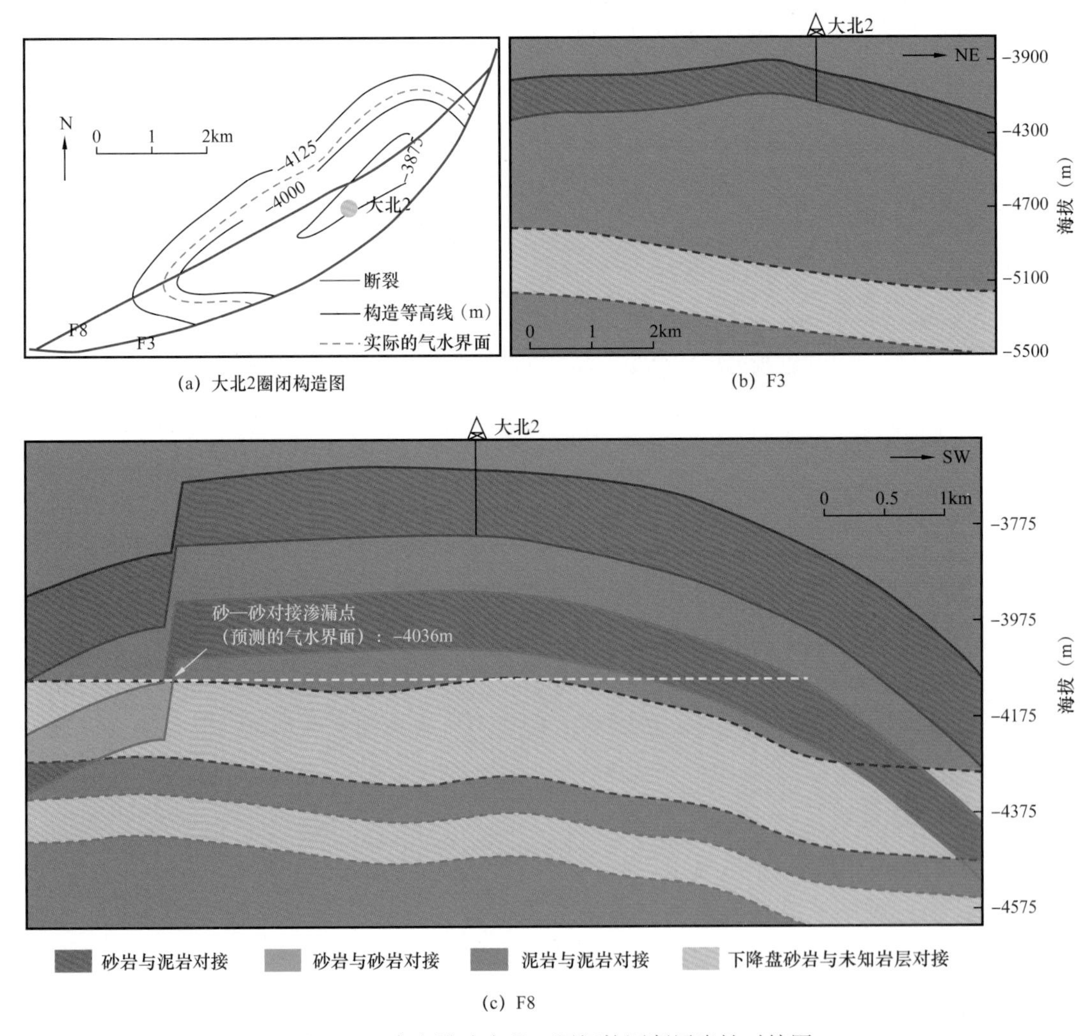

图 5-10　库车坳陷大北 2 圈闭控圈断层岩性对接图

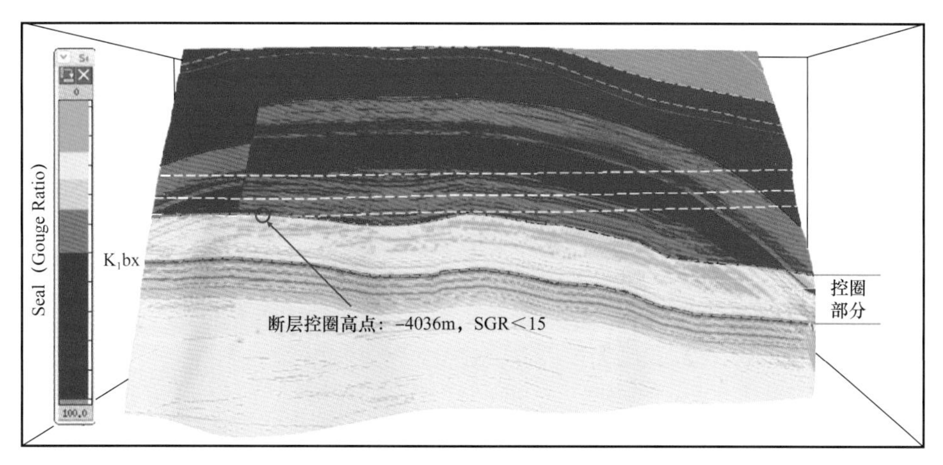

图 5-11　库车坳陷大北 2 圈闭控圈断层断面 SGR 分布图

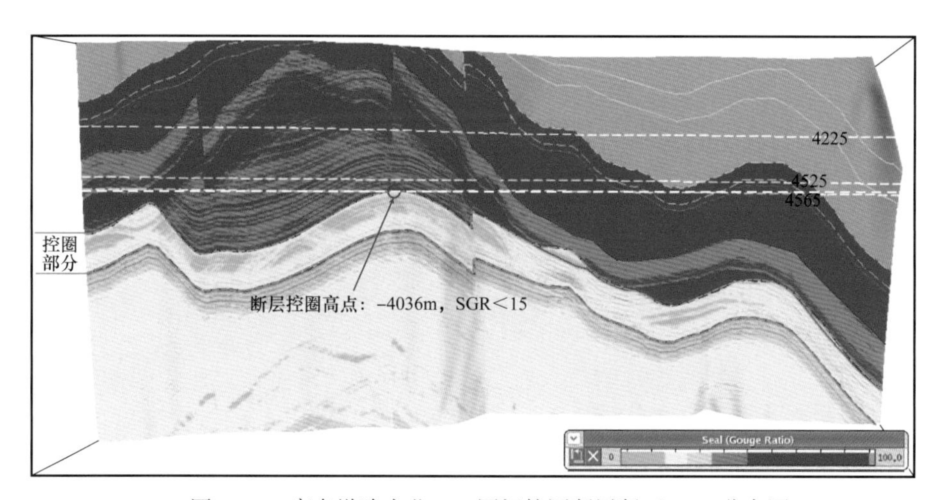

图 5-12　库车坳陷大北 202 圈闭控圈断层断面 SGR 分布图

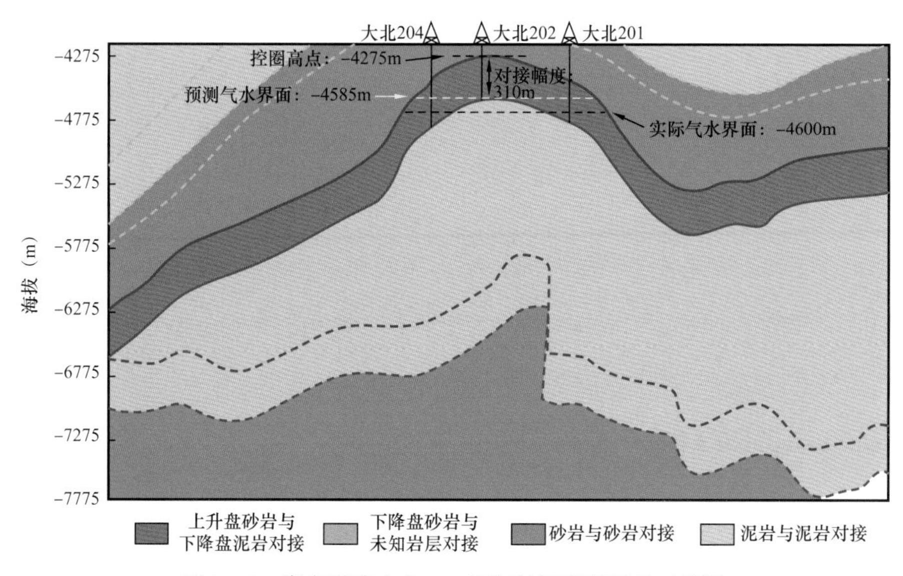

图 5-13　库车坳陷大北 202 圈闭控圈断层岩性对接图

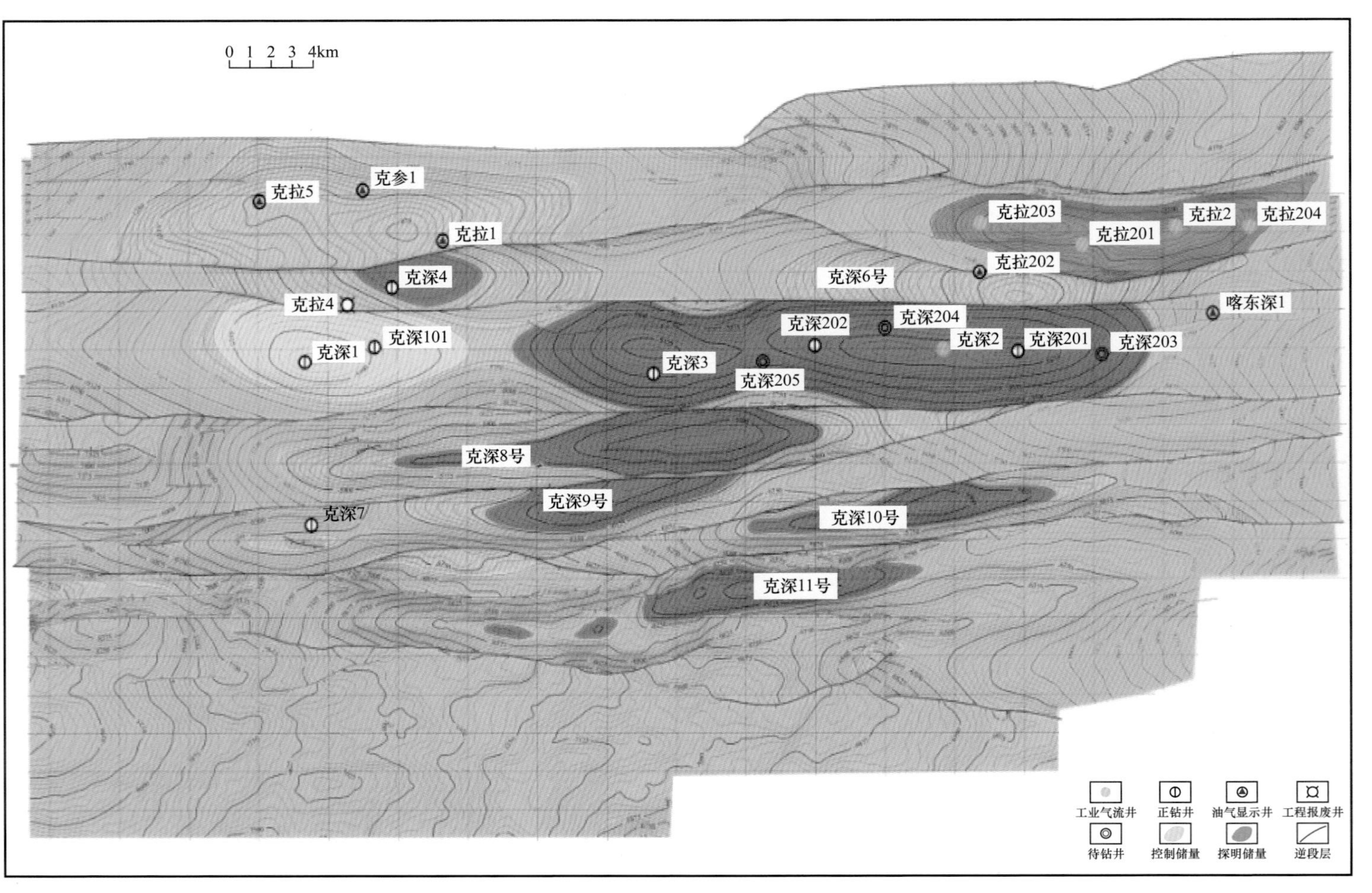

图 5-14　库车坳陷克深区块巴什基奇克组顶面构造图

表 5-3 库车坳陷克深区块断层要素统计

圈闭名	地质层位	圈闭类型	构造高点（m）	圈闭溢出点海拔（m）	构造幅度（m）	控圈断层侧向封闭性分析		渗漏点海拔（m）	烃柱高度（m）
						断裂名（位置）	控圈范围（m）		
KL202	K_1bs	背斜型	-3760	-4000	240	—	—	—	240
KS7			-6240	-6340	100	—	—	—	100
KS1			-5335	-5470	135	—	—	—	100
			-5375	-5475	100	—	—	—	
KS4		断背斜型	-4660	-5080	420	KS4—S（上升盘）	-5045～-5080	—	420
KS8			-5055	-6220	1165	KS7—N（上升盘）	-5300～-6220	-5380	325
			-5055	-6220	1165	KS8—E（下降盘）	-5430～-6220	—	
KS9			-5900	-6270	370	KS7—N（下降盘）	-6015～-6270	—	370
KS10			-5520	-5860	340	KS9—KS7（上升盘）	-5765～-5860	-5946	340
KS2			-5025	-5330	305	KS4—S（下降盘）	-5245～-5330	-5347	305
						KS7—N（上升盘）	-5295～-5330	-5370	
						KS8—E（上升盘）	-5105～-5330	-5395	

利用克深 2 井测井资料，计算地层泥质含量，并编制 Knipe 图，依据 SGR 值判断断层岩的类型，当 SGR 小于 15% 时，为碎裂岩；SGR 介于 15%～50% 时，为层状硅酸盐—框架断层岩；SGR>50% 时，为泥岩涂抹。依据 SGR 与断层断距的关系，确定断层侧向封闭所需 SGR 下限值，进而判断风险断距的分布情况。根据克深 2 井三角图（图 5-15），可以判定克深 4 圈闭的风险断距为 205m，当断层断距小于 205m，储层与对盘储层对接，断面上出现砂—砂对接渗漏点；当断层断距大于 205m，上升盘储层与上覆泥岩盖层完全对接，形成岩性对接封闭。

由构造平面图看出，克深 2 圈闭受到 KS4—S 和 KS7—N 两条断层控制（图 5-16），在 KS4—S 断层断面上，圈闭的砂—砂对接渗漏点海拔为 -5347m，在圈闭溢出点 -5330m

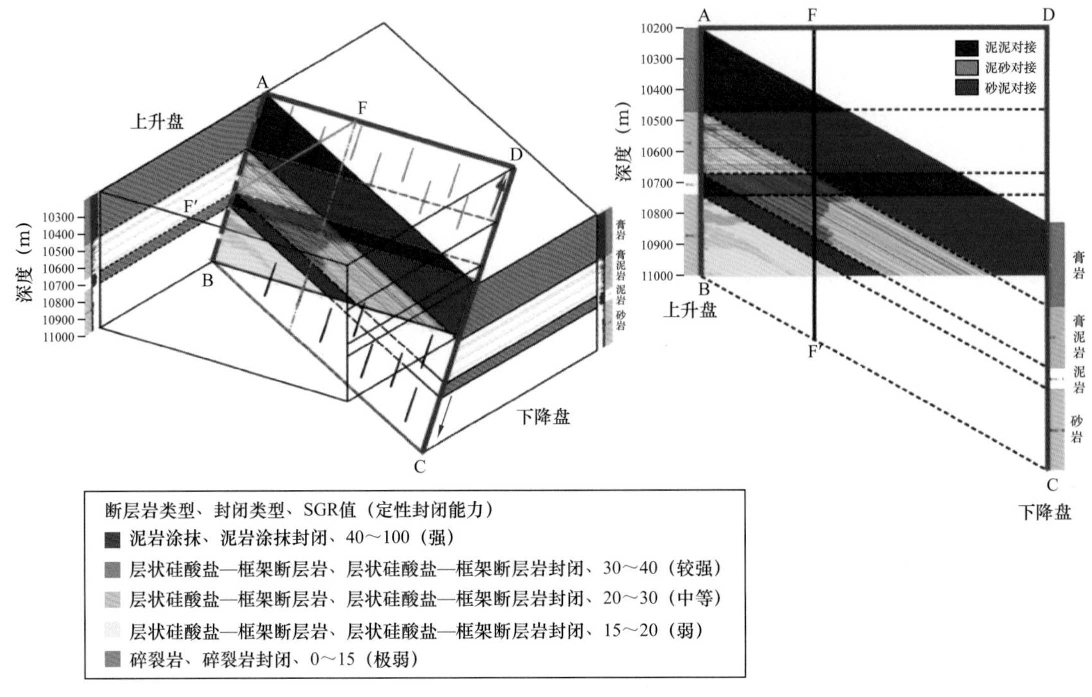

图 5-15　库车坳陷克深区块克深 2 井 Knipe 图

下部（图 5-16），断层控圈部位断距均大于风险断距 205m，储层与上覆泥岩形成对接封闭，断层侧向封闭性良好。而在 KS7—N 断面上，圈闭的砂—砂对接渗漏点同样位于圈闭溢出点下部，海拔为 -5370m，控圈部分与上覆泥岩对接（图 5-17）。因此，克深 2 圈闭两条控圈断层侧向封闭性良好，圈闭满圈含气，气水界面为 -5330m。

克拉 202 圈闭为背斜型气藏，圈闭内保存油气的能力与断层关系不大。而克深 4 圈闭从平面上看，仅有小部分受断层控制（图 5-18），通过控圈断层位移距离曲线可以看出（图 5-19），断裂控圈部位断距均大于风险断距为 205m，上升盘储层与上覆泥岩盖层完全对接，断层为有效的对接封闭，因此两个圈闭满圈含气，气水界面分别为 -4000m 与 -5080m。

克深 8 圈闭受断层 KS7—N 控制，圈闭溢出点为 -6220m，圈闭砂—砂对接渗漏点为 -5380m，控制圈闭气水界面，因此圈闭气水界面为 -5380m（图 5-20）。克深 10 圈闭溢出线在断面上的深度为 -5860m，受断层 KS9 控制，断层控圈范围储层与上覆泥岩对接，圈闭满圈含气，气水界面为 -5860m（图 5-21）。

油气勘探证明，库车坳陷克拉苏构造带是油气资源最丰富的构造带，属于典型的致密砂岩和膏泥岩储盖组合，天然气主要聚集在由单一断层控制的或由两条近平行断层控制的断层圈闭中。在单一断层控制的圈闭中，天然气普遍分布于断层上盘，储层被断层错断后，与对盘膏泥岩盖层对接，形成岩性对接封闭，断层侧向封闭能力较强，气水界面受砂—砂对接渗透点与构造溢出点之间较浅的那一点深度值控制。在两条断层控制的断圈中，断层侧向封闭性受岩性对接和断层岩封闭共同作用，储层位于断层上盘一侧时，

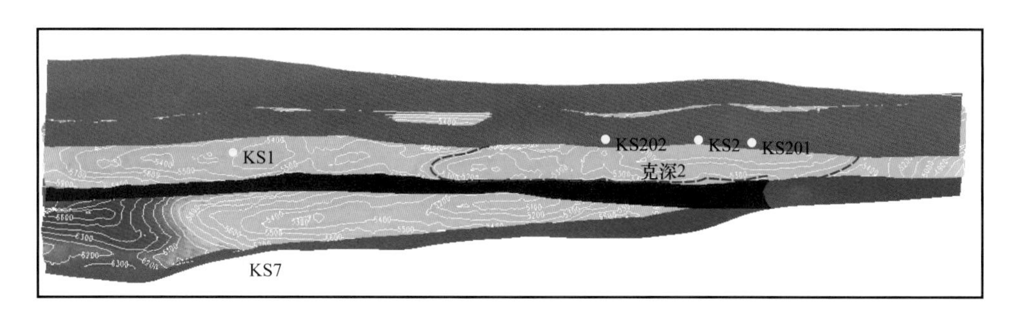

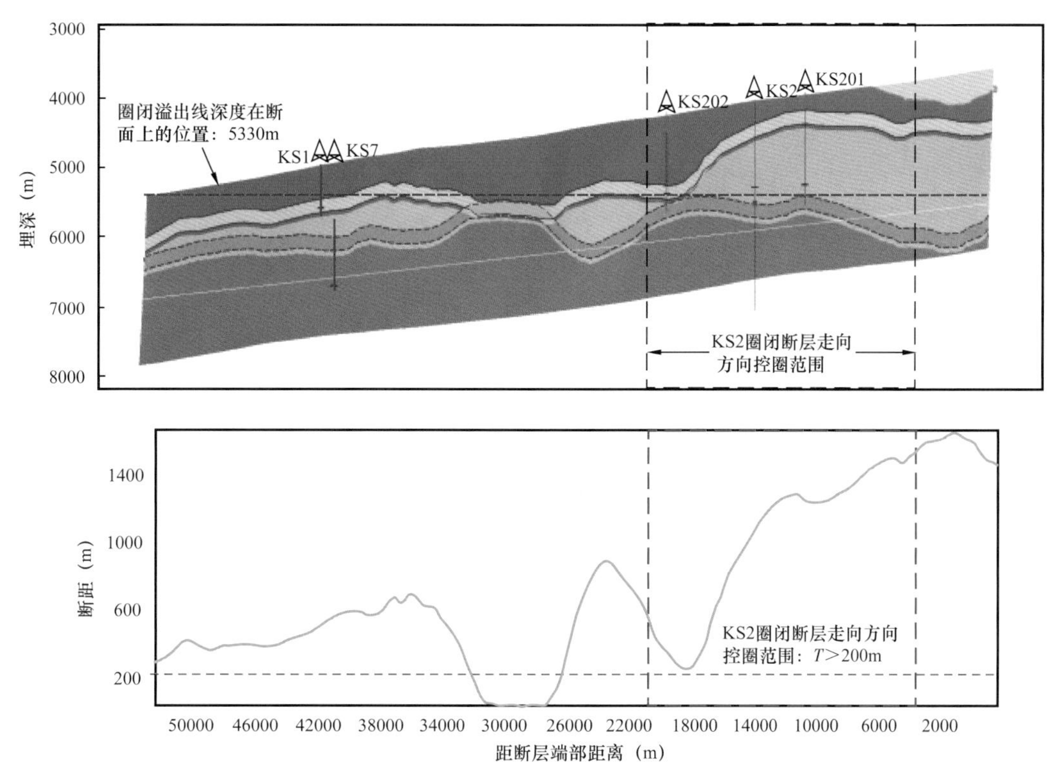

图 5-16　库车坳陷克深区块克深 2 断圈 KS4—S 断层对接图及断层断距距离曲线

储层错断后，同样与上覆盖层对接，封闭类型为岩性对接封闭，而储层位于断层下盘一侧时，储层被错断后，与未知岩性地层对接，封闭类型为断层岩封闭，其封闭能力受控于断裂带内的泥质含量，圈闭的气水界面受砂—砂对接渗透点和 SGR 最小值深度共同控制。

通过对大北和克深区块的精细解剖，发现圈闭内气藏主要分布在逆冲断层上盘，气水界面受砂—砂对接渗漏点的位置控制，即储层与上覆膏盐岩盖层的对接幅度决定了烃柱高度（图 5-22）。因此，可以用储层厚度标定临界的风险断距，通过统计大北区块内单井储层厚度，对区块内主要控圈断层的侧向封闭能力进行标定（图 5-23）。由于控圈断层断距较大，储层基本完全被错断，仅在少数位置出现砂—砂对接，断层对天然气的侧向封闭能力普遍较好。

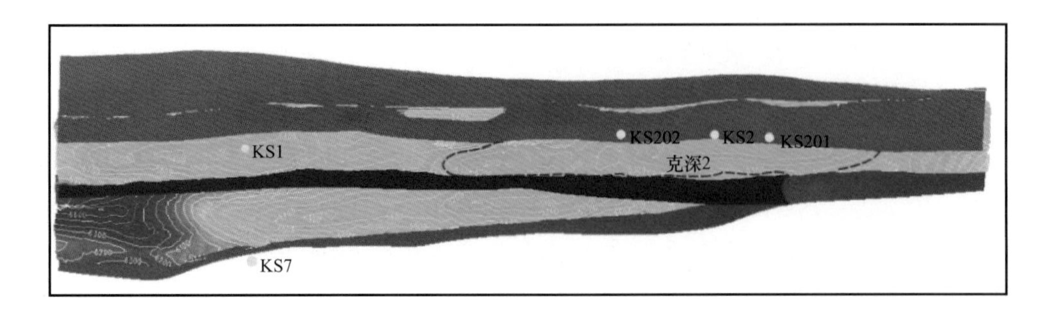

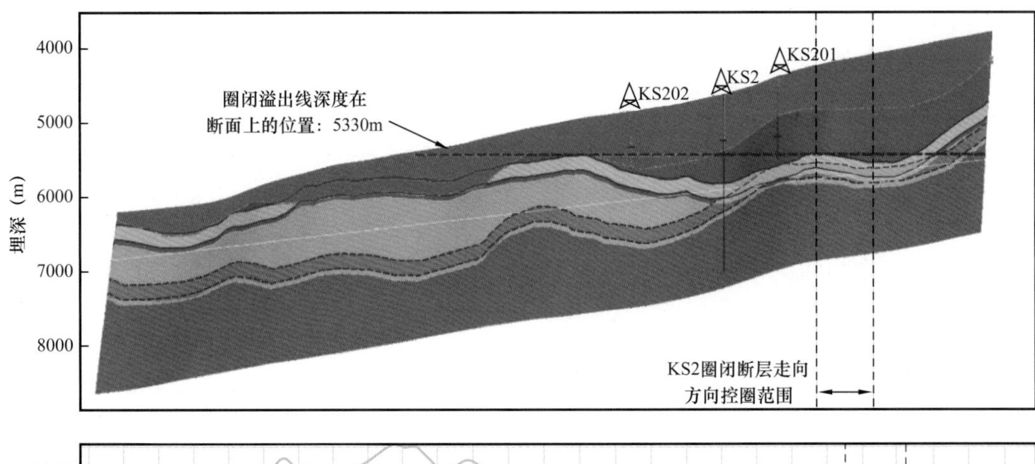

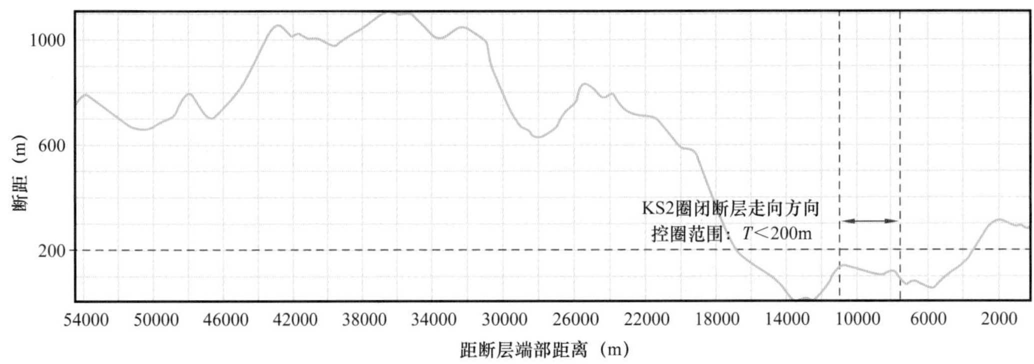

图 5-17　库车坳陷克深区块克深 2 断圈 KS7—N 断层对接图及断层断距距离曲线

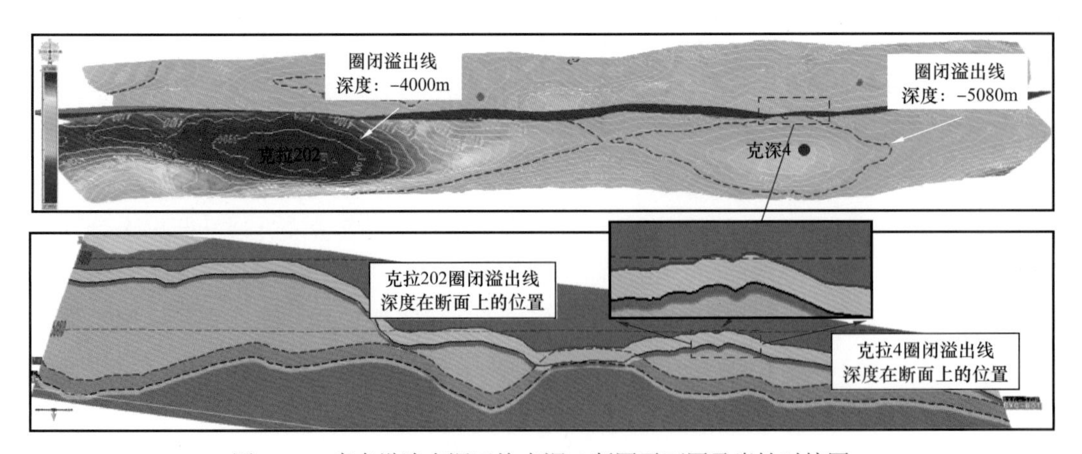

图 5-18　库车坳陷克深区块克深 4 断圈平面图及岩性对接图

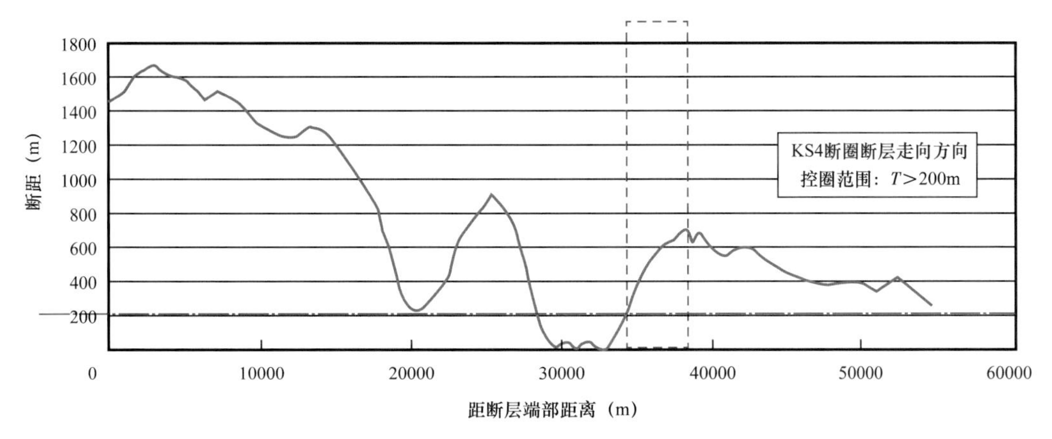

图 5-19　库车坳陷克深区块克深 4 断圈断层断距距离曲线

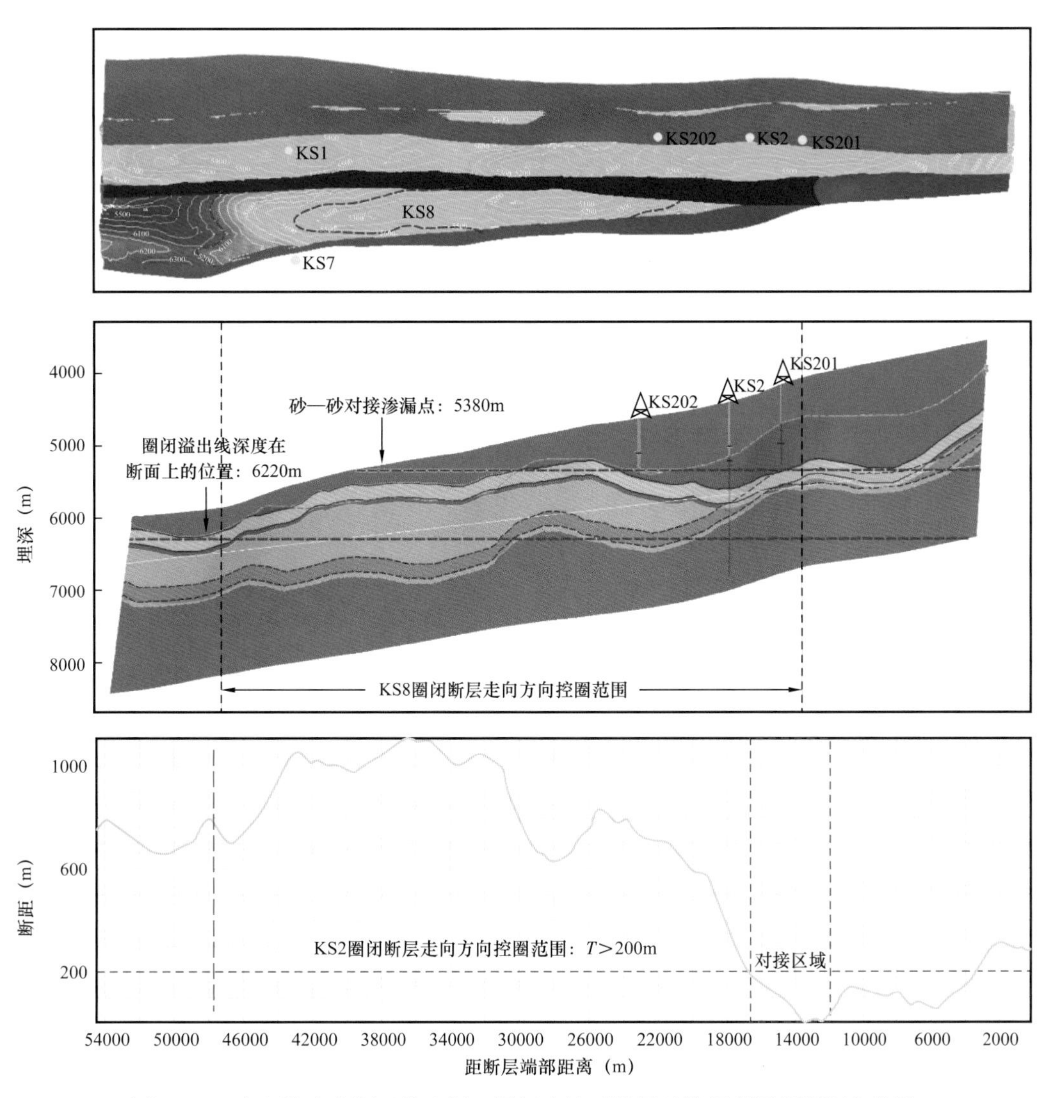

图 5-20　库车坳陷克深区块克深 8 圈闭岩性对接图及控圈断层断距距离曲线

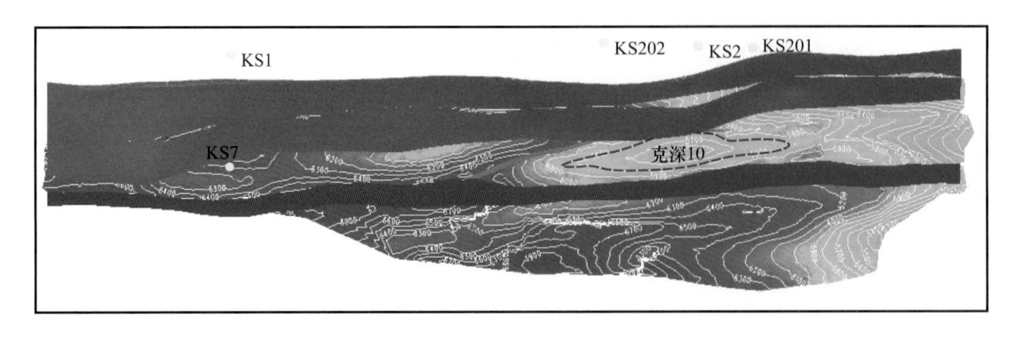

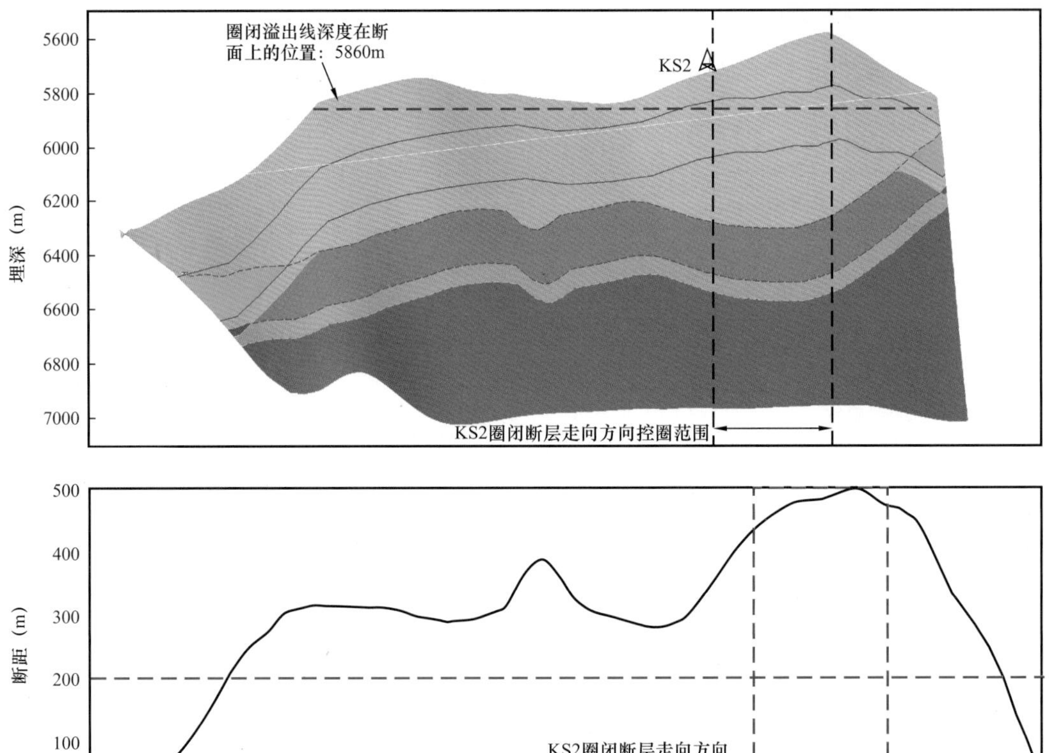

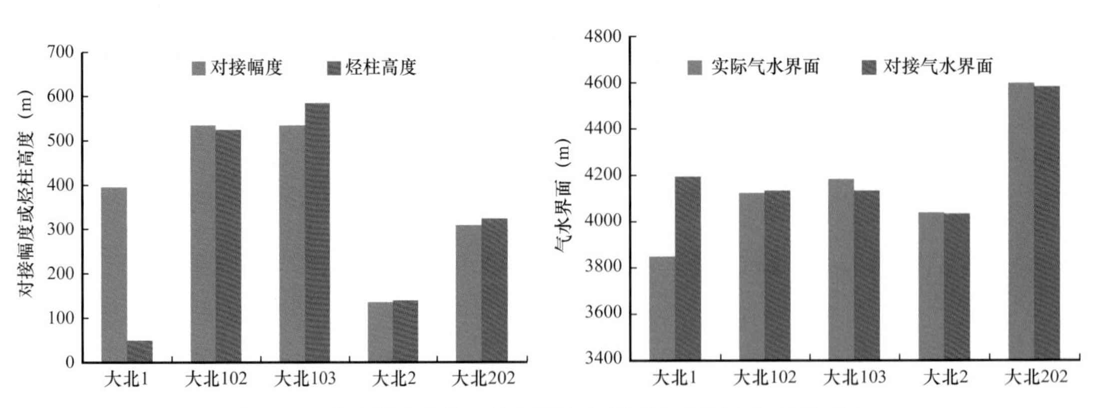

图 5-21　库车坳陷克深区块克深 10 圈闭岩性对接图及控圈断层断距距离曲线

图 5-22　库车坳陷大北区块预测含气情况与实际含气情况对比

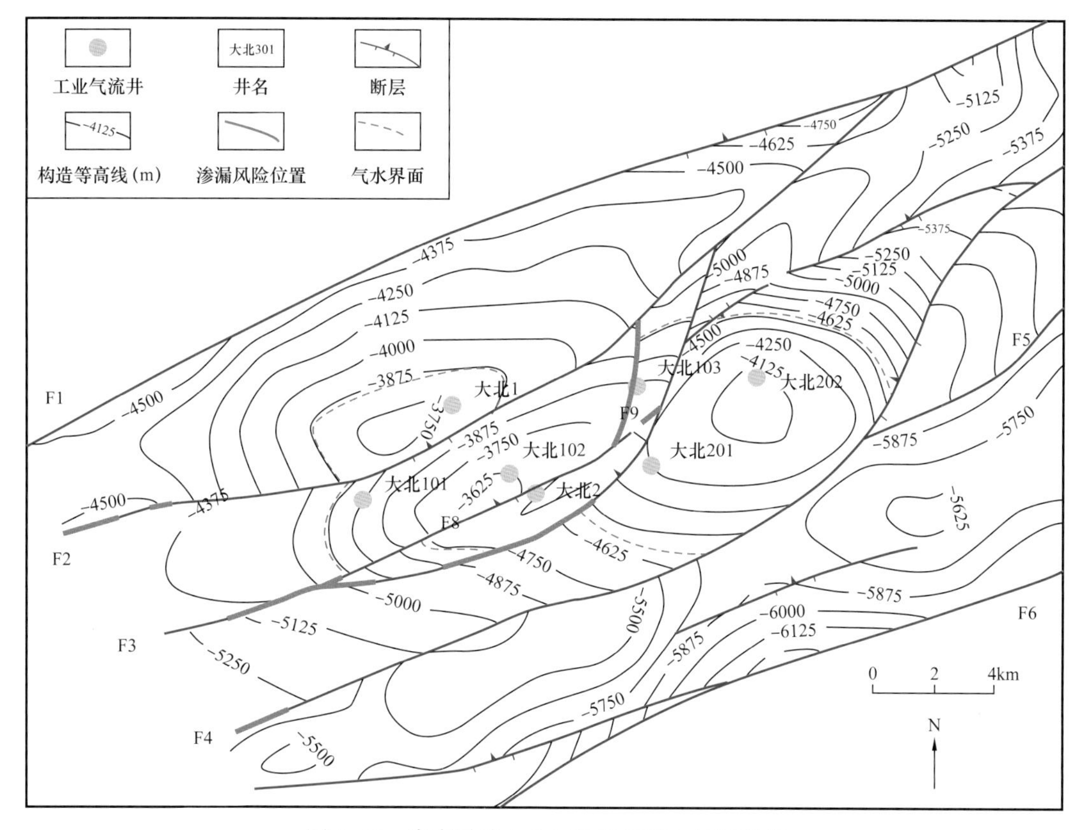

图 5-23　库车坳陷大北区块断层侧向封闭规律

三、断—盐组合时空演化控制盐下圈闭多期动态成藏

库车前陆盆地受膏盐岩盖层脆塑性转换控制，从而造成断—盐组合类型在时间上和空间上发生有规律的变化。在空间上，从山前带到前渊带，膏盐岩埋深由浅变深，断—盐组合类型也从断穿型逐渐过渡到隔断型、未穿型；在时间上，由于早期浅埋—后期深埋，在山前带和冲断带北侧，早期发育断穿型断—盐组合，油气沿断裂发生逸散，后期由于埋深增大超过盐岩脆塑性转换深度 3000m 而演变为隔断型断—盐组合，断—盐组合重新封闭，有利于晚期油气的保存。

断—盐组合及其封闭性时空演化与构造圈闭形态时间、烃源岩大量生排烃时间有效匹配，决定了克拉苏构造带的油气多期动态成藏过程，不同构造单元之间也具有较大的成藏差异。通过对克拉苏构造带克拉 2、大北、克拉 3 等气田的成藏解剖表明，油气充注大致都可分为三期，即两期油和一期气，油、气不同源、不同期，晚期煤成气对圈闭中早期原油进行了一定程度的气洗改造。而对克深区带克深 2、克深 5 等气藏的成藏解剖表明，在克深区带仅有晚期气的充注，这是因为克深区带逆冲叠瓦构造形成时间晚，圈闭形成期晚所以充注了晚期天然气（图 5-24）。下面重点阐明克拉苏构造带克拉区带克拉 2、大北等气田的多期动态成藏过程，以揭示膏盐岩脆塑性转换控制下的断—盖组合时空演化对克拉苏构造带油气聚集和分布的控制作用。

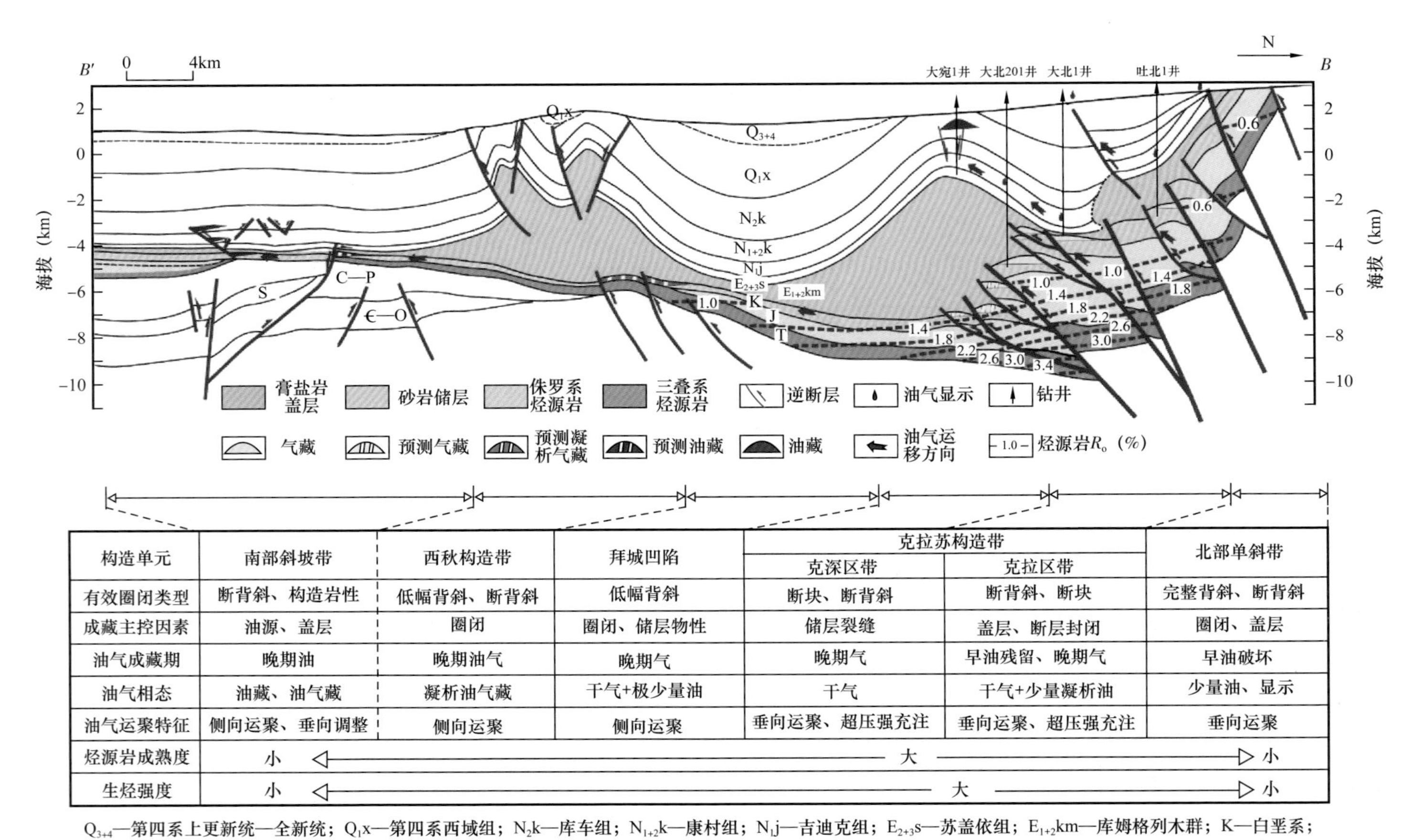

构造单元	南部斜坡带	西秋构造带	拜城凹陷	克拉苏构造带		北部单斜带
				克深区带	克拉区带	
有效圈闭类型	断背斜、构造岩性	低幅背斜、断背斜	低幅背斜	断块、断背斜	断背斜、断块	完整背斜、断背斜
成藏主控因素	油源、盖层	圈闭	圈闭、储层物性	储层裂缝	盖层、断层封闭	圈闭、盖层
油气成藏期	晚期油	晚期油气	晚期气	晚期气	早油残留、晚期气	早油破坏
油气相态	油藏、油气藏	凝析油气藏	干气+极少量油	干气	干气+少量凝析油	少量油、显示
油气运聚特征	侧向运聚、垂向调整	侧向运聚	侧向运聚	垂向运聚、超压强充注	垂向运聚、超压强充注	垂向运聚
烃源岩成熟度	小 ◁——			大		——▷ 小
生烃强度	小 ◁——			大		——▷ 小

Q_{3+4}—第四系上更新统—全新统；Q_1x—第四系西域组；N_2k—库车组；$N_{1+2}k$—康村组；N_1j—吉迪克组；$E_{2+3}s$—苏盖依组；$E_{1+2}km$—库姆格列木群；K—白垩系；J—侏罗系；T—三叠系；C—P—石炭—二叠系；S—志留系；€—O—寒武—奥陶系

图 5-24　库车前陆盆地不同构造带油气成藏特征与差异（据赵孟军等，2015）

1. 克拉 2 气田多期成藏过程与断—盐组合控藏

结合克拉 2 地区构造发育史、烃源岩生排烃史、古流体证据、成藏年代学定年分析，认为克拉 2 气田具有中新世早中期（N_1）原油充注、上新世库车组沉积期（N_2）高成熟油气充注、库车组沉积末期断裂活动破坏、第四纪（Q_1 以来）过成熟干气充注的 3 期成藏和改造过程（图 5-25）。古近纪末期—新近纪初期，三叠系湖相烃源岩 R_o 值达到 1.3%～1.6%，进入高成熟演化阶段，而侏罗系煤系烃源岩 R_o 值仅为 1.0% 左右。喜马拉雅早期的构造挤压运动使得克拉 2 断背斜初具规模，中新世早中期大量三叠系高成熟油气和少量侏罗系成熟原油沿 F2 断层向上运移形成了古油气藏。库车组沉积早期，烃源岩快速埋藏，三叠系湖相烃源岩进入生干气阶段，侏罗系煤系烃源岩进入高成熟阶段，生成大量的轻质油气，此时构造挤压作用加强，克拉 2 断背斜圈闭高度增加，大量新生油气顺油源断层 F2 进入克拉 2 圈闭，形成古油柱超过 350m 的轻质油气藏，该阶段充注的天然气对早期原油有一定的气洗脱沥青作用，如发现的油—气—沥青 3 相包裹体与第Ⅱ期无色、发蓝白色荧光的油气包裹体相伴生。但库车组沉积期末强烈构造运动导致 F1 穿盐断层继续活动，使得古油气藏沿着 F1 断层向上漏失而部分产生破坏，此时应该处于散失量大于充注量的动平衡过程（图 5-25c）。第四系西域组沉积至今，侏罗系煤系烃源岩进入高—过成熟阶段，生成大量干气，此时构造运动相对减弱，圈闭逐渐定型，F1 穿盐断裂因膏盐岩塑性增强而愈合封闭，深部高压侏罗系高—过成熟煤成气沿 F2 断层大量快速充注，并对早期残留原油产生了强烈气洗脱沥青作用，从而形成了现今的干气藏，并具有带少量凝析油、储层中有大量残余沥青的特征。构造挤压条件下产生的大量裂缝以及早期残留储层沥青形成的网络系统可能是晚期天然气快速充注的主要渗流通道。克拉 2 现今气藏以距今 2Ma 以来捕获的高—过成熟天然气为主。

烃源岩晚期快速生烃、超压流体沿断裂的快速充注及优质的膏盐岩盖层是克拉 2 大气田得以形成和保存的重要条件。位于克拉 2 号构造南侧的克深 2 号构造由于圈闭形成时间晚，主要聚集的是晚期高—过成熟的天然气，在克深 2 储层中没有发现早期油充注的证据，天然气 $\delta^{13}C_1$ 为 −28.3‰，$\delta^{13}C_2$ 为 −17.7‰，与克拉 2 气田天然气碳同位素基本一致，同样是天然气晚期阶段聚集的产物。

那么克拉 2 古油藏破坏之后，如何又能形成大气田呢？ F1 穿盐断层的存在为什么还能使晚期聚集的天然气得以保存呢？这主要与膏盐岩盖层的脆塑性转换有关。对于库车坳陷古近系以盐为主的膏盐岩沉积来说，变形主要受塑性更强的盐岩控制。也就是说，3000m 以浅，在前陆冲断带强烈挤压作用下膏盐岩以脆性为主，快速挤压受力易破碎，形成穿盐断裂和裂缝，油气易散失；3000m 以深，膏盐岩主要以塑性变形为主，在挤压变形过程中盐层以塑性流动释放构造应力，盖层不易破裂，已有断层也因盐层的塑性流动变形而在盐层段愈合消失，有利于盐下的油气保存。对于克拉 2 构造，在库车组沉积初期，喀桑托开断裂形成时埋深不到 3000m，膏盐岩以脆性变形为主，喀桑托开断裂为穿盐断裂，盐盖层保存条件被破坏，从而造成克拉 2 古油藏的破坏；在库车组沉积晚期，由于埋深加大超过 3000m，膏盐岩转变为塑性，在晚期强烈挤压作用下，膏盐岩发生塑性流动，喀桑托开断裂在盐层段发生愈合、断裂消失而被截断，膏盐岩盖层重新变得完整，从而有利于盐下克拉 2 大气田的形成和保存。

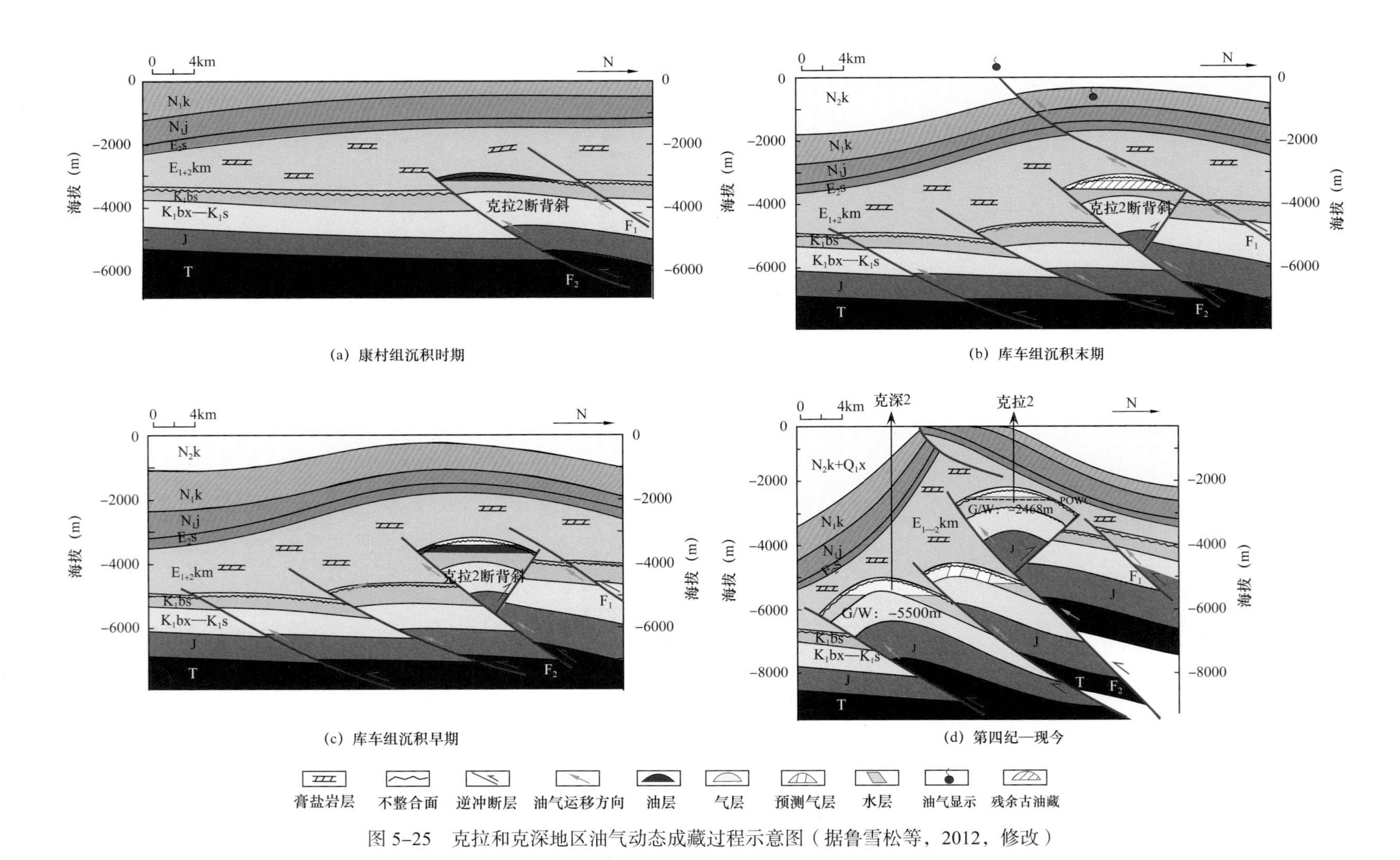

图 5-25　克拉和克深地区油气动态成藏过程示意图（据鲁雪松等，2012，修改）

2. 大北气田多期成藏过程与断—盐组合控藏

综合储层沥青、颗粒荧光、油气地化等分析数据以及膏盐岩盖层脆塑性转换研究成果，结合构造演化，揭示大北气田和大宛齐油田的关系及油气成藏过程（图 5–26）。

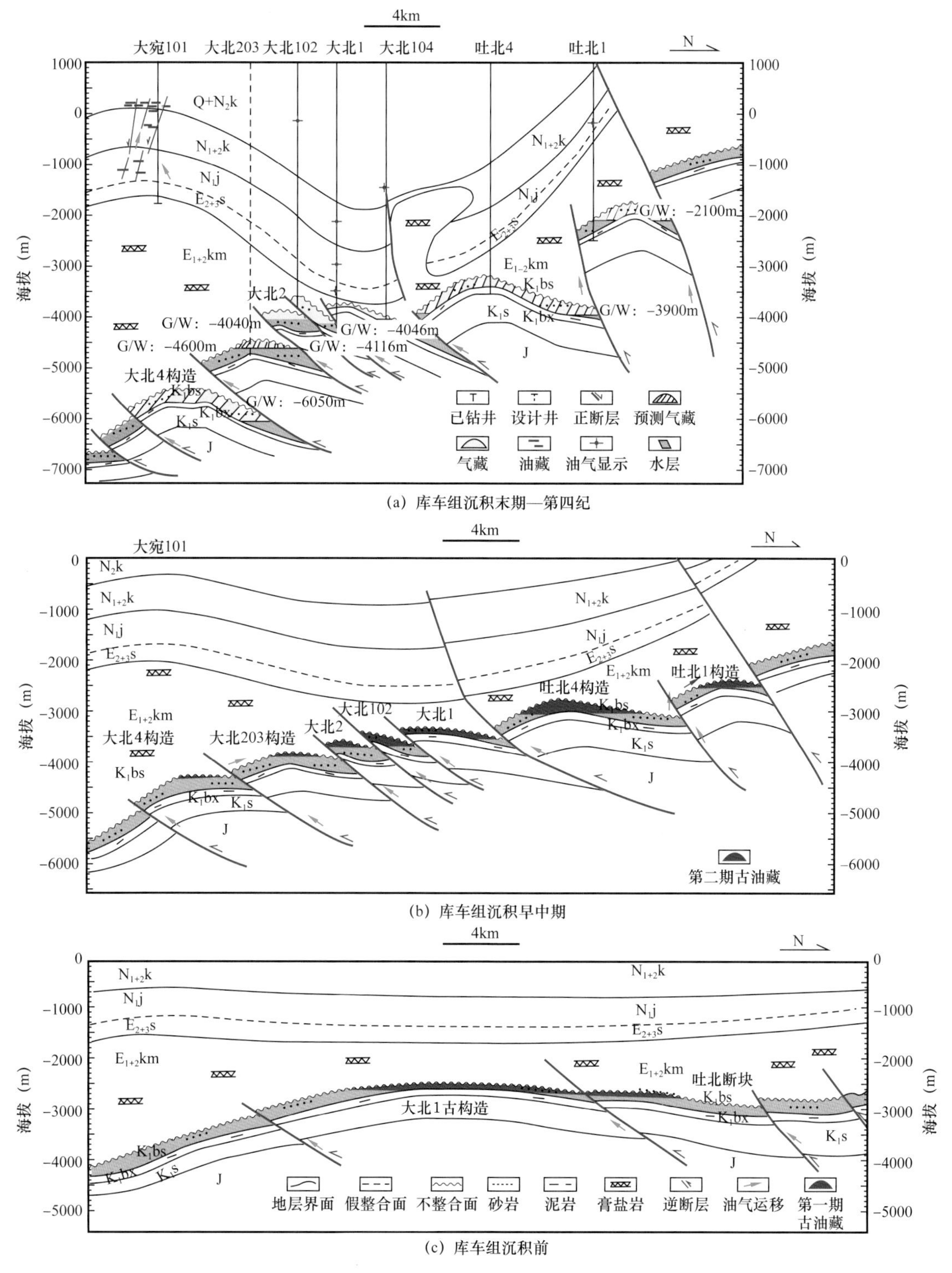

图 5–26　大北气田—大宛齐油田动态成藏过程（据鲁雪松等，2016）

在库车组沉积之前，天山的隆升对大北地区具有一定的挤压作用，使大北地区形成一个区域性的古构造。包裹体荧光观察发现大北地区存在早期低成熟原油的充注，由于没发现与油包裹体共生的盐水包裹体，因此只能推测早期低成熟原油的充注时间在库车组沉积之前。原油的充注就必然存在沟通油源的通道，这通道应该是由构造挤压作用所形成的逆断层。虽然大北古构造存在断层，但应该没有将储层分隔，因为流体包裹体盐度显示不同断块的包裹体盐度变化特征比较相似。

在库车组沉积时期，由于天山的隆升导致构造挤压作用增强，山前抬升剥蚀区为大北地区提供充足的物源，地层快速沉降（图 5-26）。强烈的构造挤压作用导致储层流体压力增加，大北地区背斜幅度增大，构造挤压并导致在大北地区发育新的断层将大北古构造分隔成不同的断块。此时，大北构造南侧的膏盐岩埋深已超过 3000m，进入塑性变形阶段，这些断层并未断穿盐层，形成未穿型断—盐组合；而大北构造北侧由于构造抬升，膏盐岩埋深小于 3000m，仍处于随性变形阶段，断层可以断穿盐盖层，形成断穿型断—盐组合。断层的活动将油源与储层沟通使得第二期油充注到储层中，不同的断块可能均接收了新的流体注入，导致不同断块的流体演化特征都具有很好的相似性。第二期油充注强度和规模可能都比较大，因为大北地区上部的大宛齐油藏是由大北古油藏被破坏调整到大宛齐的结果。大宛齐油田原油和大北地区现今储层中的原油的成分、成熟度都具有很好的相似性。

在库车组沉积中晚期—第四纪，随着膏盐岩层埋藏深度的增大，其塑性增强，膏盐岩受南天山的挤压推覆作用和上覆负荷的重力作用向南部塑性流动，使盐间断层消失，穿盐断层在盐层内断开，塑性膏盐岩沿断层向上侵入刺穿岩层，形成盐墙，从而关闭了深层油气进一步向上运、散的通道。此后，盐下断层继续活动或形成，断块、断背斜挤入塑性膏盐层内，形成大量有效圈闭，大规模高—过成熟煤成气和少量高成熟的湖相原油运聚成藏，早期原油仅以气溶油的形式保留着，且数量很少，形成盐下含少量凝析油的干气气藏。盐上随背斜的进一步发育，大宛齐背斜运聚的油气沿核部张性断裂或裂隙向上调整，于库车组成藏，大部分天然气散失，形成了大宛齐油田。

第二节　断—泥组合控藏实例——准南前陆霍玛吐构造带

准噶尔盆地南缘第二排背斜带主要由霍尔果斯背斜、玛纳斯背斜和吐谷鲁背斜组成，霍玛吐构造带是南缘重点勘探区带，由早期褶皱与后期断层突破及中、深部双重构造叠加组合而成。早期为“品”字形排列的背斜构造带，后期霍玛吐断裂沿安集海河组泥岩由背斜南翼突破至地表，浅层背斜为断层传播褶皱，表现为北翼陡且短、南翼长而缓的不对称特征，深层背斜内部发育有多个互相叠置的楔形体，楔形体内的构造变形表现为断层转折褶皱，但这些楔形构造的规模较小。垂向上，该构造带可划分为浅中深三个构造层，霍玛吐断裂上盘为浅部构造层，霍玛吐断裂下盘至呼图壁河组泥岩为中部构造层，呼图壁河组泥岩以下为深部构造层，主要勘探目的层为中部构造层和深部构造层；横向上，呈东西向展布，但地表的逆冲推覆断层以及深部的构造楔在平面上呈“品”字形排列。

目前钻井揭示准南发育 5 套区域性盖层：中—下侏罗统三工河组盖层、八道湾组盖层、下白垩统吐谷鲁群盖层、古近系安集海河组盖层和新近系塔西河组盖层。其中，中—

下侏罗统普遍发育煤系泥岩盖层，厚度较大，泥地比较低，全区分布稳定性一般，封闭能力较好；白垩系和古近—新近系发育厚层泥质盖层，泥地比高，全区分布稳定性好，特别是吐谷鲁群盖层厚度和单层厚度较大，具有较强的盖层封闭能力。

准南前陆盆地油气主要聚集在侏罗系和古近系安集海河组膏泥岩盖层之下，其次为白垩系吐谷鲁群泥岩盖层之下。其中卡因迪克和独山子油藏主要聚集在古近系安集海河组泥岩和塔西河组泥岩下，油气主要通过穿层断裂向上运移；齐古油藏主要聚集在侏罗系之下，原因是其上部分地层被剥蚀；霍玛吐、安集海和呼图壁油藏主要分布在古近系安集海河组泥岩之下，油气主要通过穿层断裂向上运移，其中安集海油藏调整断层穿越了安集海河组泥岩盖层，部分油气聚集在塔西河组盖层之下；甘河、莫索湾和彩南油藏主要聚集在侏罗系之下（图 5–27）。

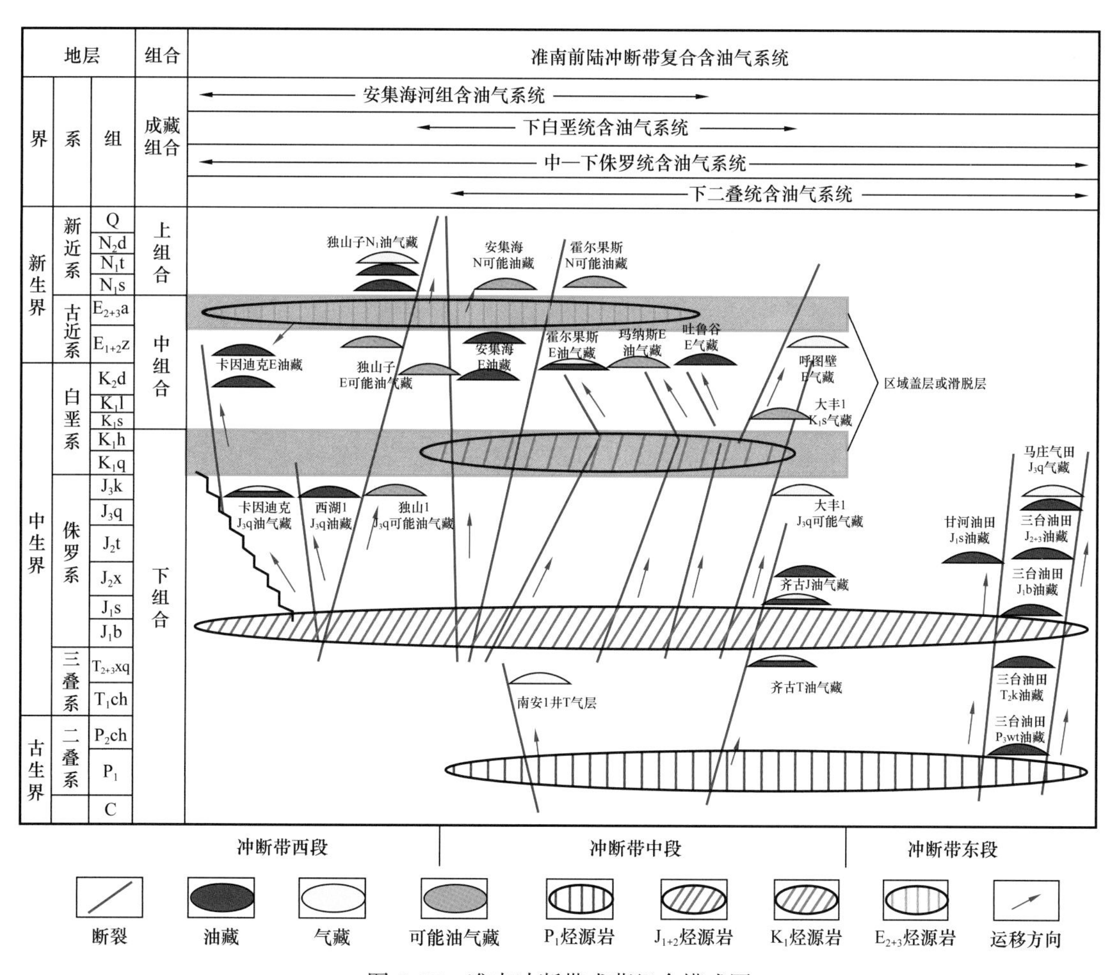

图 5–27　准南冲断带成藏组合模式图

一、准南泥岩盖层脆塑性转化临界

1. 安集海河组泥岩脆塑性

由于准南地区安集海河组泥岩样品钻取成功率极低，仅钻取了 5 块完整样品，无法满足定量判定泥岩盖层脆塑性的条件，同时由于样品风化程度较高，三轴试验过程中仅 50MPa 围压条件下测试成功，破坏后的样品发育典型的剪切破裂且应力—应变曲线具有很大的应力降表现为脆性破裂特征（图 5–28），因此有效围压小于 50MPa 即埋深小于 2903m 的条件下安集海河组泥岩都表现为脆性变形，统计表明准南地区不同构造带安集海河组泥岩盖层都处于脆性域（图 5–29）。

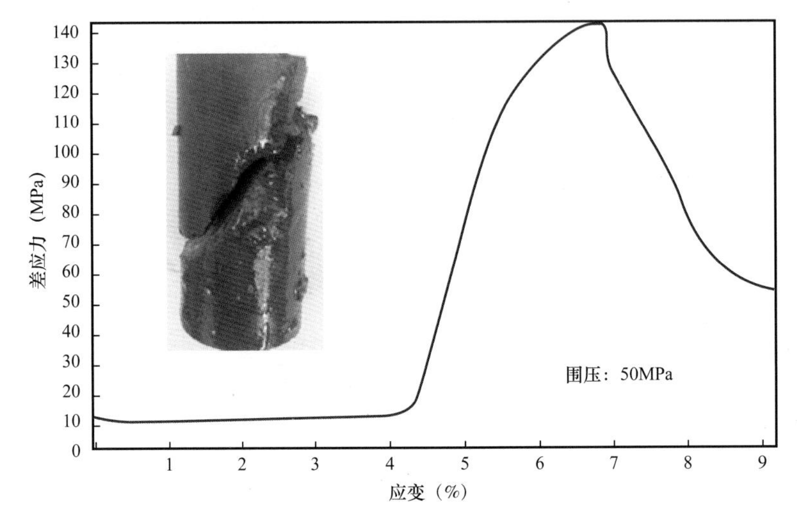

图 5–28　安集海河组泥岩盖层应力—应变曲线

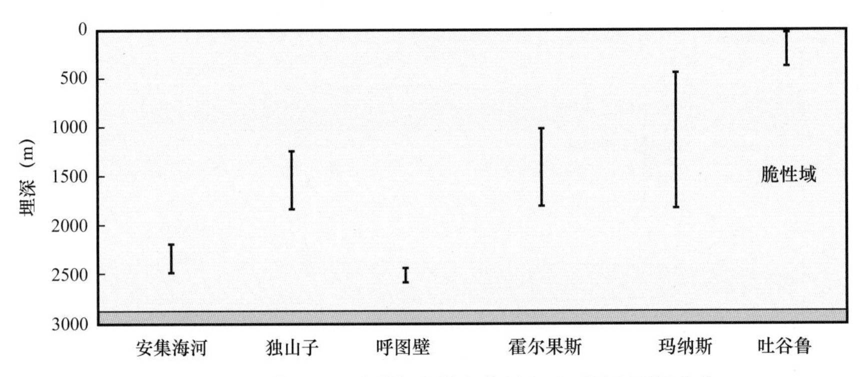

图 5–29　准南地区不同构造带安集海河组盖层埋深分布

2. 吐谷鲁群泥岩脆塑性

样品取自准噶尔盆地南缘吐谷鲁群的露头区，深灰色泥岩样品发育深浅条带相间的纹层状结构，样品近垂直于层理方向钻取。室温和大气压下，利用 ULT—100 超声波测试系统测试完整样品在轴向和径向两个方向的 P 波波速都是 3499～3610m/s，各向异性不明显。通过 XRD 全岩分析技术，泥岩的矿物成分主要是由黏土矿物（24.3%）、石英（20.7%）、斜长石（15%）、铁白云石（15%）、方解石（11.3%）和其他矿物（13.7%）组成（表 5–4）。准南泥岩样品的平均密度为 2.48g/cm^3，孔隙度为 3.1%。通过在 60℃真空下干燥泥岩样品 14 天，得到了泥岩的含水量为 0.77%。所有测试样品都取自同一大块岩石，尽可能避免样品的差异性，样品直径为 25mm，高度为 50mm。

表 5-4　准南泥岩样品矿物成分分析

矿物含量（%）							
石英	钾长石	斜长石	方解石	白云石	菱铁矿	石 盐	赤铁矿
29.6		8.7	11.8	12.9			
方沸石	重晶石	石膏	硬石膏	普通辉石	铁白云石	黏土矿物	
3.7			1.2		3.5	28.6	

统计了准噶尔南缘不同构造带各组地层的实测地温数据，结果表明准南三排构造带地温梯度大体一致，没有存在明显的差异。因此，三轴压缩实验的温度条件可使用相同的地温—埋深关系式换算。最终按平均上覆岩层压力梯度 23MPa/km，静岩压力梯度 10MPa/km，地温梯度 23℃ /km 设置了三轴压缩试验的实验条件如表 5-5 所示。开展了不同温度、围压和孔压条件下的三轴压缩试验（图 5-30）。

表 5-5　准南泥岩样品三轴压缩试验条件

样品编号	模拟深度（m）	岩性	围压（MPa）	孔压（MPa）	温度（℃）	应变速率（mm/min）
1	0	泥岩	0	0	室温	0.03
2	1000	泥岩	23	10	33	0.03
3	2000	泥岩	46	20	56	0.03
4	3000	泥岩	69	30	79	0.03
5	4000	泥岩	92	40	102	0.03
6	5000	泥岩	115	50	125	0.03
7	3000	泥岩	69	40	79	0.03
8	3000	泥岩	69	50	79	0.03
9	3000	泥岩	69	60	79	0.03

根据三轴压缩实验获得的峰值和残余强度拟合剪切破裂强度与围压关系曲线，依据 Byerlee 定律和 Goetze 准则与摩尔—库仑破裂包络线的关系来定量判断脆塑性转化阶段，即摩尔—库仑破裂包络线与 Byerlee 定律的交点为脆性向脆—塑性转化的临界点；摩尔—库仑破裂包络线与 Goetze 准则的交点为脆—塑性向塑性转化的临界点，最终估算准南地区白垩系泥岩脆性向脆—塑性转化的有效围压约为 68MPa，脆—塑性向塑性转化的有效围压约为 219MPa（图 5-31）。按有效压力梯度 13MPa/km 换算 68MPa 对应深度约为 5231m，认为准南白垩系泥岩盖层在未抬升前整体处于脆性和脆—塑性阶段，很难达到真正的塑性阶段。

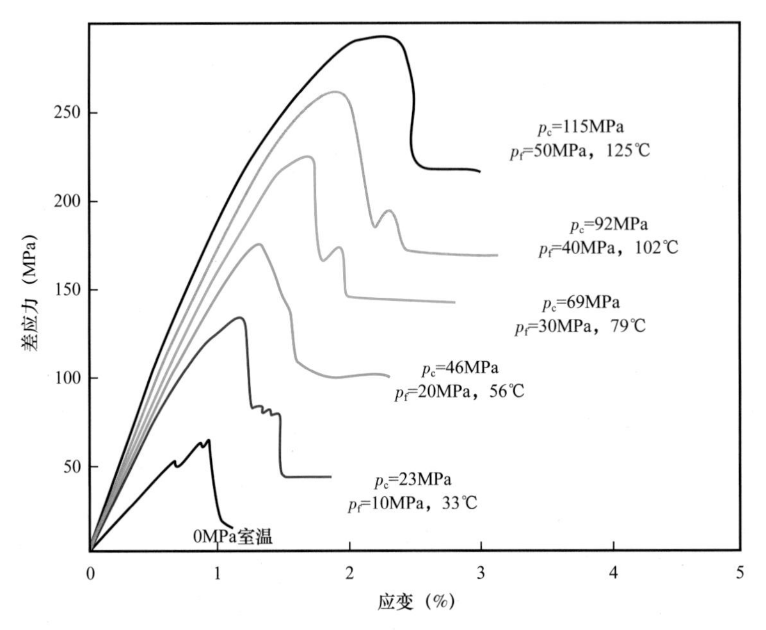

图 5-30　准南露头白垩系泥岩样品不同温压下应力—应变曲线

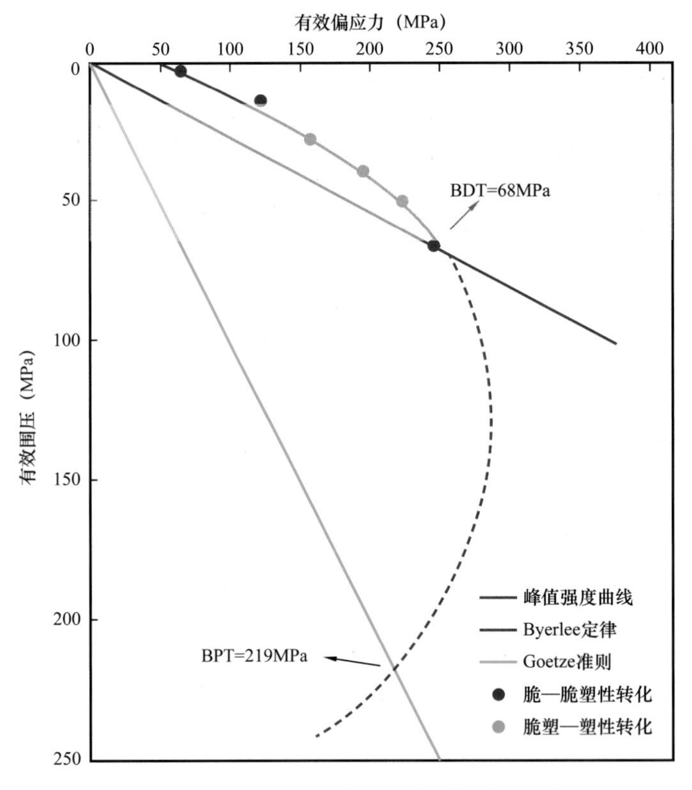

图 5-31　准南吐谷鲁群泥岩脆塑性阶段厘定

3. 侏罗系泥岩脆塑性

对准南齐古背斜、清 1 井和独山 1 井的侏罗系泥岩段也钻取了大量岩心柱子，开展了三轴岩石力学实验。实验结果表明，侏罗系泥岩成岩程度高，泥岩密度大，总体以脆性变形为主，从应力—应变曲线上可以看出，在围压为 120MPa 时仍表现为脆性变形的特征（图 5–32）。

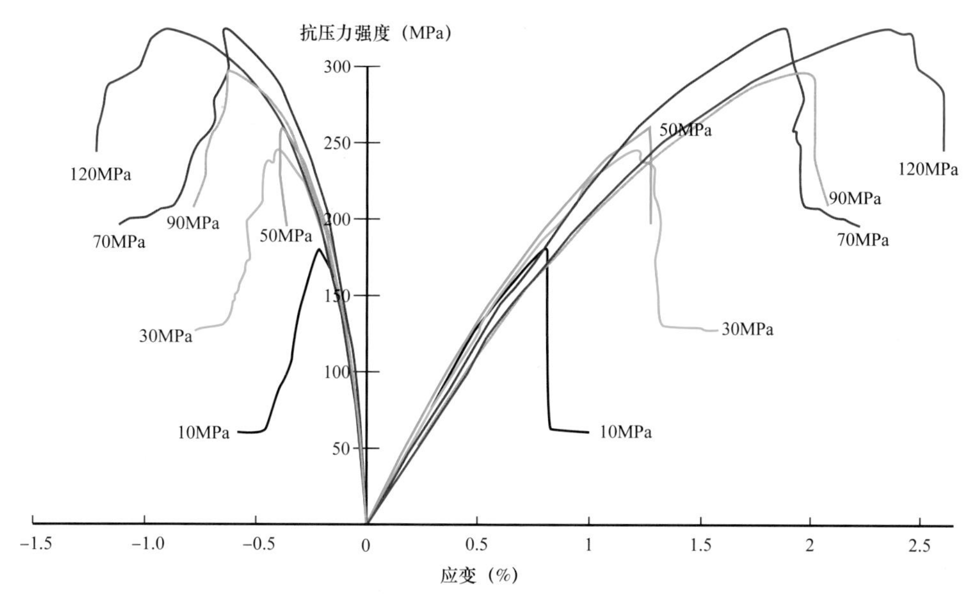

图 5–32　齐 009 井 J_1b 灰色泥岩三轴应力—应变曲线图

根据三轴压缩实验得到的剪切破裂强度与围压数据，依据 Byerlee 定律和 Goetze 准则与摩尔—库仑破裂包络线的关系来定量判断脆塑性转化阶段，可以看出，在目前埋深浅于 6000～8000m 范围内，侏罗系泥岩主要处于脆性变形域，个别样品如清 1 井 J_2x 灰黑色泥岩处于脆—塑性过渡变形域（图 5–33）。

二、断层—厚层脆性泥岩组合断层侧向封闭性定量评价

断裂在地层中变形形成多种类型的断层岩，断层侧向封闭受岩性对接封闭和断层岩封闭共同控制。控圈断层上升盘与上覆安集海河组泥岩对接，形成有效的对接封闭；断层对下降盘储层的封闭能力受控于断距大小，断距小于单砂体厚度时，断层侧向渗漏，当断距大于单砂体厚度时，随断距增大，断层岩逐渐从碎裂岩演化为层状硅酸盐，封闭能力逐渐增强（图 5–34）。

1. 玛河气田

玛纳斯背斜位于准噶尔盆地南缘中段霍玛吐构造带的中部（王海静等，2009；匡立春等，2012；白振华等，2013），是东西走向的长轴背斜（图 5–35），背斜南北两翼各发育一条倾向相对的逆断层，即玛纳斯背斜南断裂和北断裂，气藏以凝析气藏为主，储层为古近系紫泥泉子组，是典型的砂泥互层沉积，自上而下分为三段：紫三段、紫二段、紫一段，主力产层为古近系紫泥泉子组三段，岩性以细砂岩、粉砂岩为主，孔隙度平均为 18.9%，渗透率平均为 46.61mD，属中孔、中渗储层（王海静等，2009）。

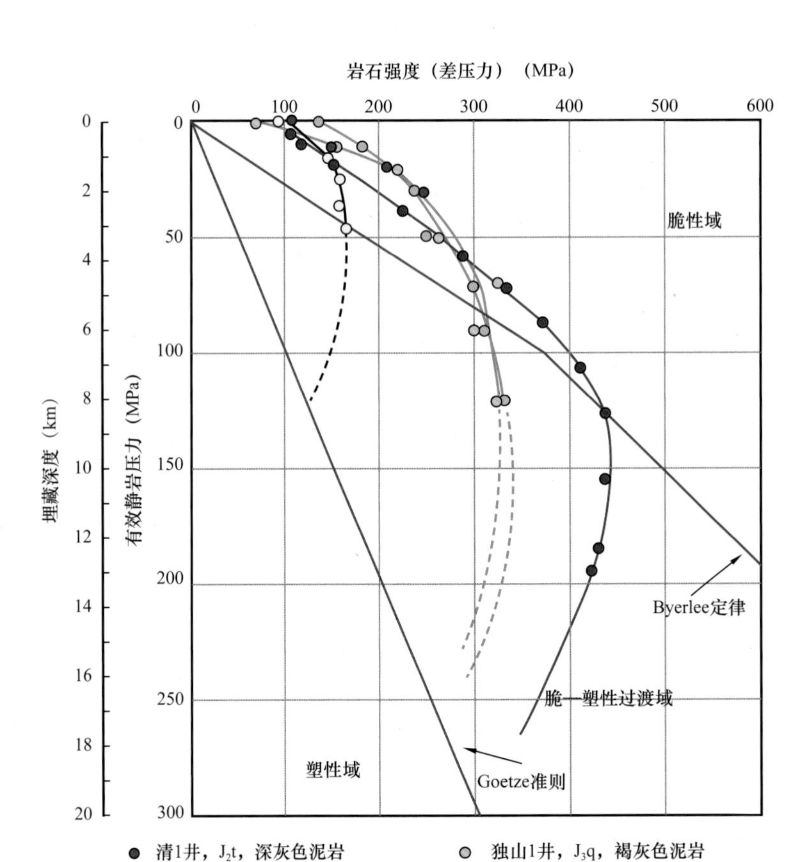

图 5-33　准南侏罗系泥岩脆—塑性判识图

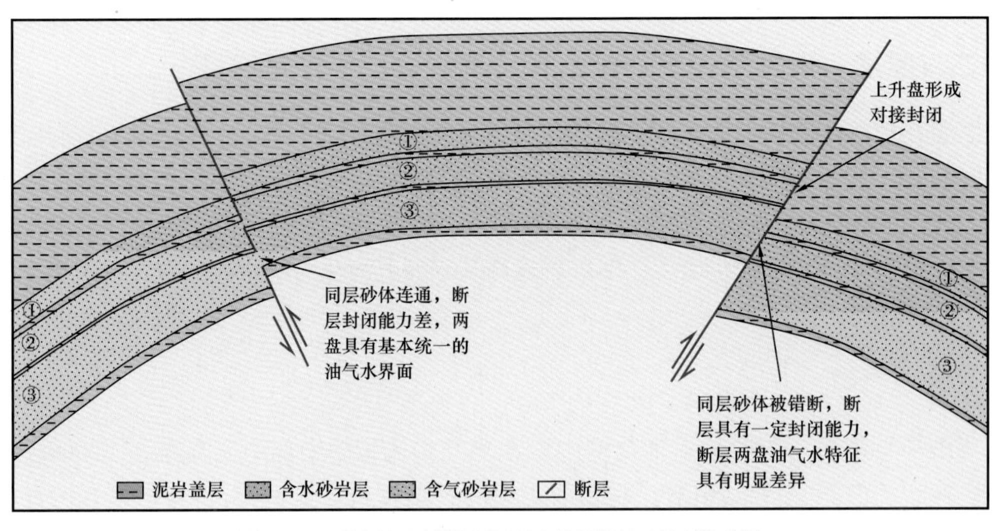

图 5-34　玛河气田紫泥泉子组断层侧向封闭模式图

统计玛纳斯背斜各断圈圈闭要素（表 5-6），玛纳 001、玛纳 002 和玛纳 003 断圈均具有独立的气水界面（图 5-36），分别为 −1730m、−1690m、−1842m。

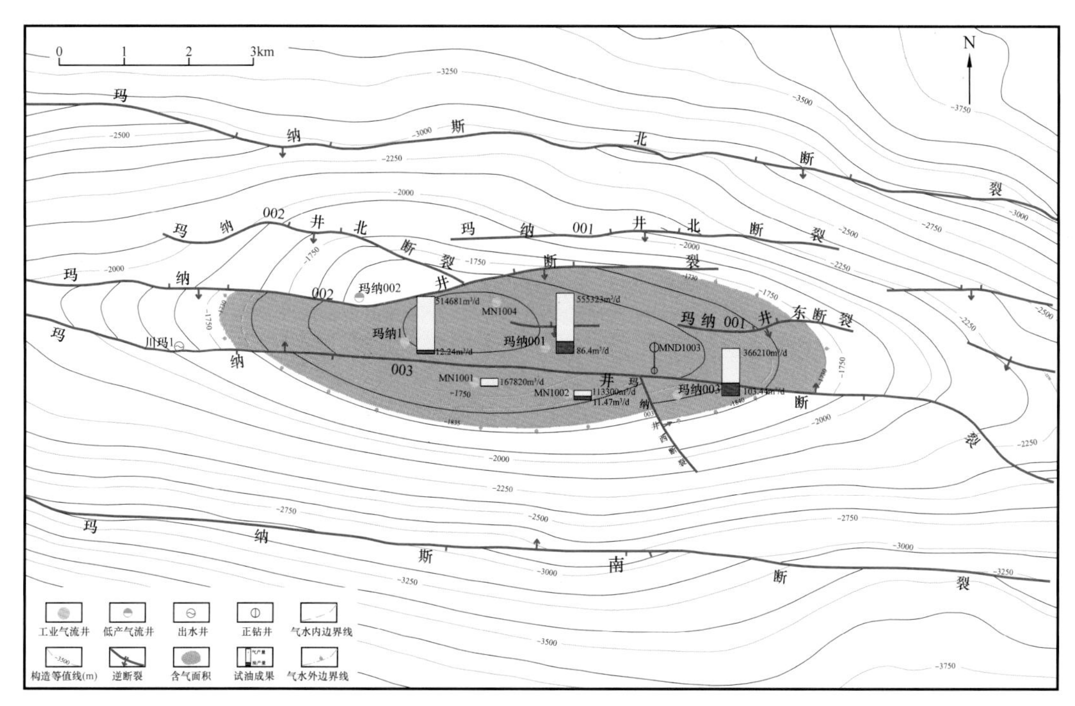

图 5-35　玛河气田紫泥泉子组三段顶界构造图

表 5-6　玛纳斯背斜圈闭要素统计表

圈闭名	地质层位	断裂名	井名	控圈断层侧向封闭性分析					
				构造高点（m）	圈闭溢出点（m）	构造幅度（m）	气水界面（m）	气柱高度（m）	控圈范围（m）
玛纳斯	$E_{1+2}z_3$	玛纳002断裂	玛纳 002 井	−1575	−2000	425	−1690	115	−1575～−1975
			玛纳 1 井	−1525	−2000	475	−1730	205	−1560～−1955
		玛纳003断裂	玛纳 001 井	−1525	−2000	475	−1730	205	−1525～−2240
			玛纳 003 井	−1625	−2000	375	−1842	217	−1575～−2400

玛纳 1 井和玛纳 002 井钻遇的紫三段中单砂层厚度普遍大于 35m（图 5-37）。玛纳 002 断层断距范围为 20～70m，部分断距小于单砂层厚度，储层未能完全被错断（图 5-38），被错断部分与对盘盖层对接，形成岩性对接封闭，而未被错断部分同层砂体出现对接，对接部位依靠断层岩封闭。通过统计单井泥地比，玛纳 1 井紫三段泥地比仅为 13.4%，即断裂带最大 SGR 约 13.4%，断层岩以碎裂岩为主，断层整体具有一定的封闭能力，依靠断层岩可封闭烃柱高度为 40m（图 5-36、图 5-39）。

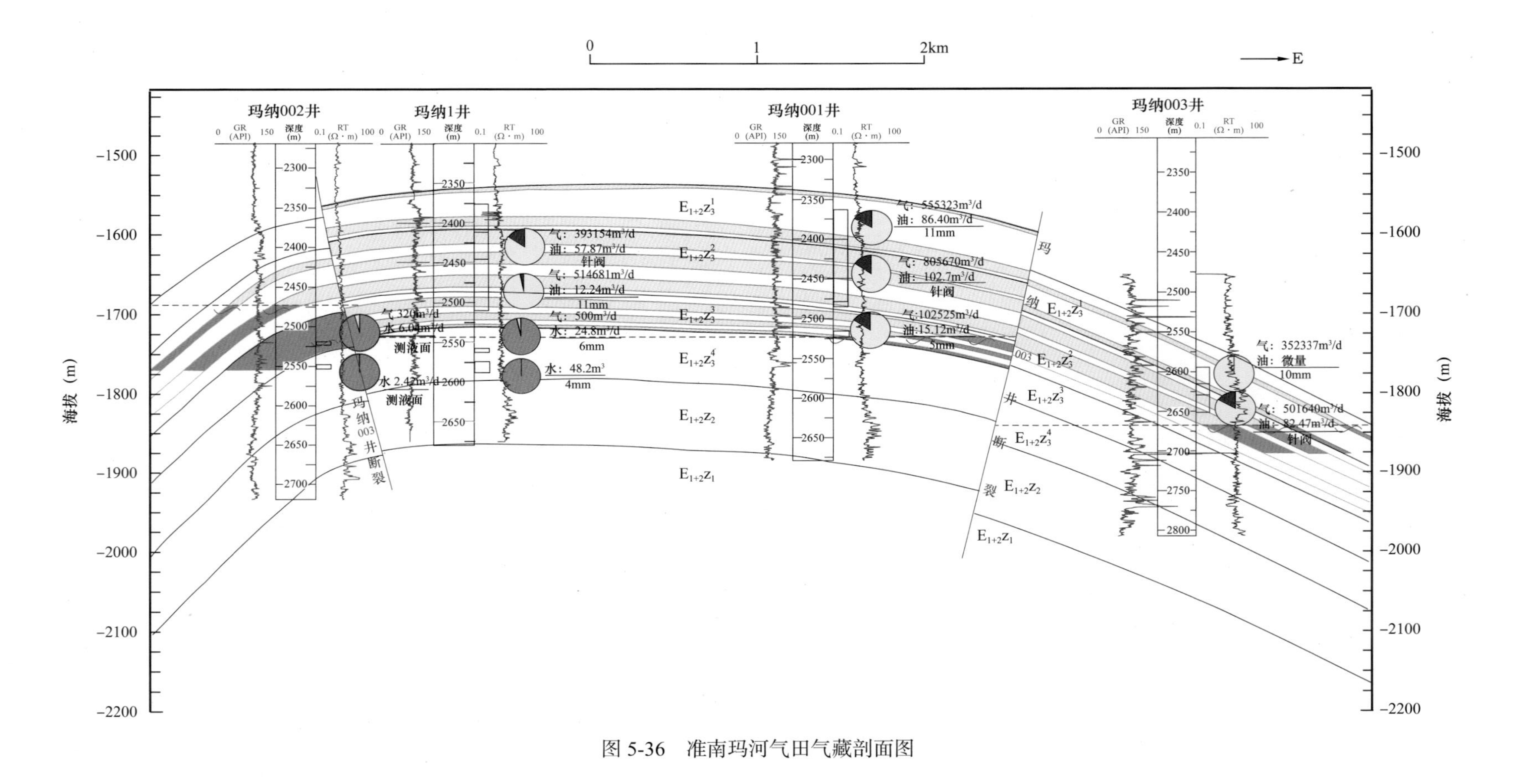

图 5-36 准南玛河气田气藏剖面图

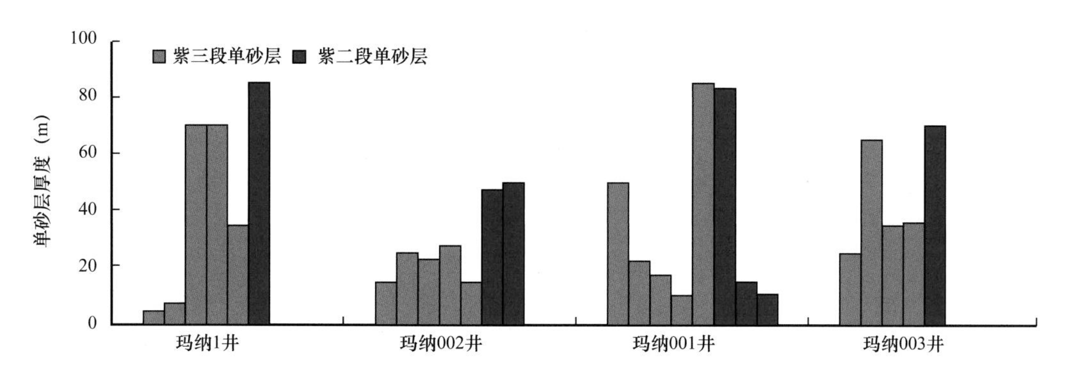

图 5-37　玛河气田紫泥泉子组三段单砂层厚度对比图

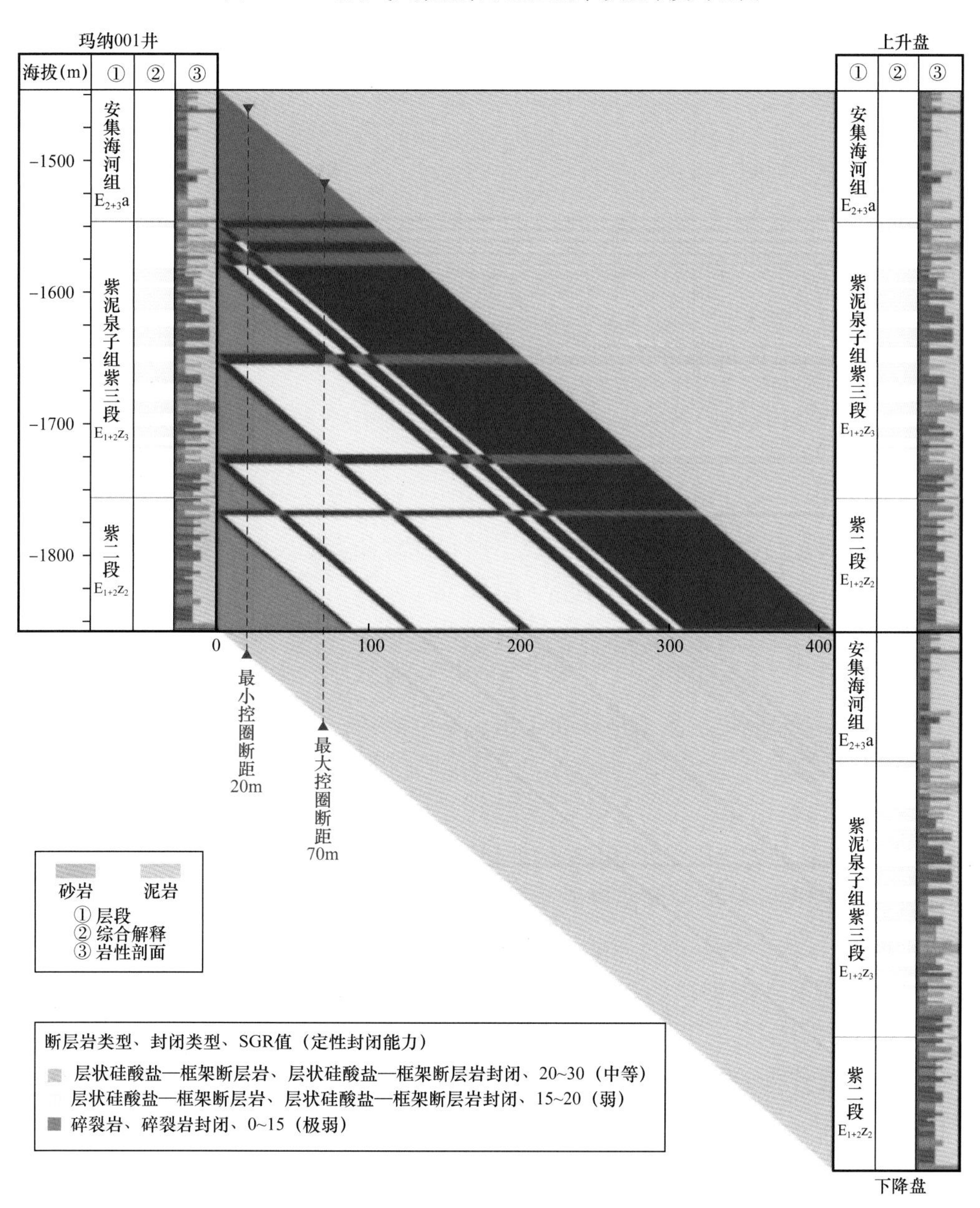

图 5-38　玛河气田玛纳 1 井三角图

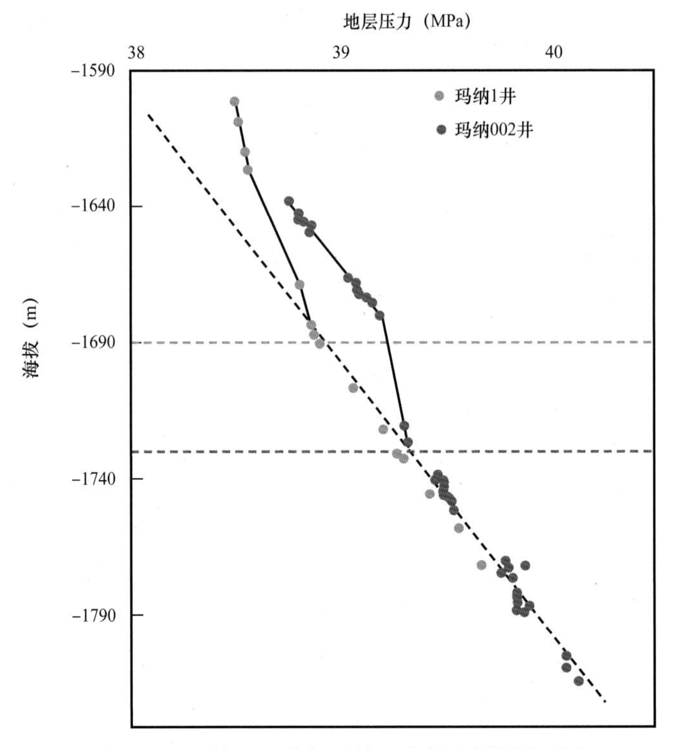

图 5-39　玛纳 002 井与玛纳 1 井的地层压力对比

玛纳 001 和 003 井钻遇的紫三段中单砂层厚度为 4～83.5m，多数位于 10～50m 之间。玛纳 003 断层断距范围为 80～145m，单砂体几乎被完全错断（图 5-40），断层封闭能力受控于断层泥含量。两口井紫三段最小泥地比为 23.2%，即在非同层砂岩层对接处，断层带最大 SGR 约为 23.2%，因此断层带形成了层状硅酸盐封闭，断层整体具有一定封闭能力，依靠断层岩可封闭烃柱高度为 112m（图 5-36）。

2. 呼图壁气田

呼图壁气田位于准噶尔盆地南缘北天山山前坳陷第三排构造带的东端（宋元林和胡新平，2001），构造形态为近东西向展布的长轴背斜（廖健德等，2011）（图 5-41）。油气主要来源于侏罗系煤系烃源岩和二叠系烃源岩，主力产层为古近系紫泥泉子组，以岩屑砂岩和长石砂岩为主。安集海河组为巨厚的湖相泥岩，是良好的区域性盖层（宋元林和胡新平，2001；张闻林等，2003；廖健德等，2011）。

呼图壁断裂是控制整个气田的主要断裂，贯穿全区，将背斜切割为上下盘两个背斜圈闭，油气集中富集在断层下盘圈闭中（图 5-42）。紫泥泉子组三段砂层中，泥岩隔夹层不起封闭作用，天然气受上覆区域盖层直接控制，气藏具有统一的气水界面（图 5-42）。通过对储层砂岩厚度统计，紫三段单砂体厚度普遍小于 20m，控圈断层断距主要在 140～320m 之间（图 5-41），砂体普遍被错断，但由于气藏位于断裂的下盘，储层与对盘砂岩对接，断层侧向以断层岩封闭为主（图 5-43）。通过统计呼图壁气田内单井含油气性，厘定断层侧向封闭临界 SGR 为 27%（图 5-44）。

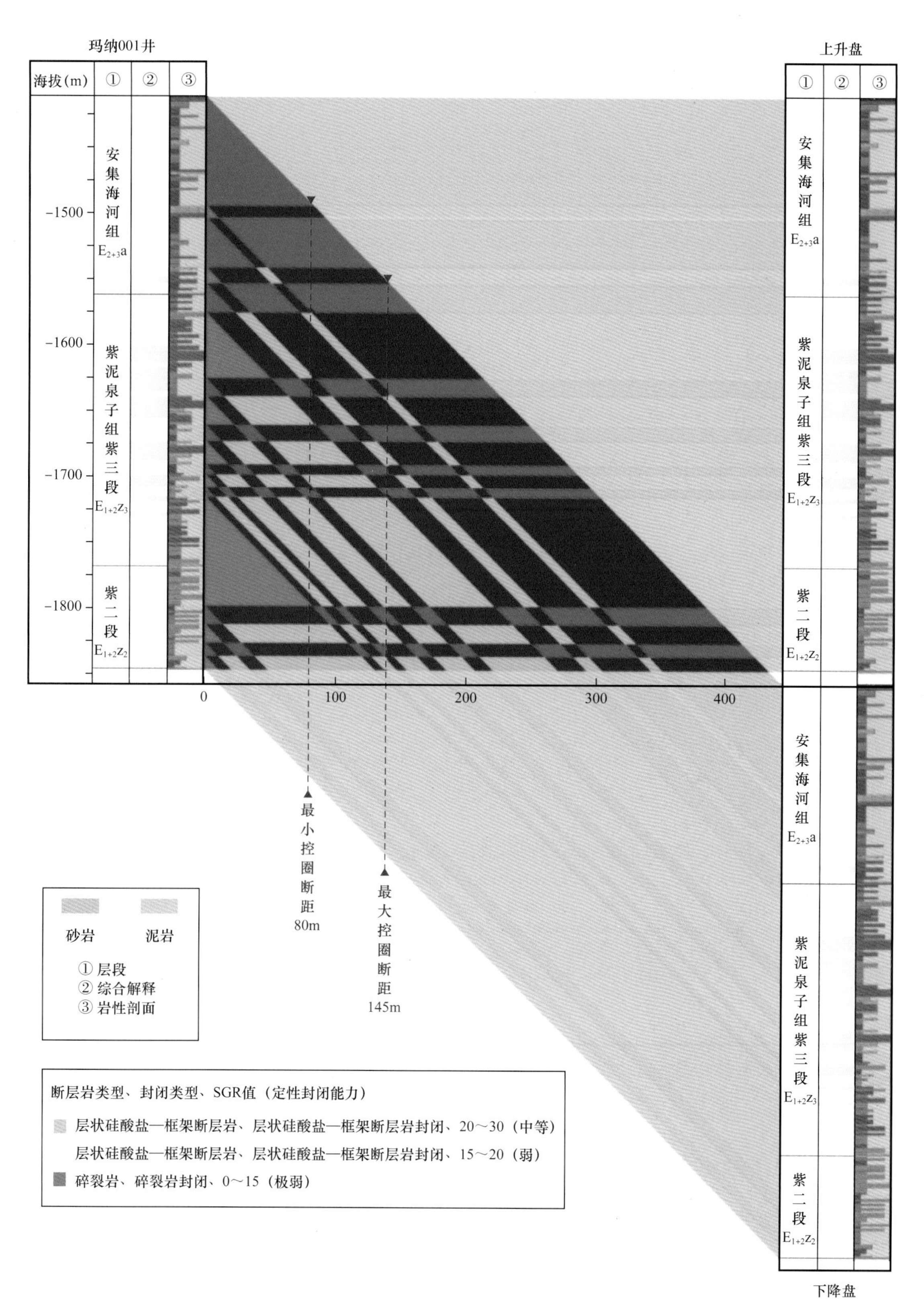

图 5-40　玛河气田玛纳 001 井三角图

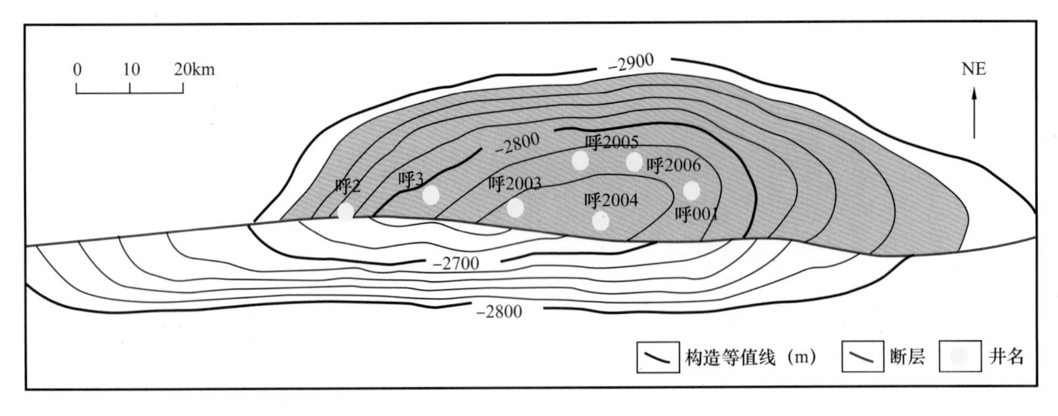

(a)

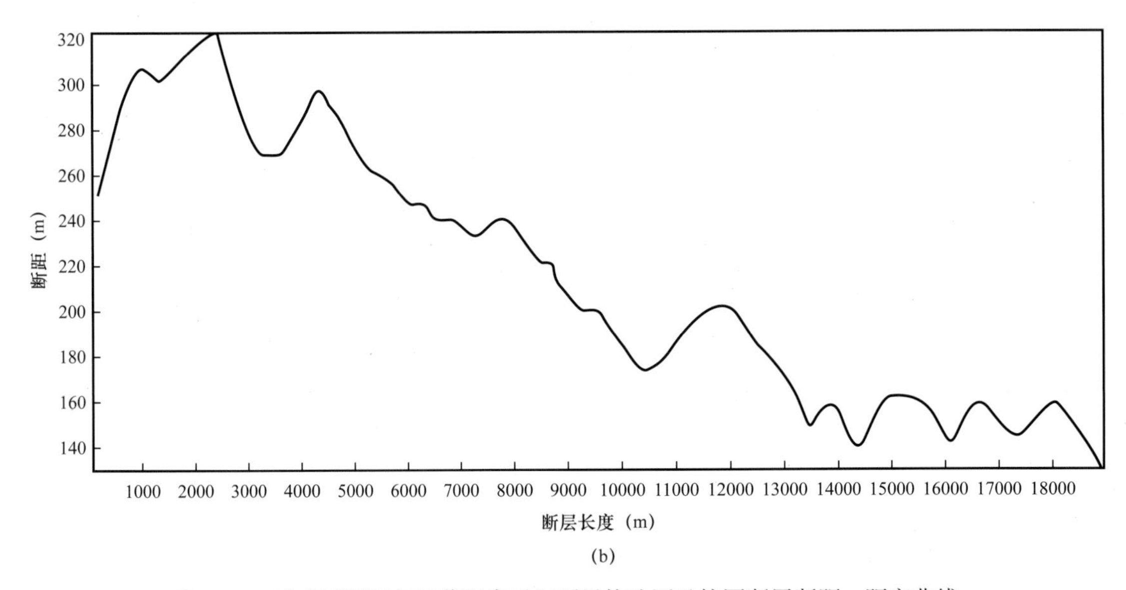

(b)

图 5–41 准南呼图壁气田紫泥泉子组顶界构造图及控圈断层断距—距离曲线

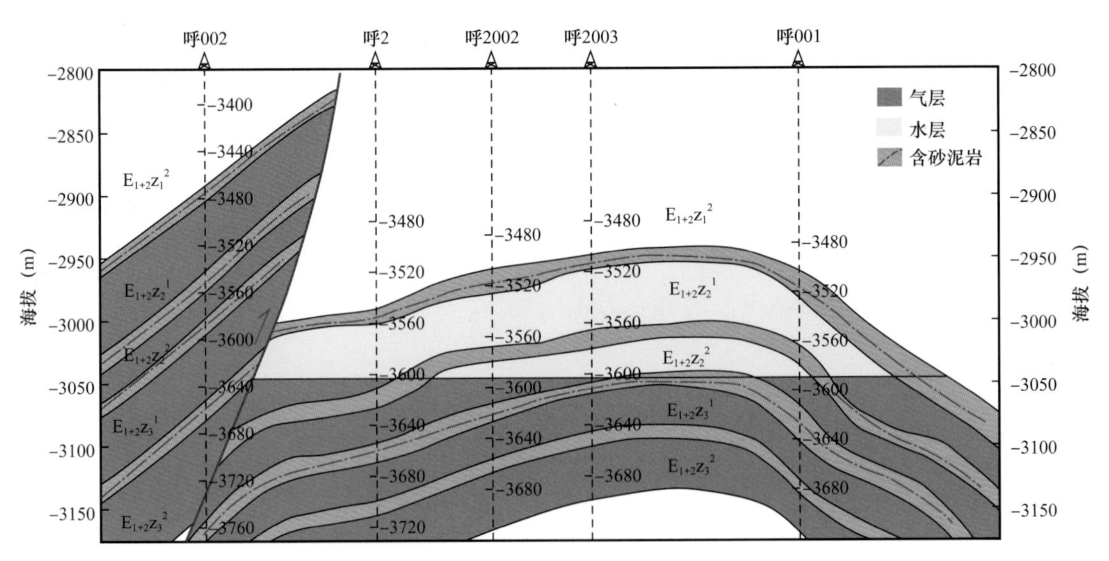

图 5–42 准南呼图壁气田气藏剖面图

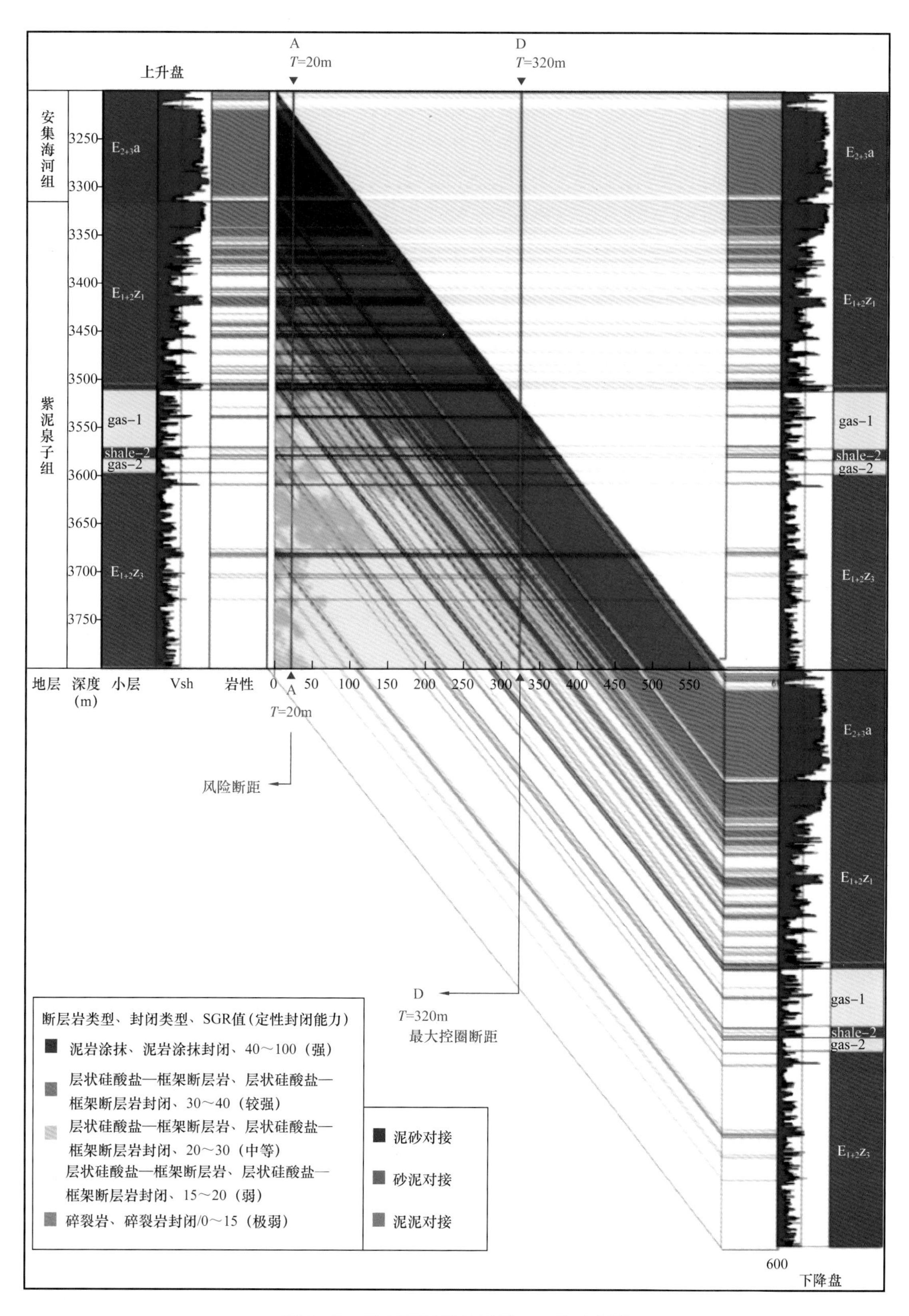

图 5-43　准南呼图壁气田呼 002 井三角图

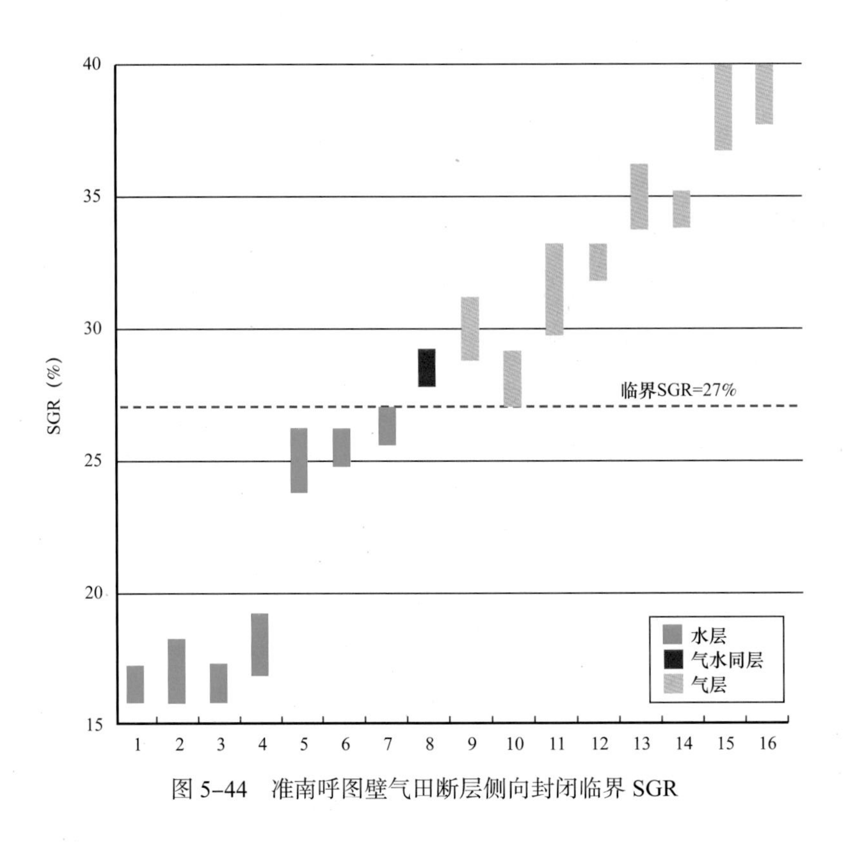

图 5-44 准南呼图壁气田断层侧向封闭临界 SGR

三、断—泥组合控藏机理与模式

准南前陆冲断带断—盖组合控藏的主控因素有：（1）泥岩盖层脆塑性；（2）断层垂向封闭性（断距—厚度耦合关系）；（3）断层侧向封闭性（SGR），临界 SGR 决定断层封闭的烃柱高度。由于准南安集海河组泥岩密度介于 2.3～2.4g/cm^3，埋深小于 3000m，主体位于脆性域。断—盖组合垂向有效性主要取决于临界断接厚度。通过对准南中西段中上组合油气显示及断接厚度的统计，可以确定安集海河组泥岩盖层的临界断接厚度为 393～409m。断接厚度低于 400m 时，断盖组合无效，油气将穿过安集海河组泥岩向上调整，在沙湾组成藏；在断接厚度大于 400m 时，断盖组合有效，油气仍很好地封存在安集海河组泥岩盖层之下聚集成藏，如霍玛吐构造带的油气主力层位为安集海河组之下的紫泥泉子组（图 5-45）。据此，总结准南安集海河组 2 种断—盖组合控藏模式，一种为断层调整散失模式如独山子、西湖和安集海构造带，另一种为断层对接封闭模式如玛纳斯、霍尔果斯和呼图壁构造带（图 5-46）。

综合盖层脆塑性、临界断接厚度、SSF 值，建立了准南安集海河组断—盖共控油气富集综合定量评价图版（图 5-47、图 5-48），划分出四个区域：Ⅰ类区为油气早期聚集晚期调整区，断接厚度决定油气垂向封闭性，Ⅰ类区断接厚度低于临界值，表现为垂向调整散失作用，图 5-47 为安集海河组盖层之上油气显示情况，说明深层油气被断层破坏向浅层调整运聚；Ⅱ类区为油气聚集区，各构造带断接厚度低于临界值，油气未向安集海河组盖层之上调整运移，典型实例如玛纳 001 井、玛纳 002 井；Ⅲ类区为油气聚集区，泥岩处于

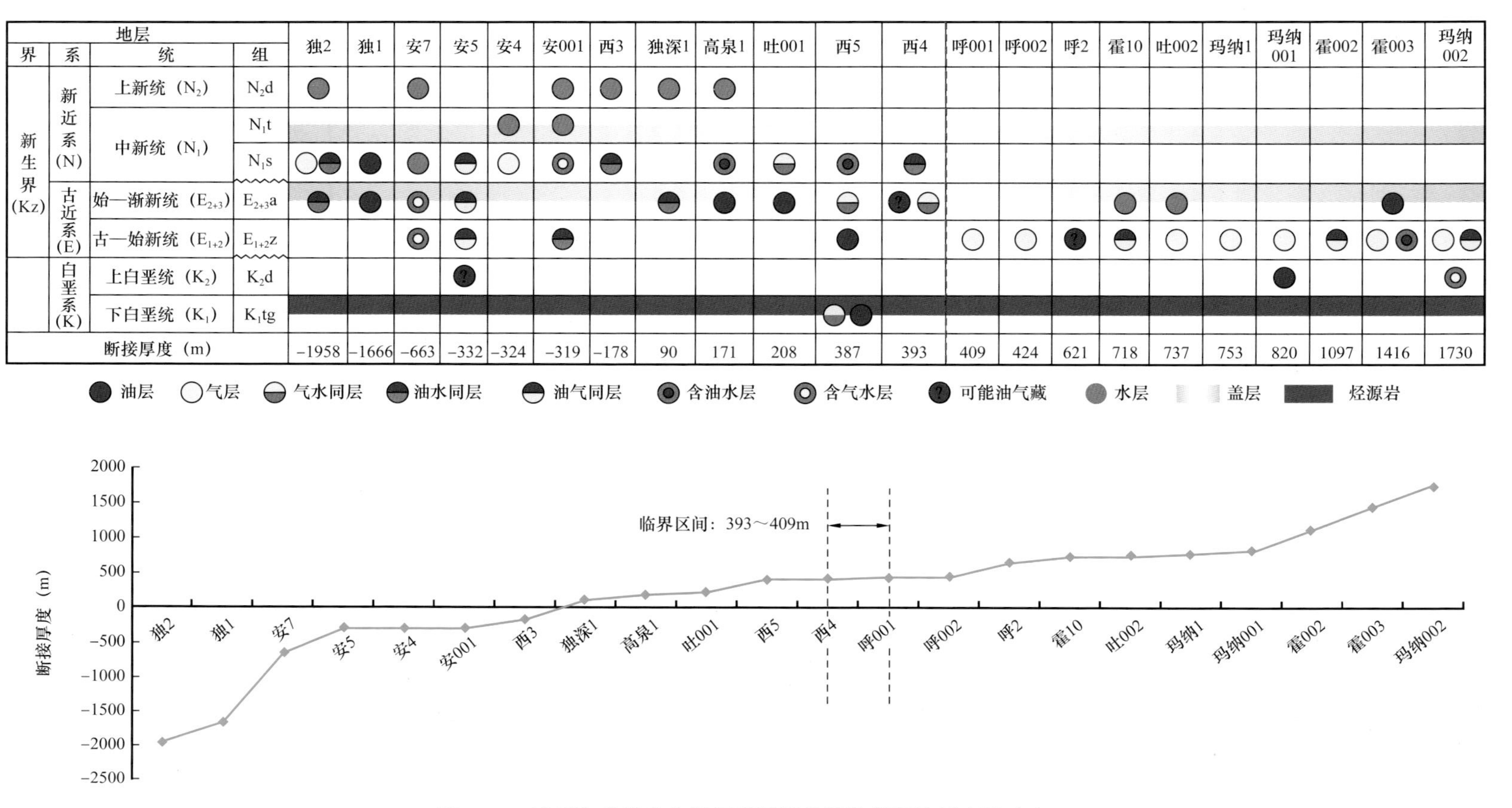

图 5-45　准噶尔盆地安集海河组泥岩盖层临界断接厚度的确定

脆—塑性变形阶段，形成典型泥岩涂抹结构，当断距较小时，泥岩涂抹保持连续性，圈闭范围内 SGR 薄弱点决定油气柱高度和气水界面；Ⅳ类区为油气调整散失区，当超过临界 SSF 值，断层垂向渗漏，导致油气向浅层调整散失。目前，主体研究区位于脆性域，无法根据实际资料确定封闭临界，因此，应用断接厚度对准南安集海河组盖层有效性进行定量评价。

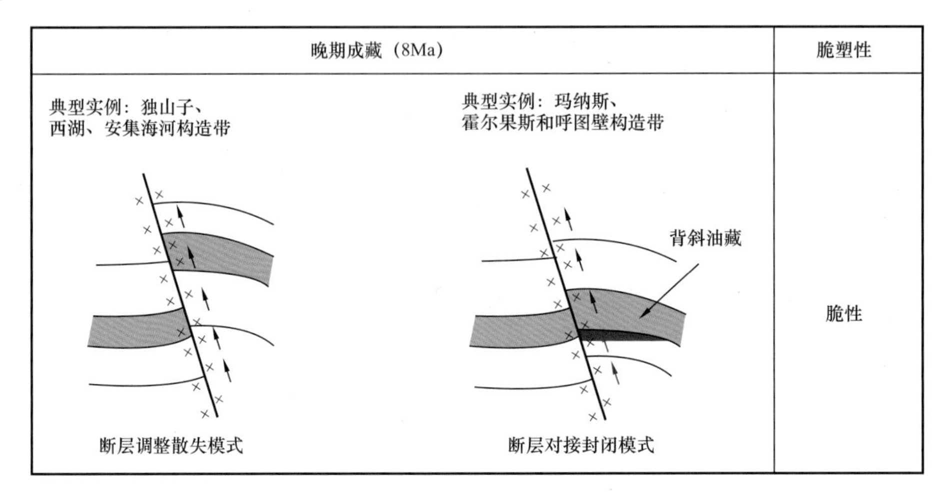

图 5-46　准南地区断—泥组合控藏模式

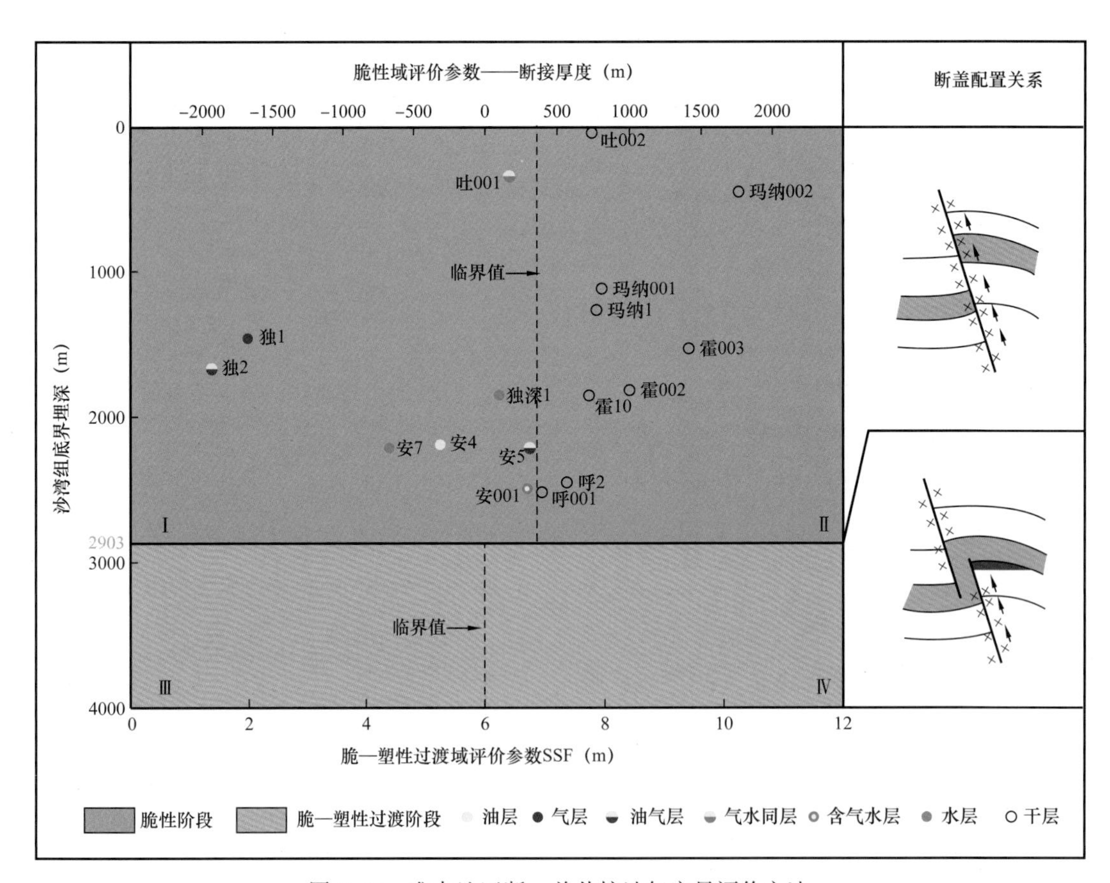

图 5-47　准南地区断—盖共控油气定量评价方法

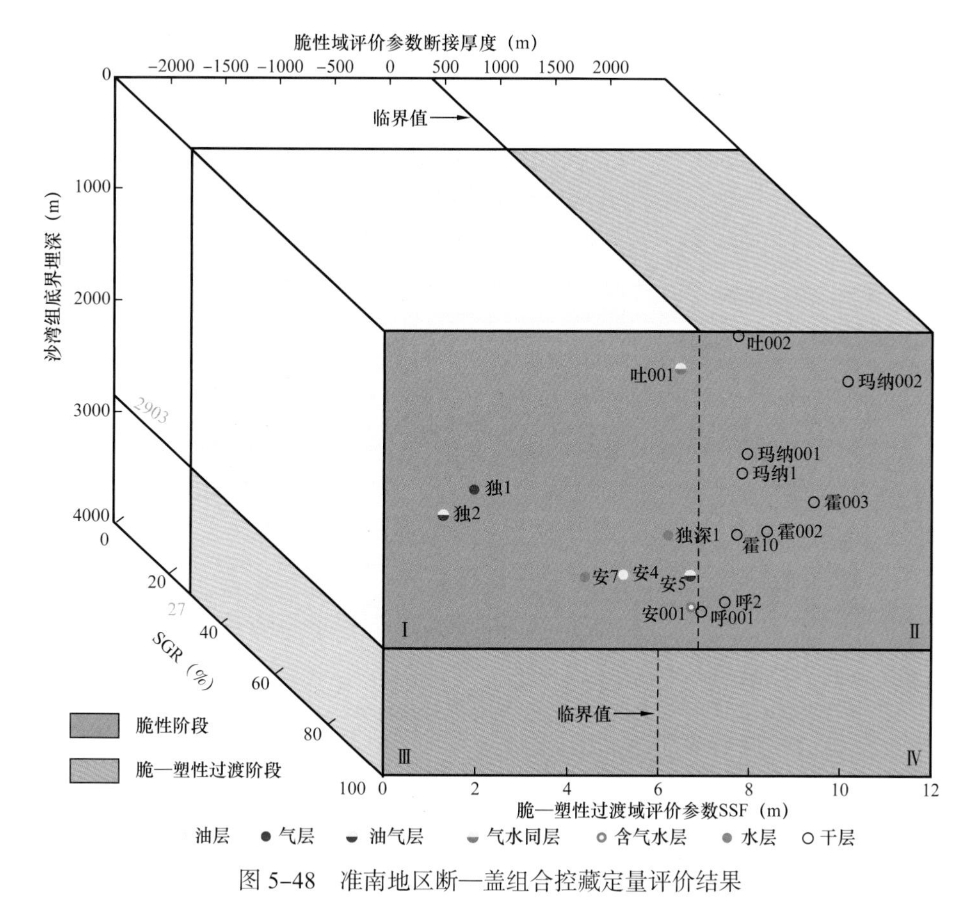

图 5-48 准南地区断—盖组合控藏定量评价结果

四、断—泥组合时空演化与控藏作用

构造演化的不同决定不同构造带断—盖组合主要类型和油气分布的差异。由霍尔果斯、玛纳斯和吐谷鲁背斜组成的霍玛吐构造带，在空间上呈“品”字形分布在南缘中段第二排背斜构造带上。霍尔果斯背斜区正常原油、稠油、天然气均有分布，玛纳斯背斜区以产气为主，而吐谷鲁背斜区以产油为主。

1. 构造演化与断—泥组合空间分布

霍玛吐构造带目前主要勘探目的层为中上组合的白垩—新近系。中上组合背斜构造形成于喜马拉雅运动末期，受北天山隆升向北挤压力的作用下，沿安集海河组泥岩层发生顺层滑动形成霍玛吐断裂滑脱冲出地表，滑脱断层之下形成以古近系安集海河组（$E_{2+3}a$），紫泥泉子组（$E_{1+2}z$）及白垩系东沟组（K_2d）为地层组合的背斜构造（图 5-49）。目前三个背斜均已发现油气藏，勘探成果表明，三个背斜构造的油气藏既有相似之处，又存在明显的差异性，石油主要聚集在中上组合，天然气主要聚集在安集海河组盖层之下，这是由于安集海河组盖层品质好，能够满足封盖大量天然气的要求，在无断裂破坏的情况下，其上没有聚集油气，虽然上部塔西河组盖层封闭能力也较好（图 5-45）。相对于霍玛吐构造带，准南山前冲断带紧靠山前，断裂发育，盖层封闭能力很差，油气沿着断裂散失到地表，形成大量地表油气苗。

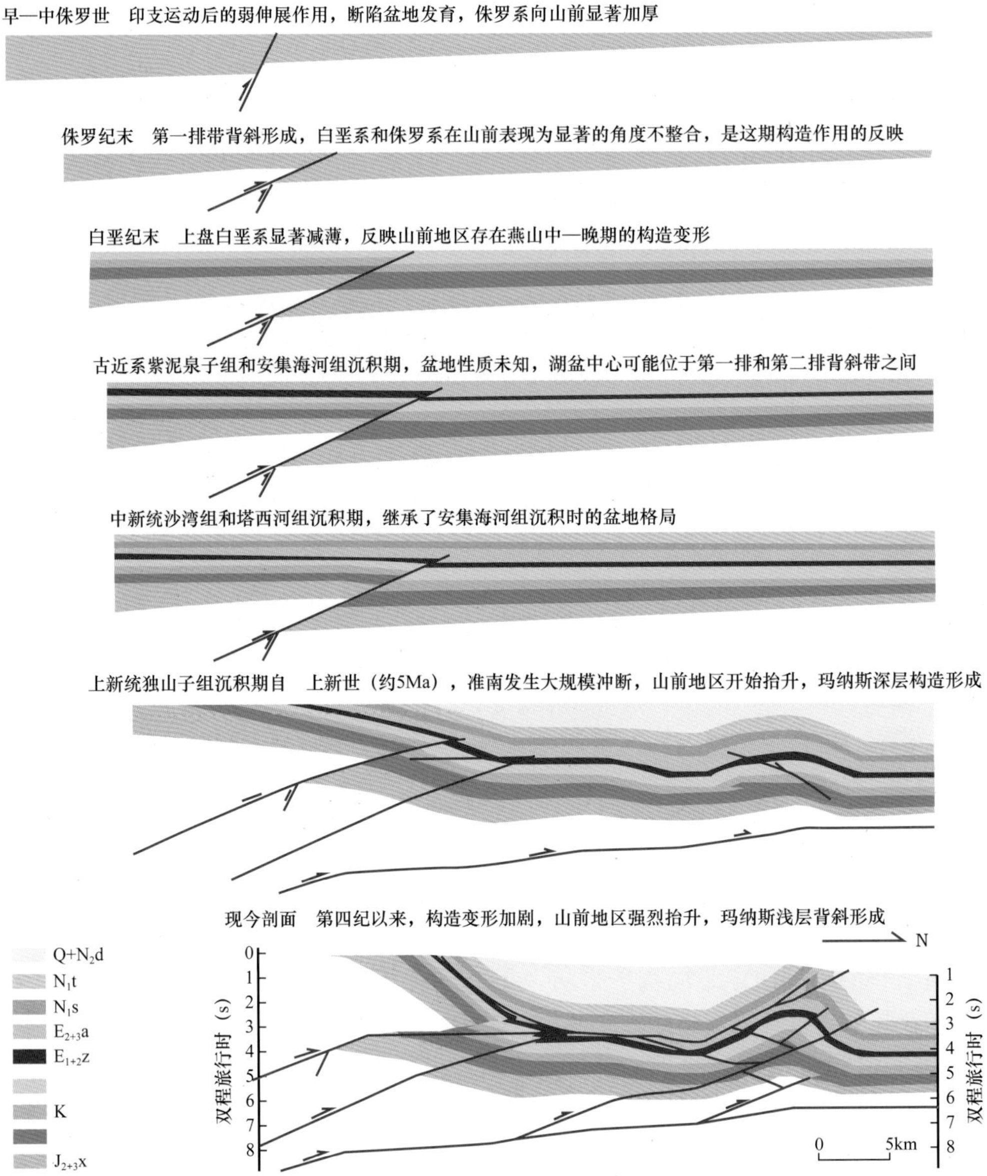
早—中侏罗世　印支运动后的弱伸展作用，断陷盆地发育，侏罗系向山前显著加厚
侏罗纪末　第一排带背斜形成，白垩系和侏罗系在山前表现为显著的角度不整合，是这期构造作用的反映
白垩纪末　上盘白垩系显著减薄，反映山前地区存在燕山中—晚期的构造变形
古近系紫泥泉子组和安集海河组沉积期，盆地性质未知，湖盆中心可能位于第一排和第二排背斜带之间
中新统沙湾组和塔西河组沉积期，继承了安集海河组沉积时的盆地格局
上新统独山子组沉积期自　上新世（约5Ma），准南发生大规模冲断，山前地区开始抬升，玛纳斯深层构造形成
现今剖面　第四纪以来，构造变形加剧，山前地区强烈抬升，玛纳斯浅层背斜形成
N
Q+N2d
N1t
N1s
E2+3a
E1+2z
K
J2+3x
双程旅行时（s）
0
1
2
3
4
5
6
7
8
0
5km

图 5-49　玛纳斯构造演化

霍尔果斯构造形态为长轴背斜构造，由沿安集海河组泥岩内滑脱的霍玛吐逆冲断层，将背斜分成两个构造层。霍玛吐滑脱断层之上为南倾的单斜地层，组成地面背斜的南翼，北翼近于直立甚至倒转，南翼较缓，倾角为 50°～60°，核部为古近系安集海河组（$E_{2+3}a$），两翼为中新统—更新统沙湾组（N_1s）、塔西河组（N_2t）和独山子组（N_2d）；浅层背斜下伏断层沿安集海河组（$E_{2+3}a$）泥岩滑脱，并出露地表，构成上穿型断—泥组合；霍玛吐滑脱断层之下深层东西向长轴背斜被多条逆断裂切割，形成地层重叠的垂向叠片式楔形构造样式，深层背斜内部的构造楔形体表现为完全叠加，主要形成了由之字状断层组合沟通的上下贯穿型断—泥组合，其次为下穿型断—泥组合。向东至玛纳斯背斜和吐谷鲁背斜交汇地区，深层背斜核部的楔形体则由完全叠加转化为部分叠加，因而导致背斜内部高点发生分

异，断—泥组合由上下贯穿型演变为下穿型。

2. 油气成藏过程

通过对霍玛吐构造带白垩系东沟组—古近系紫泥泉子组砂岩储层流体包裹体样品的系统分析，综合判定霍玛吐构造带主要存在两期油气成藏，第一期成藏大约为塔西河组沉积时期（10Ma 左右），此时下白垩统湖相烃源岩处于生油高峰时期，该期成藏主要为成熟原油的充注；第二期成藏大约为在西域组沉积之前（3Ma 年左右），该时期中—下侏罗统煤系烃源岩处于高成熟演化阶段，主要以生成干气为主，伴随较高成熟原油充注（图 5-50）。

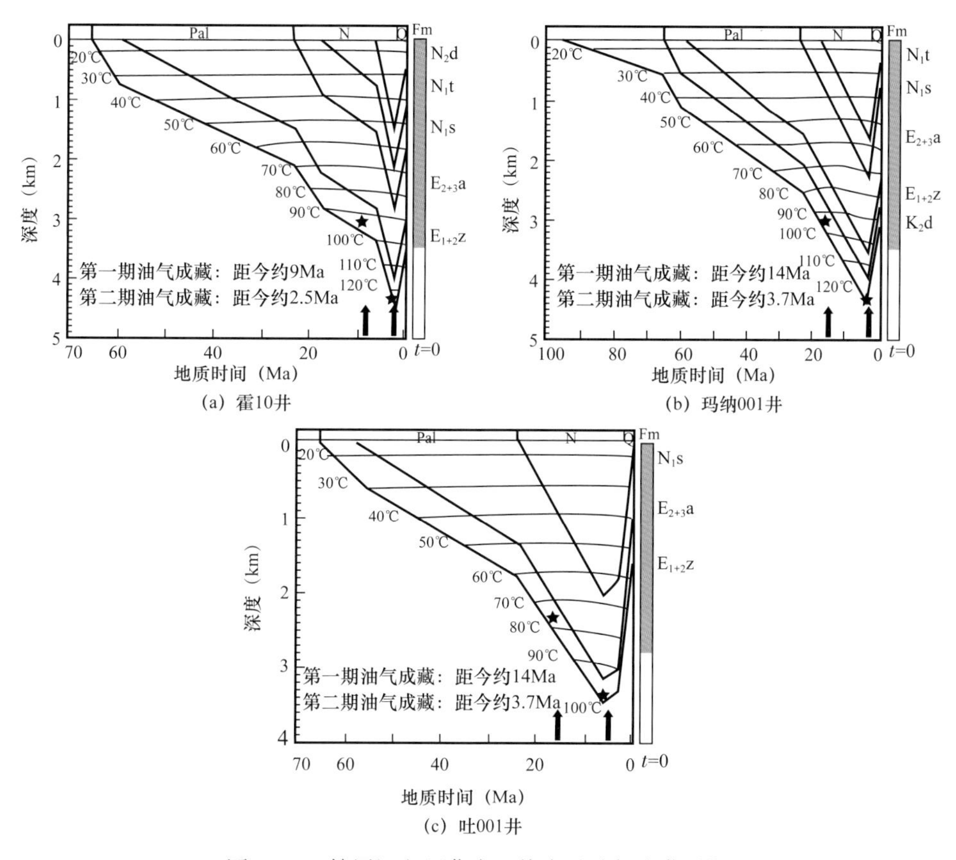

图 5-50　储层沉积埋藏史、热史及油气成藏时期

储层颗粒荧光技术的应用证实了霍玛吐构造带第一期油气充注以中低成熟度原油为主。玛纳 002 井位于玛纳斯背斜主体部位，现今气水界面为 2464m，烃柱高度为 48m。对 2429.3～2507.5m 的取心井段内系统采集了 20 块岩石样品。其中，气水界面 2464m 之上样品 12 块，气水过渡带 2464～2470m 样品 1 块，水层 2470m 以深样品 8 块。岩石样品定量颗粒荧光分析表明，储层岩石 QGF—E 荧光光谱强度可以与现今的气水剖面有较好的对应关系，现今水层的样品 QGF—E 荧光光谱强度均小于 150，而油气层该值则多大于 250；对应分析 QGF 指数垂向变化，则表明在埋深 2492m 以浅具有古油藏特征，埋深 2492m 以浅 QGF 指数普遍大于 5，即使是现今的气水过渡带和水层的部位也是如此，而 2492m 以深 QGF 指数则迅速下降到 5 以下（图 5-51）。因此，可以界定 2492m 是玛纳 002 古油藏的古

油水界面位置，对比现今气水界面位置2464m，古油水界面低于现今气水界面28m，推测古油柱高度可达76m，表明原古油水界面在后期成藏演化过程中发生了向上的调整。

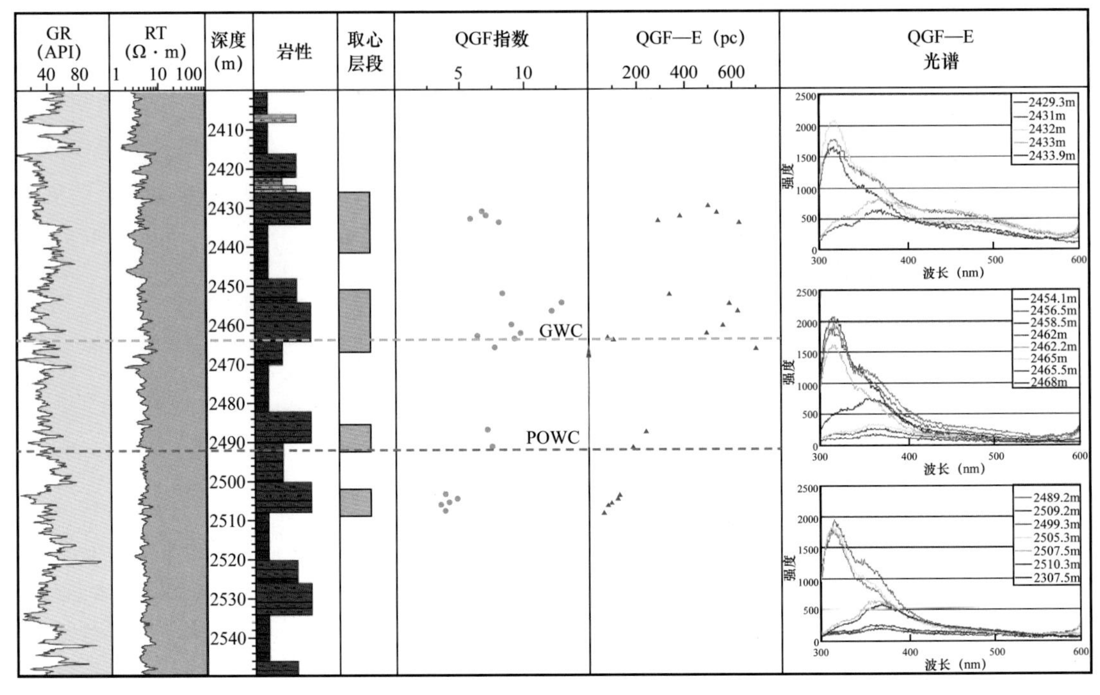

图 5-51　玛纳 002 井储层颗粒荧光剖面

受后期断—盖组合有效性的控制，早期油藏或发生调整，或受后期高成熟天然气的气侵作用，形成高蜡稠油或凝析油。

霍 002 井 3097～3110m 井段的试油结果为稠油，其原油密度可达 0.96g/cm^3，平均凝固点为 38.5℃，含蜡量为 11.57%～18.68%，最高黏度（50℃）可达 15436.02mPa·s，属于典型的稠油，而霍尔果斯油气田其他井均为正常原油，二者成熟度和分子化学特征相似（表 5-7），显然为次生成因。由霍 002 井稠油的生物标志物分析结果表明，饱和烃中正构烷烃分布完整，没有明显的奇偶优势，在重碳数部分也没有见到明显的“鼓包”，也没检测到 25—降藿烷，可以排除霍 002 井被生物降解的可能。轻烃成分中含有较丰富的轻烃组分，其苯和甲苯含量高，说明该井稠油主要是由于遭受气侵“蒸发分馏”而形成的。综合分析认为，霍 002 井稠油是由后期充注的天然气气侵、轻质油气散失而保留的残余油。

表 5-7　霍 002 井稠油与霍 10 井正常原油成熟度和甾烷含量数据

井号	深度（m）	层位	相对密度 $D20$（g/cm^3）	成熟度	相对含量（%）		
				参数 1	C_{27} 甾烷	C_{28} 甾烷	C_{29} 甾烷
霍 002（稠油）	3097～3110	$E_{1+2}z$	0.96	0.43	34.37	21.49	44.14
霍 10（原油）	3064～3067	$E_{1+2}z$	0.79	0.45	35.13	23.66	41.21
参数 1：C_{29} 20S/（20S+20R）							

玛河气田凝析油也是后期气侵所致。玛纳001井储层沥青甾烷和萜烷生物标志物分布特征与霍尔果斯及吐谷鲁背斜的生物标志物分布特征相似。玛纳001井凝析油 $\alpha\alpha\alpha C_{29}$ 甾烷20S/（20S+20R）为0.53，异胆甾烷的含量也高，属于成熟油。该凝析油苯和甲苯含量很高，甲苯 $/nC_7>1.5$，存在明显的“蒸发分馏”作用，由于断裂活动，后期天然气的注入将原先的油藏改造为凝析油气藏。

3. 断—泥组合时空演化控藏

白垩纪沉积前，早、中侏罗纪时期（燕山运动第一幕），包括霍玛吐构造在内的准南地区为弱伸展构造背景下的泛湖沉积，沉积了巨厚的湖沼相的两套含煤层夹一套灰黄色泥质岩，形成了准噶尔盆地南缘重要的煤系气源岩。

古近系沉积前，白垩纪早期（燕山运动第二幕），该区处于整体抬升后的沉降阶段，接受了吐谷鲁群的浅水湖相沉积，形成了霍玛吐构造带主要油源岩和区域泥岩盖层，此时侏罗系的烃源岩开始生烃、排烃，但此时仅有沿西山窑组煤系地层产生的顺层滑脱断层，油气主要为长距离水平运移，该区无穿层型断—泥组合形成，不利于汇聚成藏。

新近系独山子组沉积前为第一期油气成藏阶段。在喜马拉雅构造运动Ⅰ幕的影响下，北天山持续隆升，沿西山窑组煤系地层产生顺层滑脱断层，向上扩展至吐谷鲁群，并顺势继续沿吐谷鲁群泥岩滑动，当顺层滑脱断层在吐谷鲁群泥岩滑动受到阻碍时，则向上逆冲形成了霍尔果斯断背斜，卷入构造的层位包括侏罗系、白垩系吐谷鲁群。沙湾组的快速沉积使下部安集海河组泥岩发生欠压实而形成异常高压，此时下白垩统烃源岩在古近纪进入生油门限开始生油，侏罗系烃源岩已进入大规模生气阶段，油气开始沿反冲断层向上运移，并在安集海河组泥岩盖层下的有利构造部位的紫泥泉子组和东沟组聚集，该期油气聚集可能以油为主（图5-52）。吐谷鲁背斜区古流体势最低，为该期油气运移的有利汇聚区，且此时正值白垩系烃源岩大量生油高峰期，发育下穿型断—盖组合，沟通油源和储层，由此推测吐谷鲁背斜区以聚集白垩系烃源岩生成的油为主。

独山子沉积时期为第二期油气成藏阶段。在喜马拉雅运动Ⅱ幕的影响下，准南中段第二排构造带上的霍玛吐断层开始形成，其构造活动强度大，向下切穿深部地层，形成上穿型断—泥组合。此时正是中—下侏罗统烃源岩生气高峰期和下白垩统烃源岩生油高峰期，以气为主。由于强烈的构造运动和接近地层破裂强度的超高压可能导致部分油气逸散，在安集海河组上部地层中形成次生油气藏聚集，如霍8a井与霍2井的浅层油气藏。而霍尔果斯和玛纳斯背斜区的古流体势相对较低，是该期油气运移的有利汇聚区，此时中—下侏罗统煤系烃源岩处于大规模生气阶段，并且受喜马拉雅运动Ⅱ幕的影响，在霍玛吐构造带上形成了沟通中—下侏罗统煤系烃源岩的霍玛吐大断层和与其伴生的次级调节断层，下部为下穿型断—盖组合，沟通气源，上部为上下贯穿型断—盖组合，使中—下侏罗统生成的气沿断层穿过下白垩统烃源隔层垂向运移至紫泥泉子组，然后向低势中心玛纳斯背斜区运移聚集，由此推测玛纳斯背斜区以聚集中—下侏罗统煤系烃源岩生成的气为主。

此外，由于霍玛吐断层沟通了上、下不同的压力系统，使得侏罗系干酪根裂解气沿断层向白垩系东沟组和古近系紫泥泉子组大规模涌流，白垩系油藏发生气侵，大部分形成凝析油气藏（图5-52）。

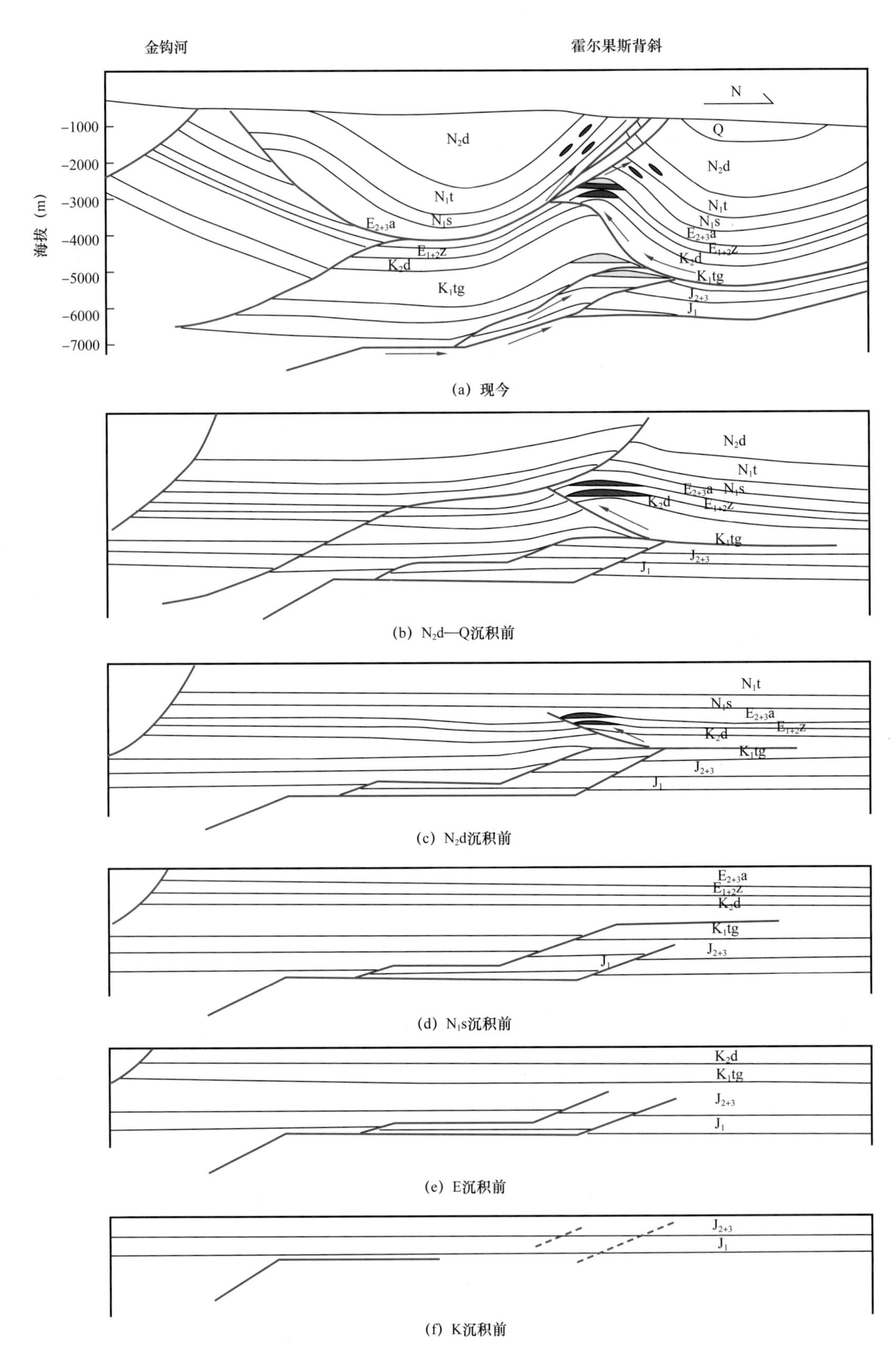

图 5-52　霍尔果斯背斜油气成藏演化模式

总体而言，霍玛吐构造主要形成于喜马拉雅中期并定型于喜马拉雅晚期，构造形成时间与烃源岩大规模排烃期相匹配。天然气来源于侏罗系烃源岩，为干酪根裂解气，油来源于白垩系烃源岩，油先充注，气后充注，早油晚气，后期改造调整，并局部发生气洗改造作用。

霍尔果斯构造霍玛吐大断层和与其伴生的次级及调节断层发育，除上下贯穿型断—泥组合外，还存在上穿型断—泥组合，形成了稠油、凝析油、天然气共存于一个构造的复杂局面（图 5-53）。

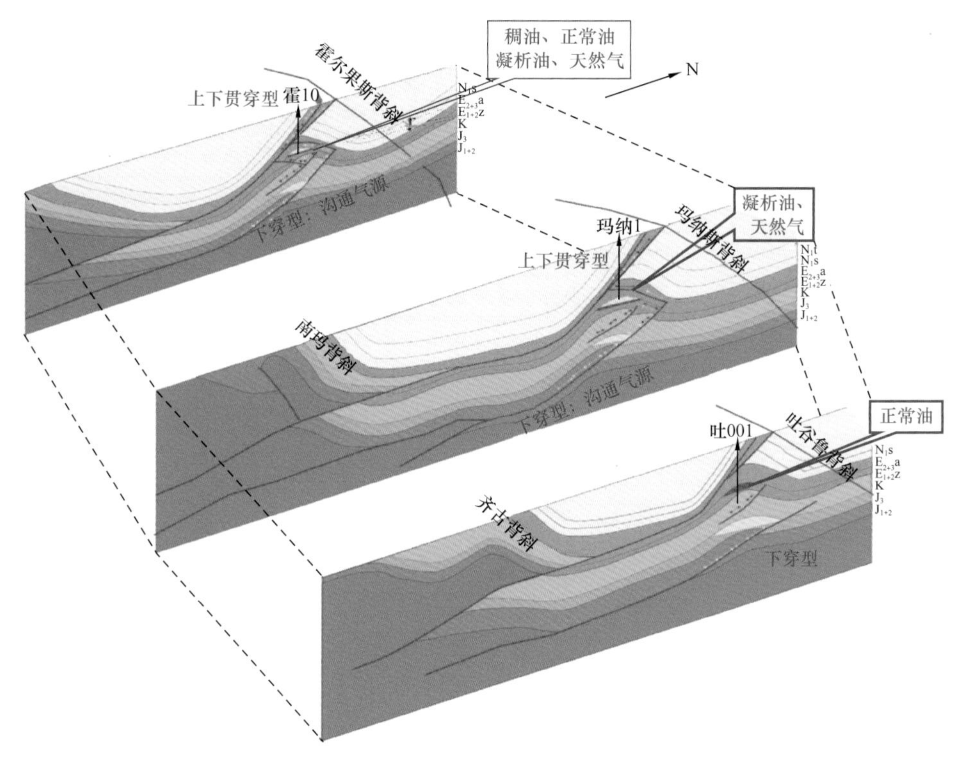

图 5-53　霍玛吐构造带断—泥组合控藏

由于玛河气田所在背斜两侧发育侧断坡式构造转换带，发育上下贯穿型断—泥组合，是油气指向的有利部位，油气供给持续充足，这可能是玛河气田油气丰度高的主要原因。又由于霍玛吐构造带具有早油晚气，晚期成藏的特征，玛纳斯背斜后期持续干气供给充足，原有的正常油藏在蒸发分馏作用的充分改造下逐渐演变为凝析油气田。

吐谷鲁构造缺乏反冲断层，仅发育下穿型断—泥组合，下部煤成气没有有效断层的沟通进入上部油藏，现今保存主要为正常油藏的面貌，含气很少，且油藏的充满程度很低，呈现大圈闭小油藏的面貌，油藏改造有限。

第三节　砂泥互层型断盖组合控藏实例——柴西英雄岭构造带

一、柴西砂泥互层型盖层泥地比与有效性分析

单层厚度和盖地比（泥地比）是评价盖层有效性的重要参数，一般来说，同一层位的

盖层单层厚度越大，盖地比越高，纵向连续分布盖层的厚度越大，分布范围越广（付晓飞等, 2008）。King（1990）利用逾渗理论探讨了叠置砂岩体间的连通性问题（不考虑断裂），认为存在一个砂地比逾渗阀值，低于该门限值砂体之间基本不连通，当砂地比值超过某一临界上限值时，砂体完全连通。在 King（1990）的砂岩体空间分布概率模型基础上，罗晓容等（2012）采用高斯拟合建立了砂岩输导层连通概率模型。借鉴罗晓容等（2012）提出的应用砂地比定量表征砂体连通性的方法，提出了应用泥地比判定砂泥互层型盖层有效性的评价方法，砂体连通即代表着不能作为盖层，而砂体完全不连通，即说明可以成为有效的盖层，介于其间存在一定的风险概率。应用砂体连通性评价原理，构建了柴达木盆地西缘砂体连通性定量评价图版，其中 C_0=0.1，C=0.55（图 5–54）。泥地比评价盖层有效性可分为三级（图 5–54）：（1）泥地比小于 1–C 时，无法成为盖层（非盖层）；（2）泥地比介于 1–C 和 1–C_0 时为中等和差的盖层；（3）泥地比大于 1–C_0 时为有效的好盖层。因此，当泥地比大于 90% 时，即为好盖层，当介于 70%～90% 时，则为中等盖层，介于 45%～70% 时，为差盖层，当盖地比小于 45% 时，则为非盖层。

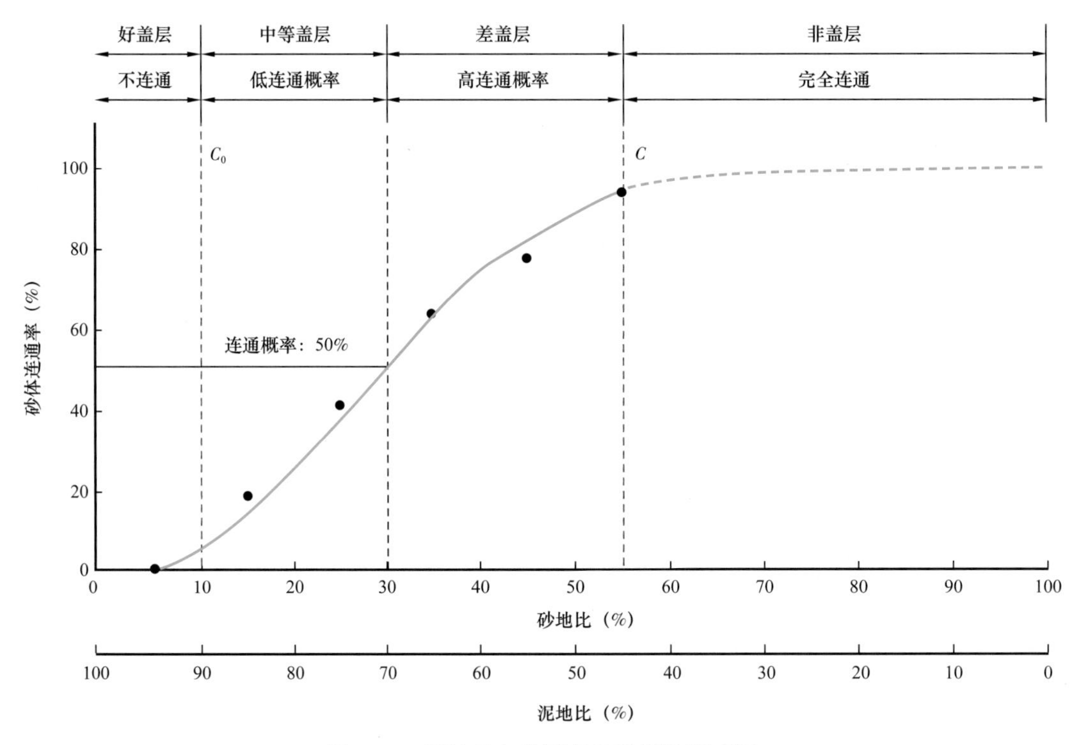

图 5–54　泥地比与盖层有效性划分模式图

通过柴达木盆地油气纵向分布与盖层泥地比的关系可以看出，明显存在泥地比临界值，当泥地比大于 70% 时，为有效盖层，可以封闭大量油气，主体均为油层井；而当泥地比介于 45%～70% 时，盖层中砂体连通概率明显增加，因此导致大多数探井出现失利现象，主体均为油气显示井，工业油流井极少；而当泥地比小于 45% 时，盖层中砂体基本达到完全连通状态，无法作为盖层封闭油气，同时探井显示主要为水层，部分为油气显示井（图 5–55）。

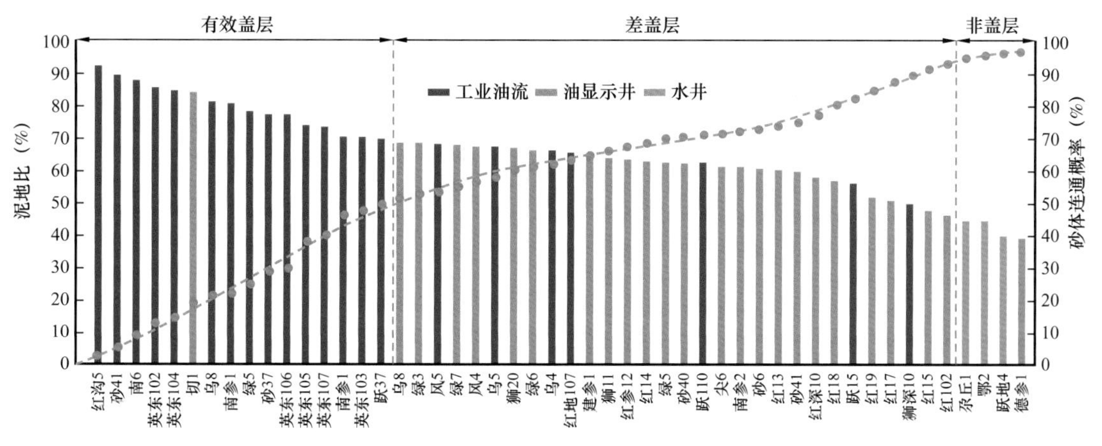

图 5-55 上油砂山组盖层泥地比、连通概率及与油气富集的关系

二、柴西砂泥互层型盖层垂向封闭性定量评价

以柴达木盆地南翼山构造为例，油藏普遍富集在背斜高部位，油水界面并不以大断层为边界，因此，油气垂向富集的控制因素并非大断层，而是亚地震断层和砂体连通形成的渗漏通道控制着油气的垂向运聚规律，由砂岩层和裂缝构成的“之”字形运移通道导致油气穿越盖层垂向运移。盖层垂向渗漏风险评价首先需要预测亚地震断层的数量，利用分形几何学的方法来预测亚地震断层数量分布是目前较为成熟，也是最为流行的一种方法。断层和亚地震断层数量与规模（长度或断距）满足一定的线性关系。基于断层具有自相似性原理，利用分形理论建立了柴达木盆地西缘断层分形生长模型，即断层长度—累计频率图（图 5-56a，蓝色点）。从图中可以明显看出，断层长度与累积频率中间段具有极好的线性

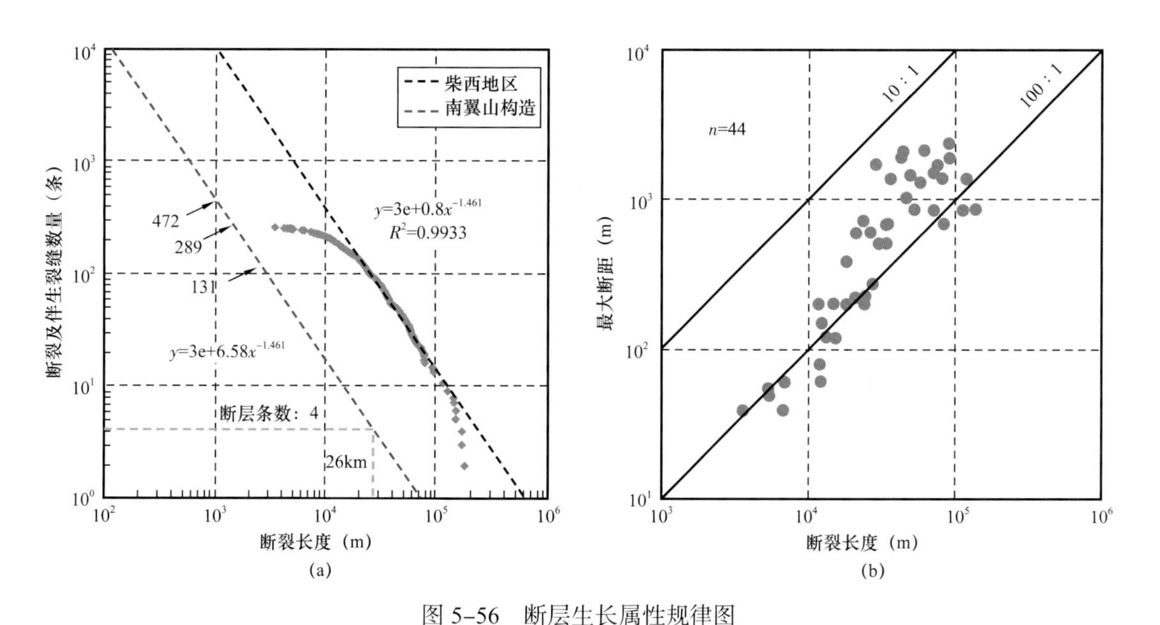

图 5-56 断层生长属性规律图

（a）断裂累计频率—长度关系图（蓝点：柴达木盆地西缘实际数据；黑线：柴达木盆地西缘预测趋势线；红线：油砂山构造带预测趋势线）；（b）柴达木盆地断层长度与最大断距的关系

关系，两端偏离线性区受控于地震分辨率和研究区统计范围有限性。因此，选择直线段二者线性关系可以有效预测亚地震断层数量（图 5–56a，黑线）。南翼山构造带是柴达木盆地西缘一个重要的油气富集构造，由于研究区域范围的限制，需要校正南翼山构造带断层长度—累积频率关系图版。从南翼山构造图上可以发现，该区发育 4 条长度大于 26km 的断层，因此，基于南翼山构造断层条数和长度关系以及柴达木盆地西缘断层生长幂率规律，构建了南翼山构造带断层长度—累积频率关系图版（图 5–56a，红线）。

据统计，上干柴沟组、下油砂山组和上油砂山组最大单层泥岩层厚度分别为 14m、20m 和 10m，只有断层断距大于最大单层泥岩层厚度才会使相邻渗漏层发生对接，从而导致形成“之”形运移通道。因此，按照最大单层泥岩层厚度计算有效泥岩层数，上干柴沟组、下油砂山组和上油砂山组相应的有效泥岩层数（盖层厚度 / 最大单层泥岩层厚度）分别为 60 个、44 个和 144 个（表 5–8）。通过断层长度和最大断距关系（图 5–56b），可以得到二者在对数坐标近似满足 100：1（长度 / 断距）的趋势线，结合断层长度—累积频率关系（图 5–56a），可以得出上干柴沟组、下油砂山组和上油砂山组断距大于最大单层泥岩厚度的亚地震断层条数分别为 472 条、131 条和 289 条（表 5–8）。通过垂向连通概率与断层数 / 泥岩层数的定量评价图，可以判定上干柴沟组、下油砂山组盖层垂向发生渗漏概率分别为 52%、63%，油气向浅层调整风险性较高，而上油砂山组盖层垂向连通概率大约为 2%，具有较低风险（表 5–8）。从实际油气分布规律来看，南翼山构造油气具有浅层油层面积大于深层油气面积的特征（图 5–57），这一现象与盖层垂向封泄漏风险评价结果具有较好的一致性。

表 5–8　南翼山构造带砂泥互层型盖层垂向渗漏风险定量评价

地层	盖层厚度（m）	最大单层泥厚（m）	有效泥岩层数	断层数目	断层 / 有效泥岩层数	连通概率
上油砂山组	1443	10	144	472	3.28	2%
下油砂山组	891.5	24	37	131	3.54	52%
上干柴沟组	848.5	14	60	289	4.82	63%

柴达木盆地西缘砂泥岩薄互层型断—盖组合控藏主控因素：（1）盖地比；（2）渗漏概率（亚地震断层和泥岩层数耦合关系）。综合临界盖地比、盖层垂向渗漏概率 2 个参数，建立了砂泥岩薄互层型断—盖组合控藏综合定量评价图版（图 5–58），总体划分为 3 个区域：（1）非盖层油气散失区，盖地比普遍低于 45%，导致垂向连通，盖层不起垂向封闭作用，如乌南绿草滩上干柴沟组盖层，导致其下不富集油气；（2）油气调整散失区，盖地比普遍高于 45%，具备有效盖层条件，但亚地震断层和砂体导致垂向连通概率较高，从而导致油气垂向调整散失，典型实例如南翼山上干柴沟组和下油砂山组盖层，油气穿越这两套盖层向浅层调整；（3）油气聚集区，盖地比普遍较高，同时垂向连通概率较低，即垂向封闭，油气富集，典型实例如南翼山构造上油砂山组盖层和乌南绿草滩下油砂山组盖层。

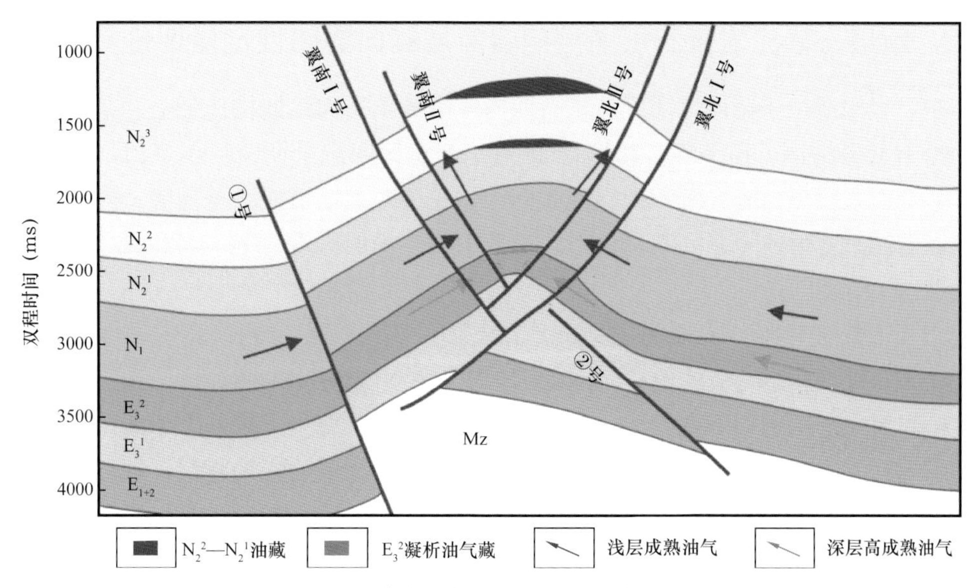

图 5-57　南翼山构造油气运移成藏模式图

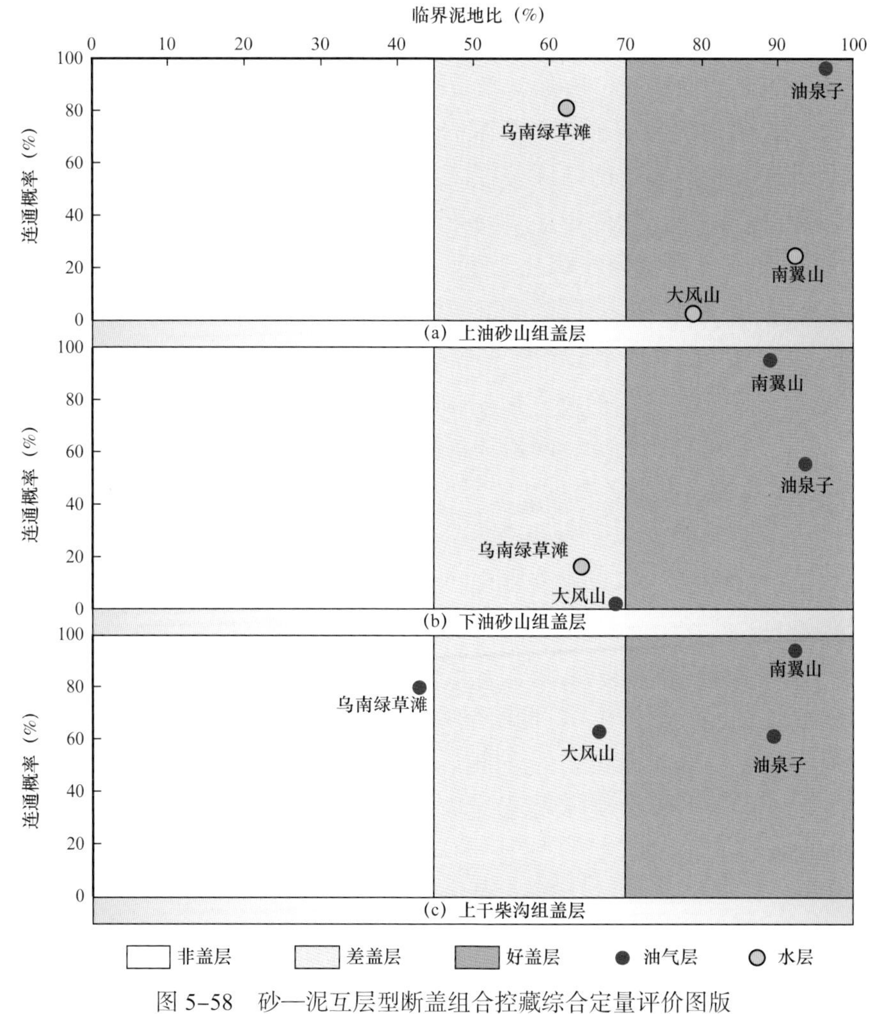

图 5-58　砂—泥互层型断盖组合控藏综合定量评价图版

三、断层—砂泥岩薄互层盖层组合断层侧向封闭性定量评价

英东一号构造位于柴西坳陷区英雄岭西南缘油砂山—大乌斯构造带上，是一个受断层切割的小型背斜构造（孙平等，2013）。新近纪末至第四纪早期，阿尔金山、昆仑山和祁连山等盆缘山系剧烈抬升，沉积地层遭受剥蚀，在柴西北区形成大量褶皱；阿尔金山前在遭受剥蚀的同时，形成一系列断鼻构造。油砂山构造的油砂沟、七一沟和大乌斯地面构造就形成于这一时期。

英东构造形成较晚，构造的定型期是在上油砂山组沉积末期，英东一号的两期成藏分别为 12Ma 和 6Ma，对应的地质时期分别为上油砂山组沉积末期和狮子沟组沉积末期以来，发生在演化的构造抬升期阶段。在上油砂山组沉积末期，下部的上干柴沟组烃源岩和深层的下干柴沟组烃源岩层开始大量生烃，该时期形成大量的逆冲断层，油气沿着活动的断裂垂向运移。在英东一号进入构造抬升期，发育大量的逆冲断层和早期形成的断层再次活化，控制着油气的运移与分布，狮子沟组沉积末期，断裂活动最为强烈，然后断裂进入定型期且控藏断层具有较好的封闭性就形成了目前上盘油气富集的现状，狮子沟组沉积后，大部分的控藏断裂停止活动，对油气起封闭作用，其断层侧向的封闭能力决定油气成藏的规模。

该区构造均呈北西向展布，明显受断裂控制，其中浅层构造是受油砂山断裂控制而形成，圈闭依附于油砂山断裂展布。英东一号构造紧邻英雄岭生油坳陷，属坳中之隆，油源条件充足，具有非常优越的油源条件。上油砂山组和下油砂山组发育局部盖层，岩性以砂质泥岩和泥岩为主。储层岩层主要类型有 2 种类型，岩屑长石砂岩和长石岩屑砂岩，储层空间类型为残余原生粒间孔为主。取心及测井资料表明，孔隙度变化范围为 11.23%～44.6%，平均为 22.3%。渗透率范围为 0.1～500mD，平均为 160.2mD，均属于中等孔、渗储层（隋立伟，2014）。

统计英东 102、103、104、105、106 井油气层上部盖层，泥岩层最大单层厚度为 18m，累计厚度介于 400～1000m，对应盖层泥地比在 57%～74%，砂质泥岩及泥岩含量相对较高；同时英东构造带地表未见油气苗，证明该套盖层垂向上具有一定封闭能力。

构造带内六条断层将英东一号构造划分为 3 个断块（图 5-59），统计 5 条控圈断层 F1、F2、F4、F5、F6 断距，各断层控圈范围内断距普遍大于 10m（图 5-60）。英东一号构造储层为典型的砂泥互层沉积，统计英东 102、103、104、105、106 井储层砂岩和泥岩单层厚度，区域内储层单砂体厚度 80% 分布在 0～4m（图 5-61），绝大部分砂体被错断，断层侧向封闭类型为断层岩封闭，控圈断层的封闭能力主要取决于断层带内充填的泥质含量，因此应用 SGR 法定量评价英东构造带断层侧向封闭性。

基于地震与测井资料，建立了英东一号构造的三维模型（图 5-62），并计算了圈闭内断层的断面属性分布（图 5-63）。英东地区断层断面 SGR 值主要集中分布在 35～80 之间；据资料证实，一般情况下，SGR 大于 20 的断层具有较强的侧向封闭能力。通过对英东一号构造内断块的研究，选取了较为典型的断块 C 的两条控圈断层 F4、F5 作为标定对象，对该断块的圈闭要素进行统计（表 5-9）。

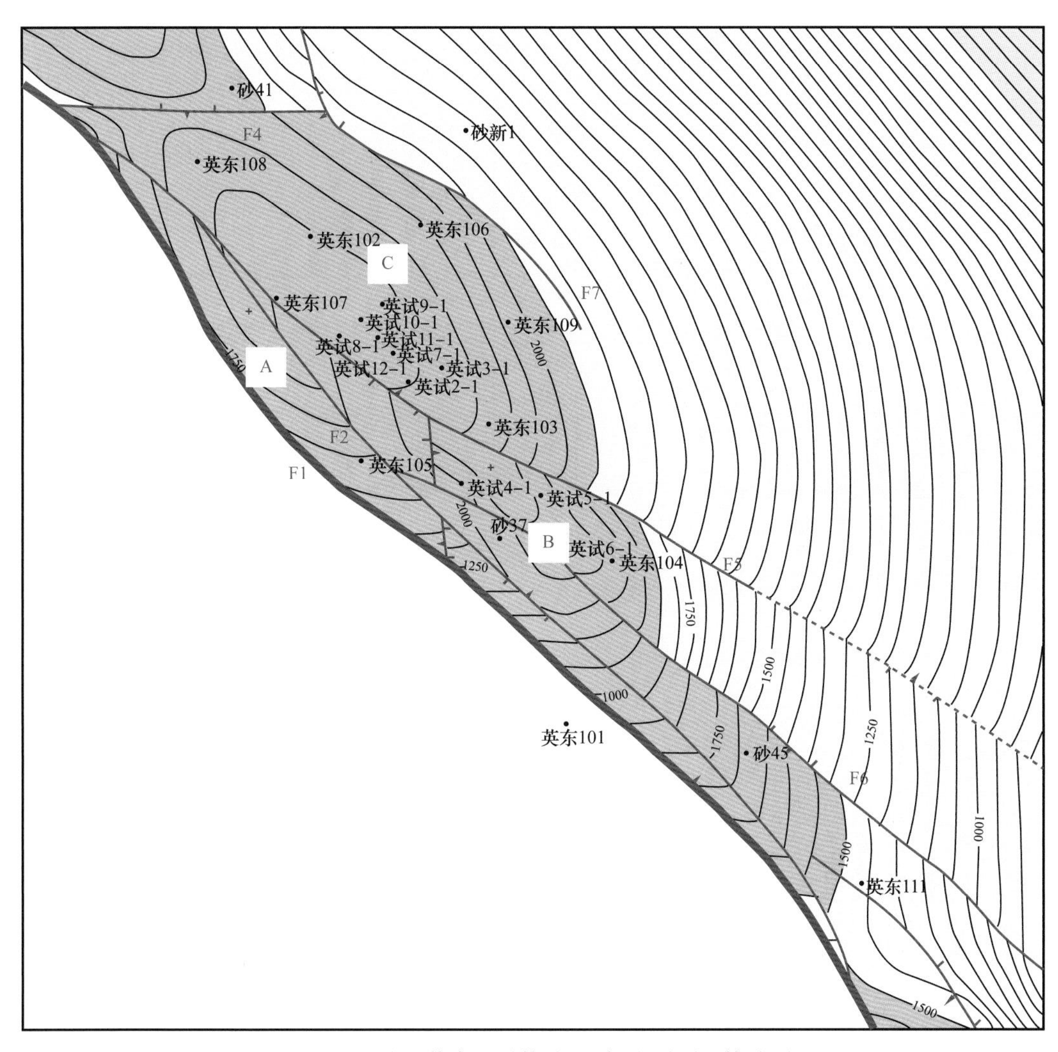

图 5-59　柴西英东 1 号构造 K_3 标准层顶面构造图

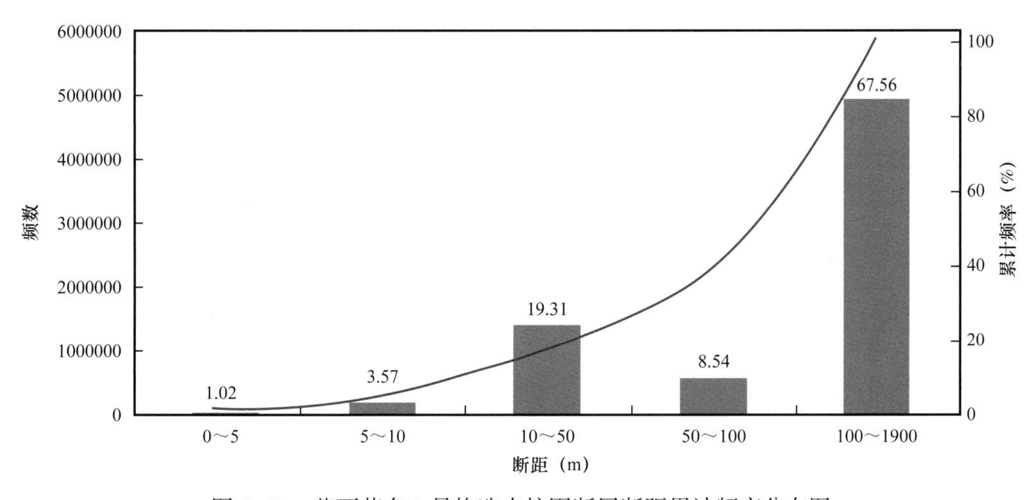

图 5-60　柴西英东 1 号构造内控圈断层断距累计频率分布图

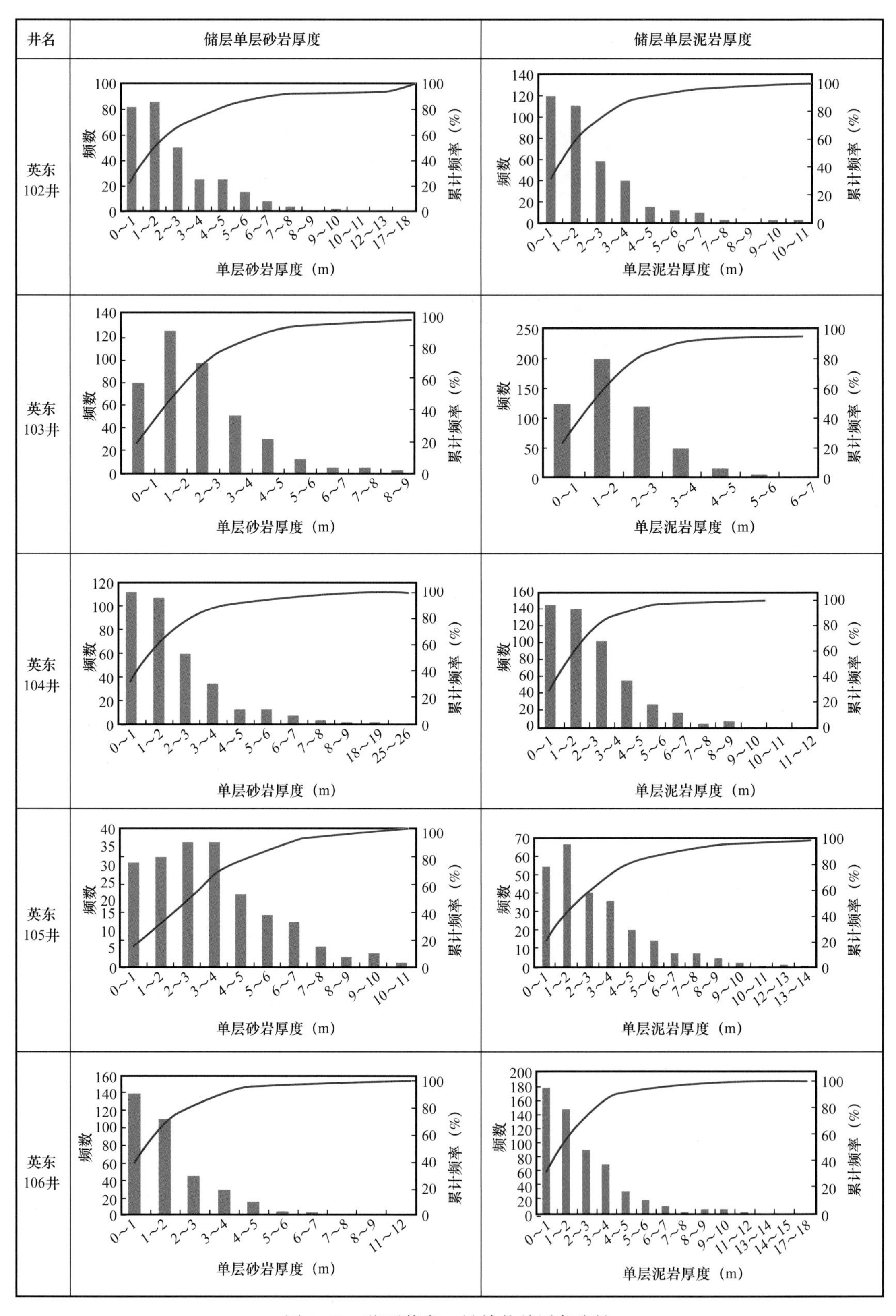

图 5-61　柴西英东 1 号单井盖层各岩性

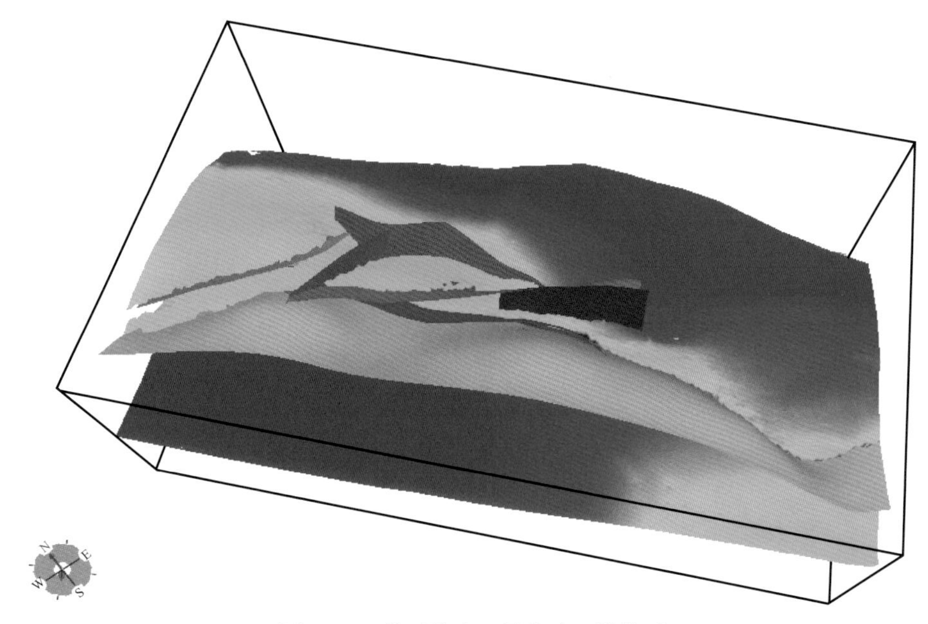

图 5-62　柴西英东 1 号构造三维模型

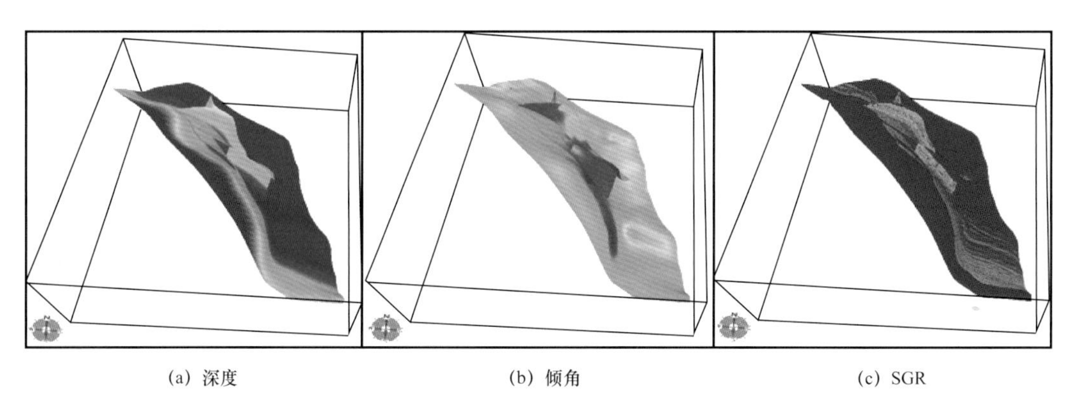

(a) 深度　　(b) 倾角　　(c) SGR

图 5-63　柴西英东 1 号构造控圈断层断面属性（断面深度、倾角、SGR）

表 5-9　柴西英东 1 号构造断块 C 圈闭要素统计

圈闭名	地质层位	含油气高点（m）	最深气—油（水）界面（m）	最深油—水界面（m）	含气幅度（m）	含油幅度（m）	控圈断层侧向封闭性分析			
							断裂名	控圈范围（m）		控制幅度（m）
								低点深度	高点深度	
C断块	K_2^6	2670	2600	—	70	—	F4	2600	2630	30
	K_2^7	2590	2520	—	70	—	F4	2520	2550	30
	K_2^8	2450	2380	—	70	—	F4	2380	2410	30
	K_2^9	2390	2320	2220	70	100	F4	2220	2350	130
							F5	2220	2300	80

续表

圈闭名	地质层位	含油气高点（m）	最深气—油（水）界面（m）	最深油—水界面（m）	含气幅度（m）	含油幅度（m）	控圈断层侧向封闭性分析			
							断裂名	控圈范围（m）		控制幅度（m）
								低点深度	高点深度	
C断块	K_3	2290	2220	2100	70	120	F4	2100	2250	150
							F5	2100	2210	110
	K_3^1	2170	—	2090	—	80	F4	2090	2110	20
							F5	2090	2140	50
	K_3^3	1930	—	1760	—	170	F4	1760	1870	110
							F5	1760	1930	170
	K_3^4	1750	—	1620	—	130	F5	1620	1750	130
	K_4	1710	—	1560	—	150	F4	1560	1590	30
							F5	1560	1710	150
	K_4^1	1610	—	1460	—	150	F4	1460	1510	50
							F5	1460	1610	150
	K_4^2	1510	—	1360	—	150	F4	1360	1430	70
							F5	1360	1510	150
	K_4^3	1210	—	1140	—	70	F4	1140	1210	70

通过断层两盘含有油气性和油（气）水界面，标定断面压差，其中以气层（3#）、油气同层（4#）、油层（6#）为例（图5-64），统计断块C内每一个小层断层F4、F5控圈范围内断面SGR与过断层压差AFPD的关系（表5-10），得出了断层封闭上限包络线（图5-65），进而可定量表征断层侧向封闭能力。

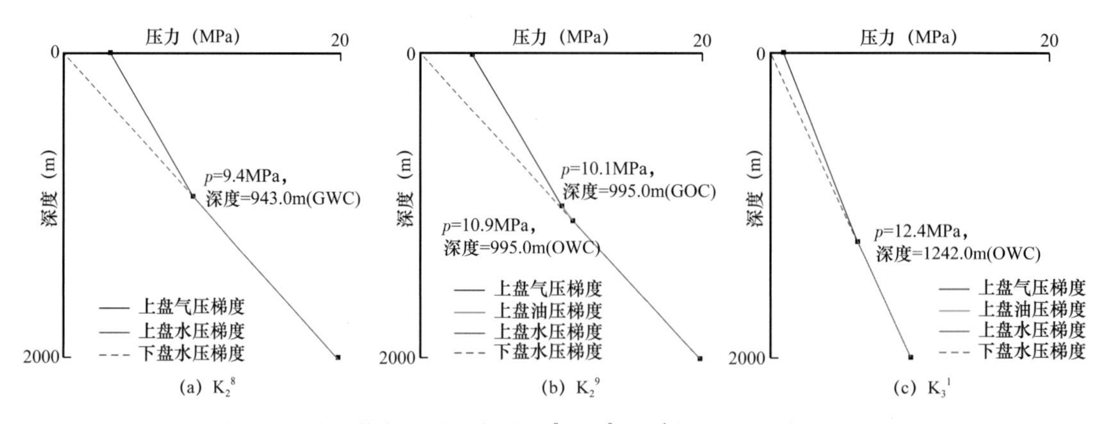

图5-64 柴西英东一号C断块K_2^8、K_2^9、K_3^1标准层F5断层压力图

表 5-10 柴西英东 1 号构造断块断层 SGR—AFPD 统计关系
（以控圈断层 F5，小层 3、4、6 为例）

断块	断裂	断层两侧烃水关系	地层	深度（m）	SGR_{max}（%）	SGR_{min}（%）	对盘地层流体压力		本盘地层含烃段流体压力		AFPD（MPa）	lg AFPD
							压力值（MPa）	流体类型	烃类型	压力值（MPa）		
C	F5	烃—水	3#（K_2^8）	914	49.88	43.31	9.14	水	气	9.336	0.196	−0.707
				918	69.05	45.50	9.18			9.362	0.182	−0.739
				922	75.73	41.06	9.22			9.388	0.168	−0.774
				924	75.17	45.83	9.24			9.401	0.161	−0.793
				928	72.07	38.23	9.28			9.427	0.147	−0.832
				932	70.79	43.19	9.32			9.453	0.133	−0.876
				936	76.72	42.69	9.36			9.479	0.119	−0.925
				940	74	32.77	9.40			9.505	0.105	−0.979
			4#（K_2^9）	970	67.29	36.41	9.70	水	气	9.949	0.249	−0.605
				990	73.21	34.25	9.90			10.076	0.176	−0.754
				1010	77.44	36.76	10.10		油	10.234	0.134	−0.872
				1030	72.07	33.01	10.30			10.403	0.103	−0.988
				1050	76.80	32.87	10.50			10.571	0.071	−1.148
				1070	81.31	30.72	10.70			10.740	0.040	−1.403
				1090	82.32	30.02	10.90			10.908	0.008	−2.102
			6#（K_3^1）	1224	55.55	42.76	12.24	水	油	12.268	0.028	−1.546
				1228	53.56	33.89	12.28			12.302	0.022	−1.655
				1232	59.59	37.52	12.32			12.336	0.016	−1.801
				1236	61.41	35.21	12.36			12.369	0.009	−2.023
				1240	62.22	35.11	12.40			12.403	0.003	−2.500

通过上述获得的参数，拟合出断层所能封闭的最大烃柱高度的计算公式：

$$H=\frac{10^{(0.0423\mathrm{SGR}-1.5602)}}{(\rho_{\mathrm{w}}-\rho_{\mathrm{o}})g} \tag{5-1}$$

据英东一号构造发育特征（图 5-59），断块 A 受 F1、F2 断层及部分 F5 断层控制，断块 B 受 F2、F5 断层控制，综合考虑圈闭内各因素及流体运移规律，利用公式模拟断块控圈断层 F2 和 F5 的断面属性，计算断层断面临界压力（AFPD）、烃柱高度及油水界面（OWC），寻找每条控圈断层断面油气发生渗漏位置，结合两条断层渗漏点的位置（图 5-66 至图 5-68），最终确定断块 A、断块 B 内渗漏点位置，预测断块内油水界面（表 5-11、表 5-12）及所封闭的烃柱高度。根据储层含油气性及对应 SGR，厘定出英东 1 号构造断层侧向封闭临界 SGR 值为 30%（图 5-69）。

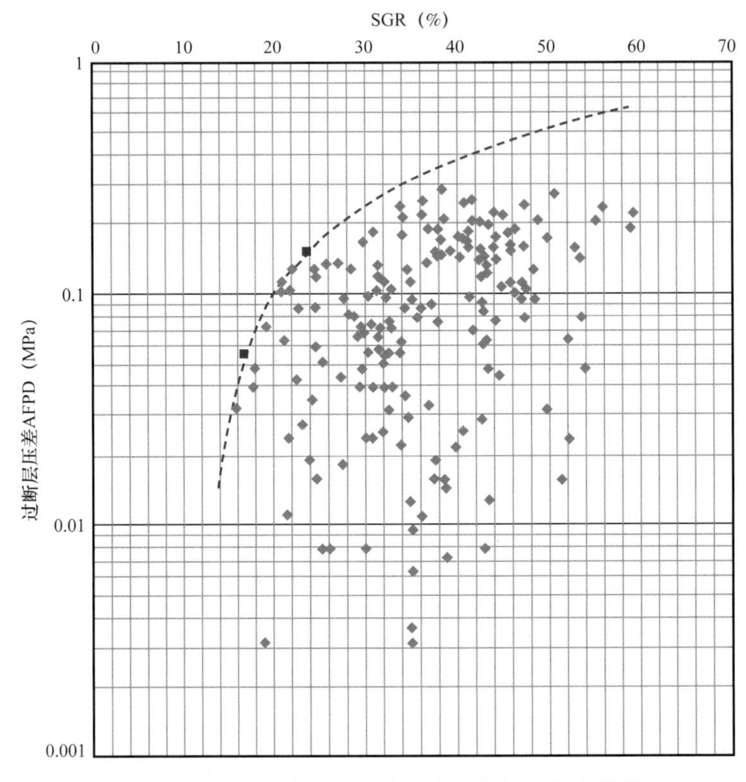

图 5-65　柴西英东 1 号断块 D 断层封闭上限包络线

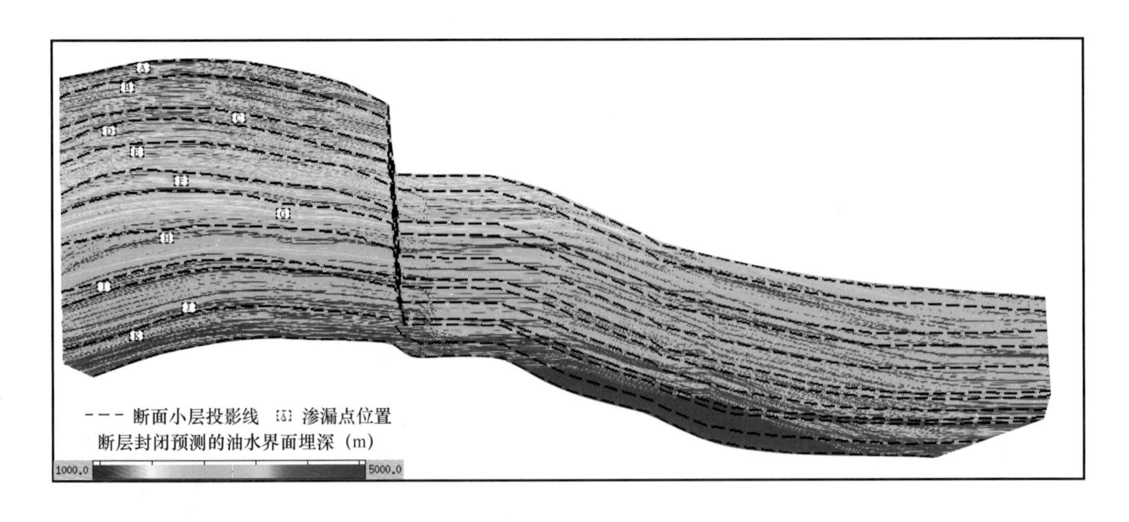

图 5-66　柴西英东 1 号断块 A 断层 F2 油水界面及渗漏点位置断面分布图

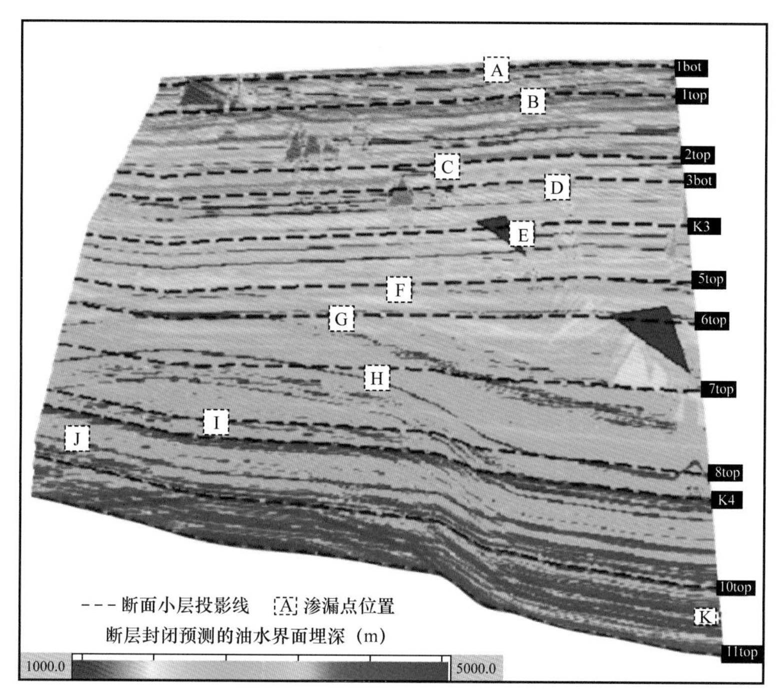

图 5-67　柴西英东 1 号断块 A 断层 F5 油水界面及渗漏点位置断面分布图

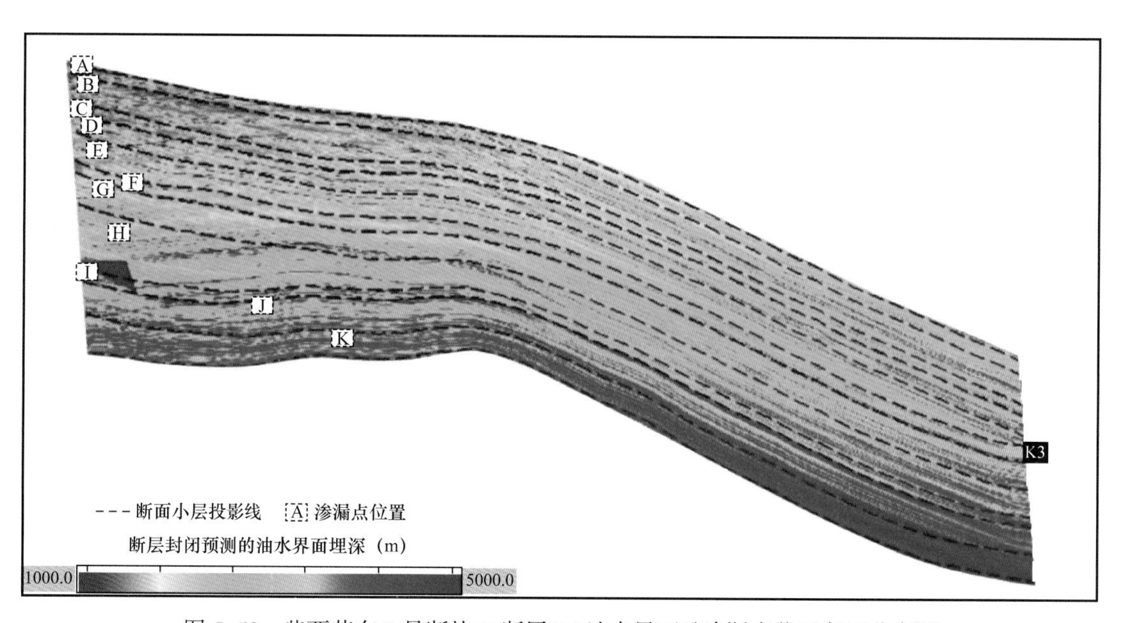

图 5-68　柴西英东 1 号断块 B 断层 F5 油水界面及渗漏点位置断面分布图

表 5-11　断块 A 预测油水界面

层号	深度（m）	渗漏点位置	X	Y	预测油水界面（m）	烃柱高度（m）	AFPD（MPa）
1#（K_2^6）	992.85	A	338729.34	4215730.50	1284.59	291.74	0.40567
2#（K_2^7）	1065.01	B	338759.41	4215813.00	1352.55	287.54	0.39011

续表

层号	深度（m）	渗漏点位置	X	Y	预测油水界面（m）	烃柱高度（m）	AFPD（MPa）
3#（K_2^8）	1237.22	C	339292.41	4215316.00	1439.64	202.42	0.67085
4#（K_2^9）	1347.29	D	338168.03	4216909.00	1938.11	358.93	0.70345
5#（K_3）	1404.20	E	339082.56	4215890.00	1562.87	158.67	0.29910
6#（K_3^1）	1615.61	F	337779.19	4217443.50	1945.97	330.36	0.59482
7#（K_3^2）	1665.17	G	337781.62	4217620.50	1904.62	239.45	0.45601
8#（K_3^3）	1770.29	H	337782.28	4217620.00	2105.71	335.42	0.55312
9#（K_3^4）	1984.28	I	339033.19	4216680.00	2614.85	292.27	0.91031
10#（K_4）	2117.48	J	339373.84	4216446.00	2451.20	333.72	1.05612
11#（K_4^1）	2389.23	K	339193.62	4217296.00	2525.92	136.69	0.37025

表 5-12　断块 B 预测油水界面

层号	深度（m）	渗漏点位置	X	Y	预测油水界面（m）	烃柱高度（m）	AFPD（MPa）
1#（K_2^6）	849.52	A	338260.56	4216197.50	934.69	85.17	0.22186
2#（K_2^7）	883.40	B	338312.34	4216199.50	1004.61	121.21	0.28709
3#（K_2^8）	1034.24	C	338466.78	4216288.00	1140.97	106.73	0.52763
4#（K_2^9）	1087.89	D	335848.56	4216356.00	1215.38	127.49	0.36089
5#（K_3）	1198.22	E	338576.88	4216411.50	1451.50	253.28	0.62335
6#（K_3^1）	1482.34	F	339192.62	4216267.50	1706.22	223.88	0.66645
7#（K_3^2）	1502.97	G	338982.66	4216469.50	1745.22	242.25	0.41024
8#（K_3^3）	1671.21	H	339055.98	4216631.00	1917.63	246.42	0.74248
9#（K_3^4）	1868.66	I	338907.44	4216981.00	2142.11	273.45	0.83821
10#（K_4）	2021.04	J	340294.97	4215991.00	2322.58	301.54	1.09586
11#（K_4^1）	2201.88	K	340971.03	4215404.00	2483.46	281.58	0.87056

根据柴西缘英东一号构造断面临界 SGR 大小与断距的匹配关系（图 5-70），可以确定出该构造带的风险断距约为 45m，当高于风险断距时，断层普遍封闭；而当断距小于风险断距时，普遍认为断层侧向渗漏风险性较高。

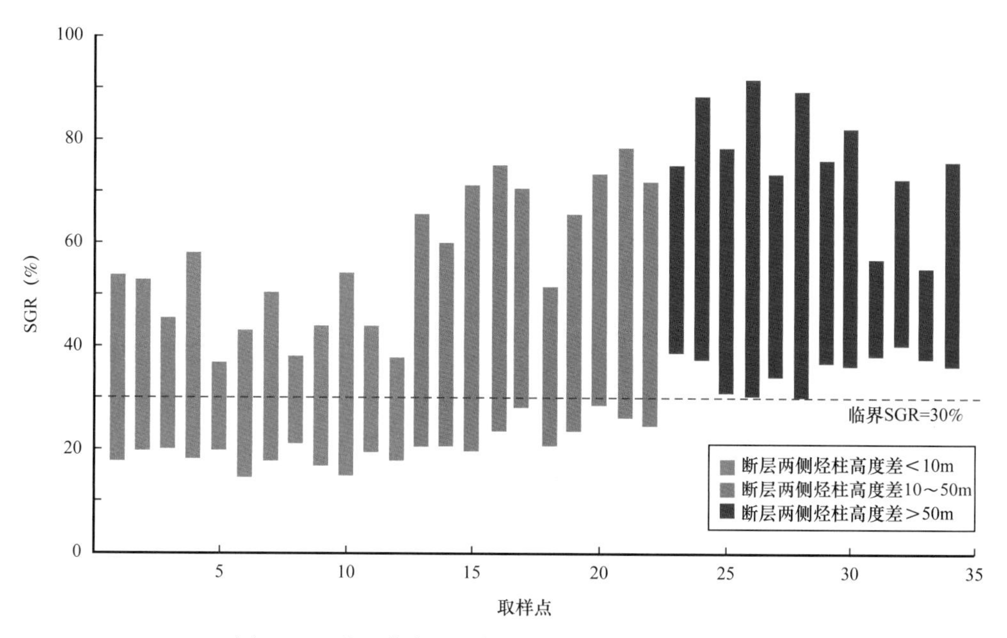

图 5-69　柴西英东 1 号断断层侧向封闭临界 SGR 值

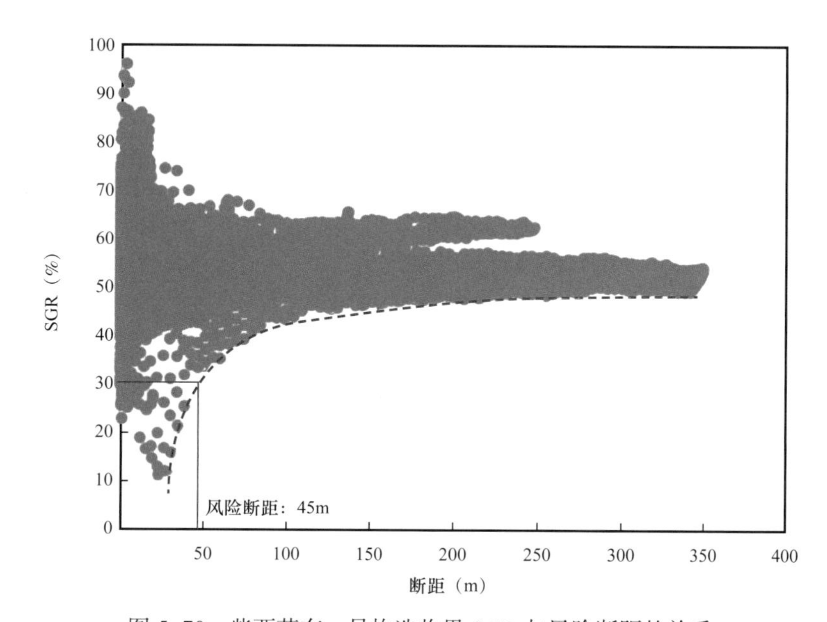

图 5-70　柴西英东一号构造临界 SGR 与风险断距的关系

第四节　抬升阶段泥岩盖层破裂控藏实例——准南齐古背斜

前陆冲断带山前带经历较强程度的抬升剥蚀改造，泥岩盖层在早期深埋挤压条件下成岩程度高，晚期抬升褶皱改造过程中由于围压卸载导致 OCR 增大，泥岩脆性增强，必然会产生断裂和微裂缝，从而造成油气的微泄漏。下面以准南缘第一排构造带齐古背斜为例，来说明山前带抬升阶段泥岩盖层破裂对油气藏保存条件的控制作用。

齐古油田位于准南山前第一排构造带——山前断褶带东段的齐古背斜构造，1957年在背斜核部钻探的齐浅1井在头屯河组获工业油流从而发现了齐古油田。1958年4月—1960年4月，以解剖齐古背斜侏罗系为目的层，进行了大规模钻探工作，共完钻探井24口，其中7口井在头屯河组、西山窑组、三工河组获得工业油流。1990年开始重新认识齐古构造，1992年齐8、齐009井在八道湾组和三叠系小泉沟组获工业气流，证实齐古背斜为多层系含油气。之后，齐古油田勘探开发处于停滞期。2011年为了拓展齐古背斜多层系含油气领域，在齐古背斜西侧低部位的西断鼻圈闭钻探的齐古1井在J_2t测试获日产$3.766 \times 10^4 m^3$的工业气流，首次在背斜翼部头屯河组获天然气勘探突破，从而给齐古老油田带来了新生命，给准噶尔南缘久攻不克的勘探局面打了一针强心剂，该发现具有重要的勘探价值和战略意义。2014年部署齐古三维对齐古构造进行重新认识，2016年先后部署的齐古2井在三工河组获得工业油流，齐古3井在八道湾组获工业气流。齐古1、2、3井的突破进一步证实了齐古构造为一多层系、大跨度、高丰度的含油气构造，展现了该构造油气勘探的巨大潜力，也标志着齐古油田勘探开发进入新阶段。

齐古背斜低部位天然气新发现无疑给齐古油田成藏带来了新的问题，为什么会形成“上油下气”的异常分布格局？天然气来源、运聚方向和有利聚集部位？下一步有利勘探方向在哪？齐古背斜天然气新发现对准南下组合勘探有什么启示作用？基于最新的地震资料和解释方案，在对齐古背斜构造演化分析的基础上，结合油气分布及地化特征，综合利用油气源对比、流体包裹体观察和测温、盆地模拟、泥岩盖层有效性评价等技术和方法，详细分析了齐古油田侏罗系和二叠—三叠系的油气成藏过程与油气运聚规律，进而为准噶尔南缘下组合油气勘探指明有利方向。

一、齐古背斜构造特征与构造演化模型

齐古背斜总体表现为一北西西走向的长轴背斜，向西倾伏，向东抬高，长轴为17.2km，短轴为4.0km，背斜两翼不对称，北陡南缓，北翼地层倾角为30°～50°，南翼地层倾角为24°～35°，北翼地层比轴部地层薄，南翼地层厚度与轴部大致相同。由于构造运动剧烈，齐古背斜强烈弯曲、抬升，使其轴部和两翼地层遭受不同程度的剥蚀，背斜轴部上侏罗统出露地表。构造整体上受南倾的齐古北断裂控制，南翼发育多条反向断层将背斜构造复杂化，圈闭特征总体上表现为纵向分层、横向分块的特征（图5–71）。

2014年新疆油田在齐古背斜部署了三维地震采集，通过齐古三维叠前深度偏移攻关，地震资料品质明显改善。在该三维地震资料基础上，结合钻井、露头资料，对齐古背斜构造样式进行了重新解释（图5–72）。从图中可以看出，侏罗系西山窑组煤系地层地震反射强，能作为标志层进行连续追踪。齐古背斜主体为受齐古北断裂控制下形成的冲断推覆构造，齐古北断裂总体呈铲状，向下逐渐收敛于前侏罗系滑脱层。以齐古北断裂为界，上盘为齐古背斜复杂强冲断构造体系，下盘为原地的弱冲断构造体系。往盆地方向，受古近系安集海河组泥岩和白垩系吐谷鲁群厚层泥岩两套区域滑脱层的控制，可以划分为上、中、下三个构造层。下构造层（清水河组底部—侏罗系）在齐古北断裂下盘深层存在侏罗系原地的隐伏冲断构造体系，往盆地方向地层变形变弱；中构造层（安集海河组—清水河组）

受沿安集海河组滑脱形成的反冲断层与正向逆冲断层夹持形成构造三角楔，在楔体内部发育多层转折褶皱，断裂体系复杂；上构造层（安集海河组以浅）为冲断挠曲坳陷形成的背驼盆地。

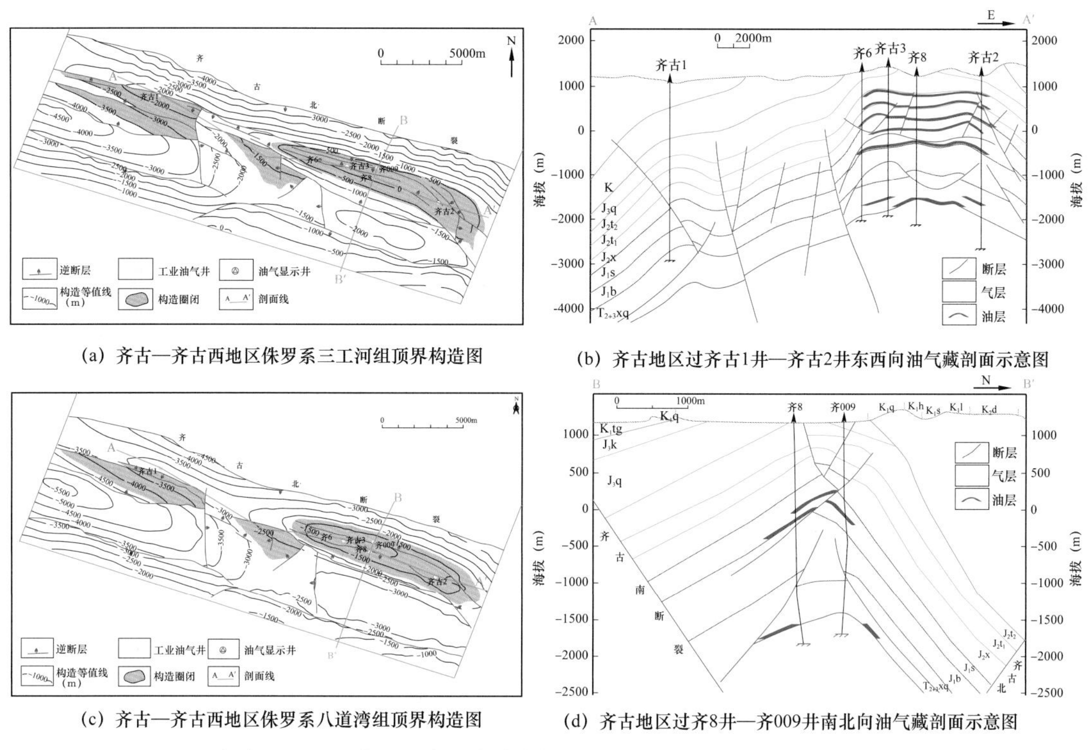

(a) 齐古—齐古西地区侏罗系三工河组顶界构造图

(b) 齐古地区过齐古1井—齐古2井东西向油气藏剖面示意图

(c) 齐古—齐古西地区侏罗系八道湾组顶界构造图

(d) 齐古地区过齐8井—齐009井南北向油气藏剖面示意图

图 5-71 齐古地区顶面构造图与油气藏剖面图（据新疆油田勘探开发研究院，修改）

从露头地层接触关系与地震剖面解释结果可以看出，齐古背斜构造存在以下 3 个突出特点：（1）上侏罗统与下白垩统存在角度不整合接触关系，在图 5-72a 剖面所示位置①和②处分别见到下白垩统清水河组与上侏罗统喀拉扎组之间的角度不整合接触关系（图 5-72b、c），预示着齐古地区在晚侏罗世末存在先存古构造，白垩系削截分布在侏罗系古构造之上。邓起东等、冀冬生等基于白垩系与侏罗系间的不整合关系，认为齐古构造形成始于侏罗纪末期。这与准噶尔盆地晚侏罗世—早白垩世发生区域挤压作用的构造背景是一致的，侏罗系褶皱抬升并遭受剥蚀，随后被白垩系覆盖，上侏罗统与下白垩统存在角度不整合，但由于侏罗系剥蚀范围有限，推断这期变形规模不大。（2）齐古北断裂上盘齐古背斜北翼与下盘中—上侏罗统、白垩系、古近系厚度存在明显的差异。从图 5-72a 中可以测量出齐古背斜北翼中—上侏罗统、白垩系、古近系厚度分别为 1054m、1744m 和 780m，而下盘中—上侏罗统、白垩系、古近系厚度分别为 2580m、2690m、1585m，上盘地层厚度明显小于下盘地层厚度，这种不协调现象是如何造成的？（3）齐古北断裂终止于安集海河组，沿安集海河组内部发生滑脱，安集海河组以浅为向斜构造，地层反射连续性好。由此可见，齐古背斜并不是一个简单的逆冲推覆构造，形成机制及构造演化十分复杂。

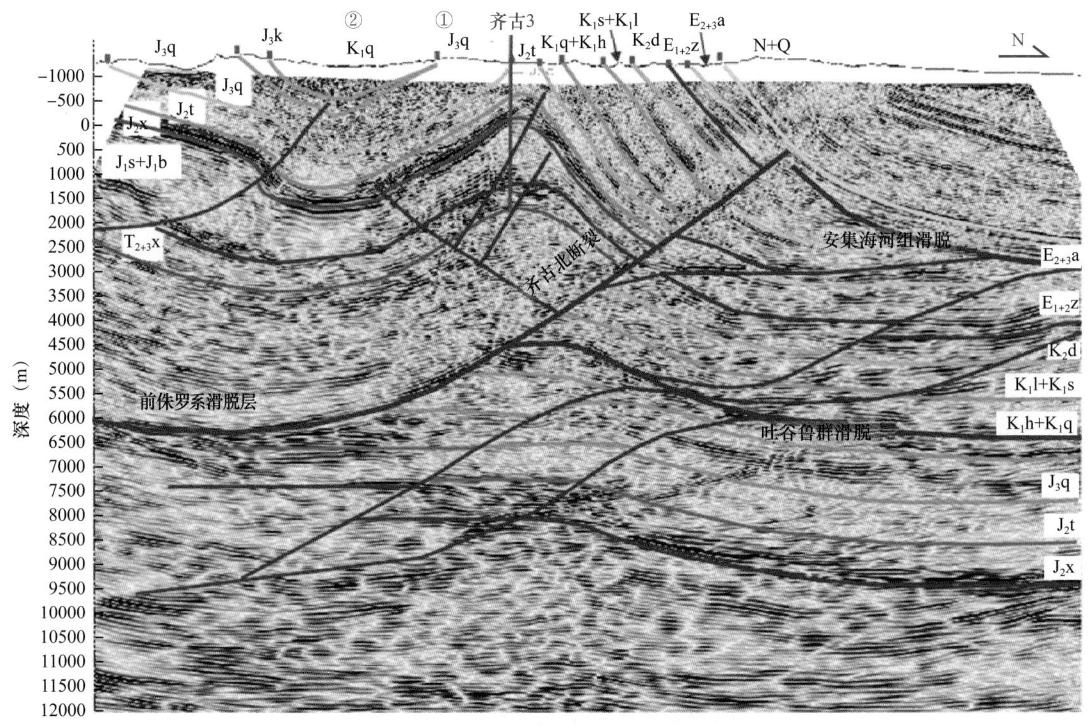

(a) 齐古三维Inline205线地震剖面构造解释方案

(b) 背斜南翼露头照片示K_1q与J_3k角度不整合接触　　(c) 背斜南部地表向斜露头照片示K_1q与J_3k角度不整合接触

图 5-72　井、震、露头综合确定齐古背斜地震剖面构造解释方案

关于齐古背斜形成的构造动力学成因与演化过程，不同学者观点不一致，争议较大。本文主要探讨齐古背斜油气成藏问题，这里仅抓住齐古背斜构造的主要特点提出了一个简单的构造演化模型（图 5-73）。在早侏罗—晚侏罗世早期，整体处于弱拉张坳陷构造背景，接受稳定的侏罗系沉积；在侏罗纪末期，由于受到特提斯洋闭合作用的影响，准南山前在晚侏罗纪发生挤压作用，形成断面南倾的齐古北逆冲断裂，在断裂上盘形成侏罗系古构造（图 5-73a）；由于构造抬升，受风化剥蚀将侏罗系削平之后，形成侏罗系与白垩系之间的不整合。齐古古构造高部位的上侏罗统被完全剥蚀而发生地层缺失，中侏罗统上部地层被部分剥蚀，使得中侏罗统厚度比下盘和南部的地层厚度减薄（图 5-73a）；到白垩纪准噶尔盆地总体处于坳陷盆地背景，在侏罗系之上接受了稳定的白垩系沉积，但由于受天山的推挤作用，齐古北断裂持续活动，上盘抬升从而造成断层上盘的白垩系厚度较下盘的白垩系厚度薄，也形成了白垩系与古近系的不整合（图 5-73b）。古近系沉积期，齐古

北断裂仍持续活动，断层上盘的古近系厚度较下盘的古近系厚度薄（图 5–73c）。新近纪以来，受北天山的强烈挤压推覆作用，上盘地层褶曲冲断形成现今的齐古背斜构造。根据生长地层及磁性地层学年龄结果判断齐古背斜构造晚新生代构造变形开始于 6—7Ma。背斜核部的地层剥蚀最严重，J_2t 直接出露地表，往背斜北翼地层逐渐变新，往南翼由于地层挠曲形成向斜构造，向斜核部出露下白垩统，向斜两翼均出露侏罗系（图 5–73d）。

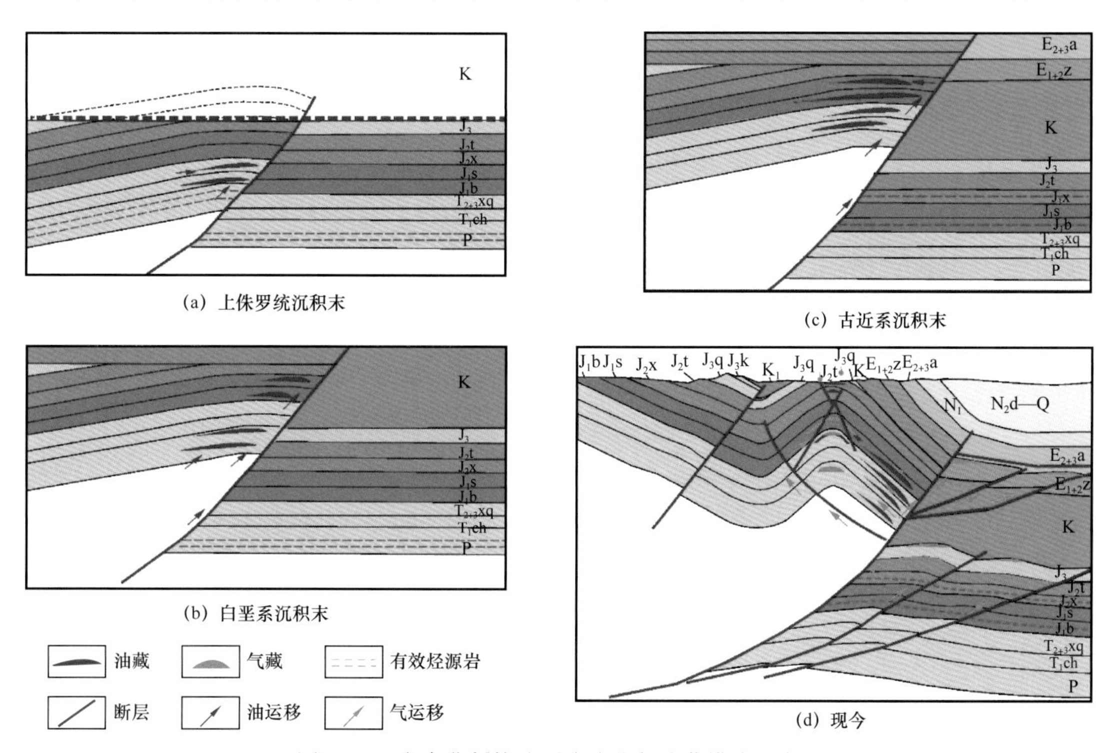

图 5–73　齐古背斜构造形成演化与成藏模式示意图

通过以上构造分析，可以明确以下四点：（1）齐古北断裂为长期继承性活动断裂，从晚侏罗世持续活动至新近纪，对于构造的形成与油气的运聚都起到重要的作用；（2）齐古地区侏罗纪末发育古构造；（3）齐古背斜构造定型时间晚，晚新生代强烈构造变形发生在 6—7Ma 以来，对早期构造和油气藏改造作用强烈；（4）齐古背斜构造为燕山期与喜马拉雅期两期构造变形的叠加，齐古背斜北翼为古构造高部位，后期掀斜变成现今背斜的北翼，即古今构造高部位的位置上有迁移。以上构造演化模型很好地解释了齐古背斜现今复杂的构造样式和地层分布情况，也为后面对齐古油田的复杂油气分布和成藏过程分析奠定了基础。

二、齐古油田油气地化特征及油气源对比

齐古油田原油密度总体偏重，介于 0.82～0.89g/cm^3 之间，介于正常油到中质油之间，含蜡量高，介于 5.16%～27.03% 之间，为含蜡、高含蜡原油（表 5–13）。齐 8 井八道湾组 2011～2031m 原油密度为 0.785g/cm^3，齐古 1 井头屯河组 1936～2012m 原油密度为 0.77g/cm^3，不含蜡，这是由于这两个原油产自气层，为伴生的轻质凝析油（表 5–13）。天然气组分偏

干，干燥系数介于0.96～0.985之间，为干气。原油为正常成熟油，天然气为干气，天然气成熟度要高于原油，说明油气不同期，晚期干气对早期原油有气侵作用，造成原油含蜡量增大。

表5-13　齐古油田原油物性与天然气组成数据

井名	层位	顶界深度（m）	底界深度（m）	试油结果			原油物性			天然气组分		
				试油结论	日产油（t）	日产气（10^4m^3）	相对密度（g/cm^3）	凝固点（℃）	含蜡量（%）	甲烷（%）	乙烷（%）	干燥系数
齐8	J_1b	1662	1713	油气层	6.300	1.833	0.8261	17	5.16	95.8	2.31	0.9677
		1807	1814	干层	0.774	—	0.8323	22	16.52			
		1821.2	1829.2	含油层	0.500	0.078	0.8345	26	18.47	95.33	1.97	0.9695
		2011	2031	气层	—	5.532	0.785	-24	—	95.49	2.72	0.9685
	$T_{2-3}xq$	2715	2736	油层	25.370	0.204	0.8901	17	6.76	94.81	2.58	0.9648
齐009	J_1s	1520	1547	干层						97.09	1.31	0.9847
	J_1b	1821	1830	干层			0.8685	39	21.19	96.06	1.8	0.9798
	J_1b	1989	1997	含油层	0.640	—	0.8762	42	27.03	96.43	1.43	0.9836
	$T_{2-3}xq$	2557	2587	气层	—	3.098				96.65	1.61	0.9828
齐1a	J_2x	816	847	油层	13.300	—	0.8425	19	—			
齐34	J_1s			油层			0.8452	18	23.75			
齐古1	J_2t	1936	2012	气层	0.250	2.990	0.7713	-30.01	—	90.78	2.74	0.9512

前人对齐古油田油气来源已做了大量研究，认为齐古油田二叠系和三叠系储层中的原油为二叠系原油，侏罗系储层的原油为二叠系和侏罗系原油混合组成，天然气均为侏罗系煤成气。齐古油田天然气甲烷、乙烷同位素较重，$\delta^{13}C_1$ 主要介于 -31.55‰～-29.29‰，$\delta^{13}C_2$ 介于 -24.69‰～-20.6‰，为典型的煤成气。按照戴金星等建立的煤成气 $\delta^{13}C_1$ 与 R_o 关系式计算天然气成熟度介于1.59%～2.3%，为高—过成熟阶段的产物，来自高—过成熟的侏罗系煤系烃源岩。

蒸发或相控运移分馏作用是形成凝析油、蜡质油和稠油的一种主要成因机理。齐古背斜地层倾角大、断裂系统发育及早油晚气充注过程，使得该区具备发生蒸发或相控运移分馏作用的地质条件。该区早期为原油充注，晚期过量高成熟的煤成气注入，将原油中的低碳数烃类溶解到天然气中并运移至高部位或浅层聚集，残留的原油中则富含高碳数烃类，从而造成原油密度和含蜡量增高，随着气洗或分馏程度的增高，残留原油的密度和含蜡量也会逐渐增高。位于齐古背斜核部的齐8井和齐009井在八道湾组均发育油层，对比发现，位于背斜北翼的齐009井1821～1830m油层原油密度为0.8685g/cm³，含蜡量为21.19%，而位于背斜南翼的齐8井在同一油层（1821.2～1829.2m）原油密度为0.8345g/cm³，含蜡量为18.47%。同一油层中齐009井原油密度和含蜡量明显高于齐8井，说明齐009井原油气洗程度要大于齐 8 井，反映了晚期天然气气洗方向为从北向南，推测晚期天然气沿着齐古北断裂从齐古背斜北翼往构造主体高部位运移，并对途经的早期原油进行气洗改造，发生蒸发或运移分馏作用，靠近气源方向的原油遭受气洗的程度要大，原油密度和含蜡量偏高。

三、齐古油田油气成藏期次

流体包裹体是成岩成藏流体的直接历史记录，多源、多期成藏的复杂油气藏储层中一般会形成多期不同类型的流体包裹体记录。对齐 8 井和齐 009 井中—下侏罗统 32 块样品进行了系统的包裹体观察、分类和测温。该地区的烃类包裹体可分为 3 期，反映了三期油气充注过程（图 5–74）。第 I 期是黄色荧光的低成熟油包裹体，气液比低，主要以串珠状生长在石英颗粒内部的愈合裂缝或散乱分布于方解石胶结物中（图 5–74a 至

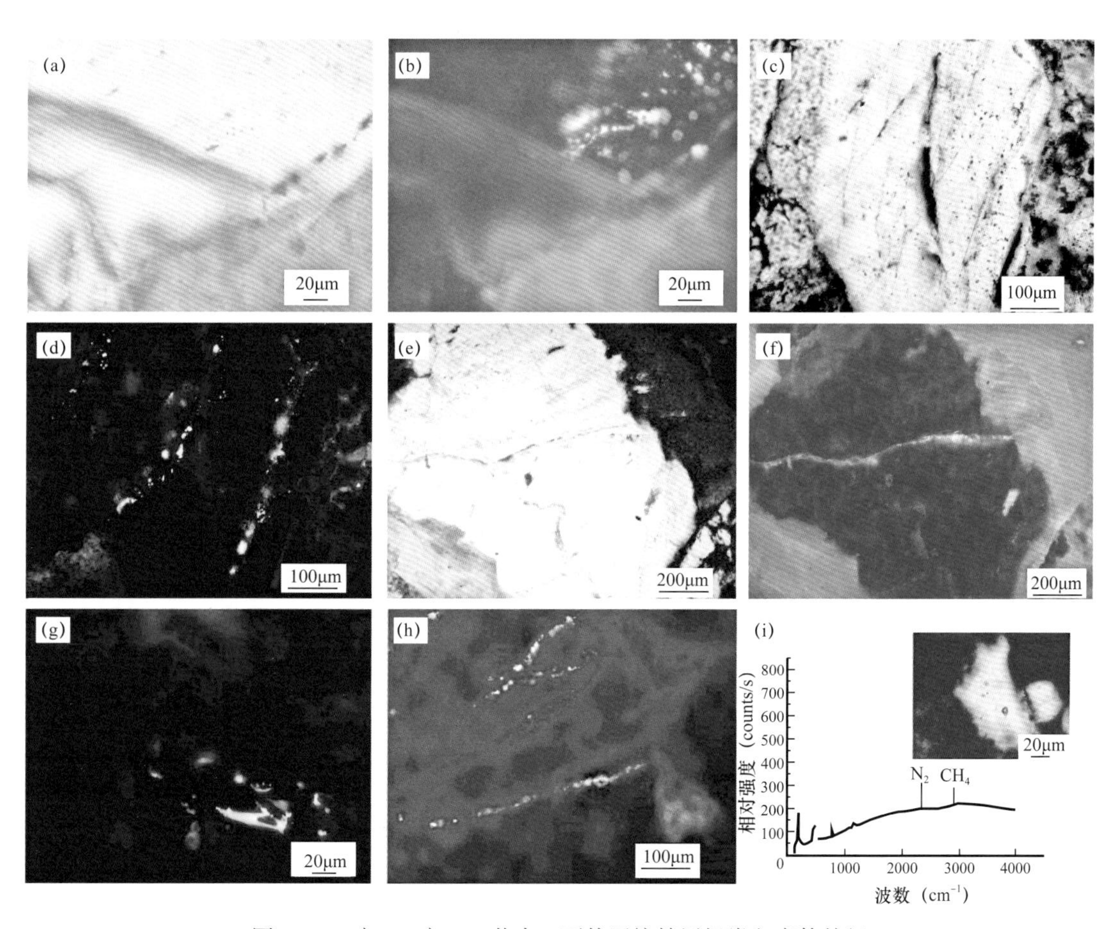

图 5–74　齐 8、齐 009 井中—下侏罗统储层烃类包裹体特征

a、b—黄色荧光油包裹体，串珠状分布，气液比低，生长于石英颗粒内部的愈合裂缝，齐 009 井，676.38m，J_2x，a 为单偏，b 为荧光；c、d—黄色荧光油包裹体，串珠状分布，气液比低，生长于石英颗粒内部的愈合裂缝，齐 009 井，1033.1m，J_1s，c 为单偏，d 为荧光；e、f—蓝白色荧光油气包裹体，串珠状分布，生长于切穿石英颗粒的裂缝中，齐 8 井，1664.7 m，J_1b，e 为单偏，f 为荧光；g—黄白色油气包裹体，气液比大，齐 8 井，1664.7m，J_1b，荧光；h—蓝白色荧光油气包裹体，串珠状分布，切穿石英颗粒，齐 009 井，1728m，J_1b，荧光；i—石英中气态烃类包裹体及其拉曼光谱，齐 8 井，2026m，$T_{2+3}xq$，氮气峰对应 2330cm^{-1}、甲烷峰对应 2916cm^{-1}

图 5-74d），该类包裹体的生长早于石英加大边的形成，是早期低成熟度原油运移和充注的证据。第Ⅱ期烃类包裹体为黄白色—蓝白色荧光的油气包裹体（图 5-74e 至图 5-74h），赋存在切穿石英颗粒和胶结物的裂缝中（图 5-74e 至图 5-74f）；第Ⅲ期是气烃包裹体，气液比大，发微弱荧光（图 5-74i）。其拉曼光谱分析结果显示，流体包裹体中发现有明显的甲烷特征峰以及氮气特征峰，为甲烷气烃包裹体，反映了晚期高成熟天然气的充注。对三期烃类包裹体及其伴生盐水包裹体进行测温，结果显示齐 009 井三工河组储层中第Ⅰ期黄色荧光油包裹体 Th 范围为 78.1～114.8℃，峰值区间为 80～90℃，同期盐水包裹体 Th 分布范围较广，主体分布在 80～100℃（图 5-75）。齐 8 井八道湾组裂缝中第Ⅱ期黄白—蓝白色荧光油包裹体的 Th 分布在 90～100℃，与之同期盐水包裹体的 Th 在 110～120℃和 130～140℃之间均有分布（图 5-75）。第Ⅲ期甲烷气烃包裹体均一温度分布在 220～230℃，与之伴生盐水包裹体温度为 140～150℃。

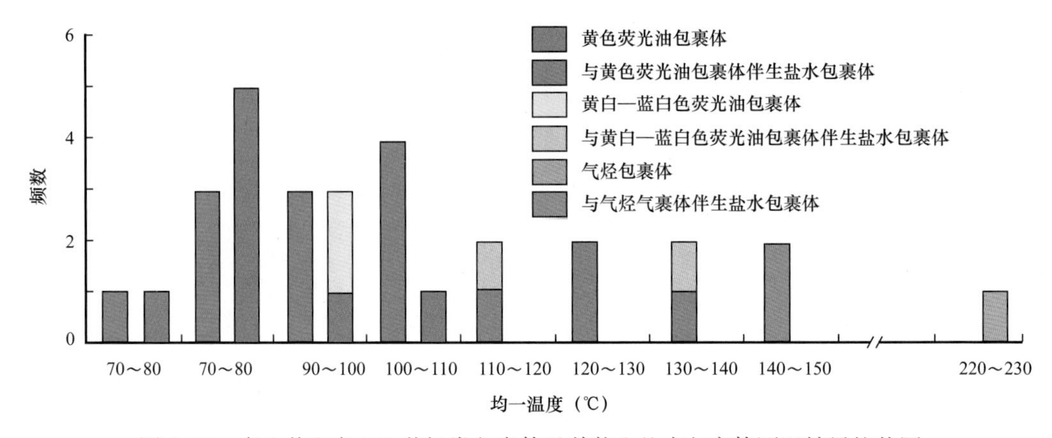

图 5-75　齐 8 井和齐 009 井烃类包裹体及其伴生盐水包裹体测温结果柱状图

考虑到不混溶体系包裹体的非均一捕获，本文选取与油包裹体伴生的盐水包裹体的最低均一温度作为油包裹体的捕获温度，用于限定油包裹体捕获时间。将三期烃类包裹体的捕获温度与齐古油田齐 8 井的埋藏史、热史（图 5-76）比对，结果显示第 I 期原油在 100—120Ma 充注，从烃源岩热演化生烃史图上可以看出在 100—120Ma 时，齐古本地二叠系烃源岩已经进入生油门限，开始大量生排烃（图 5-76b），而齐古北地区的二叠系烃源岩此时已进入高成熟生油气阶段，正是大量生排烃阶段，与之同时齐古北地区八道湾组烃源岩也进入成熟阶段（图 5-77）。第Ⅰ期原油充注与二叠系烃源岩生排烃时间吻合，反映在下白垩统沉积末以二叠系烃源岩生成原油为主的充注成藏（图 5-76b）。第Ⅱ期油气的捕获温度为 110～120℃，第Ⅲ天然气的捕获温度为 140～150℃，包裹体捕获温度都远大于储层经历最高温度（图 5-76b），反映油气并非本地成因，可能为外源深部流体。齐古本地的二叠系烃源岩在白垩纪末抬升后生烃停滞，而本地侏罗系烃源岩烃源岩成熟度 R_o 介于 0.61%～0.72%（图 5-76a），尚未进入大量生油气阶段，说明晚期充注的油、气只可能来自于齐古北断裂下盘深埋的烃源岩。齐古北地区二叠系烃源岩在晚白垩世（约 100Ma）已经进入过成熟阶段，在晚期供烃的可能性不大，而八道湾组和西山窑组烃源岩在古近纪以来相继进入成熟—高成熟生油气阶段（图 5-77），由于喜马拉雅晚期的强烈冲

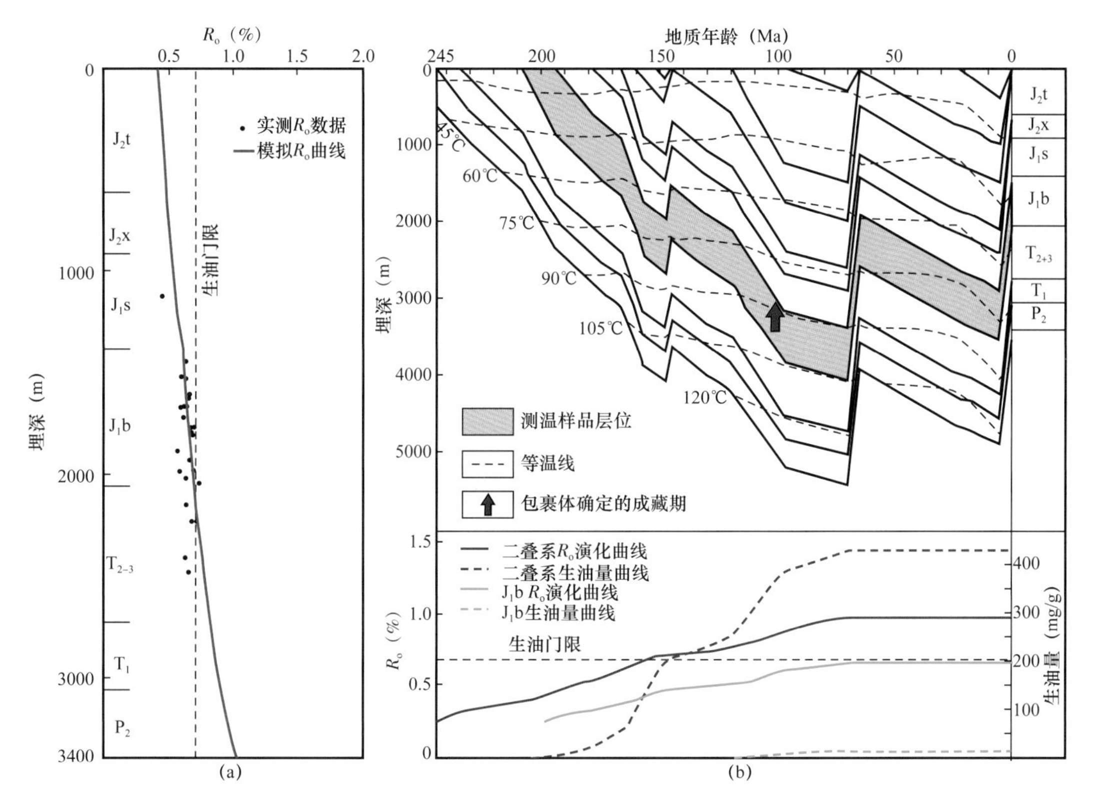

图 5-76 齐 8 井 R_o 与深度关系及埋藏史、热史、生烃史图

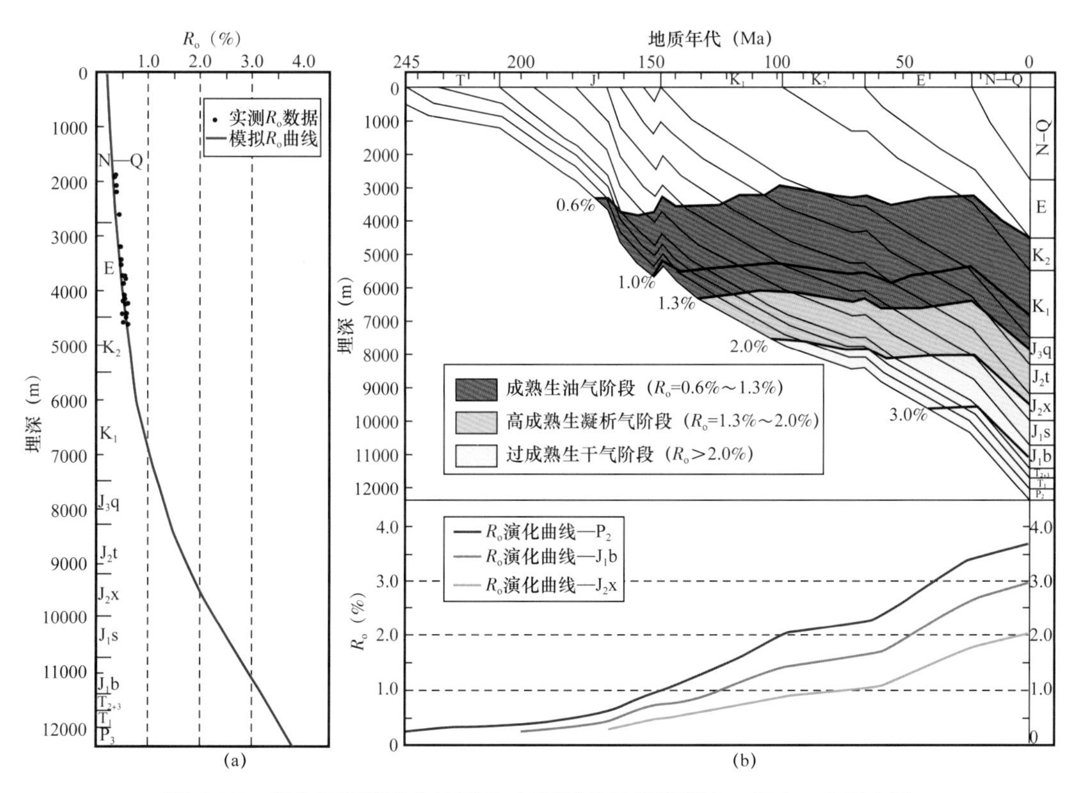

图 5-77 齐古北断裂以北地区 R_o 与深度关系及埋藏史、热史、生烃史图

由于该区没有钻井，R_o 实测数据使用四棵树凹陷四参 1、西 5、西参 2 等井实测数据，仅作为参考

断作用，齐古北断裂活动沟通下盘烃源岩生成的油气进入齐古背斜形成聚集。由于断裂沟通从下盘深层来的高温流体快速进入齐古背斜侏罗系储层中胶结形成包裹体，流体温度尚未均衡，从而造成包裹体捕获温度远大于储层埋藏历史最大温度的现象。结合烃源岩热演化史、油气成熟度及齐古构造形成演化历史，推测第Ⅱ期油气主要来自于下盘齐古北地区的八道湾组烃源岩生成的高成熟油气，充注时间为40Ma左右，而第Ⅲ期天然气主要来自下盘齐古北地区的西山窑组煤系烃源岩生成的高—过成熟天然气，充注时间大概为5Ma以来。

四、油气成藏过程与模式

根据油气来源、油气分布特征，结合构造演化与烃源岩热演化、生烃史分析，以及流体包裹体成藏期次分析，建立了齐古油田复杂油气成藏过程（图5-73）：在晚侏罗世末期的冲断作用使得在齐古地区形成古构造，在侏罗纪末期—白垩纪早期，齐古本地及齐古北地区的二叠系烃源岩进入大量生排烃阶段，二叠系来源的原油就近运移至构造高部位的小泉沟组和二叠系储层中，形成早期油藏（图5-73a）；白垩纪末期的冲断抬升作用，齐古北断裂活动使下盘二叠系生成原油上运至齐古地区古构造高部位的中—下侏罗统中形成第Ⅰ期油气聚集（图5-73b）；在古近纪，齐古地区本地烃源岩尚未进入生烃门限，下盘齐古北地区的八道湾组烃源岩进入生油气高峰，通过齐古北断裂上运至齐古地区古构造高部位形成第Ⅱ期油气充注（图5-73c）；晚新生代以来，受北天山隆升影响，齐古背斜开始褶曲形成，侏罗纪末形成的古构造区被掀斜形成现今齐古背斜的北翼，早期古构造区形成的油藏向背斜高部位调整形成次生油藏；下盘齐古北地区的八道湾组和西山窑组烃源岩此时已进入高—过成熟大量生气阶段，晚期生成的高成熟煤成气沿着齐古北断裂面向断裂上盘高部位运移，受断块分割，分块充注，充注方向总体自北向南、自西向东（图5-78）。在齐古背斜主体构造高部位的八道湾组和小泉沟组形成气侵富化的凝析油气藏，如齐8、齐009井区（图5-73d、图5-78），早期油藏被晚期天然气气洗，重质组分残留，原油含蜡量高。齐009井比齐8井更接近沟通气源岩的深大断裂，天然气先经过齐009井，因此齐009井八道湾组储层原油含蜡量高于齐8井的八道湾组储层原油，气洗程度更强。在背斜西翼的分割断块如齐古西断鼻中早期没有原油充注，晚期天然气大量充注形成原生的凝析气藏，齐古1井为凝析气藏，凝析油密度为0.7713g/cm^3，为晚期天然气聚集的产物（图5-73c、图5-78）。

在齐古背斜构造形成的同时，晚新生代以来齐古北断裂往盆地方向冲断，受白垩系和安集海河组泥岩两套滑脱层的控制，在下盘二叠—侏罗系中形成原地冲断构造，在两套滑脱层之间形成冲断三角楔构造。下盘侏罗系原地冲断构造上有巨厚白垩系泥岩盖层，下部紧挨大量生烃的中—下侏罗统烃源岩，形成非常好的源—储—盖组合，推测在原地冲断构造的构造高部位能够形成天然气聚集（图5-73）。此外，深部的天然气沿着断裂上运的过程中也可能会在中构造层的冲断三角楔构造中的紫泥泉子组圈闭中形成天然气聚集（图5-73d）。

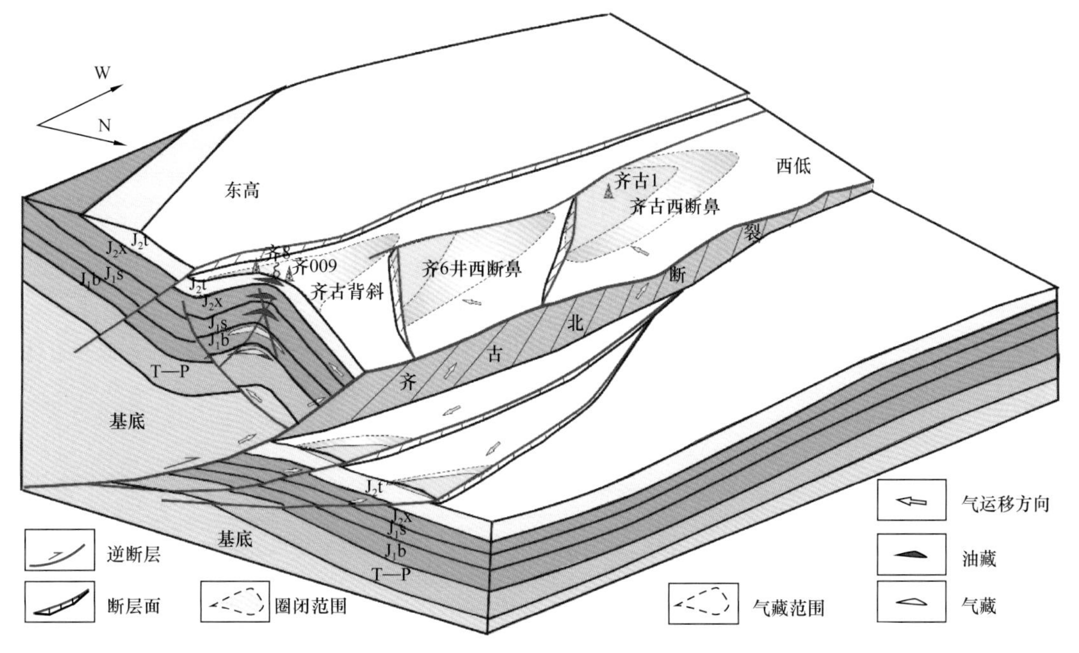

图 5-78　齐古地区立体构造样式与油气运聚模式图（据鲁雪松等，2019）

五、抬升阶段泥岩盖层破裂与天然气差异保存

晚新生代以来的构造活动、背斜圈闭形成与齐古北地区中—下侏罗统烃源岩晚期的生、排烃时间相吻合有利于形成规模油气充注，油气通过断裂的沟通可以在垂向上不同层系中聚集。齐古地区“上油下气”的异常分布格局主要与喜马拉雅晚期以来齐古背斜的构造抬升和褶皱变形对盖层的破坏有关。由于抬升阶段泥岩盖层容易发生脆性破裂，利用毛细管压力不足以评价盖层的封闭能力，可以结合超固结比（OCR）判断泥岩盖层的脆性程度和裂缝产生的条件。

从齐 8 井的埋藏史（图 5-79）可以看出，齐古地区的地层在晚白垩世达到最大埋藏深度和最大固结程度，但此时构造应力较弱，最大垂向应力可以根据最大埋藏深度的垂向有效应力来换算。对齐 009 井 1886.2m 处八道湾组泥岩进行测试，其单轴抗压强度为 48MPa。根据前人建立的泥岩单轴抗压强度（σ_c）与名义前期固结应力（the apparent pre-consolidation stress）的统计关系（$\sigma_{v_{\max}}=8.6\sigma_c^{0.55}$）可计算出前期固结应力为 72.3MPa，略大于该泥岩最大埋深时的垂向有效应力 62.7MPa，化学胶结和构造应力的贡献较小。为了计算方便，不考虑化学胶结和构造应力对前期固结应力的影响，在埋藏史模拟的基础上可以恢复盖层抬升阶段的 OCR 演化历史。

从齐 8 井的模拟结果（图 5-79）可以看出，齐古背斜在晚白垩世之前稳定持续沉降，受压实成岩作用影响，泥岩盖层的孔隙度逐渐降低，在烃源岩大量生、排烃及成藏之前已具备较强的封闭油气能力（图 5-79b）；白垩纪晚期，泥岩盖层在经历最大埋深后进入强脆性阶段（孔隙度小于 10%）；白垩纪末及新近纪 5Ma 以来，经历 2 次抬升后，西山窑组和三工河组泥岩盖层的 OCR 值分别达到 4.2 和 3.3（图 5-79b），远超过 OCR 临界值 2.5，发生脆性破裂、产生微裂缝并完全失去封闭天然气的能力，从而导致齐古背斜核部中—上侏罗统油气藏破坏和大量天然气散失，现今只残留少量油藏，天然气已全部逸散。八道湾组和小泉沟组泥岩盖层的 OCR 分别为 2.4 和 2.0（图 5–79b），尚未发生脆性破裂。在八道湾组、小泉沟组等有效泥岩盖层的保护下，相对深埋的三叠系和下侏罗统中的气藏均可得以保存。此外，位于斜坡部位的齐古 1 井由于晚期抬升和变形小，西山窑组泥岩盖层未发生脆性破裂、保持完整，因而头屯河组仍有气藏发育。

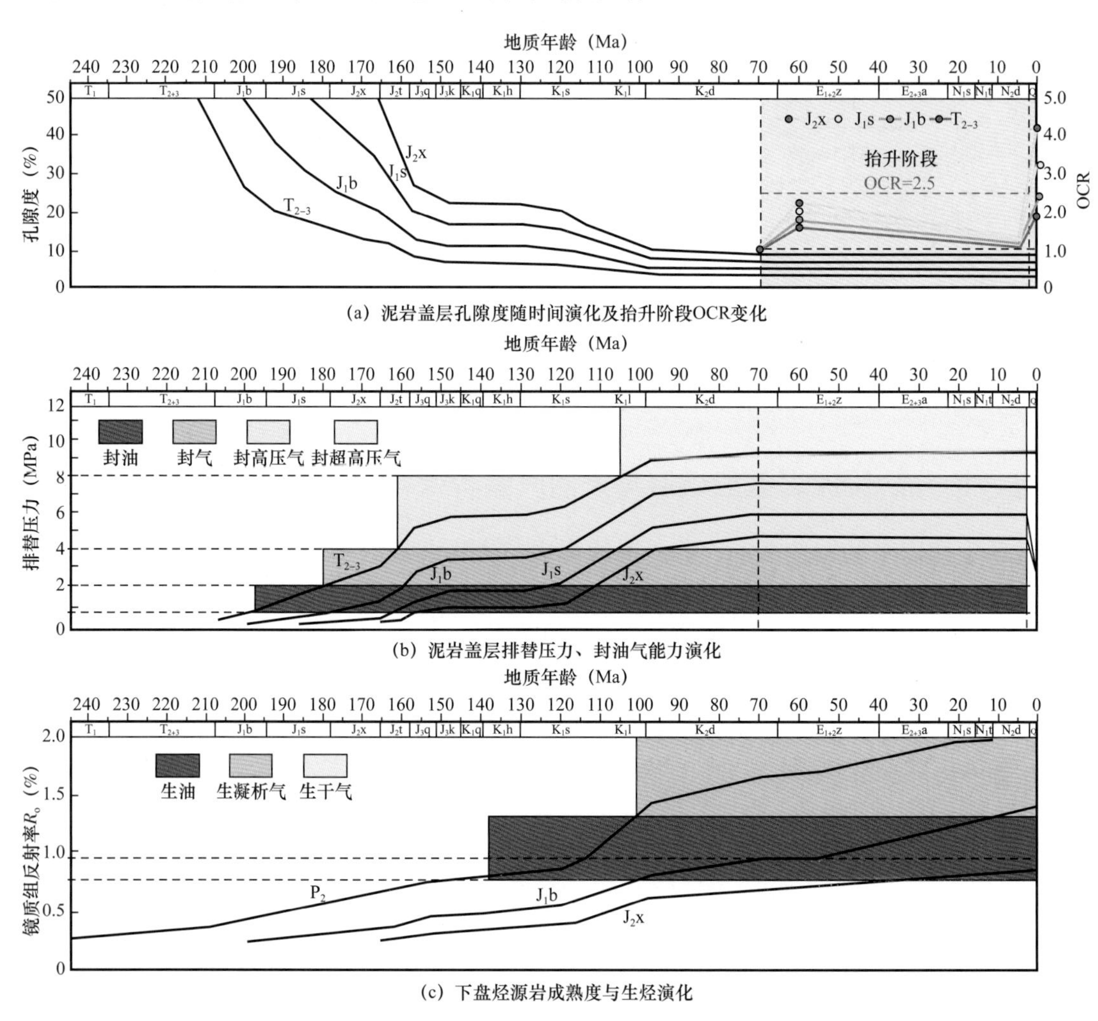

图 5–79　齐 8 井侏罗系泥岩盖层封闭性演化及下盘烃源岩生烃期的匹配关系

根据第二章建立的泥岩盖层完整性评价方法，对齐古背斜核部不同层系泥岩的 OCR 和应变量比值进行了计算（表 5–14），结果表明，齐古背斜核部的头屯河组、西山窑组、三工河组泥岩盖层处于强脆性强变形区，破裂风险大，从而造成天然气的泄漏，形成残余油藏；而八道湾组和小泉沟组泥岩盖层则处于弱脆性强变形区，虽然应变量较大，但脆性程度相对较低，破裂风险较小，天然气仍能有效保存下来。综合以上分析表明，正是由于多期油气充注和晚新生代构造抬升对保存条件破坏的差异，才形成了齐古地区“上油下气”的异常油气分布格局。

表 5-14　齐古背斜不同层位泥岩随塑性与盖层破裂风险评价表

层位	埋深（m）	有效围压（MPa）	泥岩密度（g/cm³）	名义固结压力（MPa）	OCR	变形域	构造变形量	破裂变形量	应变量比值	破裂风险
J_2t	500	7.5	2.56	72.3	9.27	脆性域	0.249	0.014	17.79	大
J_2x	800	12	2.56	72.3	5.79		0.262	0.015	17.47	大
J_1s	1200	18	2.56	72.3	3.86		0.269	0.016	16.81	大
J_1b	2000	30	2.56	72.3	2.32	脆—塑性域	0.215	0.018	11.94	小
T_{2+3}	2500	37.5	2.56	72.3	1.85		0.187	0.022	8.50	小

参考文献

白振华，姜振学，宋岩，等，2013. 准南霍玛吐构造带储层发育特征与油气分布的关系［J］. 现代地质，27（5）：1251–1257.

戴金星，王庭斌，宋岩，1997. 中国大中型天然气田形成条件与分布规律［M］. 北京：地质出版社.

冯洁，姜振学，宋岩，等，2015. 库车坳陷大北、克深地区巴什基奇克组储层物性差异影响因素分析［J］. 中国矿物岩石地球化学学会第15届学术年会论文摘要集（4）.

付广，李椿，孟庆芬，2003. 天然气扩散系数的系统研究［J］. 断块油气田，5：13–16.

付广，许凤鸣，2003. 盖层厚度对封闭能力控制作用分析［J］. 天然气地球科学，14（3）：186–190.

付晓飞，郭雪，朱丽旭，等，2012. 泥岩涂抹形成演化与油气运移及封闭［J］. 中国矿业大学学报，01：52–63.

付晓飞，贾茹，王海学，等，2015. 断层—盖层封闭性定量评价——以塔里木盆地库车坳陷大北—克拉苏构造带为例［J］. 石油勘探与开发，42（3）：300–309.

付晓飞，刘小波，宋岩，等，2008. 中国中西部前陆冲断带盖层品质与油气成藏［J］. 地质论评，01：83–93.

付晓飞，尚小钰，孟令东，2013. 低孔隙岩石中断裂带内部结构及与油气成藏［J］. 中南大学学报（自然科学版），44（6）：2428–2438.

付晓飞，吴桐，吕延防，等，2018. 油气藏盖层封闭性研究现状及未来发展趋势［J］. 石油与天然气地质，39（3）：454–471

付晓飞，肖建华，孟令东，2014. 断裂在纯净砂岩中的变形机制及断裂带内部结构［J］. 吉林大学学报（地球科学版），44（1）：25–37.

高瑞祺，蔡希源，1997. 松辽盆地油气田形成条件与分布规律［J］. 北京：石油工业出版社.

管树巍，何登发，雷永良，等，2013. 中国中西部前陆冲断带运动学分类、模型与勘探领域［J］. 石油勘探与开发，40（1）：66–78.

郝芳，刘建章，邹华耀，等，2015. 莺歌海—琼东南盆地超压层系油气聚散机理浅析［J］. 地学前缘，22（001）：169–180.

衡帅，杨春和，曾义金，等，2014. 基于直剪试验的页岩强度各向异性研究［J］. 岩石力学与工程学报，33（5）：874–883.

衡帅，杨春和，张保平，等，2015. 页岩各向异性特征的试验研究［J］. 岩土力学，36（3）：609–616.

贾承造，2011. 中国岩性地层油气藏、前陆冲断带油气藏与深部油气藏的地质学特征与勘探实例［M］. 杭州：浙江大学出版社.

蒋有录，1998. 油气藏盖层厚度与所封盖层烃柱高度关系问题探讨［J］. 天然气工业，18（2）：120–123.

匡立春，王绪龙，张健，等，2012. 准噶尔盆地南缘霍—玛—吐构造带构造建模与玛河气田的发现［J］. 天然气工业，2012，32（2）：11-16.
李本亮，管树巍，陈竹新，等，2010. 断层相关褶皱理论与应用：以准噶尔盆地南缘地质构造为例［M］. 北京：石油工业出版社 .
李海燕，付广，彭仕宓，2001. 天然气扩散系数的实验研究［J］. 石油实验地质，23（1）：108-112.
李兰兰，2013. 显微激光拉曼光谱原位测定广阔温压条件下 CO_2、CH_4 在盐水溶液中的扩散系数［D］. 中国地质大学 .
李双建，沃玉进，周雁，等，2011. 影响高演化泥岩盖层封闭性的主控因素分析［J］. 地质学报，85（10）：1691-1697
廖健德，赵增义，马万云，等，2011. 准噶尔盆地呼图壁气田油气成因及成藏分析［J］. 新疆地质，29（4）：453-456.
刘建清，赖兴运，于炳松，等，2005. 库车凹陷克拉 2 气田深层优质储层成因及成岩作用模式［J］. 沉积学报，23（3）.
刘俊新，杨春和，刘伟，等，2015. 泥质岩盖层前期名义固结压力及封闭特性研究［J］. 岩石力学与工程学报，34（12）：2377-2387.
刘哲，付广，吕延防，等，2013. 南堡凹陷断裂对油气成藏控制作用的定量评价［J］. 中国石油大学学报：自然科学版，（1）：27-34.
柳广弟，赵忠英，孙明亮，等，2012. 天然气在岩石中扩散系数的新认识［J］. 石油勘探与开发，39（5）：559-565.
卢华复，施央申，张庆龙，等，1994. 地体构造的研究现状与展望［C］. 现代地质学研究文集（下），南京：南京大学出版社：1-11.
鲁雪松，刘可禹，卓勤功，等，2012. 库车克拉 2 气田多期油气充注的古流体证据［J］. 石油勘探与开发，39（5）：537-544.
鲁雪松，刘可禹，赵孟军，等，2016. 油气成藏年代学分析技术与应用［M］. 北京：科学出版社 .
鲁雪松，赵孟军，陈竹新，等，2019. 准噶尔盆地南缘齐古油田油气成藏再认识及勘探启示［J］. 石油学报，40（9）.
吕延防，李国会，王跃文，等，1996. 断层封闭性的定量研究方法［J］. 石油学报，17（3）：39-45.
吕延防，万军，沙子萱，等，2008. 被断裂破坏的盖层封闭能力评价方法及其应用［J］. 地质科学，43（1）：162-174.
罗晓容，雷裕红，张立宽，等，2012. 油气运移输导层研究及量化表征方法［J］. 石油学报，（03）：428-436.
马永生，楼章华，郭彤楼，等，2006. 中国南方海相地层油气保存条件综合评价技术体系探讨［J］. 地质学报，80（3）：406-417.
马中振，谢寅符，张志伟，等，2013. 南美东缘盐岩发育特征及其与油气聚集的关系［J］. 吉林大学学报（地球科学版），43（2）：360-370.

孟令东，2012. 塔南凹陷断层封闭性综合定量评价［D］. 东北石油大学 .
庞雄奇，付广，万龙贵，等，1993. 盖层封油气性综合定量评价［M］. 北京：地质出版社 .
漆家福，雷刚林，李明刚，等，2009. 库车坳陷克拉苏构造带的结构模型及其形成机制［J］. 大地构造与成矿学，33（1）：49–56.
宋岩，柳少波，赵孟军，等，2008. 中国中西部前陆盆地油气分布规律及主控因素［M］，北京：石油工业出版社 .
宋岩，赵孟军，方世虎，等，2012. 中国中西部前陆盆地油气分布控制因素［J］. 石油勘探与开发，3：265–274.
宋岩，赵孟军，柳少波，等，2006. 中国前陆盆地油气富集规律［J］. 地质论评，52（1）：85–92.
宋元林，胡新平，2001. 呼图壁气田紫泥泉子储层特征及综合评价［J］. 西安石油学院学报（自然科学版），4：005.
隋立伟，2014. 柴达木盆地狮子沟—英东构造带断裂控藏作用［D］. 东北石油大学 .
孙平，郭泽清，刘卫红，等，2013. 柴达木盆地英东一号油气田成藏机理［J］. 石油勘探与开发，2013，40（4）：429–435.
汤良杰，贾承造，皮学军，等，2003. 库车前陆褶皱带盐相关构造样式［J］. 中国科学（D 辑），33（1）：35–46.
汤良杰，金之均，贾承造，等，2004. 库车前陆褶皱—冲断带前缘大型盐推覆构造［J］. 地质学报，78（1）：17–27.
童晓光，牛嘉玉，1989. 区域盖层在油气聚集中的作用［J］. 石油勘探与开发，16（4）：1–8.
汪新，王招明，谢会文，等，2010. 塔里木库车坳陷新生代盐构造解析及其变形模拟［J］. 中国科学，40（12）：1655–1668.
王海静，周妮，周新艳，等，2009. 准噶尔盆地玛纳斯地区油气成因分析［J］. 天然气勘探与开发，32（2）：4–5.
王平在，何登发，雷振宇，等，2002. 中国中西部前陆冲断带构造特征［J］. 石油学报，23（3）：11–17.
王绳祖，1995. 高温高压岩石力学——历史，现状，展望［J］. 地球物理学进展，（4）. 1–31.
魏国齐，贾承造，李本亮，2005. 我国中西部前陆盆地的特殊性和多样性及其天然气勘探［J］. 高校地质学报，11（4）：552–557.
魏国齐，李本亮，陈汉林，等，2008. 中国中西部前陆盆地构造特征研究［M］. 北京：石油工业出版社 .
郄莹，付晓飞，孟令东，等，2014. 碳酸盐岩内断裂带结构及其与油气成藏［J］. 吉林大学学报（地球科学版），44（3）：749–761.
曾联波，漆家福，王成刚，等，2008. 构造应力对裂缝形成与流体流动的影响［J］. 地学前缘，15（3）：292–298.
张荣虎，杨海军，王俊鹏，等，2014. 库车坳陷超深层低孔致密砂岩储层形成机制与油气勘探意义［J］. 石油学报，35（6）：1057–1069.

张闻林，张哨楠，王世谦，2003. 准噶尔盆地南缘西部地区原油地球化学特征及油源对比［J］. 成都理工大学学报（自然科学版），30（4）：374–377.

张元胤，李克钢，2017. 几种岩石点荷载强度与单轴抗压强度的相关性［J］. 金属矿山，（2）：19–23.

赵孟军，鲁雪松，卓勤功，等，2015. 库车前陆盆地油气成藏特征与分布规律［J］. 石油学报，2015，36（4）：395–404.

赵孟军，宋岩，秦胜飞，等，2005. 中国中西部前陆盆地多期成藏、晚期聚气的成藏特征［J］. 地学前缘，12（4）：525–533.

赵文瑞，1984. 泥质粉砂岩各向异性强度特征［J］. 岩土工程学报，6（1）：32–36.

周兴熙，2000. 库车坳陷第三系盐膏质盖层特征及其对油气成藏的控制作用［J］. 古地理学报，2（4）：51–57.

卓勤功，赵孟军，李勇，等，2014. 库车前陆盆地古近系岩盐对烃源岩生气高峰期的迟缓作用及其意义［J］. 天然气地球科学，25（12）：1903–1912.

Addis M A，1987. Mechanisms for sediment compaction responsible for oil field subsidence. PhD thesis，University of London，UK.

Alkan H，Cinar Y，Pusch G，2007. Rock salt dilatancy boundary from combined acoustic emission and triaxial compression tests［J］. International Journal of Rock Mechanics and Mining Sciences，44（1）：108–119.

Allan U S，1989. Model for hydrocarbon migration and entrapment within faulted structures［J］. American Association of Petroleum Geologists Bulletin，73：803–811.

Altindag R，2002. The evaluation of rock brittleness concept on rotary blast hole drills［J］. J.S.Afr. Inst.Min.Metall. 102（1），61–66.

Anderson R N，He W，Hobart M A，et al，1991. Active fluid flow in the Eugene Island area，offshore Louisiana［J］. The Leading Edge，10（4）：12–17.

Antonellini M，Aydin A，1995. Effect of Faulting on Fluid Flow in Porous Sandstones：Geometry and Spatial Distribution［J］. AAPG，79（5）：642–671.

Antonellini M，Aydin A，1994. Effect of faulting on fluid flow in porous sandstones：Petrophysicial properties［J］. AAPG，78：355–377.

Aydin A，Johnson A M，1978. Development of Faults as Zones of Deformation Bands and as Slip Surfaces in Sandstones［J］. Pure and Applied Geophysics，116（4）：931–942.

Aydin A，Johnson A M，1983. Analysis of faulting in porous sandstones［J］. Journal of Structural Geology，5（1）：19–31.

Bai T，Pollard D D，2000. Fracture spacing in layered rocks：a new explanation based on the stress transition［J］. Journal of Structural Geology，22（1）：43–57.

Baranova V，Mustaqeem A，Brouwer F，2010. Application of seismic stratigraphy，multi–attribute analysis and neural networks to mitigate risk in new exploration frontiers–west newfoundland example［J］. GeoCanada.

Barton C A, Zoback M D, Moos D, et al, 1995. Fluid flow along potentially active faults in crystalline rock [J] . Geology, 23 (8) : 683–686.

Beach A, Brown J L, Welbon A I, et al, 1997. Characteristics of Fault Zones in Sandstones From NW England : Application to Fault Transmissibility [C] // Meadows N S, Trueblood S P, Hardman M, et al. Petroleum Geology of the Irish Sea and Adjacent Areas. London : Geological Society Special Publications, 315–324.

Beach A, Welborn A I, Brockbank P, et al, 1999. Reservoir Damage Around Faults : Outcrop Examples from the Suez rift [J] . Petroleum Geoscience, 5 (2) : 109–116.

Behrmann J H, 1991. Conditions for hydrofracture and the fluid permeability of accretionary wedges [J] . Earth and Planetary Science Letters, 107 (3) : 550–558.

Berg R R, 1975. Capillary pressure in stratigraphic traps [J] . AAPG Bulletin, 59: 939–956.

Bjørkum P A, Walderhaug O, Nadeau P, 1998. Physical constraints on hydrocarbon leakage and trapping revisited. Petroleum Geoscience, 4: 237–239.

Blenkinsop T G, 2000. Deformation Microstructures and Mechanisms in Minerals and Rocks [M] . Kluwer : Kluwer Academic Publisher, 1–80.

Bolton A, Maltman A, 1998. Fluid–flow pathways in actively deforming sediments : the role of pore fluid pressures and volume change [J] . Marine and Petroleum Geology, 15 (4) : 281–297.

Bouvier J D, Kaars–Sijpesteijn C H, Kluesner D F, et al, 1989. Three–dimensional seismic interpretation and fault sealing investigations, Nun River Field, Nigeria [J] . AAPG Bulletin, 73 (11) : 1397–1414.

Brantut N, Schubnel A, Guéguen Y, 2011. Damage and rupture dynamics at the brittle–ductile transition : The case of gypsum[J]. Journal of Geophysical Research : Solid Earth(1978–2012), 116 (B1) .

Bretan P, Yielding G, Jones H, 2003. Using Calibrate shale gouge ratio to estimate hydrocarbon column heights [J] . AAPG, 87 (3) : 397–413.

Brudy M, Zoback M D, Fuchs K, et al, 1997. Estimation of the complete stress tensor to 8 km depth in the KTB scientific drill holes : implications for crustal strength [J] . Journal of Geophysical Research, v102, p18452–18475.

Burley S D, Mullis J, Matter A, 1989. Timing diagenesis in the Tartan Reservoir (UK North Sea) : constraints from combined cathodoluminescence microscopy and fluid inclusion studies[J]. 6(2): 98–104.

Byerlee J D, 1978. Friction of rocks [J] . Pure and Applied Geophysics, 116 (4–5) : 615–626.

Caillet G, Judge N C, Bramwell N P , et al, 1997. Overpressure and hydrocarbon trapping in the Chalk of the Norwegian Central Graben [J] . Petroleum Geoscience, 3: 33–42.

Caillet G, 1993. The caprock of the Snorre Field, Norway : a possible leakage by hydraulic fracturing [J] . Marine and Petroleum Geology, 10 (1) : 42–50.

Caine, 1996. Fault zone architecture and permeability structure [J] : Geology, 24: 1025–1028.

Casagrande A, 1936. The determination of the pre-consolidation load and its practical significance [R] . Proceedings of the First International Conference on Soil Mechanics and Foundation Engineering, Cambridge, Massachusetts 3.

Chester F M, 1988. The brittle-ductile transition in a deformation-mechanism map for halite [J] . Tectonophysics, 154 (1): 125-136.

Childs C, Manzocchi T, Walsh J J, et al, 2007. A geometric model of fault zone and fault rock thickness variations [J] . Journal of Structural Geology, 31: 117-127.

Cho J W, Kim H, Jeon S, et al, 2012. Deformation and strength anisotropy of Asan gneiss, Boryeong shale, and Yeoncheon schist [J] . International Journal of Rock Mechanics & Mining ences, 50 (none): 158-169.

Cook J E, Dunne W M, Onasch C M, 2006. Development of a dilatant damage zone along a thrust relay in a low-porosity quartz arenite [J] . Journal of Structural Geology, 28 (5): 776-792.

Corcoran D V, Dore A G, 2002. Top seal assessment in exhumed basin settings-some insights from Atlantic Margin and borderland basins [M] . In : Koestler A G and Hunsdale R. Hydrocarbon Seal Quantification. NPF Special Pubhcation, 89-107.

Cosgrove J W, 2001. Hydraulic fracturing during the formation and deformation of a basin : A factor in the dewatering of low-permeability sediments [J] . AAPG bulletin, 85 (4): 737-748.

David N, Dewhurst, Richard M Jones, 2002. Geomechanical, microstructural, and petrophysical evolution inexperimentally reactivated cataclasites : Applications to fault seal prediction [J] . AAPG Bulletin, 86 (8): 1383-1405.

Davis K, Burbank D W, Fisher D, et al, 2005. Thrust-fault growth and segment linkage in the active Ostler fault zone, New Zealand [J] . Journal of Structural Geology, 27 (8): 1528-1546.

Dewhurst D N, Aplin A C, Sarda J P, 1998. Compaction driven evolution of porosity and permeability in natural mudstones : an experimental study. Journal of Geophysical Research, 103 (B1), 651-661.

Dickinson W R, 1974. Plate tectonics and sedimentation [M] . In : Miall Dickinson W R. Tectonics and sedimentation. Tulsa : Sepec. Publ. Soc. Econ. Plaeont. Miner, 1-27.

Doughty P T, 2003. Clay smear seals and fault sealing potential of an exhumed growth fault, Rio Grande rift, New Mexico [J] . AAPG, 3: 427-444.

Downey M W, 1984. Evaluating seals for hydrocarbon accumulations [J]: AAPG Bulletin, 68: 1752-1763.

Du Bernard X, Eichhubl P, Aydin A, 2002. Dilation Bands : A New Form of Localized Failure in Granular Media [J] . Geophysical Research Letters, 29 (24): 2176-2179.

Eichhubl P, D'Onfro P S, Aydin A, et al, 2005. Structure, petrophysics and diagenesis of shale entrained along a normal fault at Black Diamond Mines, California-Implicationsfor fault seal. AAPG, 89 (9): 1113 -1137.

Eichhubl P, D'Onfro P S, Aydin A, et al, 2005. Structure, petrophysics and diagenesis of shale entrained along a normal fault at Black Diamond Mines, California–Implicationsfor fault seal [J]. AAPG, 89 (9): 1113 –1137.

Engelder T, Lacazette A, 1990. Natural hydraulic fracturing [J]. Rock joints : Rotterdam, AA Balkema, 35–44.

Faerseth R B, 2006. Shale smear along large faults : continuity of smear and the fault seal capacity[J]. Journal of the Geological Society, 163: 741–751.

Ferrill D A, Morris A P, Stamatakos J A, et al, 2000. Crossing conjugate normal faults [J]. AAPG bulletin, 84 (10): 1543–1559.

Finkbeiner T, Zoback M, Fleming P, et al, 2001. Stress, Pore Pressure, and Dynamically Constrained Hydrocarbon Columns in the South Eugene Island 330 Field, Northern Gulf of Mexico [J]. AAPG Bulletin, 85 (9): 1007–1031.

Fisher Q J, Casey M, Harris S D, et al, 2003. Fluild flow Properties of Faults in Sandstone : The Importance of Temperature History [J]. Geology, 31: 965–968.

Fisher Q J, Knipe R J, 2001. The permeability of faults within siliciclastic petroleum reservoirs of the North Sea and Norwegian Continental Shelf. Marine and Petroleum Geology, 18 (10): 1063–1081.

Fisher Q J, R J Knipe, 1998. Fault sealing processes in siliciclastic sediments, in R J Knipe, G Jones, Q J Fisher. (eds) Faulting, fault sealing, and fluid flow in hydrocarbon reservoirs [J]. Geological Society (London) Special Publication, 147: 117–134.

Fossen H, Bale A, 2007. Deformation Bands and Their Influence on Fluid Flow[J]. AAPG, 91(12): 1685–1700.

Fossen H, Johansen T E S, Hesthammer J, et al, 2005. Fault interaction in porous sandstone and implications for reservoir management ; examples from southern Utah [J]. AAPG bulletin, 89 (12): 1593–1606.

Fossen, 2010. Structural geology [M]. Cambridge University Press, 119–185.

Fristad T A, Groth G, Yielding, et al, 1997. Quantitative fault seal prediction : A case study from Oseberg Syd, in P. Miller–Pedersen and A. G. Koestler, eds, Hydrocarbon seals : Importance for exploration and production [J]. Singapore, Elsevier, Norwegian Petroleum Society (NPF) Special Publication, 7: 107–124.

Gaarenstroom L, Tromp R A J, Brandenburg A M, 1993. Overpressures in the Central North Sea : implications for trap integrity and drilling safety [C] //Geological Society, London, Petroleum Geology Conference series. Geological Society of London, 4: 1305–1313.

Gale J F W, Laubach S E, Olson J E, et al, 2014. Natural fractures in shale : A review and new observations [J]. AAPG Bulletin, 98 (11): 2165–2216.

Gibson R G, 1994. Fault–zone seals in siliciclastic strata of the Columbus Basin, Offshore Trinidad [J]. AAPG, 78: 1372–1385.

Gibson R G, 1998. Physical character and fluid–flow properties of sandstone–derived fault zones, In : Coward M P, Daltaban T S, and Johnson H (eds) Structure geology in reservoir characterization [J] : Geological Society (London) Special Publication, 127: 83–97.

Goetze C, 1971. High temperature rheology of Westerly granite [J] . Journal of Geophysics Research, 76: 1223–1230.

Gross M R, Eyal Y, 2007. Throughgoing fractures in layered carbonate rocks [J] . Geological Society of America Bulletin, 119 (11–12) : 1387–1404.

Grunau H R, 1987. A worldwide look at the cap–rock problem [J] . Journal of Petroleum Geology, 10 (3), 245–266.

Guo H, Chen Y, Lu W, et al, 2013. In situ Raman spectroscopic study of diffusion coefficients of methane in liquid water under high pressure and wide temperatures [J] . Fluid Phase Equilibria, 360: 274–278.

Hajiabdolmajid V, Kaiser P, 2003. Brittleness of rock and stability assessment in hard rock tunneling [J] . Tunn. Undergr. SpaceTechnol, 18 (1), 35–48.

Hangx S J T, Spiers C J, Peach C J, 2010. Mechanical behavior of anhydrite caprock and implications for CO_2 sealing capacity [J] . Journal of Geophysical Research : Solid Earth (1978—2012), 115.

Hao Fang, Zhu Weilin, Zou Huayao, et al, 2015. Factors controlling petroleum accumulation and leakage in overpressured reservoirs [J] . Aapg Bulletin, 99 (05) : 831–858.

Harding T P, Tuminas A C, 1989. Structural interpretation of hydrocarbon traps sealed by basement normal blocks and at stable flank of foredeep basin and at rift basin [J] . AAPG Bulletin, 73: 812–840.

Heard H C, 1960. Transition from brittle fracture to ductile flow in Solenhofen limestone as a function of temperature, confining pressure, and interstitial fluid pressure [J] . Geological Society of America Memoirs, 79: 193–226.

Hesthammer J, Fossen H, 1998. The use of dipmeter data to constrain the structural geology of the Gullfaks Field, northern North Sea [J] . Marine and Petroleum Geology, 15 (6) : 549 –573.

Hesthammer J, Fossen H, 2001. Structural Core Analysis from the Gullfaks area, Northern North Sea [J] . Marine and Petroleum Geology, 18 (3) : 411– 439, 8.

Hoshino K, Koide H, Inami K, et al, 1972. Mechanical properties of Japanese Tertiary sedimentary rocks under high confining pressures [J] . Geology Survey of Japanese, 244: 200.

Hubbert M K, 1953. Entrapment of petroleum under hydrodynamic conditions [J] . AAPG Bulletin, 37, 1954–2026.

Hucka V, Das B, 1974. Brittleness determination of rocks by different methods[J]. Int.J.RockMech. Min.Sci.Geomech.Abstr, 11 (10), 389–392.

Ingram G M, Urai J L, 1999. Top–seal leakage through faults and fractures : the role of mudrock properties [J] . Geological Society, London, Special Publications, 158 (1) : 125–135.

Ingram G M, Urai J L, Naylor M A, 1997. Sealing processes and top seal assessment [J] .

Norwegian Petroleum Society Special Publications, 7: 165–174.

Ishii E, H Sanada, H Funaki, et al, 2011. The relationships among brittleness, deformation behavior, and transport properties in mudstones : An example from the Horonobe Underground Research Laboratory [J] . Japan, J. Geophys. Res., 116, B09206.

Jaeger J C, 1963. Extension failures in rocks subject to fluid pressure [J] . Journal of Geophysical Research, 68 (21) : 6066–6067.

Jin Z J, Yuan Y S, Sun D S, et al, 2014. Models for dynamic evaluation of mudstone/shale cap rocks and their applications in the Lower Paleozoic sequences, Sichuan Basin, SW China [J] . Marine and Petroleum Geology, 49: 121–128.

Kim J W, Berg R R, Watkins J S, et al, 2003. Trapping capacity of faults in the Eocene Yegua Formation, east sour lake field, southeast Texas [J] . AAPG bulletin, 2003, 87 (3) : 415–425.

King P R, 1990. The connectivity and conductivity of overlapping sand bodies [M] //North Sea Oil and Gas Reservoirs—II. Springer Netherlands, 353–362.

Knappett J A, Brown M J, Bransby M F, et al, 2012. Capacity of grillage foundations under horizontal loading [J] . Géotechnique, 62 (9) : 811–823.

Knipe R J, 1992. Faulting processes and fault seal [J] . Structural and tectonic modelling and its application to petroleum geology : Norwegian Petroleum Society Special Publication, 1: 325–342.

Knipe R J, 1993. The influence of fault zone processes and diagenesis on fluid flow [J] . Diagenesis and basin development : AAPG Studies in Geology, 36: 135–154.

Knipe R J, 1997. Juxtaposition and seal diagrams to help analyze fault seals in hydrocarbon reservoirs [J] . AAPG bulletin, 81 (2) : 187–195.

Knott S D, 1993. Fault Seal Analysis in the North Sea [J] . The American Assoeiation of Petroleum Geologisrts Bulletin, 77: 778–792.

Koch N, Masch L, 1992. Formation of Alpine mylonites and pseudotachylytes at the base of the Silvretta nappe, Eastern Alps [J] . Tectonophysics, 204 (3) : 289–306.

Kohlstedt D L, Evans B, Mackwell S J, 1995. Strength of the lithosphere : Constraints imposed by laboratory experiments[J]. Journal of Geophysical Research : Solid Earth(1978–2012), 100(B9): 17587–17602.

Krooss B M, Leythaeuser D, Schaefer R G, 1992a. The Quantification of Diffusive Hydrocarbon Losses Through Cap Rocks of Natural Gas Reservoirs—A Reevaluation [J] . AAPG Bulletin, 76 (3) : 403–406.

Krooss B M, Leythaeuser D, Schaefer R G, 1992b. The Quantification of Diffusive Hydrocarbon Losses Through Cap Rocks of Natural Gas Reservoirs—A Reevaluation : Reply [J] . AAPG Bulletin, 76 (11) : 1842–1846.

Lamarche J, Lavenu A P C, Gauthier B D M, et al, 2012. Relationships between fracture patterns, geodynamics and mechanical stratigraphy in Carbonates (South-East Basin, France) [J] . Tectonophysics, 581: 231–245.

Lander R H, Walderhaug O, 1999. Predicting Porosity through Simulating Sandstone Compaction and Quartz Cementation [J] . AAPG Bulletin, 83 (3) : 433–449.

Laubach S E, Eichhubl P, Hilgers C, et al, 2010. Structural diagenesis [J] . Journal of Structural Geology, 32 (12) : 1866–1872.

Laubach S E, Ward M E, 2006. Diagenesis in porosity evolution of opening–mode fractures, Middle Triassic to Lower Jurassic La Boca Formation, NE Mexico [J] . Tectonophysics, 419 (1) : 75–97.

Lewis G, R J Knipe, A Li, 2002. Fault seal analysis in unconsolidated sediments : a field study from kentucky, USA [J] . Norwegian Petroleum Society Special Publications, 243–253.

Leythaeuser D, Schaefer R G, Yukler A, 1982. Role of diffusion in primary migration of hydrocarbons [J] . AAPG Bulletin, 66 (4), 408–429.

Lindsay N G, Murphy F C, Walsh J J, et al, 1993. Outcrop studies of shale smear on fault surface[J]. International Association of Sedimentologists Special Publication, 15: 113–123.

Lohr T, Krawczyk C M, Tanner D C, et al, 2008. Prediction of subseismic faults and fractures : Integration of three–dimensional seismic data, three–dimensional retrodeformation, and well data on an example of deformation around an inverted fault [J] . AAPG bulletin, 92 (4) : 473–485.

Lupa J, Flemings P, Tennant S, 2002. Pressure and trap integrity in the deepwater Gulf of Mexico[J]. The Leading Edge, 21 (2) : p184–187.

Lynch T, Fisher Q, Angus D, et al, 2013. Investigating stress path hysteresis in a CO_2 injection scenario using coupled geomechanical–fluid flow modelling [J] . Energy Procedia, 37: 3833–3841.

Magara K, 1968. Compaction and migration of fluids in Miocene mudstone, Nagaoka Plain, Japan[J]. AAPG Bulletin, 52 (12) : 2466–2501.

Mair K, Main I, Elphick S, 2000. Sequential Growth of Deformation Bands in the Laboratory [J] . Journal of Structural Geology, 22 (1) : 25–42.

Mallon A J, Swarbrick R E, 2002. A compaction trend for non–reservoir North Sea Chalk [J] . Marine and Petroleum Geology, 19 (5) : 527–539.

Mildren S D, Hillis R R, Dewhurst D N, et al, 2005. FAST : A new technique for geomechanical assessment of the risk of reactivation–related breach of fault seals [J] . Evaluating fault and cap rock seals : AAPG Hedberg Series, (2) : 73–85.

Mildren S D, Hillis R R, 2002. FAST : a new approach to risking fault reactivation and related seal breach [J] . AAPG, 101–103.

Myrvang A, 2001. Rock Mechanics [J]. Norway University of Technology (NTNU), Trondheim (in Norwegian) .

Narr W, Suppe J, 1991. Joint spacing in sedimentary rocks [J] . Journal of Structural Geology, 1991, 13 (9) : 1037–1048.

Nederlof M H, Mohler H P, 1981. Quantitative Investigation of Trapping Effect of Unfaulted

Caprock：ABSTRACT［J］. AAPG Bulletin，65（5）：964–965.

Nygård R，Gutierrez M，Bratli R K，et al，2006. Brittle–ductile transition，shear failure and leakage in shales and mudrocks［J］. Marine and Petroleum Geology，23（2）：201–212.

Nygård R，Gutierrez M，Gautam R，et al，2004. Compaction behaviour of argillaceous sediments as function of diagenesis［J］. Marine and Petroleum Geology，21（3）：349–362.

Osipov V I，Nikolaeva S K，Sokolov V N，1984. Microstructural changes associated with thixotropic phenomena in clay soils［J］. Geotechnique，34（3）：293–303.

Ozkaya I，1986. Analysis of natural hydraulic fracturing of shales during sedimentation［J］. SPE Production Engineering，1（3）：191–194.

Paola D N，Faulkner D R，Collettini C，2009. Brittle versus ductile deformation as the main control on the transport properties of low–porosity anhydrite rocks［J］. Journal of Geophysical Research：Solid Earth（1978–2012），114（B6）.

Paterson M S，Wong Tengfong，2004. Experimental rock deformation –the brittle field［M］. Springer.

Peach C J，Spiers C J，1996. Influence of crystal plastic deformation on dilatancy and permeability development in synthetic salt rock［J］. Tectonophysics，256（1）：101–128.

Phillips W J，1972. Hydraulic fracturing and mineralization［J］. Journal of the Geological Society，128（4）：337–359.

Pittman E D，1981. Effect of Fault–related Granulation on Porosity and Permeability of Quartz Sandstones，Simpson Group（Ordovician）Oklahoma［J］. AAPG，65（11）：2381–2387.

Roberts G，Stewart I，1994. Uplift，deformation and fluid involvement within an active normal fault zone in the Gulf of Corinth，Greece［J］. Journal of the Geological Society，151（3）：531–541.

Sample J C，Woods S，Bender E，et al，2006. Relationship Between Deformation Bands and Petroleum Migration in an Exhumed Reservoir Rock，Los Angeles Basin，California，USA［J］. Geofluids，6（2）：105–112.

Sassi W，Livera S E，Caline B P R，1992. Reservoir compartmentation by faults in Cormorant Block IV，UK northern North Sea［J］. Structural and tectonic modeling and its application to petroleum geology：Norwegian Petroleum Society Special Publication，1：355–364.

Schloemer S，Krooss B M，2004. Molecular transport of methane，ethane and nitrogen and the influence of diffusion on the chemical and isotopic composition of natural gas accumulations［J］. Geofluids，4（1）：81–108.

Schléder Z，Urai J L，2005. Microstructural evolution of deformation–modified primary halite from the Middle Triassic Röt Formation at Hengelo，The Netherlands［J］. International Journal of Earth Sciences，94（5–6）：941–955.

Secor D T，1965. Role of fluid pressure in jointing［J］. American Journal of Science，263（8）：633–646.

Seldon B，Flemings P，2005. Reservoir pressure and seafloor venting：predicting trap integrity in a

Gulf of Mexico deepwater turbidite minbasin [J] . AAPG Bulletin, 89 (2) : 193–209.
Shaw J H, Bilotte F, Brennan P A, 1999. Patterns of imbricate thrusting [J] . Geological Society of America Bulletin, 111 (7) : 1140–1154.
Shaw J H, Connors C, Suppe J, 2005. Seismic interpretation of contractional fault–related folds : an AAPG seismic atlas [J] . AAPG Studies in Geology, 53: 1–156.
Shaw J H, Hook S C, Suppe J, 1994. Structural trend analysis by axial surface mapping [J] . AAPG Bulletin, 78 (5) : 700–721
Sibson R H, 1977. Fault rocks and fault mechanisms[J]. Journal of the Geological Society, 133(3): 191–213.
Sibson R H, 1981. Controls on low–stress hydro–fracture dilatancy in thrust, wrench and normal fault terrains [J] . Nature, 289: 665–667.
Sibson R H, 1996. Structural permeability of fluid–driven fault–fracture meshes [J] . Journal of Structural Geology, 18 (8) : 1031–1042.
Sibson R H, 2004. Controls on maximum fluid overpressure defining conditions for mesozonal mineralisation [J] . Journal of structural geology, 26 (6) : 1127–1136.
Skerlec G M, 1992. Snap, crackle and pot : risking top seal integrity [R] . AAPG Annual Convention program abstracts, 21.
Skerlec G M, 1999. Treatise of petroleum geology / Handbook of petroleum geology : exploring for oil and gas traps [M] . Chapter 10: evaluating top and fault seal.
Slujik D, Nederlof M H, 1984. A worldwide geological experience as a systematic basis for prospect analysis [J] . Petroleum geochemistry and basin analysis [J] . AAPG Memoir, 35: 15–26.
Smith D A, 1966. Theoretical consideration of sealing and nonsealing faults [J] . AAPG, 50: 363–374.
Smith S J, Aardenne J, Klimont Z, et al, 2011. Anthropogenic sulfur dioxide emissions : 1850—2005 [J] . Atmospheric Chemistry and Physics, 11 (3) : 1101–1116.
Sorkhabi R, S Hasegawa, 2005. Fault zone architecture and permeabilitydistribution in the Neogene clastics of northern Sarawak (Miri Airport Roadoutcrop), Malaysia, petroleum traps : AAPG Memoir, 85: 139–151.
Speksnijder A, 1987. The structural configuration of Cormorant Block IV in context of the northern Viking Graben structural framework [J] . Geologie en Mijnbouw, 65: 357–379.
Sperrevik S, Gillespie P A, Fisher Q J, et al, 2002. Empirical estimation of fault rock properties[J]. Norwegian Petroleum Society Special Publications, 11: 109–125.
Suppe J, 1983. Geometry and Kinematics of fault–bend folding [J] . American Journal of Science, 283: 684–721.
Takahashi M, 2003. Permeability change during experimental fault smearing [J] . Journal of Geophysical Research, 108 (B5) : 1–15.
Tarasov B, Potvin Y, 2013. Universal criteria for rock brittleness estimation under triaxial

compression [J] . International Journal of Rock Mechanics and Mining Sciences, Volume 59, 57–69.

Tchalenko J S, 1970. Similarities between shear zones of different magnitudes[J]. GSAB, 81 (6,): 1625–1640.

Tingay M R P, Hillis R R, Morley C K, et al, 2009. Present–day stress and neotectonics of Brunei : Implications for petroleum exploration and production [J] . Aapg Bulletin, 93 (1) : 75–100.

Underhill J R, Woodcock N H, 1987. Faulting Mechanisms in High–porosity Sandstones : New Red Sandstone, Arran, Scotland [C] // Jones M E, Preston R M F. Deformation of Sediments and Sedimentary. London : Geological Society Special Publications, 91–105.

Walderhaug O, 1996. Kinetic Modeling of Quartz Cementation and Porosity Loss in Deeply Buried Sandstone Reservoirs [J] . AAPG, 80 (5) : 731–745.

Walsh J J, Nicol A, Childs C, 2002. An alternative model for the growth of faults [J] . Journal of Structural Geology, 24 (11) : 1669–1675.

Wang C Y, N Mao, F T Wu, 1979. The mechanical property of montmorillonite clay at high pressure and implication on fault behavior[J] . Geophysical Research Letters, 6: 476–478.

Watts N L, 1987. Theoretical aspects of cap–rock and fault seals for single–and two–phase hydrocarbon columns [J] . Marine and Pctroleum Geology, 4 (4) : 274–307.

Welbon A I, Beach A, Brockbank P J, et al, 1997. Fault seal analysis in hydrocarbon exploration and appraisal : examples from offshore mid–Norway. In : Moller–Pedersen, P. & Koestler, A.G.(eds) Hydrocarbon Seals : Importance for Exploration and Production [J] . NPF Special Publication, 7: 1–13.

Welch M, Davies R K, Knipe R J, et al, 2011. Mechanical Heterogeneity and the Prediction of Fault Zone Architecture – Outcrop Examples and Models [J] . Journal of Applied Physics, 115 (11) : 114903–114915.

White I C, 1885. The geology of natural gas [J] . Science, 5 (125) : 521–522.

Wibberley C A J, Petit J P, Rives T, 2000. Mechanics of Cataclastic ‘Deformation Band’ Faulting in High–porosity Sandstone, Provence [J] . Comptes Rendus de I’ Acade´mie des Sciences, Se´rie IIA, 331 (6) : 419–425.

Yielding G, Freeman B, Needham D T, 1997. Quantitative fault seal prediction[J]. AAPG, 81(6): 897–917

Yielding G, 2002. Shale gouge ratio–Calibration by geohistory [J] . Norwegian Petroleum Society Special Publications, 11: 1–15.

Younes A I, Aydin A, 2001. Comparison of fault sealing by single and multiple layers of shale : outcrop examples from the Gulf of Suez, Egypt (abs.) : AAPG Annual Meeting Program, 10: 222.

Zee W V D, Urai J L, 2005. Processes of normal fault evolution in a siliciclastic sequence : a case study from Miri, Sarawak, Malaysia [J] . Journal of Structural Geology, 27 (12) : 2281–2300.

Zhang Decheng, Ranjith P G, Perera M S A, 2016. The brittleness indices used in rock mechanics and their application in shale hydraulic fracturing : A review [J] . Journal of Petroleum Science and Engineering, 143: 158–170.

Zhu W, Wong T, 1997. The transition from brittle faulting to cataclastic flow : Permeability evolution [J] . Journal of Geophysical Research : Solid Earth (1978–2012), 102 (B2): 3027–3041.

Zoback M D, J H Healy, 1992. In–situ stress measurements to 3.5 km depth in the Cajon Pass scientific borehole : implications for the mechanics of crustal faulting [J] . Journal of Geophysical Research, v97, p5039–5057.